◎ 新・工科系の数学 ◎
TKM-A4

工学基礎
最適化とその応用
[第2版]

矢部　博

数理工学社

編者のことば

21世紀に入り，工学分野がますます高度に発達しつつある．頭脳集約型の産業がわが国の将来を支える最も重要な力であることに疑問の余地はない．

高度に発展した工学の基本技術として数学がますます重要になっていることは，大学工学部のカリキュラムにしめる数学および数学的色彩をもった科目が20年前と比べて格段に多数になっていることから容易に想像がつくことである．

一方で，大学1, 2年次で教授される数学が，過去40年の間に大きな変革を受けたとは言いがたい．もとより，数学そのものが変わるわけもなく，また重要な数学の基礎に変更があるわけもないが，時代の変化や実際面での数学に対するニーズに対して，あまりに鈍感であってよいわけではない．

現在出版されている数学関連図書の多くは，数学を専門にする学生および研究者向けであるか，あるいは反対に数学が不得手な者を対象にした易しい数学解説書であることが多い．将来数学を専攻しない，しかし数学と多くのかかわりをもつであろう理工系学生に，将来使うための数学を教育し，あるいは将来どのような形で数学が重要になるかを体系的に説く，そのような数学書が必要なのではないだろうか．またそのような数学書は，数学基礎教育に携わる数学専門家にとっても，例題集としてまた生きた数学の像を得るために重要なのではないかと考えている．

以上のような観点から全体を構成し，それぞれの専門家に執筆をお願いしたものが本ライブラリ「新・工科系の数学」である．本ライブラリではまず，大学工学部で学ぶ数学に十分な基礎をもたない者のための数学予備[第0巻]と特に高校数学と大学数学の間の乖離を埋めるために数学の考え方，数の概念，証明とは何かを説いた第1巻，工学系学生の基礎数学[第2,3巻](以上，書目群I)，工学基礎数学(書目群II, III)を配置した．これらが数学各分野を解説する縦糸である．

一方，電気，物質科学，情報，機械，システム，環境，マネジメントの諸分野を数学を用いて記述する，またはそれらの分野で特化した数学を解説する巻（書目群Ⅳ）を用意した．これは，数学としての体系というより，数学の体系を必要に応じて横断的に解説した横糸の構成となっている．両者を有機的に活用することにより，工科系における数学の重要性と全体像が明確にできれば，編者としてこれに優る喜びはない．ライブラリ全体として，編者の意図が成功したかどうか，読者の批判に待ちたい．

2002 年 8 月

編者　藤原毅夫　薩摩順吉　室田一雄

「新・工科系の数学」書目一覧

書目群Ⅰ	書目群Ⅲ
0　工科系 大学数学への基礎	A–1　工学基礎 代数系とその応用
1　工科系 数学概説	A–2　工学基礎 離散数学とその応用 [第 2 版]
2　工科系 線形代数 [新訂版]	A–3　工学基礎 数値解析とその応用
3　工科系 微分積分	A–4　工学基礎 最適化とその応用 [第 2 版]
	A–5　工学基礎 確率過程とその応用
書目群Ⅱ	**書目群Ⅳ**
4　工学基礎 常微分方程式の解法	A–6　電気・電子系のための数学
5　工学基礎 ベクトル解析とその応用	A–7　物質科学のための数学
6　工学基礎 複素関数論とその応用	A–8　アナログ版・情報系のための数学
7　工学基礎 フーリエ解析とその応用 [新訂版]	A–9　デジタル版・情報系のための数学
8　工学基礎 ラプラス変換と z 変換	A–10　機械系のための数学
9　工学基礎 偏微分方程式の解法	A–11　システム系のための数学
10　工学基礎 確率・統計	A–12　環境工学系のための数学
	A–13　マネジメント・エンジニアリングのための数学

(A: Advanced)

第2版まえがき

本書の初版を2006年に発行してから，早いもので18年が過ぎた．専門書としてはかなりの歳月が経過しているが，お陰様で研究者・実務家・学生の皆様に今でも活用していただいていることは著者として望外の喜びである．

本書で取り上げた数値解法の多くは現在でも連続最適化の分野で使われているが，その後の研究もかなり進んでいる．例えば，半正定値計画問題も応用範囲を広げ，より一般的な錐計画法としての研究も進んでいる．同時に，非線形半正定値計画問題も扱われるようになり，その解法として主双対内点法・逐次半正定値計画法・拡張ラグランジュ関数法なども開発されてきた．また，最急降下法に代表される1次法の研究もかなり進み，収束率についていろいろと研究されている．一方，連続最適化法も応用分野を拡げており，とりわけ機械学習に関連した分野で研究が活発になされていることは特筆に値する．また，本書ではユークリッド空間における最適化を扱っているが，最近は多様体上の最適化も研究が進んでおり，今まで通常の最適化で扱われなかったような問題も今後は扱えるようになることが期待される．

以上のようなその後の研究分野の発展を踏まえて，第2版では第6章を設けて機械学習分野における連続最適化法について紹介することにした．この分野には多くの話題があるが，第2版ではサポートベクターマシン，スパース学習における近接勾配法，拡張ラグランジュ関数法の適用に限定して紹介している．また，最近の文献も参考文献に追加して，それに合わせて「さらに進んだ学習のために」に最近の研究成果の紹介も加えた．これから最適化の分野の勉強をしていく方たちの参考になれば幸いである．なお紙面の都合で，章末問題の解答は数理工学社のサポートページ（https://www.saiensu.co.jp）に掲載してあるので活用していただきたい．

2024年春　湘南にて

矢部　博

まえがき

最適化問題は，自然科学，工学，社会科学など多種多様な分野で発生する基本的な問題の 1 つである．最適化問題の歴史は 18 世紀の変分問題に遡る．一方，数理計画法は 1940 年代に登場した線形計画法に端を発してその後大きく発展した 20 世紀生まれの学問である．また，理論と応用を兼ね備えた学際的な学問領域であるオペレーションズ・リサーチ (OR: operations research) を数理的に支えるのも数理計画法の重要な役割である．数理計画法もしくはもっと広い意味での最適化は次のように分類される．

(1) 有限次元空間で実変数を扱う連続最適化：
　線形計画法，2 次計画法，錐線形計画法，非線形計画法など
(2) 有限次元空間で離散変数を扱う離散最適化・組合せ最適化：
　整数計画法，グラフ理論，ネットワーク理論など
(3) 無限次元（関数）空間における最適化：
　変分法，最適制御

コンピュータの普及と相俟って，これらの問題を高速に解くことがある程度可能になった．そして今日では，大規模な最適化問題の解法がますます必要とされている．

本書は「一応」最適化に関する書物ではあるが，上記の内容を網羅しているわけではなく，連続最適化の中の線形計画法と非線形計画法だけに焦点をしぼった．離散最適化，変分法，最適制御はそれだけでも一冊の書物になる重要な分野であるが，著者の力不足もあり本書に収めることは断念し第 1 章と参考文献で少し触れたにすぎない．

本書では線形計画法と非線形計画法に関する理論と数値解法を扱う．第 1 章では上記の最適化問題の例をいくつか紹介する．第 2 章では，後半の章で必要となる凸集合・凸関数に関する最小限の予備知識を述べる．線形計画法を学習

するのは第3章である．最近の線形計画法の書物がそうであるように，本書でも単体法と内点法の両方を紹介する．ただし学部の学生が初めて線形計画法を勉強する場合には，従来どおり，線形代数の知識だけで済む単体法から学ぶことを想定して内点法よりも丁寧に説明した．第4章は非線形計画法 I（無制約最適化問題）についてである．まず最適解であるための最適性条件について述べ，つづいて代表的な数値解法（最急降下法，共役勾配法，ニュートン法，準ニュートン法）を紹介する．それぞれの解法において，図示すると共に計算例も載せて読者の理解を深めることに努めた．最後に第5章で非線形計画法 II（制約付き最適化問題）を扱う．最適性条件や双対定理を述べた後に，逐次2次計画法や主双対内点法など代表的な数値解法を紹介する．今日注目を浴びている錐線形計画法（ここでは2次錐計画法と半正定値計画法）を扱うのもこの章である．なお，本書で紹介したそれぞれの定理にきちんと証明を付けたほうが良いとは思うが，紙面の都合もあり一部の定理は証明を割愛し他書に譲った．ただし，本文に収まらない定理の証明を章末問題にしたものもある．その場合には解答に証明を載せたので参照していただきたい．

本書を執筆するにあたって，このような機会を与えてくださった室田一雄氏（東京大学教授）に感謝の意を表する．室田氏には，これまでにも OR や数値解析に関する研究集会でいろいろとお世話になったばかりでなく，本書の内容についても貴重なご助言をいただいた．また，同僚の小笠原英穂氏（東京理科大学講師）には原稿に目を通していただき多くの貴重なコメントをいただいた．さらに，東京理科大学大学院の矢部研究室の大学院生諸君（成島康史，角張博子，島田直樹，橋本剛明，若松峻彦）には校正のお手伝いをしてもらった．以上の方々にこの場を借りて感謝したい．最後に，数理工学社の竹田直氏，竹内聡氏には筆者の我儘をいろいろと聞いていただき心から感謝している次第である．

2006年初春　湘南にて

矢部　博

目　　次

1 序　　　章

本章ではいろいろなタイプの最適化問題を紹介する．扱われる関数が線形関数，**2** 次関数，有理関数，あるいはもっと一般の非線形関数などの場合に応じて最適化問題が分類されている．また，含まれている変数が実数の場合と整数の場合とでは根本的に問題が異なる．こうした問題は数理計画問題とも呼ばれている．実際問題の数学モデルへの定式化，数理計画問題の理論的な研究や数値解法の研究をまとめて数理計画法といい，オペレーションズ・リサーチの一分野としても位置づけられている．本書では，主として有限次元ベクトル空間での最適化問題を考えるが，変分問題や最適制御問題のように関数空間で考える最適化問題もある．

1 章で学ぶ概念・キーワード

- 線形計画問題：生産計画，栄養問題，輸送問題
- 2 次計画問題：最小 2 乗問題，ポートフォリオ選択問題
- 分数計画問題：ポートフォリオ選択問題
- 非線形計画問題：非線形最小 2 乗問題
- 整数計画問題：ナップサック問題，施設配置問題
- 変分問題
- 最適制御問題

1.1 最適化問題とは

最適化問題 (optimization problem) は，自然科学，工学，社会科学などの分野でいろいろな形で発生する基本的な問題の1つである．与えられた条件のもとで何らかの関数を最小化もしくは最大化するような問題である．本書では主として有限次元ベクトル空間での最適化問題を考える．すなわち扱う変数の数が有限個の場合である．また，与えられる条件の数も有限個の場合を扱う．こうした問題は総称して**数理計画問題** (mathematical programming problem) と呼ばれ，1940年代に線形計画法が登場して以来，理論的な研究や数値解法の研究が非常に活発になされてきた．そして，その応用範囲はいろいろな分野へと拡大されていった．さらに，今日では非線形計画法の研究も充実し大規模な非線形最適化問題も扱われるようになってきた．

等式制約あるいは**不等式制約**を伴った最適化問題を**制約付き最適化** (constrained optimization) **問題**といい，一般に以下のように定式化される．

制約付き最適化問題

$f : \boldsymbol{R}^n \to \boldsymbol{R}$, $g_i : \boldsymbol{R}^n \to \boldsymbol{R}\ (i = 1, \cdots, m)$, $h_j : \boldsymbol{R}^n \to \boldsymbol{R}\ (j = 1, \cdots, l)$ としたとき，制約条件

$$
\begin{aligned}
&g_i(\boldsymbol{x}) = 0 \quad (i = 1, \cdots, m) \quad (\text{等式制約}) \\
&h_j(\boldsymbol{x}) \le 0 \quad (j = 1, \cdots, l) \quad (\text{不等式制約})
\end{aligned}
$$

のもとで，$f(\boldsymbol{x})$ を $\boldsymbol{x} \in \boldsymbol{R}^n$ について最小化せよ．

ここで $f(\boldsymbol{x})$ を**目的関数** (objective function)，$g_i(\boldsymbol{x})$ や $h_j(\boldsymbol{x})$ を**制約関数** (constraint function) という．あるいは，ベクトル表現

$$
\begin{aligned}
\boldsymbol{g}(\boldsymbol{x}) &= [g_1(\boldsymbol{x}), g_2(\boldsymbol{x}), \cdots, g_m(\boldsymbol{x})]^{\mathrm{T}} \in \boldsymbol{R}^m \\
\boldsymbol{h}(\boldsymbol{x}) &= [h_1(\boldsymbol{x}), h_2(\boldsymbol{x}), \cdots, h_l(\boldsymbol{x})]^{\mathrm{T}} \in \boldsymbol{R}^l
\end{aligned}
$$

を用いれば，上記の問題は次のようにも表せる．ただし，記号Tはベクトルや行列の転置を意味し，また，ベクトルに対する等式，不等式は成分ごとの等式，不等式を意味する．なお，以下では $\boldsymbol{0}$ は零ベクトルを，O は零行列を表す．

制約付き最適化問題(ベクトル表現)

$$\boldsymbol{g}(\boldsymbol{x}) = \boldsymbol{0} \quad (\text{等式制約})$$
$$\boldsymbol{h}(\boldsymbol{x}) \leq \boldsymbol{0} \quad (\text{不等式制約})$$

のもとで，$f(\boldsymbol{x})$ を $\boldsymbol{x} \in \boldsymbol{R}^n$ について最小化せよ．

特に $f(\boldsymbol{x}), g_i(\boldsymbol{x}), h_j(\boldsymbol{x})$ の全ての関数が 1 次式である場合を**線形計画** (Linear Programming，略して **LP**) **問題**という．すなわち，

$$f(\boldsymbol{x}) = \sum_{i=1}^{n} c_i x_i, \quad g_i(\boldsymbol{x}) = \sum_{k=1}^{n} a_{ik} x_k - a_i, \quad h_j(\boldsymbol{x}) = \sum_{k=1}^{n} b_{jk} x_k - b_j$$

とおけば，次のように表される．

$$\begin{cases} \text{最 小 化} & c_1x_1 + \ c_2x_2 + \cdots + \ c_nx_n \\ \text{制約条件} & a_{11}x_1 + a_{12}x_2 + \cdots + a_{1n}x_n = a_1 \\ & a_{21}x_1 + a_{22}x_2 + \cdots + a_{2n}x_n = a_2 \\ & \qquad \vdots \\ & a_{m1}x_1 + a_{m2}x_2 + \cdots + a_{mn}x_n = a_m \\ & b_{11}x_1 + b_{12}x_2 + \cdots + b_{1n}x_n \leq b_1 \\ & b_{21}x_1 + b_{22}x_2 + \cdots + b_{2n}x_n \leq b_2 \\ & \qquad \vdots \\ & b_{l1}x_1 + b_{l2}x_2 + \cdots + b_{ln}x_n \leq b_l \end{cases}$$

あるいは行列とベクトルを用いて

$$A = \begin{bmatrix} a_{11} & \cdots & a_{1n} \\ \vdots & \ddots & \vdots \\ a_{m1} & \cdots & a_{mn} \end{bmatrix}, \quad B = \begin{bmatrix} b_{11} & \cdots & b_{1n} \\ \vdots & \ddots & \vdots \\ b_{l1} & \cdots & b_{ln} \end{bmatrix},$$

$$\boldsymbol{a} = \begin{bmatrix} a_1 \\ \vdots \\ a_m \end{bmatrix}, \quad \boldsymbol{b} = \begin{bmatrix} b_1 \\ \vdots \\ b_l \end{bmatrix}, \quad \boldsymbol{c} = \begin{bmatrix} c_1 \\ \vdots \\ c_n \end{bmatrix}, \quad \boldsymbol{x} = \begin{bmatrix} x_1 \\ \vdots \\ x_n \end{bmatrix}$$

とおけば，次のように定式化される．

線形計画問題

$A \in \boldsymbol{R}^{m \times n}$, $\boldsymbol{a} \in \boldsymbol{R}^m$, $B \in \boldsymbol{R}^{l \times n}$, $\boldsymbol{b} \in \boldsymbol{R}^l$, $\boldsymbol{c} \in \boldsymbol{R}^n$ のとき，線形制約 $A\boldsymbol{x} = \boldsymbol{a}, B\boldsymbol{x} \leq \boldsymbol{b}$ のもとで線形関数 $\boldsymbol{c}^{\mathrm{T}}\boldsymbol{x}$ を $\boldsymbol{x} \in \boldsymbol{R}^n$ について最小化せよ．

特に，次の形式が標準形としてよく扱われる．

線形計画問題（標準形）

$A \in \boldsymbol{R}^{m \times n}$, $\boldsymbol{b} \in \boldsymbol{R}^m$, $\boldsymbol{c} \in \boldsymbol{R}^n$ のとき，線形等式制約 $A\boldsymbol{x} = \boldsymbol{b}$ と非負制約 $\boldsymbol{x} \geq \boldsymbol{0}$ のもとで線形関数 $\boldsymbol{c}^{\mathrm{T}}\boldsymbol{x}$ を $\boldsymbol{x} \in \boldsymbol{R}^n$ について最小化せよ．

$f(\boldsymbol{x})$ が 2 次関数

$$\frac{1}{2}\sum_{i=1}^{n}\sum_{j=1}^{n} q_{ij}x_i x_j + \sum_{i=1}^{n} c_i x_i$$

で $g_i(\boldsymbol{x})$ や $h_j(\boldsymbol{x})$ が 1 次式の場合を **2 次計画**（Quadratic Programming，略して **QP**）**問題**という．この問題は，ベクトルと行列を用いれば次のように定式化される．

2 次計画問題（その 1）

$Q \in \boldsymbol{R}^{n \times n}$($Q$ は対称行列)，$A \in \boldsymbol{R}^{m \times n}$, $\boldsymbol{a} \in \boldsymbol{R}^m$, $B \in \boldsymbol{R}^{l \times n}$, $\boldsymbol{b} \in \boldsymbol{R}^l$, $\boldsymbol{c} \in \boldsymbol{R}^n$ のとき，線形制約 $A\boldsymbol{x} = \boldsymbol{a}$, $B\boldsymbol{x} \leq \boldsymbol{b}$ のもとで 2 次関数

$$\frac{1}{2}\boldsymbol{x}^{\mathrm{T}}Q\boldsymbol{x} + \boldsymbol{c}^{\mathrm{T}}\boldsymbol{x}$$

を $\boldsymbol{x} \in \boldsymbol{R}^n$ について最小化せよ．

さらに，これを拡張して制約関数が 2 次関数の場合には，**2 次制約 2 次計画**（QCQP：Quadratically Constrained QP）**問題**という．あるいは単に 2 次計画問題と呼ぶこともある．例えば次のように記述される．

2 次計画問題(その 2)

$Q \in \boldsymbol{R}^{n \times n}$ (Q は対称行列), $A_i \in \boldsymbol{R}^{n \times n}$ (A_i は対称行列), $\boldsymbol{b}_i \in \boldsymbol{R}^n$, $\alpha_i \in \boldsymbol{R}$ $(i = 1, \cdots, l)$, $\boldsymbol{c} \in \boldsymbol{R}^n$ のとき, 2 次制約 $\boldsymbol{x}^{\mathrm{T}} A_i \boldsymbol{x} + \boldsymbol{b}_i^{\mathrm{T}} \boldsymbol{x} \leq \alpha_i$ $(i = 1, \cdots, l)$ のもとで 2 次関数

$$\frac{1}{2}\boldsymbol{x}^{\mathrm{T}} Q \boldsymbol{x} + \boldsymbol{c}^{\mathrm{T}} \boldsymbol{x}$$

を $\boldsymbol{x} \in \boldsymbol{R}^n$ について最小化せよ.

f, g_i, h_j のうちいずれかが非線形であるとき, 総称して**非線形計画** (nonlinear programming) **問題**という. 上記の 2 次計画問題は非線形計画問題の特別な場合である. また, 制約条件がないときを**無制約最適化** (unconstrained optimization) **問題**といい, 次のように表す.

無制約最適化問題

n 変数関数 $f(\boldsymbol{x})$ を $\boldsymbol{x} \in \boldsymbol{R}^n$ について最小化せよ.

なお**最大化問題**は

$$\max_{\boldsymbol{x}} f(\boldsymbol{x}) \Leftrightarrow \min_{\boldsymbol{x}}(-f(\boldsymbol{x}))$$

のように目的関数の符号を変えれば最小化問題として定式化できるので, 本書では最小化問題に話を限定する. 以下では,「最小化」と「最適化」を同義語と思ってよい.

扱う変数が全て実数であるような問題を**連続最適化問題**という. 他方, 扱う変数が整数に限定されるような問題を**離散最適化問題**または**組合せ最適化問題**という. 前述した線形計画問題, 2 次計画問題を整数変数に限定すれば, それぞれ**線形整数計画** (linear integer programming) **問題**, **2 次整数計画** (quadratic integer programming) **問題**になる. 例えば次の通りである.

線形整数計画問題

$A \in \boldsymbol{R}^{m \times n}$, $\boldsymbol{b} \in \boldsymbol{R}^m$, $\boldsymbol{c} \in \boldsymbol{R}^n$ のとき, 線形不等式制約 $A\boldsymbol{x} \leq \boldsymbol{b}$ と非負制約 $(\boldsymbol{x} \geq \boldsymbol{0})$ のもとで線形関数 $\boldsymbol{c}^{\mathrm{T}}\boldsymbol{x}$ を整数変数 $\boldsymbol{x} \in \boldsymbol{Z}^n$ について最小化せよ.

2 次整数計画問題

$A \in \boldsymbol{R}^{m\times n}$, $\boldsymbol{a} \in \boldsymbol{R}^m$, $B \in \boldsymbol{R}^{l\times n}$, $\boldsymbol{b} \in \boldsymbol{R}^l$, $\boldsymbol{c} \in \boldsymbol{R}^n$ および $Q \in \boldsymbol{R}^{n\times n}$（$Q$ は対称行列）のとき，線形制約 $A\boldsymbol{x} = \boldsymbol{a}$, $B\boldsymbol{x} \le \boldsymbol{b}$ のもとで 2 次関数 $\frac{1}{2}\boldsymbol{x}^{\mathrm{T}}Q\boldsymbol{x} + \boldsymbol{c}^{\mathrm{T}}\boldsymbol{x}$ を整数変数 $\boldsymbol{x} \in \boldsymbol{Z}^n$ について最小化せよ．

特に変数が 0 と 1 に限定されるとき，**0–1 整数計画問題**という．さらに，実数変数と整数変数とが混ざっているような問題を**混合整数計画** (mixed integer programming) **問題**という．

混合整数計画問題

$A \in \boldsymbol{R}^{m\times n_1}$, $B \in \boldsymbol{R}^{m\times n_2}$, $\boldsymbol{a} \in \boldsymbol{R}^m$, $\boldsymbol{c} \in \boldsymbol{R}^{n_1}$, $\boldsymbol{d} \in \boldsymbol{R}^{n_2}$ のとき，線形制約 $A\boldsymbol{x} + B\boldsymbol{y} = \boldsymbol{a}$ ($\boldsymbol{x} \ge \boldsymbol{0}$, $\boldsymbol{y} \ge \boldsymbol{0}$) のもとで線形関数 $\boldsymbol{c}^{\mathrm{T}}\boldsymbol{x} + \boldsymbol{d}^{\mathrm{T}}\boldsymbol{y}$ を整数変数 $\boldsymbol{x} \in \boldsymbol{Z}^{n_1}$ および実数変数 $\boldsymbol{y} \in \boldsymbol{R}^{n_2}$ について最小化せよ．

これまでは有限次元空間の最適化問題について述べたが，応用上は無限次元空間の最適化問題もよく扱われる．代表的な問題として変分問題や最適制御問題があげられる．これらは関数空間における最適化問題として位置づけられる．

最適化問題の中では変分問題の歴史が最も古い．Euler（オイラー）や Lagrange（ラグランジュ）らによって変分法が扱われたのが 18 世紀のことである．その後，20 世紀になって最適制御理論へと発展していく．1950 年代後半から 60 年代前半にかけて発表された R.E. Bellman（ベルマン）の動的計画法・最適性の原理や L.S. Pontryagin（ポントリャーギン）の最大原理などは最適制御理論にとって本質的な要となっている．一方，数理計画法の歴史は 1940 年代から始まった．1947 年に G.B. Dantzig（ダンツィク）によって発表された単体法に端を発して線形計画法は大いに発展した．また，H.W. Kuhn（キューン）と A.W. Tucker（タッカー）による論文が 1951 年に発表されて以来，非線形計画法に関する研究も活発になされるようになった．

注意　本書を通じて記号 $\|\cdot\|$ はベクトルや行列の 2 ノルムを表し，$\|\cdot\|_1$, $\|\cdot\|_\infty$ は 1 ノルム，無限大ノルムを表す．また，ベクトル $\boldsymbol{u}$ に対して u_i は第 i 成分を表し，$(\boldsymbol{u}_k)_i$ は k 回目の反復におけるベクトル $\boldsymbol{u}_k$ の第 i 成分を表す．なお，$(A^{-1})^{\mathrm{T}}$ を $A^{-\mathrm{T}}$ と書くこともある．　□

1.2　最適化問題の例

本節では，前節で分類した代表的な最適化問題の具体例を紹介する．

1.2.1　生産計画

ある生産会社では，l 種類の原料 $M_1, \cdots, M_l$ を用いて n 種類の製品 $P_1, \cdots, P_n$ を生産し利潤を最大にするような生産計画を考えている．製品 P_j を 1 トン生産するのに原料 M_i を a_{ij} トン必要とする．原料には利用可能な最大量が決まっていて，原料 M_i の最大利用可能量は b_i である．また製品 P_i の 1 トンあたりの利潤は c_i 円であるとする．このとき，$j = 1, \cdots, n$ に対して製品 P_j の生産量を x_j トンとすれば，利潤を最大にする生産計画問題は次のような線形計画問題として定式化される．

$$
\left\{
\begin{array}{ll}
\text{最大化} & c_1x_1 + \ c_2x_2 + \cdots + \ c_nx_n \\
\text{制約条件} & a_{11}x_1 + a_{12}x_2 + \cdots + a_{1n}x_n \leq b_1 \\
& a_{21}x_1 + a_{22}x_2 + \cdots + a_{2n}x_n \leq b_2 \\
& \qquad\qquad\qquad \vdots \\
& a_{l1}x_1 + a_{l2}x_2 + \cdots + a_{ln}x_n \leq b_l \\
& x_1 \geq 0, \quad x_2 \geq 0, \quad \cdots, \quad x_n \geq 0
\end{array}
\right.
$$

具体的な例として，3 種類の原料 M_1, M_2, M_3 を用いて 4 種類の製品 P_1, P_2, P_3, P_4 を生産して利潤を最大にする生産計画を考える．製品 1 トンを生産するのに必要な原料の量（トン），原料の利用可能量，および，製品 1 トン当たりの利潤が表 1.1 にまとめられている．製品 P_1, P_2, P_3, P_4 の生産量をそれぞれ x_1, x_2, x_3, x_4（トン）とすれば，利潤を最大にする生産計画問題は次のよ

表 1.1　生産計画の条件と利潤

原料＼製品	P_1	P_2	P_3	P_4	利用可能量（トン）
M_1（トン）	3	5	2	8	525
M_2（トン）	2	7	4	10	450
M_3（トン）	6	5	3	6	700
利潤 (万円)	4.2	5	3.7	6	

うに定式化される．

$$
\begin{cases}
\text{最大化} & 4.2x_1 + 5x_2 + 3.7x_3 + 6x_4 \\
\text{制約条件} & 3x_1 + 5x_2 + 2x_3 + 8x_4 \leq 525 \\
& 2x_1 + 7x_2 + 4x_3 + 10x_4 \leq 450 \\
& 6x_1 + 5x_2 + 3x_3 + 6x_4 \leq 700 \\
& x_1 \geq 0, \quad x_2 \geq 0, \quad x_3 \geq 0, \quad x_4 \geq 0
\end{cases}
$$

1.2.2　栄養問題

食事の献立のために n 種類の食料品 $F_1, \cdots, F_n$ を購入する．その際，1日に必要な最低量の栄養素 $N_1, \cdots, N_l$ を摂取し，かつ，必要な費用を最小にしたい．食料品 F_j の1グラム中に含まれている栄養素 N_i の量は a_{ij} ミリグラムであり，1日に必要な栄養素 N_i の最低量は b_i ミリグラムである．また食料品 F_j の1グラムあたりの価格は c_j 円であるとする．このとき，$j = 1, \cdots, n$ に対して食料品 F_j の購入量を x_j グラムとすれば，必要な費用を最小にする問題は次のような線形計画問題として定式化される．

$$
\begin{cases}
\text{最小化} & c_1x_1 + c_2x_2 + \cdots + c_nx_n \\
\text{制約条件} & a_{11}x_1 + a_{12}x_2 + \cdots + a_{1n}x_n \geq b_1 \\
& a_{21}x_1 + a_{22}x_2 + \cdots + a_{2n}x_n \geq b_2 \\
& \vdots \\
& a_{l1}x_1 + a_{l2}x_2 + \cdots + a_{ln}x_n \geq b_l \\
& x_1 \geq 0, \quad x_2 \geq 0, \quad \cdots, \quad x_n \geq 0
\end{cases}
$$

1.2.3　輸送問題

図1.1のように3箇所の生産地 S_1, S_2, S_3 から4箇所の消費地 T_1, T_2, T_3, T_4 へ品物を運ぶとき，輸送費が最も安くなるようにしたい．生産地 S_i での生産量を a_i，消費地 T_j での消費量を b_j とし，S_i から T_j へ1単位の品物を運ぶのにかかる輸送費を c_{ij} とする．S_i から T_j への輸送量を x_{ij} としたとき，総輸送費は

$$
\sum_{j=1}^{4} c_{1j}x_{1j} + \sum_{j=1}^{4} c_{2j}x_{2j} + \sum_{j=1}^{4} c_{3j}x_{3j}
$$

で与えられる．また，生産地 S_i の生産量と消費地 T_j の消費量に関する制約条件はそれぞれ

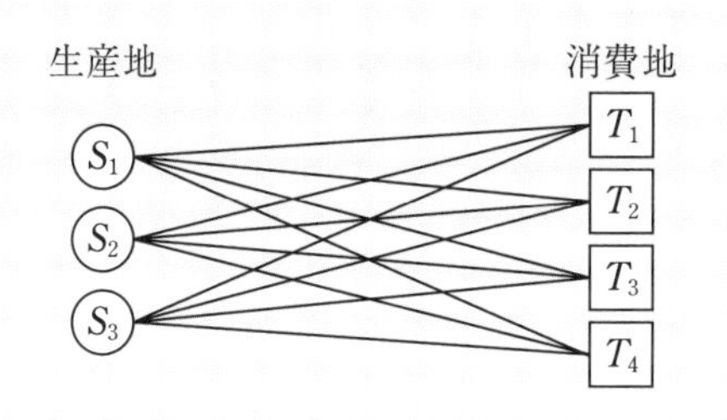

図 1.1　輸送問題

　生産地 S_i　$x_{i1} + x_{i2} + x_{i3} + x_{i4} = a_i$　$(i = 1, 2, 3)$

　消費地 T_j　$x_{1j} + x_{2j} + x_{3j} = b_j$　$(j = 1, 2, 3, 4)$

となる．以上をまとめると次の線形計画問題を得る．

$$\begin{cases} \text{最 小 化} & \boldsymbol{c}^{\mathrm{T}}\boldsymbol{x} \\ \text{制約条件} & A\boldsymbol{x} = \boldsymbol{d} \quad (\boldsymbol{x} \geq \boldsymbol{0}) \end{cases}$$

ただし

$$A = \left[\begin{array}{cccc|cccc|cccc} 1 & 1 & 1 & 1 & 0 & 0 & 0 & 0 & 0 & 0 & 0 & 0 \\ 0 & 0 & 0 & 0 & 1 & 1 & 1 & 1 & 0 & 0 & 0 & 0 \\ 0 & 0 & 0 & 0 & 0 & 0 & 0 & 0 & 1 & 1 & 1 & 1 \\ \hline 1 & 0 & 0 & 0 & 1 & 0 & 0 & 0 & 1 & 0 & 0 & 0 \\ 0 & 1 & 0 & 0 & 0 & 1 & 0 & 0 & 0 & 1 & 0 & 0 \\ 0 & 0 & 1 & 0 & 0 & 0 & 1 & 0 & 0 & 0 & 1 & 0 \\ 0 & 0 & 0 & 1 & 0 & 0 & 0 & 1 & 0 & 0 & 0 & 1 \end{array}\right], \quad \boldsymbol{d} = \left[\begin{array}{c} a_1 \\ a_2 \\ a_3 \\ \hline b_1 \\ b_2 \\ b_3 \\ b_4 \end{array}\right],$$

$$\boldsymbol{x} = [x_{11}, x_{12}, x_{13}, x_{14}, x_{21}, x_{22}, x_{23}, x_{24}, x_{31}, x_{32}, x_{33}, x_{34}]^{\mathrm{T}},$$

$$\boldsymbol{c} = [c_{11}, c_{12}, c_{13}, c_{14}, c_{21}, c_{22}, c_{23}, c_{24}, c_{31}, c_{32}, c_{33}, c_{34}]^{\mathrm{T}}$$

生産量の合計と消費量の合計は必ずしも等しくなくてもよいが，特に等しい場合 $\left(\sum_{i=1}^{3} a_i = \sum_{j=1}^{4} b_j\right)$ を **Hitchcock**（ヒッチコック）**型輸送問題**あるいは**均衡型輸送問題**という．合計が等しくない場合には，仮想的な生産地や消費地を設定して均衡型問題として考えることができる．

1.2.4　最小2乗問題

物理や化学などの分野では，実験データを何らかのモデル式に当てはめることがよくある．例えば，時刻 t に対する測定値 b のデータが (t_1, b_1), (t_2, b_2), $\cdots$, (t_p, b_p) のように p 組与えられているとする．

これらのデータを座標平面にプロットしたところ，図1.2のようであったとする．これらを t の1次式 $b = x_0 + x_1 t$ のモデルで当てはめて，b 軸との切片 x_0 と直線の傾き x_1 を推定することを考えよう．ただしデータの個数はパラメータ数よりも非常に多いとする．すなわち $p \gg 2$ とする．データとモデル式との誤差を e_i $(i = 1, \cdots, p)$ とすれば，各データに対して

$$b_i = x_0 + x_1 t_i + e_i \quad (i = 1, \cdots, p) \tag{1.1}$$

とおくことができる．したがって，これらの誤差を小さくするようにパラメータ x_0, x_1 を推定することが考えられる．パラメータを推定するための基準はいくつかあるが，次の3つの基準が代表的である．

(1)　誤差の絶対値の和 $\displaystyle\sum_{i=1}^{p} |e_i|$ を最小にするように x_0, x_1 を決定する．

(2)　誤差の2乗和 $\displaystyle\sum_{i=1}^{p} e_i^2$ を最小にするように x_0, x_1 を決定する．

(3)　誤差の絶対値の最大値 $\max\{|e_1|, \cdots, |e_p|\}$ を最小にするように x_0, x_1 を決定する．

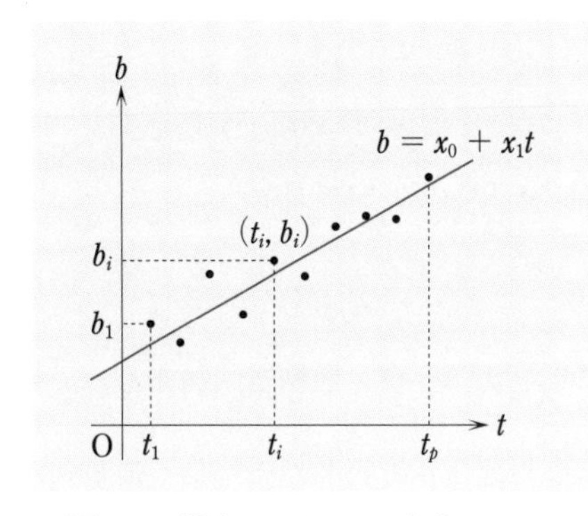

図1.2　測定データの1次式モデル

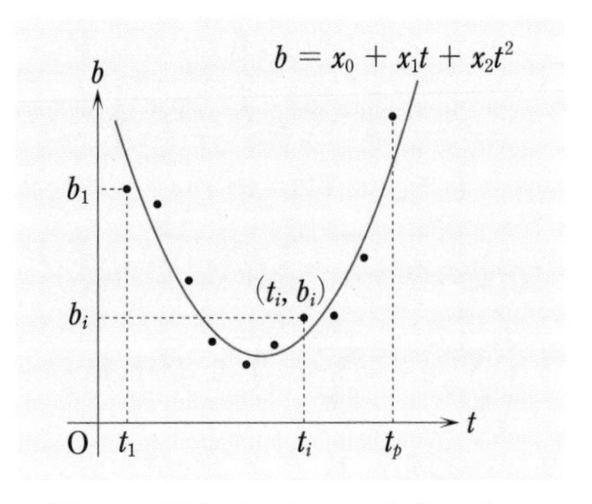

図1.3　測定データの2次式モデル

ここでは (2) で述べた誤差の 2 乗和を最小化する方法を紹介する．これを**最小 2 乗法** (least squares method) という．式 (1.1) を e_i について表せば，

$$e_i = b_i - (x_0 + x_1 t_i) \quad (i = 1, \cdots, p)$$

となる．これをベクトル表現すれば次のようになる．

$$\begin{bmatrix} e_1 \\ \vdots \\ e_i \\ \vdots \\ e_p \end{bmatrix} = \begin{bmatrix} b_1 \\ \vdots \\ b_i \\ \vdots \\ b_p \end{bmatrix} - \begin{bmatrix} 1 & t_1 \\ \vdots & \vdots \\ 1 & t_i \\ \vdots & \vdots \\ 1 & t_p \end{bmatrix} \begin{bmatrix} x_0 \\ x_1 \end{bmatrix}$$

ここで

$$\boldsymbol{e} = \begin{bmatrix} e_1 \\ \vdots \\ e_i \\ \vdots \\ e_p \end{bmatrix}, \quad \boldsymbol{b} = \begin{bmatrix} b_1 \\ \vdots \\ b_i \\ \vdots \\ b_p \end{bmatrix}, \quad A = \begin{bmatrix} 1 & t_1 \\ \vdots & \vdots \\ 1 & t_i \\ \vdots & \vdots \\ 1 & t_p \end{bmatrix}, \quad \boldsymbol{x} = \begin{bmatrix} x_0 \\ x_1 \end{bmatrix}$$

とおけば，$\boldsymbol{e} = \boldsymbol{b} - A\boldsymbol{x}$ と書くことができる．よって，誤差の 2 乗和は

$$\begin{aligned} \sum_{i=1}^{p} e_i^2 &= \boldsymbol{e}^{\mathrm{T}} \boldsymbol{e} \\ &= (\boldsymbol{b} - A\boldsymbol{x})^{\mathrm{T}} (\boldsymbol{b} - A\boldsymbol{x}) \\ &= \boldsymbol{x}^{\mathrm{T}} (A^{\mathrm{T}} A) \boldsymbol{x} - 2\boldsymbol{b}^{\mathrm{T}} A\boldsymbol{x} + \boldsymbol{b}^{\mathrm{T}} \boldsymbol{b} \end{aligned}$$

と表されるので，結局，(2) の基準に基づいた最小 2 乗問題は次のようになる．ただし，定数項 $\boldsymbol{b}^{\mathrm{T}}\boldsymbol{b}$ は省略し，全体を 1/2 倍した．

$$\text{最小化} \quad \frac{1}{2} \boldsymbol{x}^{\mathrm{T}} (A^{\mathrm{T}} A) \boldsymbol{x} - \boldsymbol{b}^{\mathrm{T}} A\boldsymbol{x} \tag{1.2}$$

これは 2 次関数最小化問題にほかならない．通常はパラメータに非負などの条件がつくので，その場合には 2 次計画問題

$$\begin{cases} \text{最 小 化} & \dfrac{1}{2}\boldsymbol{x}^{\mathrm{T}}(A^{\mathrm{T}}A)\boldsymbol{x} - \boldsymbol{b}^{\mathrm{T}}A\boldsymbol{x} \\ \text{制約条件} & \boldsymbol{x} \geq \boldsymbol{0} \end{cases}$$

として定式化される．

次に，図 1.3 の場合を考えてみる．データの様子から，今度は 2 次式 $b = x_0 + x_1 t + x_2 t^2$ のモデルで当てはめて 3 つのパラメータ x_0, x_1, x_2 を推定することが考えられる（$p \gg 3$ とする）．1 次式の場合と同様にデータとモデル式の誤差を考慮すれば，各データに対して

$$b_i = x_0 + x_1 t_i + x_2 t_i^2 + e_i \quad (i = 1, \cdots, p)$$

が成り立つ．したがって，ベクトル表現すれば次のように表される．

$$\begin{bmatrix} e_1 \\ \vdots \\ e_i \\ \vdots \\ e_p \end{bmatrix} = \begin{bmatrix} b_1 \\ \vdots \\ b_i \\ \vdots \\ b_p \end{bmatrix} - \begin{bmatrix} 1 & t_1 & t_1^2 \\ \vdots & \vdots & \vdots \\ 1 & t_i & t_i^2 \\ \vdots & \vdots & \vdots \\ 1 & t_p & t_p^2 \end{bmatrix} \begin{bmatrix} x_0 \\ x_1 \\ x_2 \end{bmatrix}$$

ここで

$$\boldsymbol{e} = \begin{bmatrix} e_1 \\ \vdots \\ e_i \\ \vdots \\ e_p \end{bmatrix}, \quad \boldsymbol{b} = \begin{bmatrix} b_1 \\ \vdots \\ b_i \\ \vdots \\ b_p \end{bmatrix}, \quad A = \begin{bmatrix} 1 & t_1 & t_1^2 \\ \vdots & \vdots & \vdots \\ 1 & t_i & t_i^2 \\ \vdots & \vdots & \vdots \\ 1 & t_p & t_p^2 \end{bmatrix}, \quad \boldsymbol{x} = \begin{bmatrix} x_0 \\ x_1 \\ x_2 \end{bmatrix}$$

とおけば $\boldsymbol{e} = \boldsymbol{b} - A\boldsymbol{x}$ と書くことができ，この場合も 2 次関数最小化問題 (1.2) に帰着される．

一般に p 組のデータを n 次多項式 $b = x_0 + x_1 t + x_2 t^2 + \cdots + x_n t^n$ に当てはめて $n+1$ 個のパラメータ $x_0, \cdots, x_n$ を推定する場合，データとモデル式の誤差 e_i は

$$e_i = b_i - (x_0 + x_1 t_i + x_2 t_i^2 + \cdots + x_n t_i^n) \quad (i = 1, \cdots, p)$$

となる．ただし $p \gg n+1$ とする．ここで，

$$\boldsymbol{e} = \begin{bmatrix} e_1 \\ \vdots \\ e_i \\ \vdots \\ e_p \end{bmatrix},\ \boldsymbol{b} = \begin{bmatrix} b_1 \\ \vdots \\ b_i \\ \vdots \\ b_p \end{bmatrix},\ A = \begin{bmatrix} 1 & t_1 & t_1^2 & \cdots & t_1^n \\ \vdots & \vdots & \vdots & \ddots & \vdots \\ 1 & t_i & t_i^2 & \cdots & t_i^n \\ \vdots & \vdots & \vdots & \ddots & \vdots \\ 1 & t_p & t_p^2 & \cdots & t_p^n \end{bmatrix},\ \boldsymbol{x} = \begin{bmatrix} x_0 \\ x_1 \\ x_2 \\ \vdots \\ x_n \end{bmatrix}$$

とおけば，上と同様に $\boldsymbol{e} = \boldsymbol{b} - A\boldsymbol{x}$ と表すことができる．したがって，この場合も 2 次関数最小化問題 (1.2) に帰着される．いずれの場合にも誤差関数が $\boldsymbol{e} = \boldsymbol{b} - A\boldsymbol{x}$ のようにパラメータ $\boldsymbol{x}$ の 1 次式で表されることに注意されたい．こうした最小 2 乗問題を総称して**線形最小 2 乗問題** (linear least squares problem) と呼ぶ．

他方，当てはめるモデル関数が次のようにパラメータ $\boldsymbol{x}$ に関して非線形である場合を考えてみよう．

$$b = x_1 \exp(-x_2(t - x_3)^2) + x_4 \exp(-x_5(t - x_6)^2)$$

このとき，データに対して誤差が

$$e_i = b_i - \{x_1 \exp(-x_2(t_i - x_3)^2) + x_4 \exp(-x_5(t_i - x_6)^2)\} \quad (i = 1, \cdots, p)$$

で定義されるので，次の関数を最小化することによってパラメータ x_i $(i = 1, \cdots, 6)$ を推定することができる．

$$\text{最小化} \quad \sum_{i=1}^{p} e_i^2 = \sum_{i=1}^{p} [b_i - \{x_1 \exp(-x_2(t_i - x_3)^2) + x_4 \exp(-x_5(t_i - x_6)^2)\}]^2$$

このように，当てはめるモデル関数がパラメータに関して非線形であるような最小 2 乗問題を総称して**非線形最小 2 乗問題** (nonlinear least squares problem) と呼ぶ．この場合には，一般の非線形計画問題になる．

1.2.5　ポートフォリオ選択問題

株式投資では，いくつかの銘柄に対して次期での利益がより高く，かつ損失の危険がより低くなるように資金の配分を決めることが，最大の関心事である．n 銘柄を投資の対象としたとき，第 i 銘柄の単位期間あたりの収益率を R_i とす

れば R_i は確率変数になる．第 i 銘柄への投資比率を x_i としたとき，ベクトル $\boldsymbol{x} = [x_1, \cdots, x_n]^{\mathrm{T}} \in \boldsymbol{R}^n$ を**ポートフォリオ** (portfolio) という．負の投資を考えなければ，ポートフォリオ $\boldsymbol{x}$ は

$$\sum_{i=1}^{n} x_i = 1 \quad (\boldsymbol{x} \geq \boldsymbol{0})$$

を満足するように選ばれる．ポートフォリオ $\boldsymbol{x}$ から得られる収益率 $R(\boldsymbol{x})$ は

$$R(\boldsymbol{x}) = \sum_{i=1}^{n} R_i x_i$$

とかけるので，収益率の期待値 $E[R(\boldsymbol{x})]$ と収益率の分散 $V[R(\boldsymbol{x})]$ は次のように表される．

$$\begin{aligned} E[R(\boldsymbol{x})] &= E\left[\sum_{i=1}^{n} R_i x_i\right] = \sum_{i=1}^{n} E[R_i] x_i \\ V[R(\boldsymbol{x})] &= E[\{R(\boldsymbol{x}) - E[R(\boldsymbol{x})]\}^2] \\ &= \sum_{i=1}^{n}\sum_{j=1}^{n} E[(R_i - E[R_i])(R_j - E[R_j])] x_i x_j \end{aligned}$$

ここで，

$$\begin{aligned} & r_i = E[R_i], \quad \boldsymbol{r} = [r_1, \cdots, r_n]^{\mathrm{T}} \in \boldsymbol{R}^n \\ & \sigma_{ij} = E[(R_i - E[R_i])(R_j - E[R_j])] = E[(R_i - r_i)(R_j - r_j)] \\ & S = [\sigma_{ij}] \in \boldsymbol{R}^{n \times n} \quad \text{(分散共分散行列)} \end{aligned}$$

とおけば，収益率の期待値と分散はそれぞれ

$$E[R(\boldsymbol{x})] = \boldsymbol{r}^{\mathrm{T}} \boldsymbol{x}, \quad V[R(\boldsymbol{x})] = \boldsymbol{x}^{\mathrm{T}} S \boldsymbol{x}$$

と表される．

Markowitz（マーコビッツ）は，投資の危険度（リスク）として分散（標準偏差）を用いることを提案し，次の基準を設定した．

Markowitz の基準

（1）　収益率の期待値は大きいほど望ましい．

（2）　収益率の分散 (標準偏差) は小さいほど望ましい．

以上の基準によれば，投資比率 x_i をうまく決定して，期待収益率 $E[R(\boldsymbol{x})]$ をより高く，危険度（リスク）$V[R(\boldsymbol{x})]$ をより低くするようなポートフォリオ $\boldsymbol{x}$ を選択することが望まれる．このとき，次の 2 つの最適化問題が考えられる．

問題 1.1

期待収益率が一定ならば，リスクは小さいほうが望ましい．この立場は，次のような最適化問題として定式化される．

$$\begin{cases} \text{最 小 化} & \boldsymbol{x}^{\mathrm{T}} S \boldsymbol{x} \\ \text{制約条件} & \boldsymbol{r}^{\mathrm{T}} \boldsymbol{x} = \alpha \quad (\alpha\text{はあらかじめ与えられた正の数}) \\ & \displaystyle\sum_{i=1}^{n} x_i = 1 \quad (\boldsymbol{x} \geq \boldsymbol{0}) \end{cases}$$

問題 1.2

リスクが一定ならば，期待収益率は大きいほうが望ましい．この立場は，次のような最適化問題として定式化される．

$$\begin{cases} \text{最 大 化} & \boldsymbol{r}^{\mathrm{T}} \boldsymbol{x} \\ \text{制約条件} & \boldsymbol{x}^{\mathrm{T}} S \boldsymbol{x} = \beta \quad (\beta\text{はあらかじめ与えられた正の数}) \\ & \displaystyle\sum_{i=1}^{n} x_i = 1 \quad (\boldsymbol{x} \geq \boldsymbol{0}) \end{cases}$$

ここで，問題 1.1 は通常の 2 次計画問題であるのに対して，問題 1.2 は 2 次の制約関数が含まれているので拡張された 2 次計画問題になる．

一方，収益率の確率分布が既知である場合には，収益率が適当な水準（満足水準と呼ぶ）以上となる確率を最大にするようなポートフォリオを求めるという考え方もある．これが**満足水準達成確率最大化モデル**である．具体的には，ポートフォリオ $\boldsymbol{x}$ の収益率 $R(\boldsymbol{x})$ が平均 $\boldsymbol{r}^{\mathrm{T}}\boldsymbol{x}$，分散 $\boldsymbol{x}^{\mathrm{T}}S\boldsymbol{x}$ の正規分布に従うものとすれば，それが満足水準 ρ を達成する確率は

$$\begin{aligned} \mathrm{Prob}\{R(\boldsymbol{x}) \geq \rho\} &= \int_{\rho}^{\infty} \frac{1}{\sqrt{2\pi \boldsymbol{x}^{\mathrm{T}} S \boldsymbol{x}}} \exp\left(-\frac{(t - \boldsymbol{r}^{\mathrm{T}}\boldsymbol{x})^2}{2\boldsymbol{x}^{\mathrm{T}} S \boldsymbol{x}}\right) dt \\ &= \int_{L}^{\infty} \frac{1}{\sqrt{2\pi}} \exp\left(-\frac{z^2}{2}\right) dz \end{aligned}$$

で与えられる．ただし，$L = \dfrac{\rho - \boldsymbol{r}^{\mathrm{T}}\boldsymbol{x}}{\sqrt{\boldsymbol{x}^{\mathrm{T}}S\boldsymbol{x}}}$ である．ここで，最後の等式は標準正規分布に変換することによって得られる．また，L は安全係数と呼ばれる．式から明らかなように，達成確率を最大化するには安全係数 L を最小にするような $\boldsymbol{x}$ を選べばよい．したがって次の分数計画問題として定式化される．

$$
\begin{cases}
\text{最 小 化} & \dfrac{\rho - \boldsymbol{r}^{\mathrm{T}}\boldsymbol{x}}{\sqrt{\boldsymbol{x}^{\mathrm{T}}S\boldsymbol{x}}} \\
\text{制約条件} & \displaystyle\sum_{i=1}^{n} x_i = 1 \quad (\boldsymbol{x} \geq \boldsymbol{0})
\end{cases}
$$

1.2.6　ナップサック問題

ナップサック問題とは，n 個の異なる品物 $A_1, A_2, \cdots, A_n$ をナップサックに詰めるとき総価値が最大になるような品物の組合せを選ぶ問題のことである．品物 A_i の重量を $a_i > 0$，価値を $c_i > 0$ とし，ナップサックに詰め込める品物の最大総重量を $b > 0$ とする．x_i を 0 または 1 の値をとる変数とし，品物 A_i を選ぶときは $x_i = 1$，選ばないときには $x_i = 0$ とする．このとき，ナップサックに詰め込む品物の重量の総和 $\displaystyle\sum_{i=1}^{n} a_i x_i$ が最大総重量 b を超えないという制約条件のもとで詰め込んだ品物の価値の総和 $\displaystyle\sum_{i=1}^{n} c_i x_i$ を最大にするような品物の組合せを選ぶことを考える．この問題は，次のような 0–1 整数計画問題として定式化される．

$$
\begin{cases}
\text{最 大 化} & c_1x_1 + c_2x_2 + \cdots + c_nx_n \\
\text{制約条件} & a_1x_1 + a_2x_2 + \cdots + a_nx_n \leq b \\
& x_i \in \{0, 1\} \quad (i = 1, 2, \cdots, n)
\end{cases}
$$

1.2.7　施設配置問題

工場を設置するための候補地が m 箇所あり，これらの工場で生産された製品を n 箇所の需要地に輸送することを考える．候補地 i に工場を設置するための建設費用は a_i であり，その工場での最大生産能力は b_i であるとする．他方，工場候補地 i と需要地 j の間の輸送単価は c_{ij} であり，需要地 j での需要量は d_j

であるとする．このとき，需要量を満たし工場建設費用と輸送費用を最小化するような工場の立地場所と輸送量を求めるという最小化問題を取り扱う．

いま，候補地 i に工場を建設するかしないかに応じて 1 または 0 をとる変数 x_i を導入し，工場 i から需要地 j への輸送量を y_{ij} とすれば，工場建設費用と輸送費はそれぞれ $\displaystyle\sum_{i=1}^{m} a_i x_i$，$\displaystyle\sum_{i=1}^{m}\sum_{j=1}^{n} c_{ij} y_{ij}$ で与えられる．また各工場からの輸送量は最大生産能力 b_i を超えることはないので，候補地 i に工場を設置するかどうかも考慮すればこの条件は $\displaystyle\sum_{j=1}^{n} y_{ij} \le b_i x_i$ として定式化できる．さらに各工場から需要地 j への輸送量は需要量 d_j を上回る必要があるので，条件 $\displaystyle\sum_{i=1}^{m} y_{ij} \ge d_j$ が満たされなければならない．以上のことをまとめれば，工場建設費用と輸送費用を最小化する施設配置問題は次のように定式化される．ここで，x_i は 0–1 変数で，y_{ij} は実変数なので，この問題は混合 0–1 整数計画問題になる．

$$
\left\{
\begin{array}{ll}
\text{最 小 化} & \displaystyle\sum_{i=1}^{m} a_i x_i + \sum_{i=1}^{m}\sum_{j=1}^{n} c_{ij} y_{ij} \\
\text{制約条件} & \displaystyle\sum_{j=1}^{n} y_{ij} \le b_i x_i \quad (i = 1, \cdots, m) \\
& \displaystyle\sum_{i=1}^{m} y_{ij} \ge d_j \quad (j = 1, \cdots, n) \\
& x_i \in \{0, 1\} \quad (i = 1, \cdots, m) \\
& y_{ij} \ge 0 \quad (i = 1, \cdots, m, \quad j = 1, \cdots, n)
\end{array}
\right.
$$

1.2.8　変分問題

区間 $I = \{t | t_0 \le t \le t_1\}$ で n 次元ベクトル値関数 $\boldsymbol{x}(t) = [x_1(t), \cdots, x_n(t)]^{\mathrm{T}}$ が定義されているとする．$\boldsymbol{x}(t)$ は微分可能かつ，その導関数

$$
\frac{d}{dt}\boldsymbol{x}(t) = \left[\frac{d}{dt}x_1(t), \cdots, \frac{d}{dt}x_n(t)\right]^{\mathrm{T}}
$$

が区分的に連続であり，$2n+1$ 次元空間の開集合 Ω が与えられていて，全ての $t \in I$ に対して

$$
\left(\boldsymbol{x}(t), \frac{d}{dt}\boldsymbol{x}(t), t\right) \in \Omega
$$

が成り立つとする．このとき，$\boldsymbol{x}(t_0), \boldsymbol{x}(t_1)$ が与えられた境界条件を満足し $\boldsymbol{x}(t), \dfrac{d}{dt}\boldsymbol{x}(t)$ が与えられた制約条件を満たすとき，次の汎関数

$$J(\boldsymbol{x}) = \int_{t_0}^{t_1} f\left(\boldsymbol{x}(t), \frac{d}{dt}\boldsymbol{x}(t), t\right) dt$$
$$= \int_{t_0}^{t_1} f\left(x_1(t), \cdots, x_n(t), \frac{d}{dt}x_1(t), \cdots, \frac{d}{dt}x_n(t), t\right) dt$$

を最小にする関数 $\boldsymbol{x}(t)$ を求める問題を**変分問題** (variational problem) という．ただし，$f\left(\boldsymbol{x}(t), \dfrac{d}{dt}\boldsymbol{x}(t), t\right)$ は Ω で定義された十分に滑らかな関数である．なお $\boldsymbol{x}(t), \dfrac{d}{dt}\boldsymbol{x}(t)$ が満たすべき制約条件として，積分表示

$$\int_{t_0}^{t_1} \phi_i\left(\boldsymbol{x}(t), \frac{d}{dt}\boldsymbol{x}(t), t\right) dt = b_i \quad (i = 1, \cdots, m)$$

で与えられた制約条件や微分方程式

$$\psi_i\left(\boldsymbol{x}(t), \frac{d}{dt}\boldsymbol{x}(t), t\right) = 0 \quad (i = 1, \cdots, m)$$

で記述された制約条件が代表的である．ただし，ϕ_i や ψ_i は Ω で定義された十分に滑らかな関数である．

例えば，図1.4のように長さ l で一様な線密度 ρ のひもの両端を点P，Qに固定したときにひもの描く曲線を求める問題を考える．ひもが平衡状態にあると

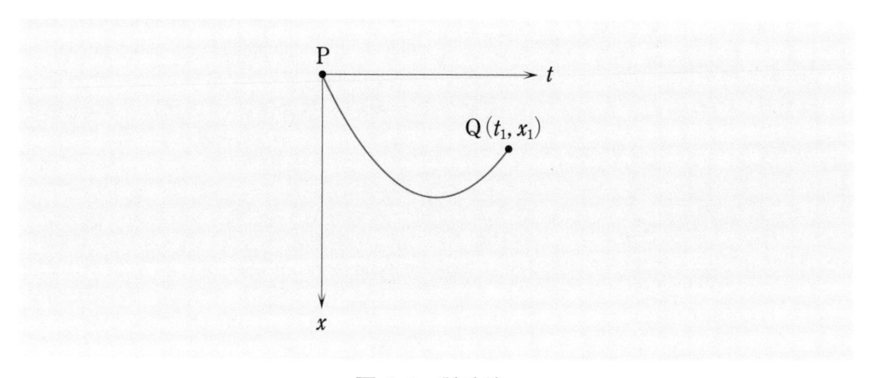

図 1.4 懸垂線

き，その位置エネルギーは最小になる．したがってひもが描く曲線を $x = x(t)$ とすれば，この問題は，ひもの長さが一定

$$\int_0^{t_1} \sqrt{1 + \left(\frac{dx}{dt}\right)^2} dt = l$$

であるという制約条件のもとで，位置エネルギー

$$\rho \int_0^{t_1} x \sqrt{1 + \left(\frac{dx}{dt}\right)^2} dt$$

を最小にする曲線 $x(t)$ を求める変分問題として定式化することができる．ここで定まる曲線を懸垂線という．

1.2.9　最適制御問題

区間 $I = \{t \mid t_0 \leq t \leq t_1\}$ で定義された m 次元ベクトル値関数 $\boldsymbol{x}(t) = [x_1(t), \cdots, x_m(t)]^{\mathrm{T}}$ があるシステムの状態を表し

$$\frac{d}{dt} x_i(t) = \phi_i(\boldsymbol{x}(t), \boldsymbol{u}(t), t) \quad (i = 1, \cdots, m), \quad \boldsymbol{x}(t_0) = \boldsymbol{x}_0 \qquad (1.3)$$

という微分方程式と初期条件に従うものとする．ここで n 次元ベクトル値関数 $\boldsymbol{u}(t) = [u_1(t), \cdots, u_n(t)]^{\mathrm{T}}$ は制御関数である．さらに不等式制約条件

$$\psi_i(\boldsymbol{x}(t), \boldsymbol{u}(t), t) \leq 0 \quad (i = 1, \cdots, l)$$

も考える．このとき制御関数が何らかの条件を満たし $\boldsymbol{x}(t_1)$ が終端条件を満足するという条件のもとで汎関数

$$\begin{aligned} J(\boldsymbol{u}) &= \theta(\boldsymbol{x}(t_1), t_1) + \int_{t_0}^{t_1} f(\boldsymbol{x}(t), \boldsymbol{u}(t), t) dt \\ &= \theta(\boldsymbol{x}(t_1), t_1) + \int_{t_0}^{t_1} f(x_1(t), \cdots, x_m(t), u_1(t), \cdots, u_n(t), t) dt \end{aligned}$$

を最小にする制御関数 $\boldsymbol{u}(t)$ を求める問題を**最適制御問題** (optimal control problem) という．この問題の解 $\boldsymbol{u}^*(t)$ を最適制御といい，これに対する初期値問題 (1.3) の解 $\boldsymbol{x}^*(t)$ を最適軌道という（ただし，上記において $f, \theta, \phi_i, \psi_i$ は滑らかな関数である）．

2 凸集合と凸関数

凸集合や凸関数は最適化理論を数学的に支える重要な概念である．これらは凸解析という名称で統一的に研究されており，非常に美しい理論が展開されている．本章では，後の章で述べる線形計画法や非線形計画法で必要となる凸性に関する基本的な用語，項目を紹介するにとどめる．ここでは微分可能な関数を取り扱うので，まずそのための準備として勾配ベクトル，ヘッセ行列，ヤコビ行列を定義する．続いて勾配ベクトル，ヘッセ行列を用いて，関数が凸であるための必要条件，十分条件を与える．

2章で学ぶ概念・キーワード

- 微分：勾配ベクトル，ヘッセ行列，ヤコビ行列
- 凸集合：凸結合，凸多面集合，凸多面体，凸錐，端点，端線
- 凸関数：狭義凸関数，凹関数，狭義凹関数，一様凸関数，強凸関数

2.1　勾配ベクトルとヘッセ行列

$\boldsymbol{R}^n$ の空でない開集合 D で定義された n 変数実数値関数 $f : D \to \boldsymbol{R}$ が $\boldsymbol{x}^* \in D$ で微分可能ならば，任意のベクトル $\boldsymbol{x} \in D$ に対して

$$f(\boldsymbol{x}) = f(\boldsymbol{x}^*) + \sum_{i=1}^{n} \frac{\partial f}{\partial x_i}(\boldsymbol{x}^*)(x_i - x_i^*) + \sqrt{\sum_{i=1}^{n}(x_i - x_i^*)^2}\ \delta_1(\boldsymbol{x}^*; \boldsymbol{x} - \boldsymbol{x}^*) \tag{2.1}$$

が成り立つ．ただし，$\boldsymbol{x} = [x_1, \cdots, x_n]^{\mathrm{T}}$，$\boldsymbol{x}^* = [x_1^*, \cdots, x_n^*]^{\mathrm{T}}$ であり，$\delta_1(\boldsymbol{x}^*; \cdot) : \boldsymbol{R}^n \to \boldsymbol{R}$ は

$$\lim_{\boldsymbol{x} \to \boldsymbol{x}^*} \delta_1(\boldsymbol{x}^*; \boldsymbol{x} - \boldsymbol{x}^*) = 0$$

となる関数である．さらに，f が $\boldsymbol{x}^*$ で 2 回微分可能ならば，任意のベクトル $\boldsymbol{x} \in D$ に対して

$$f(\boldsymbol{x}) = f(\boldsymbol{x}^*) + \sum_{i=1}^{n} \frac{\partial f}{\partial x_i}(\boldsymbol{x}^*)(x_i - x_i^*) + \frac{1}{2}\sum_{i=1}^{n}\sum_{j=1}^{n} \frac{\partial^2 f}{\partial x_j \partial x_i}(\boldsymbol{x}^*)(x_i - x_i^*)(x_j - x_j^*) + \left\{\sum_{i=1}^{n}(x_i - x_i^*)^2\right\} \delta_2(\boldsymbol{x}^*; \boldsymbol{x} - \boldsymbol{x}^*) \tag{2.2}$$

が成り立つ．ただし，$\delta_2(\boldsymbol{x}^*; \cdot) : \boldsymbol{R}^n \to \boldsymbol{R}$ は

$$\lim_{\boldsymbol{x} \to \boldsymbol{x}^*} \delta_2(\boldsymbol{x}^*; \boldsymbol{x} - \boldsymbol{x}^*) = 0$$

となる関数である．

$\boldsymbol{x}$ を変数とする p 次元のベクトル値関数 $\boldsymbol{g}(\boldsymbol{x}) = [g_1(\boldsymbol{x}), \cdots, g_p(\boldsymbol{x})]^{\mathrm{T}}$（ただし $g_i : D \to \boldsymbol{R}$）が $\boldsymbol{x}^* \in D$ で微分可能，あるいは 2 回微分可能であるとは，その成分の実数値関数 $g_i(\boldsymbol{x})$ $(i = 1, \cdots, p)$ がそれぞれ $\boldsymbol{x}^*$ において微分可能，2 回微分可能ということである．

定義 2.1（勾配ベクトル，ヘッセ行列，ヤコビ行列）

$\boldsymbol{x} = [x_1, x_2, \cdots, x_n]^{\mathrm{T}}$ を変数とする n 変数の実数値関数 $f(\boldsymbol{x})$ に対して，

$$\nabla f(\boldsymbol{x}) = \begin{bmatrix} \dfrac{\partial f}{\partial x_1} \\ \vdots \\ \dfrac{\partial f}{\partial x_n} \end{bmatrix} \in \boldsymbol{R}^n,$$

$$\nabla^2 f(\boldsymbol{x}) = \begin{bmatrix} \dfrac{\partial^2 f}{\partial x_1^2} & \cdots & \dfrac{\partial^2 f}{\partial x_1 \partial x_n} \\ \vdots & \ddots & \vdots \\ \dfrac{\partial^2 f}{\partial x_n \partial x_1} & \cdots & \dfrac{\partial^2 f}{\partial x_n^2} \end{bmatrix} \in \boldsymbol{R}^{n \times n}$$

をそれぞれ f の**勾配ベクトル** (gradient vector)，**ヘッセ行列** (Hessian matrix) という．特に f が 2 回連続的微分可能ならばヘッセ行列は対称行列になる．本書ではヘッセ行列が対称行列の場合のみを扱う．

また，$\boldsymbol{x} = [x_1, x_2, \cdots, x_n]^{\mathrm{T}}$ を変数とする p 次元のベクトル値関数 $\boldsymbol{g}(\boldsymbol{x}) = [g_1(\boldsymbol{x}), \cdots, g_p(\boldsymbol{x})]^{\mathrm{T}}$ に対して，$\boldsymbol{g}$ の 1 階偏導関数行列を

$$\nabla \boldsymbol{g}(\boldsymbol{x}) = [\nabla g_1(\boldsymbol{x}), \cdots, \nabla g_p(\boldsymbol{x})] = \begin{bmatrix} \dfrac{\partial g_1}{\partial x_1} & \cdots & \dfrac{\partial g_p}{\partial x_1} \\ \vdots & \ddots & \vdots \\ \dfrac{\partial g_1}{\partial x_n} & \cdots & \dfrac{\partial g_p}{\partial x_n} \end{bmatrix} \in \boldsymbol{R}^{n \times p}$$

で定義し，その転置行列 $\nabla \boldsymbol{g}(\boldsymbol{x})^{\mathrm{T}}$ を $\boldsymbol{g}$ の**ヤコビ行列** (Jacobian matrix) という．

$\nabla f(\boldsymbol{x})$，$\nabla^2 f(\boldsymbol{x})$ の記号を用いれば，式 (2.1) と式 (2.2) はそれぞれ

$$f(\boldsymbol{x}) = f(\boldsymbol{x}^*) + \nabla f(\boldsymbol{x}^*)^{\mathrm{T}}(\boldsymbol{x} - \boldsymbol{x}^*) + \|\boldsymbol{x} - \boldsymbol{x}^*\|\ \delta_1(\boldsymbol{x}^*; \boldsymbol{x} - \boldsymbol{x}^*)$$

$$\begin{aligned} f(\boldsymbol{x}) &= f(\boldsymbol{x}^*) + \nabla f(\boldsymbol{x}^*)^{\mathrm{T}}(\boldsymbol{x} - \boldsymbol{x}^*) \\ &\qquad + \frac{1}{2}(\boldsymbol{x} - \boldsymbol{x}^*)^{\mathrm{T}} \nabla^2 f(\boldsymbol{x}^*)(\boldsymbol{x} - \boldsymbol{x}^*) + \|\boldsymbol{x} - \boldsymbol{x}^*\|^2 \delta_2(\boldsymbol{x}^*; \boldsymbol{x} - \boldsymbol{x}^*) \end{aligned}$$

と書ける[1]．

勾配ベクトルに関して次の公式が成り立つ（証明は章末問題2を参照）．

公式 2.1（線形関数，2次関数の勾配ベクトルとヘッセ行列）

$\boldsymbol{c} \in \boldsymbol{R}^n$, $Q \in \boldsymbol{R}^{n \times n}$ が与えられたとき，変数ベクトル $\boldsymbol{x} \in \boldsymbol{R}^n$ に関する勾配ベクトル，ヘッセ行列について次の式が成り立つ．

（1）$\nabla(\boldsymbol{c}^{\mathrm{T}}\boldsymbol{x}) = \boldsymbol{c}$

（2）$\nabla(\boldsymbol{x}^{\mathrm{T}}Q\boldsymbol{x}) = (Q + Q^{\mathrm{T}})\boldsymbol{x}$

（3）$\nabla^2(\boldsymbol{x}^{\mathrm{T}}Q\boldsymbol{x}) = Q + Q^{\mathrm{T}}$

この公式を利用すれば，2次関数

$$f(\boldsymbol{x}) = \frac{1}{2}\boldsymbol{x}^{\mathrm{T}}Q\boldsymbol{x} + \boldsymbol{c}^{\mathrm{T}}\boldsymbol{x}$$

に対して

$$\nabla f(\boldsymbol{x}) = \frac{1}{2}(Q + Q^{\mathrm{T}})\boldsymbol{x} + \boldsymbol{c},$$
$$\nabla^2 f(\boldsymbol{x}) = \frac{1}{2}(Q + Q^{\mathrm{T}})$$

が成り立つことがわかる．さらに，Q が対称行列ならば

$$\nabla f(\boldsymbol{x}) = Q\boldsymbol{x} + \boldsymbol{c},$$
$$\nabla^2 f(\boldsymbol{x}) = Q$$

となる．

1）高位の無限小に対する Landau（ランダウ）の記号を用いれば，これらの式は次のように書ける．

$$f(\boldsymbol{x}) = f(\boldsymbol{x}^*) + \nabla f(\boldsymbol{x}^*)^{\mathrm{T}}(\boldsymbol{x} - \boldsymbol{x}^*) + o(\|\boldsymbol{x} - \boldsymbol{x}^*\|)$$
$$f(\boldsymbol{x}) = f(\boldsymbol{x}^*) + \nabla f(\boldsymbol{x}^*)^{\mathrm{T}}(\boldsymbol{x} - \boldsymbol{x}^*) + \frac{1}{2}(\boldsymbol{x} - \boldsymbol{x}^*)^{\mathrm{T}}\nabla^2 f(\boldsymbol{x}^*)(\boldsymbol{x} - \boldsymbol{x}^*) + o(\|\boldsymbol{x} - \boldsymbol{x}^*\|^2)$$

2.2 凸 集 合

本節では凸集合に関連した用語をいくつか定義する．

定義 2.2（凸結合）

$\boldsymbol{R}^n$ の 2 点 $\boldsymbol{u}, \boldsymbol{v}$ に対して $0 \leq \lambda \leq 1$ を満たす実数 λ を用いて

$$(1-\lambda)\boldsymbol{u} + \lambda\boldsymbol{v}$$

で表される点を $\boldsymbol{u}$ と $\boldsymbol{v}$ の**凸結合** (convex combination) といい，凸結合の集合 $\{(1-\lambda)\boldsymbol{u}+\lambda\boldsymbol{v} \mid 0 \leq \lambda \leq 1\}$ を $\boldsymbol{u}$ と $\boldsymbol{v}$ を結ぶ**線分** (segment) という．

一般に $\boldsymbol{R}^n$ の有限個の点 $\boldsymbol{u}_1, \boldsymbol{u}_2, \cdots, \boldsymbol{u}_k$ に対して $\displaystyle\sum_{i=1}^{k} \lambda_i = 1$ を満たす実数 $\lambda_i \geq 0$ $(i = 1, \cdots, k)$ を用いて，線形結合

$$\boldsymbol{u} = \lambda_1 \boldsymbol{u}_1 + \lambda_2 \boldsymbol{u}_2 + \cdots + \lambda_k \boldsymbol{u}_k$$

で表される点を $\boldsymbol{u}_1, \cdots, \boldsymbol{u}_k$ の凸結合という．

定義 2.3（凸集合）

空でない集合 $S \subset \boldsymbol{R}^n$ において，S に属する任意の 2 点 $\boldsymbol{u}, \boldsymbol{v}$ の凸結合が集合 S に属するとき，すなわち，$0 \leq \lambda \leq 1$ を満たす任意の実数 λ に対して

$$(1-\lambda)\boldsymbol{u} + \lambda\boldsymbol{v} \in S$$

が成り立つとき，S は**凸集合** (convex set) であるという（空集合 $\emptyset$ は凸集合とする）．

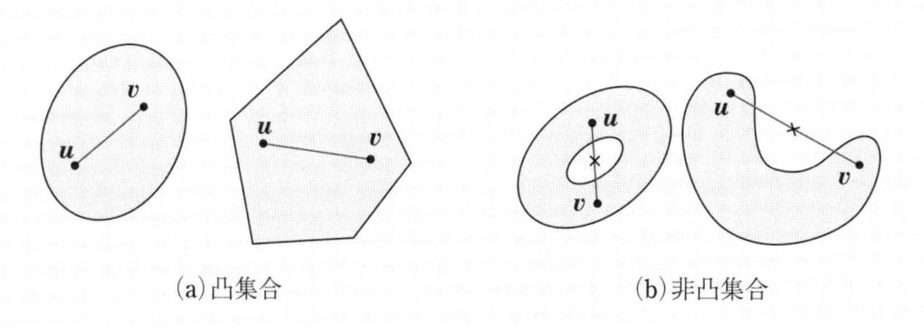

図 2.1　凸集合と非凸集合

例題 2.1（凸集合の例）

線形計画問題の制約条件を満たす点の集合 $S = \{\boldsymbol{x} \in \boldsymbol{R}^n | \ A\boldsymbol{x} = \boldsymbol{b},\ \boldsymbol{x} \geq \boldsymbol{0}\}$ は凸集合であることを示せ．

【解答】 任意の $\boldsymbol{u}, \boldsymbol{v} \in S$ と $0 \leq \lambda \leq 1$ を満たす任意の実数 λ に対して

$$A((1-\lambda)\boldsymbol{u} + \lambda\boldsymbol{v}) = (1-\lambda)(A\boldsymbol{u}) + \lambda(A\boldsymbol{v}) = (1-\lambda)\boldsymbol{b} + \lambda\boldsymbol{b} = \boldsymbol{b}$$

および

$$(1-\lambda)\boldsymbol{u} + \lambda\boldsymbol{v} \geq \boldsymbol{0}$$

が成り立つので，$(1-\lambda)\boldsymbol{u} + \lambda\boldsymbol{v} \in S$ となる．したがって S は凸集合である．■

定義 2.4（超平面，半空間）

$\boldsymbol{R}^n$ の零でないベクトル $\boldsymbol{a}$ と実数 α を用いて定義される集合

$$H = \{\boldsymbol{x} \in \boldsymbol{R}^n \mid \boldsymbol{a}^{\mathrm{T}}\boldsymbol{x} = \alpha\}$$

を $\boldsymbol{a}$ と α で定義される**超平面** (hyperplane) という．超平面 H に対して

$$H^+ = \{\boldsymbol{x} \in \boldsymbol{R}^n \mid \boldsymbol{a}^{\mathrm{T}}\boldsymbol{x} \geq \alpha\}, \quad H^- = \{\boldsymbol{x} \in \boldsymbol{R}^n \mid \boldsymbol{a}^{\mathrm{T}}\boldsymbol{x} \leq \alpha\}$$

をそれぞれ超平面 H を境界にもつ**正の閉半空間**，**負の閉半空間**という．

定義 2.5（凸多面集合，凸多面体）

有限個の閉半空間の共通部分として表される空でない集合を**凸多面集合** (polyhedral convex set) という．具体的には，零でないベクトル $\boldsymbol{a}_1, \cdots, \boldsymbol{a}_m \in \boldsymbol{R}^n$ と実数 $b_1, \cdots, b_m$ を用いれば

$$X = \{\boldsymbol{x} \in \boldsymbol{R}^n \mid \boldsymbol{a}_i^{\mathrm{T}}\boldsymbol{x} \leq b_i,\ i = 1, \cdots, m\}$$

は凸多面集合になる．あるいは，$\boldsymbol{a}_i^{\mathrm{T}}$ を第 i 行ベクトルにもつ行列 $A \in \boldsymbol{R}^{m \times n}$ と b_i を第 i 成分にもつベクトル $\boldsymbol{b} \in \boldsymbol{R}^m$ に対して

$$X = \{\boldsymbol{x} \in \boldsymbol{R}^n \mid A\boldsymbol{x} \leq \boldsymbol{b}\}$$

は凸多面集合になる．また，等式 $\boldsymbol{a}_i^{\mathrm{T}}\boldsymbol{x} = b_i$ は2つの半空間

$$\{\boldsymbol{x} \in \boldsymbol{R}^n \mid \boldsymbol{a}_i^{\mathrm{T}}\boldsymbol{x} \leq b_i\}, \quad \{\boldsymbol{x} \in \boldsymbol{R}^n \mid \boldsymbol{a}_i^{\mathrm{T}}\boldsymbol{x} \geq b_i\}$$

の共通部分として表せるので $X = \{\boldsymbol{x} \in \boldsymbol{R}^n \mid A\boldsymbol{x} = \boldsymbol{b}\}$ も凸多面集合になる．

特に，有界な凸多面集合は**凸多面体** (convex polytope) と呼ばれる．

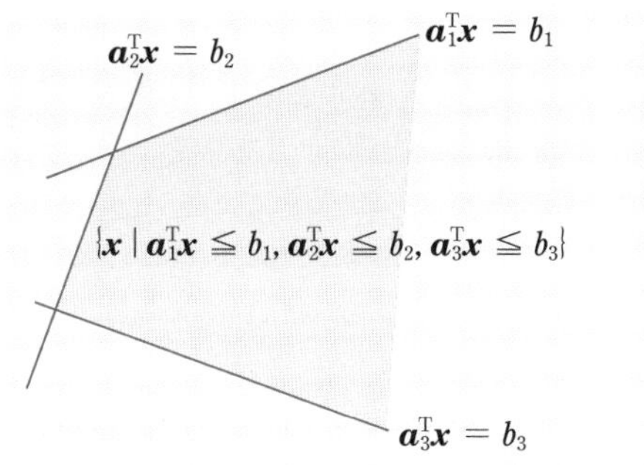

図 2.2 凸多面集合

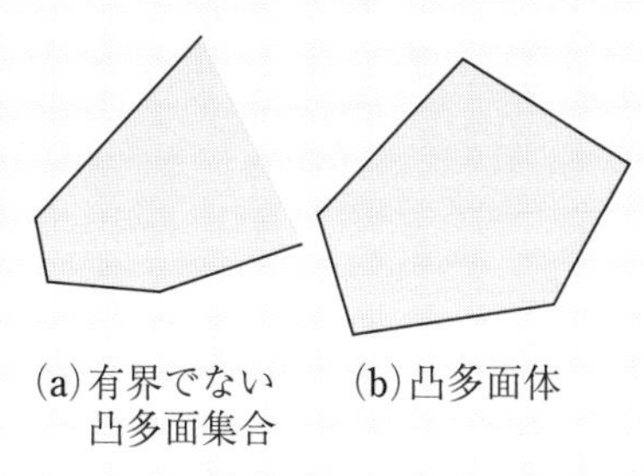

図 2.3 凸多面集合と凸多面体

明らかに，凸多面集合は凸集合である．

定義 2.6（端点，辺）

$\boldsymbol{R}^n$ の凸集合 S に属する点 $\boldsymbol{x}$ が，それとは異なる S の 2 点 $\boldsymbol{u}, \boldsymbol{v}$（ただし $\boldsymbol{u} \neq \boldsymbol{v}$）の凸結合として

$$\boldsymbol{x} = (1-\lambda)\boldsymbol{u} + \lambda\boldsymbol{v} \quad (0 < \lambda < 1)$$

と表すことができないとき，$\boldsymbol{x}$ を S の**端点** (extreme point) という．

また集合 S に属する互いに異なる 2 点 $\boldsymbol{u}, \boldsymbol{v}$ を結ぶ線分（ただし $\boldsymbol{u}, \boldsymbol{v}$ を除く）上の任意の点がこの線分上以外の S の 2 点の凸結合で表すことができないとき，この線分を S の**辺** (edge) という．さらに，2 つの端点を結ぶ線分上のいかなる点もこの 2 つの端点の凸結合としてしか表すことができないとき，この端点は**互いに隣接している（隣り合っている）**という．

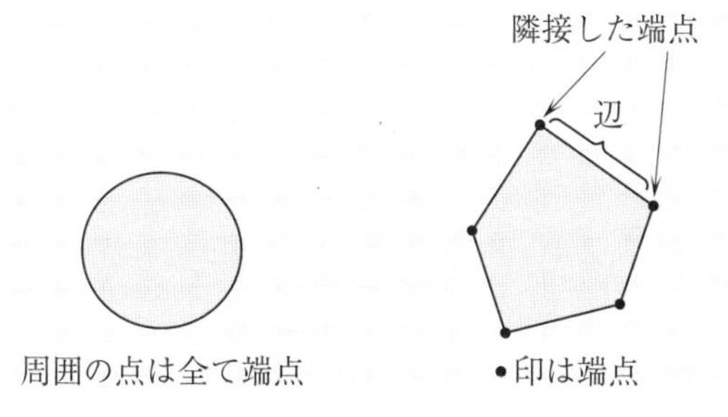

図 2.4 端点と辺

定義 2.7（錐，凸錐）

$\boldsymbol{R}^n$ の空でない部分集合 C において，$\boldsymbol{x} \in C$ ならば全ての実数 $\lambda \geq 0$ に対して $\lambda\boldsymbol{x} \in C$ が成り立つとき，C を**錐** (cone) という（必ず原点が含まれることに注意）．特に凸集合である錐を**凸錐** (convex cone) という．

定義 2.8（射線，端線）

$\boldsymbol{R}^n$ の零でない点 $\boldsymbol{x}$ に対して半直線

$$\{\lambda\boldsymbol{x} \mid \lambda > 0,\ \lambda \in \boldsymbol{R}\}$$

を $\boldsymbol{x}$ 方向の**射線** (ray) という（始点である原点が含まれないことに注意）．

$\boldsymbol{R}^n$ の凸錐 C のある射線に属する全ての点が，その射線上の2点以外の凸結合で表すことができないとき，その射線を凸錐 C の**端線** (extreme ray) という．

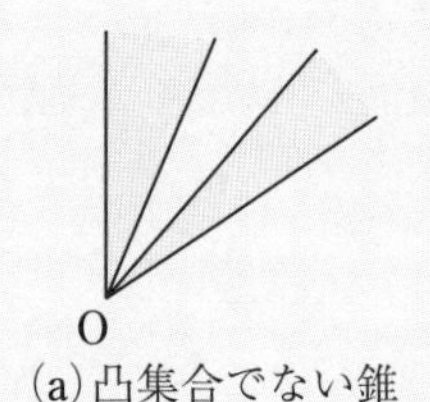

(a) 凸集合でない錐

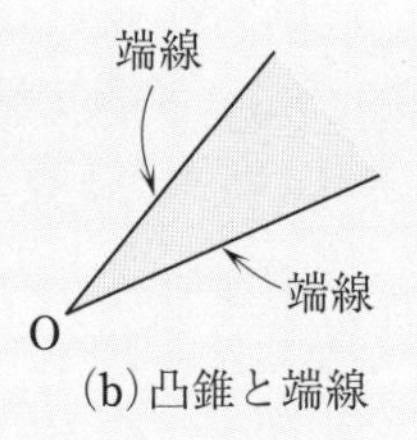

(b) 凸錐と端線

図 2.5　錐と端線

本節を終えるにあたって，凸多面集合，端点，端線に関する次の定理を紹介しておく．

定理 2.1（凸多面集合，凸多面体の表現）

$A \in \boldsymbol{R}^{m\times n}$, $\boldsymbol{b} \in \boldsymbol{R}^m$ に対して凸多面集合 $S = \{\boldsymbol{x} \in \boldsymbol{R}^n \mid A\boldsymbol{x} = \boldsymbol{b},\ \boldsymbol{x} \geq \boldsymbol{0}\}$ を考える．凸多面集合 S の端点を $\{\boldsymbol{v}_1, \boldsymbol{v}_2, \cdots, \boldsymbol{v}_k\}$ としたとき，次のことが成り立つ．

(1) 凸多面集合 S が有界ならば（すなわち凸多面体ならば），S の任意の点 $\boldsymbol{x}$ は S の端点の凸結合で表すことができる．すなわち，$\boldsymbol{x} \in S$ は

$$\boldsymbol{x} = \sum_{i=1}^{k} \lambda_i \boldsymbol{v}_i \quad \left(\sum_{i=1}^{k} \lambda_i = 1, \quad \lambda_i \geq 0, \quad i = 1, \cdots, k\right)$$

と表すことができる．

(2) 一般に，凸多面集合 S の任意の点 $\boldsymbol{x}$ は S の端点の凸結合と凸錐 $C = \{\boldsymbol{x} \in \boldsymbol{R}^n \mid A\boldsymbol{x} = \boldsymbol{0},\ \boldsymbol{x} \geq \boldsymbol{0}\}$ の端線上の点の非負結合の和で表すことができる．すなわち，凸錐 C の端線上の点を $\{\boldsymbol{w}_1, \boldsymbol{w}_2, \cdots, \boldsymbol{w}_t\}$ としたとき，$\boldsymbol{x} \in S$ は

$$\boldsymbol{x} = \sum_{i=1}^{k} \lambda_i \boldsymbol{v}_i + \sum_{j=1}^{t} \mu_j \boldsymbol{w}_j$$

$$\left(\sum_{i=1}^{k} \lambda_i = 1, \quad \lambda_i \geq 0, \quad i = 1, \cdots, k, \quad \mu_j \geq 0, \quad j = 1, \cdots, t\right)$$

と表すことができる．

注意1 定義 2.5 のかわりに定理 2.1 (1) を凸多面体の定義にすることも多い．具体的には，与えられた有限個の点 $\boldsymbol{x}_0, \boldsymbol{x}_1, \cdots, \boldsymbol{x}_k \in \boldsymbol{R}^n$ の凸結合全体の集合

$$S = \left\{ \boldsymbol{x} \in \boldsymbol{R}^n \,\middle|\, \boldsymbol{x} = \sum_{i=0}^{k} \lambda_i \boldsymbol{x}_i, \ \sum_{i=0}^{k} \lambda_i = 1, \quad \lambda_i \geq 0 \ (i = 0, \cdots, k) \right\}$$

を凸多面体という．さらに k 個のベクトル $\boldsymbol{x}_1 - \boldsymbol{x}_0$, $\boldsymbol{x}_2 - \boldsymbol{x}_0$, $\cdots$, $\boldsymbol{x}_k - \boldsymbol{x}_0$ が線形独立のとき，集合 S を **k-単体** (k-simplex) という． □

2.3 凸　関　数

本節ではまず凸関数の定義を述べ，次に凸関数であるための条件について触れる．

定義 2.9（凸関数，狭義凸関数）

凸集合 D 上で定義された実数値関数 f が，D に属する任意の2点 $\boldsymbol{u}, \boldsymbol{v}$ と $0 \leq \lambda \leq 1$ となる任意の実数 λ に対して

$$f((1-\lambda)\boldsymbol{u} + \lambda\boldsymbol{v}) \leq (1-\lambda)f(\boldsymbol{u}) + \lambda f(\boldsymbol{v}) \tag{2.3}$$

を満たすとき，f は D 上で**凸関数** (convex function) であるという（図 2.6 参照）．さらに，D に属する任意の異なる2点 $\boldsymbol{u}, \boldsymbol{v}$ と $0 < \lambda < 1$ を満たす任意の実数 λ に対して

$$f((1-\lambda)\boldsymbol{u} + \lambda\boldsymbol{v}) < (1-\lambda)f(\boldsymbol{u}) + \lambda f(\boldsymbol{v}) \tag{2.4}$$

が成り立つとき，f は D 上で**狭義凸関数** (strictly convex function) であるという（図 2.7 参照）．

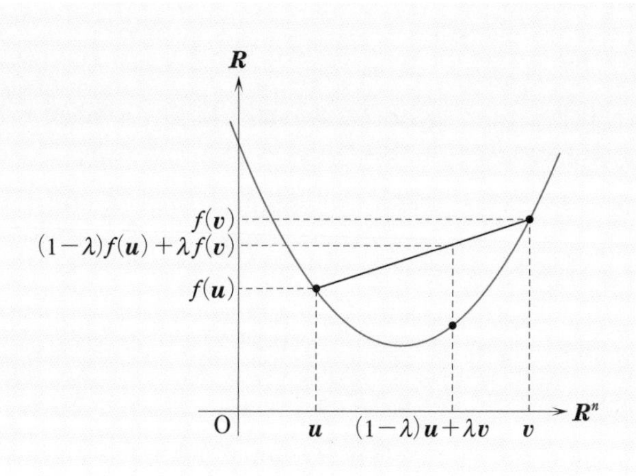

図 2.6　凸関数の定義

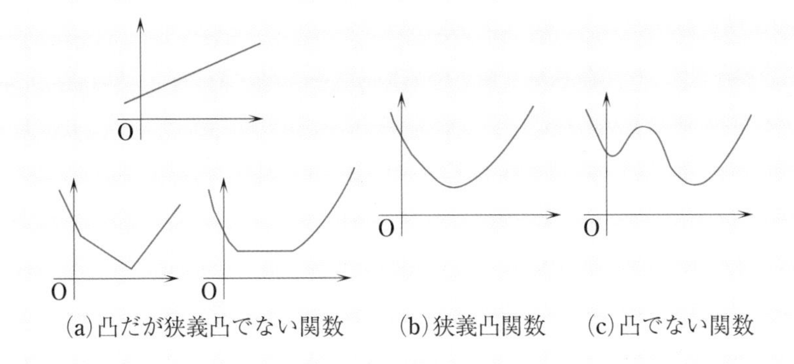

図 2.7 凸関数と狭義凸関数

式 (2.3), (2.4) において逆向きの不等号が成り立つとき，$f(x)$ をそれぞれ**凹関数** (concave function)，**狭義凹関数** (strictly concave function) という．言い換えれば，$-f(\boldsymbol{x})$ が凸関数，狭義凸関数であるとき，$f(\boldsymbol{x})$ はそれぞれ凹関数，狭義凹関数であるという．

例題 2.2

(1) 線形関数 $f(\boldsymbol{x}) = \boldsymbol{c}^{\mathrm{T}}\boldsymbol{x}$ は $\boldsymbol{R}^n$ で凸関数かつ凹関数になることを示せ．ただし，$\boldsymbol{c}, \boldsymbol{x} \in \boldsymbol{R}^n$ である．

(2) $h_i : \boldsymbol{R}^n \to \boldsymbol{R}$ $(i = 1, \cdots, l)$ が凸関数ならば，集合 $S = \{\boldsymbol{x} \in \boldsymbol{R}^n \mid h_i(\boldsymbol{x}) \leq 0 \ (i = 1, \cdots, l)\}$ は凸集合になることを示せ．

【解答】 (1) 任意の $\boldsymbol{u}, \boldsymbol{v} \in \boldsymbol{R}^n$ と $0 \leq \lambda \leq 1$ を満たす任意の実数 λ に対して

$$
\begin{aligned}
f((1-\lambda)\boldsymbol{u} + \lambda\boldsymbol{v}) &= \boldsymbol{c}^{\mathrm{T}}((1-\lambda)\boldsymbol{u} + \lambda\boldsymbol{v}) = (1-\lambda)\boldsymbol{c}^{\mathrm{T}}\boldsymbol{u} + \lambda\boldsymbol{c}^{\mathrm{T}}\boldsymbol{v} \\
&= (1-\lambda)f(\boldsymbol{u}) + \lambda f(\boldsymbol{v})
\end{aligned}
$$

が成り立つので，線形関数は凸関数かつ凹関数になる．

(2) 任意の $\boldsymbol{u}, \boldsymbol{v} \in S$ と $0 \leq \lambda \leq 1$ を満たす任意の実数 λ に対して

$$
h_i((1-\lambda)\boldsymbol{u} + \lambda\boldsymbol{v}) \leq (1-\lambda)h_i(\boldsymbol{u}) + \lambda h_i(\boldsymbol{v}) \leq 0 \quad (i = 1, \cdots, l)
$$

が成り立つので，$(1-\lambda)\boldsymbol{u} + \lambda\boldsymbol{v} \in S$ となる．したがって S は凸集合になる．■

開凸集合 D で定義された連続的微分可能な関数 $f(x)$ が凸関数になるための必要十分条件は，次の定理で与えられる．

定理 2.2（凸関数であるための条件（微分可能の場合））

関数 f は開凸集合 D 上で連続的微分可能であるとする．このとき f が D 上で凸関数であることは，次のいずれとも同値である．

(1)　任意の $\boldsymbol{x}, \boldsymbol{y} \in D$ に対して

$$f(\boldsymbol{y}) \geq f(\boldsymbol{x}) + \nabla f(\boldsymbol{x})^{\mathrm{T}}(\boldsymbol{y} - \boldsymbol{x}) \tag{2.5}$$

が成り立つ．

(2)　任意の $\boldsymbol{x}, \boldsymbol{y} \in D$ に対して

$$(\nabla f(\boldsymbol{y}) - \nabla f(\boldsymbol{x}))^{\mathrm{T}}(\boldsymbol{y} - \boldsymbol{x}) \geq 0 \tag{2.6}$$

が成り立つ（この性質を ∇f の**単調性** (monotonicity) という）．

［証明］ (1)　f が D 上で凸関数であると仮定する．このとき，任意のベクトル $\boldsymbol{x}, \boldsymbol{y} \in D$ と $0 < \lambda < 1$ を満たす任意の実数 λ に対して

$$f((1-\lambda)\boldsymbol{x} + \lambda\boldsymbol{y}) \leq (1-\lambda)f(\boldsymbol{x}) + \lambda f(\boldsymbol{y})$$

となる．f の微分可能性より

$$\begin{aligned}
f(\boldsymbol{y}) - f(\boldsymbol{x}) &\geq \frac{1}{\lambda}\{f(\boldsymbol{x} + \lambda(\boldsymbol{y} - \boldsymbol{x})) - f(\boldsymbol{x})\} \\
&= \frac{1}{\lambda}\{f(\boldsymbol{x}) + \lambda\nabla f(\boldsymbol{x})^{\mathrm{T}}(\boldsymbol{y} - \boldsymbol{x}) \\
&\qquad + \lambda\|\boldsymbol{y} - \boldsymbol{x}\|\delta_1(\boldsymbol{x}; \lambda(\boldsymbol{y} - \boldsymbol{x})) - f(\boldsymbol{x})\} \\
&= \nabla f(\boldsymbol{x})^{\mathrm{T}}(\boldsymbol{y} - \boldsymbol{x}) + \|\boldsymbol{y} - \boldsymbol{x}\|\delta_1(\boldsymbol{x}; \lambda(\boldsymbol{y} - \boldsymbol{x}))
\end{aligned}$$

が成り立つので，$\lambda \to +0$ とすれば $\lim_{\lambda \to +0} \delta_1(\boldsymbol{x}; \lambda(\boldsymbol{y} - \boldsymbol{x})) = 0$ より式 (2.5) を得る．

逆に式 (2.5) が成り立つと仮定する．このとき，任意のベクトル $\boldsymbol{x}, \boldsymbol{y} \in D$ と $0 \leq \lambda \leq 1$ となる任意の実数 λ に対して $(1-\lambda)\boldsymbol{x} + \lambda\boldsymbol{y} \in D$ なので

$$\begin{aligned}
f(\boldsymbol{x}) \geq\ & f((1-\lambda)\boldsymbol{x} + \lambda\boldsymbol{y}) \\
&+ \nabla f((1-\lambda)\boldsymbol{x} + \lambda\boldsymbol{y})^{\mathrm{T}}[\boldsymbol{x} - \{(1-\lambda)\boldsymbol{x} + \lambda\boldsymbol{y}\}]
\end{aligned}$$

および

$$f(\boldsymbol{y}) \geq f((1-\lambda)\boldsymbol{x}+\lambda\boldsymbol{y}) \\ +\nabla f((1-\lambda)\boldsymbol{x}+\lambda\boldsymbol{y})^{\mathrm{T}}[\boldsymbol{y}-\{(1-\lambda)\boldsymbol{x}+\lambda\boldsymbol{y}\}]$$

を得る．ここで第 1 式と第 2 式にそれぞれ $1-\lambda$ と λ をかけて辺々を加えれば

$$(1-\lambda)f(\boldsymbol{x})+\lambda f(\boldsymbol{y}) \geq f((1-\lambda)\boldsymbol{x}+\lambda\boldsymbol{y})$$

となる．これは f が D で凸関数になることを示している．

(2) f が D 上で凸関数であると仮定すると，(1) より，任意のベクトル $\boldsymbol{x}, \boldsymbol{y} \in D$ に対して

$$f(\boldsymbol{y}) \geq f(\boldsymbol{x})+\nabla f(\boldsymbol{x})^{\mathrm{T}}(\boldsymbol{y}-\boldsymbol{x})$$
$$f(\boldsymbol{x}) \geq f(\boldsymbol{y})+\nabla f(\boldsymbol{y})^{\mathrm{T}}(\boldsymbol{x}-\boldsymbol{y})$$

となる．このとき辺々を加えれば式 (2.6) が得られる．

逆に式 (2.6) が成り立つと仮定する．このとき任意のベクトル $\boldsymbol{x}, \boldsymbol{y} \in D$ に対して，平均値定理より $0<t<1$ なる適当な実数 t が存在して

$$f(\boldsymbol{y}) = f(\boldsymbol{x})+\nabla f(\boldsymbol{x}+t(\boldsymbol{y}-\boldsymbol{x}))^{\mathrm{T}}(\boldsymbol{y}-\boldsymbol{x}) \tag{2.7}$$

が成り立つ．他方 $(1-t)\boldsymbol{x}+t\boldsymbol{y} \in D$ であることに注意すれば，仮定より

$$[\nabla f(\boldsymbol{x}+t(\boldsymbol{y}-\boldsymbol{x}))-\nabla f(\boldsymbol{x})]^{\mathrm{T}}\{t(\boldsymbol{y}-\boldsymbol{x})\} \geq 0$$

が成り立つので

$$\nabla f(\boldsymbol{x}+t(\boldsymbol{y}-\boldsymbol{x}))^{\mathrm{T}}(\boldsymbol{y}-\boldsymbol{x}) \geq \nabla f(\boldsymbol{x})^{\mathrm{T}}(\boldsymbol{y}-\boldsymbol{x}) \tag{2.8}$$

となる．よって式 (2.7) と式 (2.8) から

$$f(\boldsymbol{y}) \geq f(\boldsymbol{x})+\nabla f(\boldsymbol{x})^{\mathrm{T}}(\boldsymbol{y}-\boldsymbol{x})$$

を得る．したがって (1) の結論を用いれば，f が D 上で凸関数になることが示される． ■

式 (2.5) を幾何学的に解釈すれば，図 2.8 のようになる．すなわち曲線上

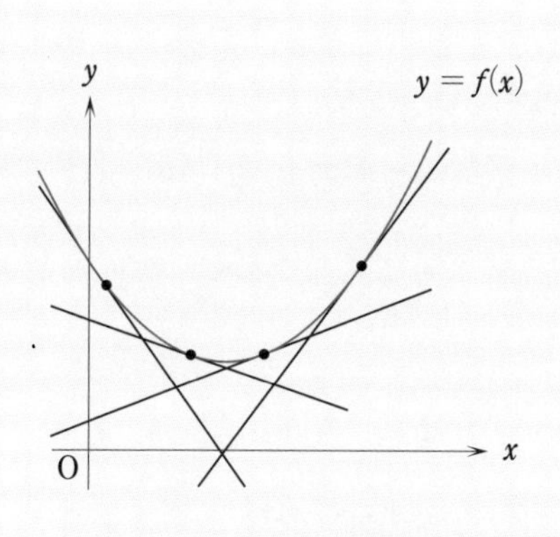

図 2.8 凸関数の性質

の任意の点で接線を引いたとき[2)]，曲線が接線よりも常に上にあることが凸関数の特徴なのである．

なお，定理 2.2 の式 (2.5) と式 (2.6) において $\geq$ を $>$ で置き換えた不等式を $\boldsymbol{x} \neq \boldsymbol{y}$ で考えれば，f が狭義凸関数であるための必要十分条件になることを注意しておく（章末問題 5 を参照）．

例題 2.3（2 次関数の凸性）

$\boldsymbol{x}, \boldsymbol{c} \in \boldsymbol{R}^n$ と対称行列 $Q \in \boldsymbol{R}^{n \times n}$ に対する 2 次関数

$$f(\boldsymbol{x}) = \frac{1}{2}\boldsymbol{x}^{\mathrm{T}}Q\boldsymbol{x} + \boldsymbol{c}^{\mathrm{T}}\boldsymbol{x}$$

について，次のことが成り立つことを示せ．

(1) 2 次関数 $f(\boldsymbol{x})$ が $\boldsymbol{R}^n$ で凸関数になるための必要十分条件は，行列 Q が半正定値であることである．

(2) 2 次関数 $f(\boldsymbol{x})$ が $\boldsymbol{R}^n$ で狭義凸関数になるための必要十分条件は，行列 Q が正定値であることである．

【解答】 (1) $\nabla f(\boldsymbol{x}) = Q\boldsymbol{x} + \boldsymbol{c}$ なので，任意の $\boldsymbol{x}, \boldsymbol{y} \in \boldsymbol{R}^n$ に対して

$$(\nabla f(\boldsymbol{x}) - \nabla f(\boldsymbol{y}))^{\mathrm{T}}(\boldsymbol{x} - \boldsymbol{y}) = (\boldsymbol{x} - \boldsymbol{y})^{\mathrm{T}}Q(\boldsymbol{x} - \boldsymbol{y}) \tag{2.9}$$

2) 曲面の場合は接線のかわりに接平面で考える．

が成り立つ．よって定理 2.2 (2) より，f の凸性と Q の半正定値性が同値であることがわかる．

(2) 式 (2.9) で $\boldsymbol{x} \neq \boldsymbol{y}$ ならば，f の狭義凸性と Q の正定値性が同値であることがわかる． ■

関数 f が 2 回連続的微分可能であるとき，f の凸性とヘッセ行列 $\nabla^2 f(\boldsymbol{x})$ の半正定値性（あるいは正定値性）との間に次の関係がある．

定理 2.3（凸関数であるための条件（2 回微分可能の場合））

関数 f が開凸集合 $D \subset \boldsymbol{R}^n$ で 2 回連続的微分可能であるとする．このとき次のことが成り立つ．

（1） f が D 上で凸関数であるための必要十分条件は，ヘッセ行列 $\nabla^2 f(\boldsymbol{x})$ が D 上で半正定値になることである．

（2） ヘッセ行列 $\nabla^2 f(\boldsymbol{x})$ が D 上で正定値であるならば，f は D 上で狭義凸関数になる．

［証明］ (1) 関数 f が D 上で凸であると仮定する．ここで，点 $\boldsymbol{x} \in D$ とベクトル $\boldsymbol{v} \in \boldsymbol{R}^n$ を任意に固定する．集合 D は開集合なので，適当な正の数 $\bar{\lambda}$ が存在して，$0 < \lambda < \bar{\lambda}$ なる任意の実数 λ に対して $\boldsymbol{x} + \lambda \boldsymbol{v} \in D$ となる．よって 2 回微分可能性より

$$f(\boldsymbol{x} + \lambda \boldsymbol{v}) = f(\boldsymbol{x}) + \lambda \nabla f(\boldsymbol{x})^{\mathrm{T}} \boldsymbol{v} + \frac{1}{2} \lambda^2 \boldsymbol{v}^{\mathrm{T}} \nabla^2 f(\boldsymbol{x}) \boldsymbol{v} + \lambda^2 \|\boldsymbol{v}\|^2 \delta_2(\boldsymbol{x}; \lambda \boldsymbol{v}) \tag{2.10}$$

となる．仮定より f は D 上で凸関数なので，定理 2.2 (1) より

$$f(\boldsymbol{x} + \lambda \boldsymbol{v}) \geq f(\boldsymbol{x}) + \nabla f(\boldsymbol{x})^{\mathrm{T}} (\lambda \boldsymbol{v})$$

が成り立つ．この式の左辺に式 (2.10) を代入すれば

$$\frac{1}{2} \lambda^2 \boldsymbol{v}^{\mathrm{T}} \nabla^2 f(\boldsymbol{x}) \boldsymbol{v} + \lambda^2 \|\boldsymbol{v}\|^2 \delta_2(\boldsymbol{x}; \lambda \boldsymbol{v}) \geq 0$$

を得る．両辺を λ^2 で割って $\lambda \to +0$ とすれば，$\lim_{\lambda \to +0} \delta_2(\boldsymbol{x}; \lambda \boldsymbol{v}) = 0$ なので

$$\boldsymbol{v}^{\mathrm{T}} \nabla^2 f(\boldsymbol{x}) \boldsymbol{v} \geq 0$$

が成り立つ．このことはヘッセ行列が D 上で半正定値であることを意味している．

逆に，ヘッセ行列 $\nabla^2 f(\boldsymbol{x})$ が D 上で半正定値であると仮定する．テイラーの定理より，任意の $\boldsymbol{x}, \boldsymbol{y} \in D$ に対して

$$\begin{aligned} f(\boldsymbol{y}) = & f(\boldsymbol{x}) + \nabla f(\boldsymbol{x})^{\mathrm{T}}(\boldsymbol{y}-\boldsymbol{x}) \\ & + \frac{1}{2}(\boldsymbol{y}-\boldsymbol{x})^{\mathrm{T}}\nabla^2 f(\boldsymbol{x}+t(\boldsymbol{y}-\boldsymbol{x}))(\boldsymbol{y}-\boldsymbol{x}) \end{aligned}$$

となる実数 t $(0 < t < 1)$ が存在する．仮定よりヘッセ行列は $\boldsymbol{x}+t(\boldsymbol{y}-\boldsymbol{x}) \in D$ で半正定値なので

$$\begin{aligned} & f(\boldsymbol{y}) - \{f(\boldsymbol{x}) + \nabla f(\boldsymbol{x})^{\mathrm{T}}(\boldsymbol{y}-\boldsymbol{x})\} \\ & \quad = \frac{1}{2}(\boldsymbol{y}-\boldsymbol{x})^{\mathrm{T}}\nabla^2 f(\boldsymbol{x}+t(\boldsymbol{y}-\boldsymbol{x}))(\boldsymbol{y}-\boldsymbol{x}) \geq 0 \end{aligned}$$

となる．したがって

$$f(\boldsymbol{y}) \geq f(\boldsymbol{x}) + \nabla f(\boldsymbol{x})^{\mathrm{T}}(\boldsymbol{y}-\boldsymbol{x})$$

が成り立つので，定理 2.2 (1) より f は D 上で凸関数になる．

(2)　ヘッセ行列 $\nabla^2 f(\boldsymbol{x})$ が D で正定値であると仮定する．このとき (1) の後半の証明と同様にすれば，任意の $\boldsymbol{x}, \boldsymbol{y} \in D$ $(\boldsymbol{x} \neq \boldsymbol{y})$ に対して

$$f(\boldsymbol{y}) > f(\boldsymbol{x}) + \nabla f(\boldsymbol{x})^{\mathrm{T}}(\boldsymbol{y}-\boldsymbol{x})$$

が成り立つことが示せる．したがって，f は D 上で狭義凸関数になる．■

注意2　定理 2.3 (2) において，逆は一般には成り立たない．すなわち，f が狭義凸関数でも $\nabla^2 f(\boldsymbol{x})$ が正定値行列になるとは限らない．例えば，$n=1, D=\boldsymbol{R}$ のとき $f(x)=x^4$ は狭義凸関数であるが，$x=0$ で $f''(0)=0$ となり $f''(x)$ は正にはならない．□

注意3　関数 f は $\boldsymbol{R}^n$ の凸部分集合 D 上で定義された実数値関数であるとする．このとき，ある正数 μ が存在して，D に属する任意の 2 点 $\boldsymbol{u}, \boldsymbol{v}$ と $0 \leq \lambda \leq 1$ となる任意の実数 λ に対して

$$f((1-\lambda)\boldsymbol{u}+\lambda\boldsymbol{v}) \leq (1-\lambda)f(\boldsymbol{u}) + \lambda f(\boldsymbol{v}) - \frac{1}{2}\mu\lambda(1-\lambda)\|\boldsymbol{u}-\boldsymbol{v}\|^2$$

が成り立つとき，f は D 上で**一様凸関数** (uniformly convex function) または**強凸関数** (strongly convex function) であるという．あるいは正定数 μ を用いて **$\boldsymbol{\mu}$–強凸関数**であるともいう．μ–強凸関数についても定理 2.2 と定理 2.3 に対応する性質が知られている．

(1)　f が開凸集合 D 上で連続的微分可能であるとき，以下は同値である．

(1-1)　f は D 上で μ–強凸関数である．

(1-2)　任意の $\boldsymbol{x}, \boldsymbol{y} \in D$ に対して

$$f(\boldsymbol{y}) \geq f(\boldsymbol{x}) + \nabla f(\boldsymbol{x})^{\mathrm{T}}(\boldsymbol{y} - \boldsymbol{x}) + \frac{\mu}{2}\|\boldsymbol{y} - \boldsymbol{x}\|^2$$

が成り立つ．

(1-3)　任意の $\boldsymbol{x}, \boldsymbol{y} \in D$ に対して

$$(\nabla f(\boldsymbol{y}) - \nabla f(\boldsymbol{x}))^{\mathrm{T}}(\boldsymbol{y} - \boldsymbol{x}) \geq \mu\|\boldsymbol{y} - \boldsymbol{x}\|^2$$

が成り立つ．

(2)　f が開凸集合 D 上で 2 回連続的微分可能であるとき，f が D 上で μ–強凸関数であるための必要十分条件は，ヘッセ行列 $\nabla^2 f(\boldsymbol{x})$ が D 上で**一様正定値**になることである．すなわち，ある正数 c が存在して，任意の $\boldsymbol{x} \in D, \boldsymbol{v} \in \boldsymbol{R}^n$ に対して

$$\boldsymbol{v}^{\mathrm{T}}\nabla^2 f(\boldsymbol{x})\boldsymbol{v} \geq c\|\boldsymbol{v}\|^2$$

が成り立つことである．□

注意4　定理 2.2 において，微分可能な凸関数 f の勾配ベクトル $\nabla f(\boldsymbol{x})$ が式 (2.5) を満たすことを示した．この式に関連して，微分可能ではない凸関数の劣勾配を定義することができる．点 $\boldsymbol{x}$ が与えられたとき，任意の $\boldsymbol{y} \in \boldsymbol{R}^n$ に対して

$$f(\boldsymbol{y}) \geq f(\boldsymbol{x}) + \boldsymbol{g}^{\mathrm{T}}(\boldsymbol{y} - \boldsymbol{x})$$

を満たす $\boldsymbol{g} \in \boldsymbol{R}^n$ を凸関数 f の点 $\boldsymbol{x}$ における**劣勾配** (subgradient) という．また，点 $\boldsymbol{x}$ における凸関数 f の劣勾配全体の集合を $\partial f(\boldsymbol{x})$ と表し**劣微分** (subdifferential) という．特に f が微分可能な場合は，劣勾配は勾配ベクトルのみになり $\partial f(\boldsymbol{x}) = \{\nabla f(\boldsymbol{x})\}$ が成り立つ．□

2章の問題

□**1** (1) $f(x_1, x_2, x_3) = x_1^2 x_2^3 \sin x_3$ のとき $\nabla f(\boldsymbol{x})$, $\nabla^2 f(\boldsymbol{x})$ を計算せよ.

(2) $\boldsymbol{g}(x_1, x_2, x_3) = \begin{bmatrix} x_1^2 x_2^3 x_3 \\ e^{x_1 x_2 x_3} \end{bmatrix}$ のとき，$\nabla \boldsymbol{g}(\boldsymbol{x})$ およびヤコビ行列を計算せよ.

□**2** $\boldsymbol{c} \in \boldsymbol{R}^n$, $Q \in \boldsymbol{R}^{n \times n}$ が与えられたとき，変数ベクトル $\boldsymbol{x} \in \boldsymbol{R}^n$ に関する勾配ベクトルとヘッセ行列について次の式が成り立つことを示せ.

(1) $\nabla(\boldsymbol{c}^{\mathrm{T}} \boldsymbol{x}) = \boldsymbol{c}$　　(2) $\nabla(\boldsymbol{x}^{\mathrm{T}} Q \boldsymbol{x}) = (Q + Q^{\mathrm{T}})\boldsymbol{x}$

(3) $\nabla^2(\boldsymbol{x}^{\mathrm{T}} Q \boldsymbol{x}) = Q + Q^{\mathrm{T}}$

□**3** 任意個の凸集合 $S_i (i \in I)$ の共通部分 $\cap_{i \in I} S_i$ は凸集合になることを示せ.

□**4** 行列 $A \in \boldsymbol{R}^{m \times n}$ が与えられたとき，集合 $C = \{\boldsymbol{x} \in \boldsymbol{R}^n \mid A\boldsymbol{x} = \boldsymbol{0},\ \boldsymbol{x} \geq \boldsymbol{0}\}$ が凸錐になることを示せ.

□**5** 開凸集合 D で連続的微分可能な関数 f が D 上で狭義凸関数であるための必要十分条件は，任意の $\boldsymbol{x}, \boldsymbol{y} \in D$ $(\boldsymbol{x} \neq \boldsymbol{y})$ に対して

$$f(\boldsymbol{y}) > f(\boldsymbol{x}) + \nabla f(\boldsymbol{x})^{\mathrm{T}}(\boldsymbol{y} - \boldsymbol{x}) \tag{2.11}$$

が成り立つことである. これを示せ.

□**6** (1) $D \subset \boldsymbol{R}^n$ を空でない凸集合とし，$f : D \to \boldsymbol{R}$ とする. このとき，$\boldsymbol{R}^{n+1}$ の部分集合

$$\mathrm{epi}f = \{(\boldsymbol{x}, \alpha) \in \boldsymbol{R}^{n+1} \mid f(\boldsymbol{x}) \leq \alpha,\ \boldsymbol{x} \in D,\ \alpha \in \boldsymbol{R}\}$$

を f の**エピグラフ** (epigraph) という. 関数 f が D 上で凸関数であるための必要十分条件は，f のエピグラフが凸集合になることである. これを示せ (図 2.9).

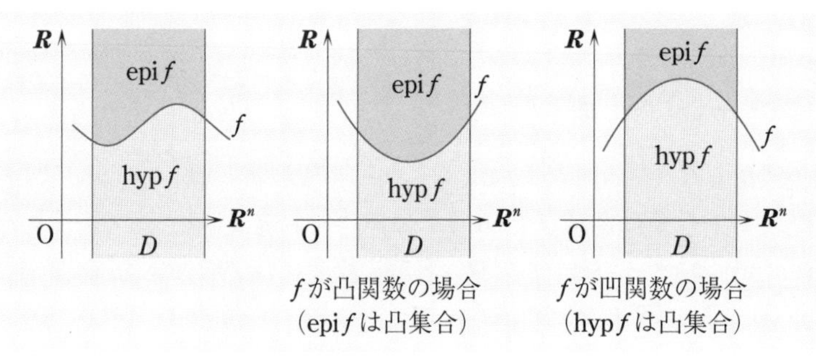

図 2.9 エピグラフとハイポグラフ

(2) $\boldsymbol{R}^{n+1}$ の部分集合

$$\mathrm{hyp}f = \{(\boldsymbol{x},\alpha) \in \boldsymbol{R}^{n+1} \mid f(\boldsymbol{x}) \geq \alpha,\ \boldsymbol{x} \in D,\ \alpha \in \boldsymbol{R}\}$$

を f の**ハイポグラフ** (hypograph) という．関数 f が D 上で凹関数であるための必要十分条件は，f のハイポグラフが凸集合になることである．これを示せ（図 2.9）．

□**7** $D \subset \boldsymbol{R}^n$ を空でない凸集合とし，$f : D \to \boldsymbol{R}$ とする．このとき，任意のベクトル $\boldsymbol{x}, \boldsymbol{y} \in D$ と $0 \leq \lambda \leq 1$ となる任意の実数 λ に対して

$$f((1-\lambda)\boldsymbol{x} + \lambda\boldsymbol{y}) \leq \max\{f(\boldsymbol{x}), f(\boldsymbol{y})\}$$

が成り立つとき，f は D 上で**準凸関数** (quasiconvex function) であるという．以下の問に答えよ．

(1) f が D 上で凸関数ならば準凸関数になることを示せ（一般に逆は成り立たない．図 2.10 を参照せよ）．

(2) f が D 上で準凸関数になるための必要十分条件は，任意の実数 α に対して準位集合 $\mathcal{L}_\alpha = \{\boldsymbol{x} \in D \mid f(\boldsymbol{x}) \leq \alpha\}$ が凸集合であることを示せ．

(3) $h_i : D \to \boldsymbol{R}\,(i = 1, \cdots, l)$ が準凸関数ならば，集合 $S = \{\boldsymbol{x} \in D \mid h_i(\boldsymbol{x}) \leq 0,\ i = 1, \cdots, l\}$ が凸集合になることを示せ．

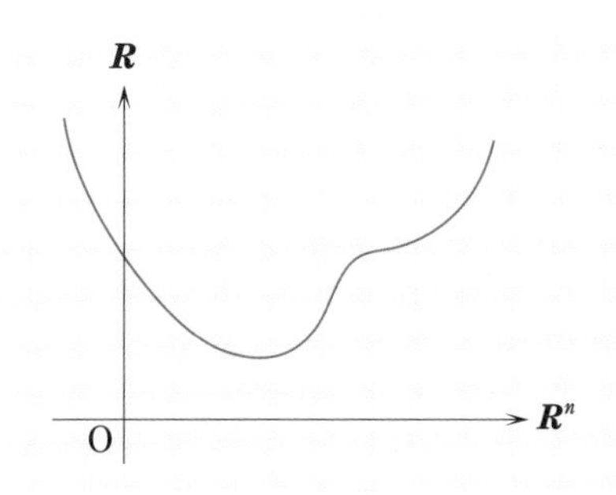

図 2.10 準凸であるが凸でない関数

3 線形計画法

線形計画法は数理計画法の中では最もよく研究され，かつ利用されてきた分野である．非常に美しい理論体系を有しており，連続的な側面と離散的な側面の両方を備えている．本章では理論的な事柄として，最適解であるための条件や双対定理などについて解説する．また幾何学的には集合や関数の凸性（第 **2** 章）とも関係する．一方，数値解法に関しては，直接法である単体法と反復法である内点法について解説する．前者はアメリカのジョージ・ダンツィクが **1947** 年に提案した解法で，今日でも広く使われている．他方，後者の内点法は多項式時間アルゴリズムと関連しており，**1984** 年に登場した **Karmarkar**（カーマーカー）法に端を発する．

3 章で学ぶ概念・キーワード

- 線形計画問題：標準形，基本定理，実行可能基底解
- 単体法：基底形式，辞書，単体表，退化，非退化，Bland の巡回対策
- 2 段階法：実行可能性，人為変数
- 双対性：主問題，双対問題，双対定理，相補性定理，双対ギャップ，双対単体法
- 感度解析：再最適化
- 二者択一定理：Farkas の定理
- 内点法：計算複雑度，多項式時間アルゴリズム，Karmarkar 法，主双対内点法

3.1 標準形

線形計画問題には最大化問題，最小化問題，等式制約付き問題，不等式制約付き問題などいろいろな形の問題があるが，特に次のように線形等式制約と非負制約のもとで線形目的関数を最小化する問題を**線形計画問題の標準形** (standard form) という．

$$
\begin{cases}
\text{最 小 化} & w = c_1x_1 + c_2x_2 + \cdots + c_nx_n \\
\text{制約条件} & a_{11}x_1 + a_{12}x_2 + \cdots + a_{1n}x_n = b_1 \\
& a_{21}x_1 + a_{22}x_2 + \cdots + a_{2n}x_n = b_2 \\
& \qquad \vdots \\
& a_{m1}x_1 + a_{m2}x_2 + \cdots + a_{mn}x_n = b_m \\
& x_i \geq 0 \quad (i = 1, \cdots, n)
\end{cases}
$$

ただし，a_{ij}, b_i, c_i は実定数であり，$m < n$ である．ここで，b_i を右辺定数，c_i を**費用係数** (cost coefficient) と呼ぶ．

n 次元ベクトル $\boldsymbol{x}$ と $\boldsymbol{c}$，m 次元ベクトル $\boldsymbol{b}$ および $m \times n$ 行列 A を

$$
\boldsymbol{x} = \begin{bmatrix} x_1 \\ x_2 \\ \vdots \\ x_n \end{bmatrix}, \quad \boldsymbol{c} = \begin{bmatrix} c_1 \\ c_2 \\ \vdots \\ c_n \end{bmatrix}, \quad \boldsymbol{b} = \begin{bmatrix} b_1 \\ b_2 \\ \vdots \\ b_m \end{bmatrix},
$$

$$
A = \begin{bmatrix} a_{11} & a_{12} & \cdots & a_{1n} \\ a_{21} & a_{22} & \cdots & a_{2n} \\ \vdots & \vdots & \ddots & \vdots \\ a_{m1} & a_{m2} & \cdots & a_{mn} \end{bmatrix}
$$

と定義すれば，線形計画問題の標準形は次のように書ける．

$$
\begin{cases}
\text{最 小 化} & w = \boldsymbol{c}^{\mathrm{T}}\boldsymbol{x} \\
\text{制約条件} & A\boldsymbol{x} = \boldsymbol{b} \quad (\boldsymbol{x} \geq \boldsymbol{0})
\end{cases}
$$

等式制約は

$$x_1 \begin{bmatrix} a_{11} \\ a_{21} \\ \vdots \\ a_{m1} \end{bmatrix} + x_2 \begin{bmatrix} a_{12} \\ a_{22} \\ \vdots \\ a_{m2} \end{bmatrix} + \cdots + x_n \begin{bmatrix} a_{1n} \\ a_{2n} \\ \vdots \\ a_{mn} \end{bmatrix} = \begin{bmatrix} b_1 \\ b_2 \\ \vdots \\ b_m \end{bmatrix}$$

と書き換えられるので，n 個の m 次元ベクトル

$$\boldsymbol{a}_j = \begin{bmatrix} a_{1j} \\ a_{2j} \\ \vdots \\ a_{mj} \end{bmatrix} \quad (j = 1, \cdots, n)$$

を定義すれば，標準形は次のようにも表される．

$$\begin{cases} \text{最 小 化} & w = c_1x_1 + c_2x_2 + \cdots + c_nx_n \\ \text{制約条件} & x_1\boldsymbol{a}_1 + x_2\boldsymbol{a}_2 + \cdots + x_n\boldsymbol{a}_n = \boldsymbol{b} \quad (\boldsymbol{x} \geq \boldsymbol{0}) \end{cases}$$

これを**列形式** (column form) という．

一般にいろいろなタイプの線形計画問題があるが，次の方法を利用すればどんな線形計画問題も標準形に変換することができる．

(1) 最大化問題の場合

目的関数 w を最大化することは $-w$ を最小化することと同値なので，目的関数に -1 をかければ最小化問題に変換することができる．

(2) 不等式制約を含む場合

不等式制約

$$\sum_{j=1}^{n} a_{ij}x_j \leq b_i$$

に対して，非負の**スラック変数** (slack variable) x_{n+i} を導入すれば

$$\sum_{j=1}^{n} a_{ij}x_j + x_{n+i} = b_i \quad (x_{n+i} \geq 0)$$

となるので，等式制約と非負制約に変換される．

逆向きの不等式制約

$$\sum_{j=1}^{n} a_{ij}x_j \geq b_i$$

の場合には両辺を -1 倍してからスラック変数 x_{n+i} を導入すれば

$$-\sum_{j=1}^{n} a_{ij}x_j + x_{n+i} = -b_i \quad (x_{n+i} \geq 0)$$

となる．あるいはもとの不等式の左辺から直接 x_{n+i} を引けば

$$\sum_{j=1}^{n} a_{ij}x_j - x_{n+i} = b_i \quad (x_{n+i} \geq 0)$$

を得る．

(3)　自由変数を含む場合

非負制約を課さない変数 x_i（これを**自由変数** (free variable) という）は，2つの非負の変数の差として表すことができる．すなわち

$$x_i = x_i^+ - x_i^- \quad (x_i^+ \geq 0, \quad x_i^- \geq 0)$$

と表せる．ただしこの場合には，変数の個数が2倍になる．

以上の変換を具体例でながめてみよう．

例 1　次の線形計画問題を考える．

$$\begin{cases} \text{最 大 化} & 5x_1 + 4x_2 + 3x_3 \\ \text{制約条件} & 5x_1 + 2x_2 + 7x_3 \leq 30 \\ & 7x_1 + 8x_2 + 12x_3 \geq 14 \\ & x_1 \geq 0, \quad x_2 \geq 0, \quad x_3 \geq 0 \end{cases}$$

この問題にスラック変数 x_4，x_5 (≥ 0) を導入すれば，次の標準形に変換される．

$$\begin{cases} \text{最 小 化} & -5x_1 - 4x_2 - 3x_3 + 0x_4 + 0x_5 \\ \text{制約条件} & 5x_1 + 2x_2 + 7x_3 + x_4 = 30 \\ & 7x_1 + 8x_2 + 12x_3 - x_5 = 14 \\ & x_1 \geq 0, \quad x_2 \geq 0, \quad x_3 \geq 0, \quad x_4 \geq 0, \quad x_5 \geq 0 \end{cases}$$

□

例 2 $A \in \boldsymbol{R}^{l \times n_1}$, $B \in \boldsymbol{R}^{l \times n_2}$, $\boldsymbol{b} \in \boldsymbol{R}^{l}$, $\boldsymbol{c} \in \boldsymbol{R}^{n_1}$, $\boldsymbol{d} \in \boldsymbol{R}^{n_2}$, $\boldsymbol{x} \in \boldsymbol{R}^{n_1}$, $\boldsymbol{y} \in \boldsymbol{R}^{n_2}$ のとき，次の線形計画問題を考える．

$$\begin{cases} \text{最 大 化} & \boldsymbol{c}^{\mathrm{T}}\boldsymbol{x} + \boldsymbol{d}^{\mathrm{T}}\boldsymbol{y} \quad (\boldsymbol{x}, \boldsymbol{y} \text{ について}) \\ \text{制約条件} & A\boldsymbol{x} + B\boldsymbol{y} \le \boldsymbol{b} \quad (\boldsymbol{x} \ge \boldsymbol{0}) \end{cases}$$

まず，目的関数に -1 をかけて $-\boldsymbol{c}^{\mathrm{T}}\boldsymbol{x} - \boldsymbol{d}^{\mathrm{T}}\boldsymbol{y}$ を最小化する問題に変換する．次に自由変数ベクトル $\boldsymbol{y}$ を $\boldsymbol{y} = \boldsymbol{y}^{+} - \boldsymbol{y}^{-}$ ($\boldsymbol{y}^{+} \ge \boldsymbol{0}$, $\boldsymbol{y}^{-} \ge \boldsymbol{0}$) と書き換える．さらに，不等式制約にスラック変数ベクトル $\boldsymbol{s}$ ($\ge \boldsymbol{0}$) を導入すれば等式制約 $A\boldsymbol{x} + B(\boldsymbol{y}^{+} - \boldsymbol{y}^{-}) + \boldsymbol{s} = \boldsymbol{b}$ を得る．以上の操作を行えば次のような標準形に変換することができる．

$$\begin{cases} \text{最 小 化} & -\boldsymbol{c}^{\mathrm{T}}\boldsymbol{x} - \boldsymbol{d}^{\mathrm{T}}\boldsymbol{y}^{+} + \boldsymbol{d}^{\mathrm{T}}\boldsymbol{y}^{-} + \boldsymbol{0}^{\mathrm{T}}\boldsymbol{s} \\ & (\boldsymbol{x}, \boldsymbol{y}^{+}, \boldsymbol{y}^{-}, \boldsymbol{s} \text{ について}) \\ \text{制約条件} & A\boldsymbol{x} + B\boldsymbol{y}^{+} - B\boldsymbol{y}^{-} + \boldsymbol{s} = \boldsymbol{b} \\ & (\boldsymbol{x} \ge \boldsymbol{0}, \quad \boldsymbol{y}^{+} \ge \boldsymbol{0}, \quad \boldsymbol{y}^{-} \ge \boldsymbol{0}, \quad \boldsymbol{s} \ge \boldsymbol{0}) \end{cases}$$

あるいは

$$\tilde{\boldsymbol{x}} = \begin{bmatrix} \boldsymbol{x} \\ \boldsymbol{y}^{+} \\ \boldsymbol{y}^{-} \\ \boldsymbol{s} \end{bmatrix}, \quad \tilde{\boldsymbol{c}} = \begin{bmatrix} -\boldsymbol{c} \\ -\boldsymbol{d} \\ \boldsymbol{d} \\ \boldsymbol{0} \end{bmatrix}, \quad \tilde{A} = [A \ B \ -B \ I]$$

と定義すれば，次のような形に整理できる．

$$\begin{cases} \text{最 小 化} & \tilde{\boldsymbol{c}}^{\mathrm{T}}\tilde{\boldsymbol{x}} \\ \text{制約条件} & \tilde{A}\tilde{\boldsymbol{x}} = \boldsymbol{b} \quad (\tilde{\boldsymbol{x}} \ge \boldsymbol{0}) \end{cases}$$

□

3.2　用語の定義

線形計画問題の標準形に対して,

$$\mathrm{rank}\ A = m \quad (n > m)$$

と仮定して次の用語を定義する. このとき行列 A に線形独立な列ベクトルが m 本存在することを注意しておく.

(1)　実行可能解と実行可能領域

制約条件を満足する点を**実行可能解** (feasible solution) と呼び, さらに, そのような点の集合を**実行可能領域** (feasible region) という[1]. 標準形の場合には

$$S = \{\boldsymbol{x} \in \boldsymbol{R}^n \mid A\boldsymbol{x} = \boldsymbol{b}, \quad \boldsymbol{x} \geq \boldsymbol{0}\}$$

が実行可能領域になる. 例えば, $n = 3$, $2x_1 + x_2 + 3x_3 = 6$ $(x_1 \geq 0, x_2 \geq 0, x_3 \geq 0)$ の実行可能領域は図 3.1 の灰色部分である.

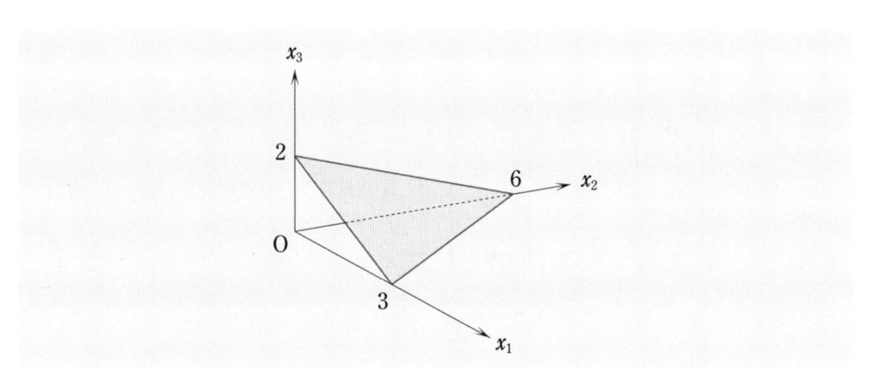

図 3.1　実行可能領域

(2)　基底行列と基底解

等式制約の係数行列 A から m 本の線形独立な列ベクトルを 1 組選んだとき, それらを並べて作る正則行列を $B \in \boldsymbol{R}^{m \times m}$ とおいて**基底行列** (basis matrix) と呼び, それに対応する変数を**基底変数** (basic variable) という. 他方, 残りの変

1)　それぞれ許容解, 許容領域とも呼ばれる. なお, この定義は標準形に限るわけではない.

数を**非基底変数** (nonbasic variable) といい，それらに対応する列ベクトルを並べた行列を $N \in \boldsymbol{R}^{m\times(n-m)}$ とおく．基底変数からなるベクトルを $\boldsymbol{x}_B \in \boldsymbol{R}^m$，非基底変数からなるベクトルを $\boldsymbol{x}_N \in \boldsymbol{R}^{n-m}$ とおけば，変数の順序を適当に並べかえると係数行列と変数ベクトルは $A = [B \quad N]$，$\boldsymbol{x} = \begin{bmatrix} \boldsymbol{x}_B \\ \boldsymbol{x}_N \end{bmatrix}$ と分割される．このとき等式制約 $A\boldsymbol{x} = \boldsymbol{b}$ は $B\boldsymbol{x}_B + N\boldsymbol{x}_N = \boldsymbol{b}$ と書ける．特に非基底変数を零とおけば基底変数は $\boldsymbol{x}_B = B^{-1}\boldsymbol{b}$ と一意に決定される．こうして定まる変数 $\boldsymbol{x} = \begin{bmatrix} \boldsymbol{x}_B \\ \boldsymbol{x}_N \end{bmatrix} = \begin{bmatrix} B^{-1}\boldsymbol{b} \\ \boldsymbol{0} \end{bmatrix}$ を**基底解** (basic solution) と呼ぶ．すなわち，基底行列を 1 つ選べば，それに対応する基底解が一意に決定される．

(3) 実行可能基底解

定義 (2) で定まる基底解の全ての変数が非負のとき，**実行可能基底解** (basic feasible solution) と呼ぶ（このとき，$\boldsymbol{x}_B \geq \boldsymbol{0}$，$\boldsymbol{x}_N = \boldsymbol{0}$ である）．

(4) 非退化実行可能基底解

実行可能基底解でちょうど m 個の基底変数の値が正であるとき**非退化** (nondegenerate) であるといい，それを**非退化実行可能基底解** (nondegenerate basic feasible solution) と呼ぶ（このとき，$\boldsymbol{x}_B > \boldsymbol{0}$，$\boldsymbol{x}_N = \boldsymbol{0}$ である）．そうでないとき**退化** (degenerate) しているという．

(5) 単体乗数

(2) で与えられた基底行列 B に対応して目的関数の係数も $\boldsymbol{c} = \begin{bmatrix} \boldsymbol{c}_B \\ \boldsymbol{c}_N \end{bmatrix}$ と分割される．このとき $(B^{-1})^{\mathrm{T}}\boldsymbol{c}_B$ で定まるベクトルを**単体乗数** (simplex multiplier) という．

(6) 最適解

目的関数を最小にする実行可能解を**最適解** (optimal solution) という．

用語を理解してもらうために，次の例を与える．

例 3 次の制約条件について考える．

$$A\boldsymbol{x} = \boldsymbol{b}, \quad \boldsymbol{x} \geq \boldsymbol{0}, \quad A = \begin{bmatrix} 5 & 2 & 4 & 7 & 1 \\ 1 & 2 & 4 & 3 & -3 \end{bmatrix},$$

$$\boldsymbol{x} = \begin{bmatrix} x_1 \\ x_2 \\ x_3 \\ x_4 \\ x_5 \end{bmatrix}, \quad \boldsymbol{b} = \begin{bmatrix} 14 \\ 6 \end{bmatrix}$$

明らかに rank $A = 2$ である．行列 A の 5 本の列ベクトルから 2 本選ぶ組合せの数は ${}_5\mathrm{C}_2 = 10$ 通りある．そのうちのいくつかの場合を以下で述べる．

(i) 行列 A の 1 列目と 2 列目は線形独立なので $[x_1, x_2]$ は基底変数になり，$B = \begin{bmatrix} 5 & 2 \\ 1 & 2 \end{bmatrix}$ は基底行列になる．このとき

$$N = \begin{bmatrix} 4 & 7 & 1 \\ 4 & 3 & -3 \end{bmatrix}, \quad \boldsymbol{x}_B = \begin{bmatrix} x_1 \\ x_2 \end{bmatrix}, \quad \boldsymbol{x}_N = \begin{bmatrix} x_3 \\ x_4 \\ x_5 \end{bmatrix}$$

であり，$\boldsymbol{x}_N = \boldsymbol{0}$ とおけば $B\boldsymbol{x}_B = \boldsymbol{b}$ の一意解は $\boldsymbol{x}_B = \begin{bmatrix} 2 \\ 2 \end{bmatrix}$ となるので，基底解は $\boldsymbol{x} = [2, 2, 0, 0, 0]^{\mathrm{T}}$ となる．これは非退化実行可能基底解である．

(ii) 行列 A の 1 列目と 4 列目は線形独立なので $[x_1, x_4]$ は基底変数になり，$B = \begin{bmatrix} 5 & 7 \\ 1 & 3 \end{bmatrix}$ は基底行列になる．このとき $B\boldsymbol{x}_B = \boldsymbol{b}$ の一意解は $\boldsymbol{x}_B = \begin{bmatrix} 0 \\ 2 \end{bmatrix}$ となるので，退化している．したがって基底解 $\boldsymbol{x} = [0, 0, 0, 2, 0]^{\mathrm{T}}$ は退化した実行可能基底解である．

(iii) 行列 A の 1 列目と 5 列目は線形独立なので $[x_1, x_5]$ は基底変数になり，$B = \begin{bmatrix} 5 & 1 \\ 1 & -3 \end{bmatrix}$ は基底行列になる．このとき $B\boldsymbol{x}_B = \boldsymbol{b}$ の一意解は $\boldsymbol{x}_B = \begin{bmatrix} 3 \\ -1 \end{bmatrix}$ となるが，非負制約を満たしていない．したがってこの場合，実行可能基底解にはならない．

(iv) 行列 A の 2 列目と 3 列目は線形従属なので，$[x_2, x_3]$ は基底変数にはならない．

□

3.3　線形計画法の基本定理

前節で定義した実行可能基底解が線形計画問題の最適解を求める際に非常に重要であることが，次の定理によって明らかになる．この定理は基本定理と呼ばれている．

定理 3.1（線形計画法の基本定理）

線形計画問題の標準形が与えられたとき，以下のことが成り立つ．

(1)　実行可能解が存在するならば，実行可能基底解が存在する．

(2)　最適解が存在するならば，実行可能基底解の中に最適解が存在する．

［証明］　(1)　実行可能解の 1 つを $\bar{\boldsymbol{x}} = [\bar{x}_1, \bar{x}_2, \cdots, \bar{x}_n]^{\mathrm{T}}$ とし，対応する A の列ベクトルを $\bar{\boldsymbol{a}}_1, \bar{\boldsymbol{a}}_2, \cdots, \bar{\boldsymbol{a}}_n$ とすれば，実行可能解なので

$$\bar{x}_1\bar{\boldsymbol{a}}_1 + \bar{x}_2\bar{\boldsymbol{a}}_2 + \cdots + \bar{x}_n\bar{\boldsymbol{a}}_n = \boldsymbol{b} \quad (\bar{x}_i \geq 0, \quad i = 1, \cdots, n)$$

が満たされる．$\bar{\boldsymbol{x}}$ の成分のうち正のものの個数を k とすれば，$k > 0$ または $k = 0$ の場合に応じて次のように分けられる．

(i)　$k > 0$ のとき，簡単のために $\bar{\boldsymbol{x}}$ の最初の k 個の成分が正であると仮定する．すなわち，

$$\bar{x}_1\bar{\boldsymbol{a}}_1 + \bar{x}_2\bar{\boldsymbol{a}}_2 + \cdots + \bar{x}_k\bar{\boldsymbol{a}}_k = \boldsymbol{b} \tag{3.1}$$

$$(\bar{x}_i > 0,\ i = 1, \cdots, k,\ \bar{x}_j = 0,\ j = k+1, \cdots, n)$$

とする．このとき，$\bar{\boldsymbol{a}}_1, \bar{\boldsymbol{a}}_2, \cdots, \bar{\boldsymbol{a}}_k$ が線形独立かあるいは線形従属かによって次の場合に分けられる．

(a)　$\bar{\boldsymbol{a}}_1, \bar{\boldsymbol{a}}_2, \cdots, \bar{\boldsymbol{a}}_k$ が線形独立であるとき，$\mathrm{rank}\, A = m$ より $k \leq m$ である．

(a–1)　$k = m$ ならば，$\bar{\boldsymbol{x}}$ は $\bar{x}_1, \bar{x}_2, \cdots, \bar{x}_m$ を基底変数とする非退化実行可能基底解になる．

(a–2)　$k < m$ ならば，行列 A の残りの $n - k$ 列から適当に $m - k$ 列選んで（ここでは $\bar{\boldsymbol{a}}_{k+1}, \bar{\boldsymbol{a}}_{k+2}, \cdots, \bar{\boldsymbol{a}}_m$ とする），$\bar{\boldsymbol{a}}_1, \cdots, \bar{\boldsymbol{a}}_k, \bar{\boldsymbol{a}}_{k+1}, \cdots, \bar{\boldsymbol{a}}_m$ が線形独立になるようにできる．このとき $\bar{\boldsymbol{x}}$ は $\bar{x}_1, \bar{x}_2, \cdots, \bar{x}_m$ を基底変数とする退化した実行可能基底解になる．

(b)　$\bar{\boldsymbol{a}}_1, \bar{\boldsymbol{a}}_2, \cdots, \bar{\boldsymbol{a}}_k$ が線形従属であるとき，少なくとも 1 つが零でないスカラー $\alpha_1, \alpha_2, \cdots, \alpha_k$ が存在して

$$\alpha_1\bar{\boldsymbol{a}}_1 + \alpha_2\bar{\boldsymbol{a}}_2 + \cdots + \alpha_k\bar{\boldsymbol{a}}_k = \boldsymbol{0} \tag{3.2}$$

となる．ここでは一般性を失うことなく，少なくとも 1 つは $\alpha_i > 0$ であると仮定する．このとき式 (3.1)，(3.2) より，任意の正の実数 ε に対して

$$(\bar{x}_1 - \varepsilon\alpha_1)\bar{\boldsymbol{a}}_1 + (\bar{x}_2 - \varepsilon\alpha_2)\bar{\boldsymbol{a}}_2 + \cdots + (\bar{x}_k - \varepsilon\alpha_k)\bar{\boldsymbol{a}}_k = \boldsymbol{b}$$

が成り立つ．ここで，α_i の中には少なくとも 1 つ正のものが含まれているので，ε を零から正に増加させるとそれに対応する $\bar{x}_i - \varepsilon\alpha_i$ の値は減少して零に近づく．具体的に

$$\bar{\varepsilon} = \min_{\alpha_i > 0} \frac{\bar{x}_i}{\alpha_i}$$

とおけば，この $\bar{\varepsilon}$ の値に対して

$$\bar{\boldsymbol{x}}' = [\bar{x}_1 - \bar{\varepsilon}\alpha_1, \cdots, \bar{x}_k - \bar{\varepsilon}\alpha_k, 0, \cdots, 0]^{\mathrm{T}}$$

は実行可能解であり，そのうち高々$k-1$ 個の成分のみが正である．以下この操作を繰り返せば，少なくとも 1 つずつ正の成分の個数が減少していき，最終的に線形独立な列ベクトルをもつ実行可能解が得られて，(a) の場合に帰着される．

(ii)　$k = 0$ のとき，(a–2) の場合に帰着される．

(2)　最適解の 1 つを $\bar{\boldsymbol{x}}^* = [\bar{x}_1^*, \bar{x}_2^*, \cdots, \bar{x}_n^*]^{\mathrm{T}}$ とし，対応する A の列ベクトルを $\bar{\boldsymbol{a}}_1, \bar{\boldsymbol{a}}_2, \cdots, \bar{\boldsymbol{a}}_n$ とする．$\bar{\boldsymbol{x}}^* = \boldsymbol{0}$ のときは (1)–(ii) の場合と同様に退化した実行可能基底解が作れて，しかも目的関数値は $\boldsymbol{c}^{\mathrm{T}}\bar{\boldsymbol{x}}^* = 0$ と等しくなる．したがってこの実行可能基底解は最適解になる．

次に $\bar{\boldsymbol{x}}^* \neq \boldsymbol{0}$ の場合を考える．以下では，簡単のために $\bar{\boldsymbol{x}}^*$ の最初の $k(>0)$ 個の成分が正であると仮定する．対応する列ベクトルを $\bar{\boldsymbol{a}}_1, \bar{\boldsymbol{a}}_2, \cdots, \bar{\boldsymbol{a}}_k$ とすれば，

$$\bar{x}_1^*\bar{\boldsymbol{a}}_1 + \bar{x}_2^*\bar{\boldsymbol{a}}_2 + \cdots + \bar{x}_k^*\bar{\boldsymbol{a}}_k = \boldsymbol{b} \quad (\bar{x}_i^* > 0, \quad i = 1, \cdots, k)$$

となる．このとき次のように場合分けされる．

(a)　$\bar{\boldsymbol{a}}_1, \bar{\boldsymbol{a}}_2, \cdots, \bar{\boldsymbol{a}}_k$ が線形独立のとき，(1)–(a) の場合と同様にすれば最適解 $\boldsymbol{x} = \bar{\boldsymbol{x}}^*$ が実行可能基底解になることが示される．

(b)　$\bar{\boldsymbol{a}}_1, \bar{\boldsymbol{a}}_2, \cdots, \bar{\boldsymbol{a}}_k$ が線形従属のとき，少なくとも 1 つが正であるスカラー $\alpha_1, \alpha_2, \cdots, \alpha_k$ が存在して

$$\alpha_1\bar{\boldsymbol{a}}_1 + \alpha_2\bar{\boldsymbol{a}}_2 + \cdots + \alpha_k\bar{\boldsymbol{a}}_k = \boldsymbol{0}$$

となる．ところで，$|\delta|$ が十分に小さい任意の δ に対して

$$\hat{\boldsymbol{x}} = [\bar{x}_1^* + \delta\alpha_1, \cdots, \bar{x}_k^* + \delta\alpha_k, 0, \cdots, 0]^{\mathrm{T}}$$

は実行可能解になるので

$$\boldsymbol{c}^{\mathrm{T}}\bar{\boldsymbol{x}}^* \leq \boldsymbol{c}^{\mathrm{T}}\hat{\boldsymbol{x}} = \sum_{i=1}^{k} c_i(\bar{x}_i^* + \delta\alpha_i) = \boldsymbol{c}^{\mathrm{T}}\bar{\boldsymbol{x}}^* + \delta\sum_{i=1}^{k} c_i\alpha_i$$

が成り立ち，$0 \leq \delta\sum_{i=1}^{k} c_i\alpha_i$ となる．この式は δ の値が正でも負でも成り立つので，$\sum_{i=1}^{k} c_i\alpha_i = 0$ となる．よって，任意の $\varepsilon > 0$ に対して

$$\sum_{i=1}^{k} c_i(\bar{x}_i^* + \varepsilon\alpha_i) = \boldsymbol{c}^{\mathrm{T}}\bar{\boldsymbol{x}}^* + \varepsilon\sum_{i=1}^{k} c_i\alpha_i = \boldsymbol{c}^{\mathrm{T}}\bar{\boldsymbol{x}}^*$$

となる．したがって，(1)–(b) の証明と同様に不要な変数を零にしていけば，適当な $\bar{\varepsilon} > 0$ と非負整数 k' に対して

$$\bar{\boldsymbol{x}}' = [\bar{x}_1^* - \bar{\varepsilon}\alpha_1, \cdots, \bar{x}_{k'}^* - \bar{\varepsilon}\alpha_{k'}, 0, \cdots, 0]^{\mathrm{T}}$$

は実行可能基底解かつ最適解 ($\boldsymbol{c}^{\mathrm{T}}\bar{\boldsymbol{x}}' = \boldsymbol{c}^{\mathrm{T}}\bar{\boldsymbol{x}}^*$) になる．

以上より，実行可能基底解の中にも最適解が存在することが示された．■

この基本定理によれば，線形計画問題を解くためには実行可能基底解を調べればよいことがわかる．実行可能基底解でかつ最適解であるものを**最適基底解** (basic optimal solution) と呼ぶ．実行可能基底解の個数は高々「n 個の変数から m 個の変数を選ぶ組合せの数」，すなわち，

$${}_n\mathrm{C}_m = \frac{n!}{(n-m)!m!}$$

である．したがって，基底解に対して高々 ${}_n\mathrm{C}_m$ 通りの調査をすれば最適基底解を求めることが可能になる．もちろん n や m が大きい場合にはこれは膨大な作業になる．次の節で紹介する単体法は，効率よく実行可能基底解を調べていって有限回の手順で最適基底解に到達する解法である．

例 4 次の最小化問題を考える.

$$
\begin{cases}
\text{最 小 化} & -5x_1 - 4x_2 \\
\text{制約条件} & 5x_1 + 2x_2 \leq 30 \\
& x_1 + 2x_2 \leq 14 \\
& x_1 \geq 0, \quad x_2 \geq 0
\end{cases}
$$

この問題の実行可能領域と目的関数の等高線が図3.2で示されている.

この問題にスラック変数 $x_3, x_4 \geq 0$ を導入すれば, 次の標準形を得る.

$$
\begin{cases}
\text{最 小 化} & -5x_1 - 4x_2 + 0x_3 + 0x_4 \\
\text{制約条件} & 5x_1 + 2x_2 + x_3 = 30 \\
& x_1 + 2x_2 + x_4 = 14 \\
& x_1 \geq 0, \quad x_2 \geq 0, \quad x_3 \geq 0, \quad x_4 \geq 0
\end{cases}
$$

ここで $n = 4$, $m = 2$ なので基底解の数は高々 ${}_4\mathrm{C}_2 = 6$ である. それでは, これら6通りについて基底解を調べてみよう.

(1) $[x_1, x_2]$ を基底変数に選んだ場合,

$$
\boldsymbol{x}_B = \begin{bmatrix} x_1 \\ x_2 \end{bmatrix}, \quad \boldsymbol{x}_N = \begin{bmatrix} x_3 \\ x_4 \end{bmatrix}, \quad B = \begin{bmatrix} 5 & 2 \\ 1 & 2 \end{bmatrix}, \quad \boldsymbol{b} = \begin{bmatrix} 30 \\ 14 \end{bmatrix}
$$

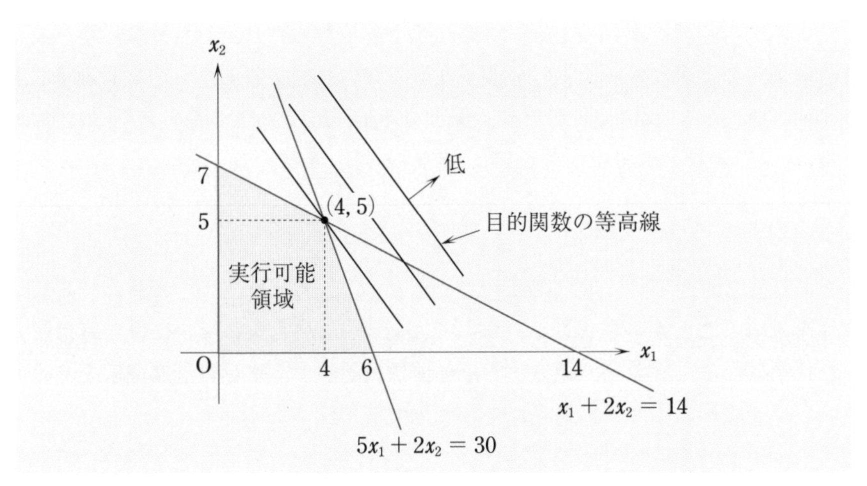

図 3.2 実行可能領域と目的関数の等高線

なので，$\boldsymbol{x}_N = \boldsymbol{0}$ とおいて $B\boldsymbol{x}_B = \boldsymbol{b}$ を解けば非退化実行可能基底解 $\boldsymbol{x} = [4,5,0,0]^{\mathrm{T}}$ を得る．このとき目的関数値は -40 である．これは，図 3.2 において 2 直線 $5x_1 + 2x_2 = 30, x_1 + 2x_2 = 14$ の交点 $(4,5)$ に対応している．

(2)　$[x_1, x_3]$ を基底変数に選んだ場合，

$$\boldsymbol{x}_B = \begin{bmatrix} x_1 \\ x_3 \end{bmatrix}, \quad \boldsymbol{x}_N = \begin{bmatrix} x_2 \\ x_4 \end{bmatrix}, \quad B = \begin{bmatrix} 5 & 1 \\ 1 & 0 \end{bmatrix}, \quad \boldsymbol{b} = \begin{bmatrix} 30 \\ 14 \end{bmatrix}$$

なので，$\boldsymbol{x}_N = \boldsymbol{0}$ とおいて $B\boldsymbol{x}_B = \boldsymbol{b}$ を解けば実行可能でない基底解 $\boldsymbol{x} = [14,0,-40,0]^{\mathrm{T}}$ を得る．これは，図 3.2 において 2 直線 $x_1+2x_2 = 14, x_2 = 0$ の交点 $(14,0)$ に対応している．

(3)　$[x_1, x_4]$ を基底変数に選んだ場合，

$$\boldsymbol{x}_B = \begin{bmatrix} x_1 \\ x_4 \end{bmatrix}, \quad \boldsymbol{x}_N = \begin{bmatrix} x_2 \\ x_3 \end{bmatrix}, \quad B = \begin{bmatrix} 5 & 0 \\ 1 & 1 \end{bmatrix}, \quad \boldsymbol{b} = \begin{bmatrix} 30 \\ 14 \end{bmatrix}$$

なので，$\boldsymbol{x}_N = \boldsymbol{0}$ とおいて $B\boldsymbol{x}_B = \boldsymbol{b}$ を解けば非退化実行可能基底解 $\boldsymbol{x} = [6,0,0,8]^{\mathrm{T}}$ を得る．このとき目的関数値は -30 である．これは，図 3.2 において 2 直線 $5x_1 + 2x_2 = 30, x_2 = 0$ の交点 $(6,0)$ に対応している．

(4)　$[x_2, x_3]$ を基底変数に選んだ場合，非退化実行可能基底解 $\boldsymbol{x} = [0,7,16,0]^{\mathrm{T}}$ を得る．このとき目的関数値は -28 である．これは，図 3.2 において 2 直線 $x_1 + 2x_2 = 14$, $x_1 = 0$ の交点 $(0,7)$ に対応している．

(5)　$[x_2,\ x_4]$ を基底変数に選んだ場合，実行可能でない基底解 $\boldsymbol{x} = [0,15,0,-16]^{\mathrm{T}}$ を得る．これは，図 3.2 において 2 直線 $5x_1+2x_2 = 30, x_1 = 0$ の交点 $(0,15)$ に対応している．

(6)　$[x_3, x_4]$ を基底変数に選んだ場合，非退化実行可能基底解 $\boldsymbol{x} = [0,0,30,14]^{\mathrm{T}}$ を得る．このとき目的関数値は 0 である．これは，図 3.2 において 2 直線 $x_1 = 0, x_2 = 0$ の交点 $(0,0)$ に対応している．

基本定理によれば，最適解を求めるには実行可能基底解の目的関数値だけを比較すればよいので，$\boldsymbol{x} = [4,5,0,0]^{\mathrm{T}}$ が最適解であることがわかる．したがって図 3.2 の目的関数の等高線からも明らかなように，もとの線形計画問題の最適解は点 $(4,5)$ である．なおこの例から推測できるように，実行可能基底解は図 3.2 の実行可能領域の端点に対応している．　□

3.4 単体法の原理

この節では，線形計画問題の標準形を解くための**単体法**（**シンプレックス法**, simplex method）を紹介する．この解法は 1947 年にアメリカの George B. Dantzig（ジョージ・ダンツィク）[2)] が提案したもので，半世紀以上経った今日でも非常に有効な線形計画法の数値解法として広く使われている．この方法は単に数値計算のためだけではなく奥深い理論的な背景をもっており，線形計画法を理解する上でも重要な位置を占めている．単体法の基本的な考え方は，1 組の実行可能基底解が与えられたとき，目的関数値がより低くなるような新しい実行可能基底解を効率よく求めることである．前述した基本定理によれば，実行可能基底解の中に最適解が存在する．そして実行可能基底解の選び方は高々 ${}_n\mathrm{C}_m$ 通りなので，実行可能基底解を順々に求めていけば有限回の手順で最適解に到達することが期待される．

さて, 1 組の基底解が与えられているとする. 簡単のために行列 A の初めの m 本の列ベクトルが線形独立であると仮定すると, 基底行列と基底変数はそれぞれ

$$B = [\boldsymbol{a}_1, \boldsymbol{a}_2, \cdots, \boldsymbol{a}_m], \quad \boldsymbol{x}_B = \begin{bmatrix} x_1 \\ x_2 \\ \vdots \\ x_m \end{bmatrix}$$

となる．このとき行列 B は正則になる．また非基底変数に対応する部分を

$$N = [\boldsymbol{a}_{m+1}, \boldsymbol{a}_{m+2}, \cdots, \boldsymbol{a}_n], \quad \boldsymbol{x}_N = \begin{bmatrix} x_{m+1} \\ x_{m+2} \\ \vdots \\ x_n \end{bmatrix}$$

とおく．さらに目的関数の係数も同様に

$$\boldsymbol{c}_B = [c_1, \cdots, c_m]^{\mathrm{T}}, \quad \boldsymbol{c}_N = [c_{m+1}, \cdots, c_n]^{\mathrm{T}}$$

2) ダンツィク教授はスタンフォード大学で教鞭をとられ，常に世界の研究者をリードする線形計画法の創始者であった．しかし非常に残念なことに，2005 年 5 月 13 日に他界された．90 歳であった．

とおけば

$$A = [B \quad N], \quad \boldsymbol{x} = \begin{bmatrix} \boldsymbol{x}_B \\ \boldsymbol{x}_N \end{bmatrix}, \quad \boldsymbol{c} = \begin{bmatrix} \boldsymbol{c}_B \\ \boldsymbol{c}_N \end{bmatrix}$$

となる．このとき等式制約 $A\boldsymbol{x} = \boldsymbol{b}$ は $B\boldsymbol{x}_B + N\boldsymbol{x}_N = \boldsymbol{b}$ と書けるので，両辺の左から B^{-1} をかければ

$$\boldsymbol{x}_B + B^{-1}N\boldsymbol{x}_N = B^{-1}\boldsymbol{b} \tag{3.3}$$

を得る．これより基底変数 $\boldsymbol{x}_B$ は非基底変数 $\boldsymbol{x}_N$ を用いて $\boldsymbol{x}_B = B^{-1}\boldsymbol{b} - B^{-1}N\boldsymbol{x}_N$ と表せるので，目的関数に代入すれば

$$w = \boldsymbol{c}^{\mathrm{T}}\boldsymbol{x} = \boldsymbol{c}_B^{\mathrm{T}}\boldsymbol{x}_B + \boldsymbol{c}_N^{\mathrm{T}}\boldsymbol{x}_N = \boldsymbol{c}_B^{\mathrm{T}}B^{-1}\boldsymbol{b} + (\boldsymbol{c}_N - (B^{-1}N)^{\mathrm{T}}\boldsymbol{c}_B)^{\mathrm{T}}\boldsymbol{x}_N$$

となる．あるいは単体乗数 $\boldsymbol{y} = (B^{-1})^{\mathrm{T}}\boldsymbol{c}_B$ を用いれば

$$w = \boldsymbol{c}_B^{\mathrm{T}}B^{-1}\boldsymbol{b} + (\boldsymbol{c}_N - N^{\mathrm{T}}\boldsymbol{y})^{\mathrm{T}}\boldsymbol{x}_N$$

とも表せる．以後

$$\bar{\boldsymbol{a}}_i \equiv B^{-1}\boldsymbol{a}_i \quad (i = m+1, \cdots, n),$$

$$\bar{N} \equiv B^{-1}N = [B^{-1}\boldsymbol{a}_{m+1}, \cdots, B^{-1}\boldsymbol{a}_n] = [\bar{\boldsymbol{a}}_{m+1}, \cdots, \bar{\boldsymbol{a}}_n],$$

$$\bar{\boldsymbol{b}} \equiv B^{-1}\boldsymbol{b}, \quad \bar{\boldsymbol{c}}_N \equiv \boldsymbol{c}_N - (B^{-1}N)^{\mathrm{T}}\boldsymbol{c}_B = \boldsymbol{c}_N - N^{\mathrm{T}}\boldsymbol{y},$$

$$\bar{w} \equiv \boldsymbol{c}_B^{\mathrm{T}}B^{-1}\boldsymbol{b} = \boldsymbol{c}_B^{\mathrm{T}}\bar{\boldsymbol{b}}$$

とおけば，上式は次のように整理できる．

$$\boldsymbol{x}_B + \bar{N}\boldsymbol{x}_N = \bar{\boldsymbol{b}} \tag{3.4}$$

$$-w + \bar{\boldsymbol{c}}_N^{\mathrm{T}}\boldsymbol{x}_N = -\bar{w} \tag{3.5}$$

この式を**基底形式** (basic form)，**辞書**もしくは**正準形** (canonical form) という．また，$\bar{\boldsymbol{c}}_N$ を**相対費用係数**と呼ぶ．したがって，1 組の基底解は 1 つの基底形式に対応している．列ベクトル $\bar{\boldsymbol{a}}_i$ を用いれば，上式は次のようにも書ける．

$$\boldsymbol{x}_B + \sum_{i=m+1}^{n} x_i\bar{\boldsymbol{a}}_i = \bar{\boldsymbol{b}} \tag{3.6}$$

$$-w + \sum_{i=m+1}^{n} \bar{c}_i x_i = -\bar{w} \tag{3.7}$$

さらに成分表示すれば

$$\begin{array}{rcrcrcrcl} x_1 & & + & \bar{a}_{1,m+1}x_{m+1} & + \cdots + & \bar{a}_{1n}x_n & = & \bar{b}_1 \\ & \ddots & & \vdots & & & & \vdots \\ & x_m & + & \bar{a}_{m,m+1}x_{m+1} & + \cdots + & \bar{a}_{mn}x_n & = & \bar{b}_m \\ -w & & + & \bar{c}_{m+1}x_{m+1} & + \cdots + & \bar{c}_n x_n & = & -\bar{w} \end{array}$$

と書ける．基底形式において特に $\bar{\boldsymbol{b}} \geq \boldsymbol{0}$ であるとき**実行可能基底形式** (basic feasible form) という．実行可能基底形式 (3.4)，(3.5) において，非基底変数を零（$\boldsymbol{x}_N = \boldsymbol{0}$）とおけば現時点の実行可能基底変数 $\boldsymbol{x}_B = \bar{\boldsymbol{b}}$ と目的関数値 $w = \bar{w}$ が得られる．したがって，1つの実行可能基底形式は1組の実行可能基底解 $\boldsymbol{x} = \begin{bmatrix} \boldsymbol{x}_B \\ \boldsymbol{x}_N \end{bmatrix} = \begin{bmatrix} \bar{\boldsymbol{b}} \\ \boldsymbol{0} \end{bmatrix} \geq \boldsymbol{0}$ を決定する．単体法の基本的な原理は，1組の実行可能基底形式が与えられたとき，目的関数値がより低くなるような新しい実行可能基底形式を効率よく求め，そうした実行可能基底形式を順々に求めていくことによって最終的に最適解に到達するものである．

最適解に到達したかどうかを判定するための基準を以下で説明する．実行可能基底形式を吟味することによって，以下の場合が考えられる．

(i) 式 (3.5) において $\bar{\boldsymbol{c}}_N \geq \boldsymbol{0}$ であるとき，式 (3.4) と $\boldsymbol{x}_N \geq \boldsymbol{0}$ を満たす任意のベクトル $\boldsymbol{x}_N$ に対して $w = \bar{w} + \bar{\boldsymbol{c}}_N^{\mathrm{T}}\boldsymbol{x}_N \geq \bar{w}$ が成り立つので，これ以上目的関数値を下げることはできない．したがって，このときの実行可能基底解が最適解になる．ここで，$\bar{\boldsymbol{c}}_N \geq \boldsymbol{0}$ を**最適性基準** (optimality criterion) と呼ぶ．

(ii) (i) でないとき，すなわち $\bar{c}_q < 0\ (m+1 \leq q \leq n)$ となる q が存在するとき，式 (3.7) より

$$w = \bar{w} + \bar{c}_q x_q + \sum_{j=m+1,\ j \neq q}^{n} \bar{c}_j x_j$$

なので，非基底変数 $x_q > 0$ を増加させれば目的関数値が $\bar{c}_q x_q$ だけ減少することがわかる．したがって現時点の実行可能基底解は最適解ではなく，もっと関数値を下げる余地がある．ただし $\bar{c}_q < 0$ となる添字番号 q が複数ある場合にはどの番号を選んでもよいが，単位あたり最も減少する番号すなわち $\min\limits_i \bar{c}_i = \bar{c}_q$ となる q を選ぶのが普通である．さらに最小値を与える番号が複

数存在するときには最小の添字番号を選ぶことにする．以上のようにして q を決めた後，x_q 以外の非基底変数を零にして x_q だけを残せば，実行可能基底形式 (3.6)，(3.7) は次のようになる．

$$\boldsymbol{x}_B = \bar{\boldsymbol{b}} + x_q(-\bar{\boldsymbol{a}}_q) \tag{3.8}$$

$$w = \bar{w} + \bar{c}_q x_q \tag{3.9}$$

(ii) はさらに，ベクトル $\bar{\boldsymbol{a}}_q$ の成分の符号に応じて次の 2 つの場合にわけることができる．

(ii–a)　式 (3.8) において $-\bar{\boldsymbol{a}}_q \geq \boldsymbol{0}$ であるとき，すなわち，列ベクトル $\bar{\boldsymbol{a}}_q$ の全ての成分が非正 $\bar{a}_{iq} \leq 0$ $(i = 1, \cdots, m)$ であるとき，任意の $x_q > 0$ に対して $\boldsymbol{x}_B \geq \boldsymbol{0}$ となるので非負制約が損なわれることはない (図 3.3 参照)．しかも式 (3.9) より，x_q を増加させることによって目的関数値をいくらでも下げることができ $w \to -\infty$ となる．したがって，この場合には目的関数は下に有界ではない．

(ii–b)　(ii–a) の場合でないとき，すなわち，$\bar{a}_{iq} > 0$ となる成分が存在するとき，図 3.4 にみるように方向 $-\bar{\boldsymbol{a}}_q$ は第 1 象限の外に向かっている．よって，x_q の値を増やしていけば目的関数値は下がるものの，$(\boldsymbol{x}_B)_i = \bar{b}_i - x_q\bar{a}_{iq}$ が負になってしまう[3]．そこで $\bar{b}_i - x_q\bar{a}_{iq} = 0$ を満たす x_q，すなわち $x_q = \bar{b}_i/\bar{a}_{iq}$

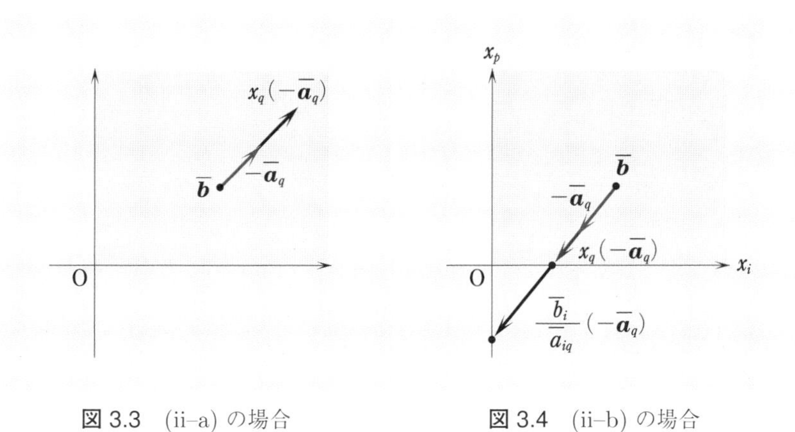

図 3.3　(ii–a) の場合

図 3.4　(ii–b) の場合

3)　記号を簡単にするために，ここでは $(\boldsymbol{x}_B)_i = x_i$ とする．

を選ばなければならない．そのような添字番号 i の全てについて非負制約を満たさなければならないので，実際は

$$x_q = \min_{\bar{a}_{iq}>0} \frac{\bar{b}_i}{\bar{a}_{iq}} = \frac{\bar{b}_p}{\bar{a}_{pq}} \tag{3.10}$$

となる番号 p を選ぶ必要がある．ただし，そのような p が複数ある場合には最小の添字番号を選ぶことにする．このとき

$$(\boldsymbol{x}_B)_p = x_p = \bar{b}_p - x_q \bar{a}_{pq} = \bar{b}_p - \left(\frac{\bar{b}_p}{\bar{a}_{pq}}\right) \bar{a}_{pq} = 0$$

になる．そこで現在の基底変数 x_p を基底からはずして，現在の非基底変数 x_q を基底に入れるのである．式 (3.8) の構造からわかるように，$\boldsymbol{a}_p$ と $\boldsymbol{a}_q$ とを入れ換えた組

$$\boldsymbol{a}_1, \cdots, \boldsymbol{a}_{p-1}, \boldsymbol{a}_q, \boldsymbol{a}_{p+1}, \cdots, \boldsymbol{a}_m$$

は線形独立になるので $\boldsymbol{x}_B^* = [x_1, \cdots, x_{p-1}, x_q, x_{p+1}, \cdots, x_m]^{\mathrm{T}}$ は新しい基底変数になる．

新しい実行可能基底形式を作るためには，新しい基底行列

$$B^* = [\boldsymbol{a}_1, \cdots, \boldsymbol{a}_{p-1}, \boldsymbol{a}_q, \boldsymbol{a}_{p+1}, \cdots, \boldsymbol{a}_m]$$

に対してもう一度式 (3.3) を作って同様の操作を繰り返すことになるが，実際は前回の基底形式 (3.6) を利用して効率よく計算することができる．具体的には，変数 x_p と x_q の入れ換えによって式 (3.6) は

$$\left(\sum_{i=1}^{p-1} x_i \boldsymbol{e}_i + x_q \bar{\boldsymbol{a}}_q + \sum_{i=p+1}^{m} x_i \boldsymbol{e}_i\right) + \left(\sum_{i=m+1}^{q-1} x_i \bar{\boldsymbol{a}}_i + x_p \boldsymbol{e}_p + \sum_{i=q+1}^{n} x_i \bar{\boldsymbol{a}}_i\right) = \bar{\boldsymbol{b}}$$

となっている（$\boldsymbol{e}_i$ は単位行列の第 i 列目のベクトルである）．このとき $\bar{a}_{pq}$ をピボット (pivot) とする**掃き出し**を実行して列ベクトル $\bar{\boldsymbol{a}}_q$ を $\boldsymbol{e}_p$ に変形すれば，新しい実行可能基底形式

$$\left(\sum_{i=1}^{p-1} x_i \boldsymbol{e}_i + x_q \boldsymbol{e}_p + \sum_{i=p+1}^{m} x_i \boldsymbol{e}_i\right) + \left(\sum_{i=m+1}^{q-1} x_i \bar{\boldsymbol{a}}_i^* + x_p \bar{\boldsymbol{a}}_p^* + \sum_{i=q+1}^{n} x_i \bar{\boldsymbol{a}}_i^*\right) = \bar{\boldsymbol{b}}^*$$

が得られる．あるいはベクトル表現を用いれば

$$\boldsymbol{x}_B^* + \bar{N}^* \boldsymbol{x}_N^* = \bar{\boldsymbol{b}}^*$$

が得られる．ここで，$i=1,2,\cdots,p-1,p+1,\cdots,m$ の列は掃き出しの影響を受けないことに注意せよ．

(iii) 式 (3.10) において $\bar{b}_p=0$ であるとき（すなわち退化しているとき）$x_q=0$ となるので，式 (3.9) をみればわかるように目的関数値は減少しない．他方，退化していない場合には $\bar{b}_p>0$ なので

$$x_q=\frac{\bar{b}_p}{\bar{a}_{pq}}>0$$

となり，目的関数値は $|\bar{c}_q x_q|>0$ だけ減少する．

以上の考察をまとめれば，次の定理を得る．

定理 3.2（単体法の原理）

実行可能基底形式 (3.4)，(3.5) について以下のことが成り立つ．

(1) **最適性基準**

もし $\bar{\boldsymbol{c}}_N \geq \boldsymbol{0}$ ならば，このときの実行可能基底解が最適解になる．さらに $\bar{\boldsymbol{c}}_N > \boldsymbol{0}$ ならば，このときの実行可能基底解は一意的な最適解になる．

(2) **非有界性**

もしある添字番号 q に対して $\bar{c}_q<0$，$\bar{\boldsymbol{a}}_q \leq \boldsymbol{0}$ ならば，目的関数値をいくらでも下げることができ，解は非有界になる．

(3) **実行可能基底解の改良**

$\bar{c}_q<0$ かつ $\bar{a}_{iq}>0$ となる $\bar{\boldsymbol{a}}_q$ の成分が存在するとき，

$$\min_{\bar{a}_{iq}>0}\frac{\bar{b}_i}{\bar{a}_{iq}}=\frac{\bar{b}_p}{\bar{a}_{pq}}$$

によって p を定める．このとき基底変数として $(\boldsymbol{x}_B)_p$ を x_q で置き換えることによって新しい実行可能基底形式を作ることができる．特に非退化の仮定のもとでは，目的関数値は $\bar{w}$ よりも $\left|\bar{c}_q\dfrac{\bar{b}_p}{\bar{a}_{pq}}\right|$ だけ減少する．

上記の定理に基づけば，単体法のアルゴリズムは次のように記述することができる．ただし，初回の実行可能基底形式が与えられていることを仮定しているが，これの具体的な計算方法については 3.6 節で説明する．

アルゴリズム 3.1（単体法）

初回の実行可能基底形式が与えられているものとする．

step1　相対費用係数が $\bar{\boldsymbol{c}}_N \geq \boldsymbol{0}$ を満たすならば，最適解を得たので終了する．さもなければ

$$\min_{\bar{c}_i<0} \bar{c}_i = \bar{c}_q$$

となる添字番号 q を求める．

step2　$\bar{\boldsymbol{a}}_q \leq \boldsymbol{0}$ ならば，目的関数が下に有界でないので終了する．$\bar{a}_{iq} > 0$ となる成分が存在する場合には

$$\min_{\bar{a}_{iq}>0} \frac{\bar{b}_i}{\bar{a}_{iq}} = \frac{\bar{b}_p}{\bar{a}_{pq}}$$

となる添字番号 p を求める．

step3　$\bar{a}_{pq}$ をピボットとする掃き出しを実行して，$(\boldsymbol{x}_B)_p$ のかわりに x_q を基底変数とする新しい実行可能基底形式を作る．

step4　step1 へ戻る．

表 3.1　単体表（$\bar{a}_{pq}$ をピボットとする掃き出し）

反復	基底	x_1	$\cdots$	x_p	$\cdots$	x_m	x_{m+1}	$\cdots$	x_q	$\cdots$	x_n	定数
	x_1	1					$\bar{a}_{1,m+1}$	$\cdots$	$\bar{a}_{1q}$	$\cdots$	$\bar{a}_{1n}$	$\bar{b}_1$
	$\vdots$		$\ddots$				$\vdots$	$\ddots$	$\vdots$	$\ddots$	$\vdots$	$\vdots$
k	x_p			1			$\bar{a}_{p,m+1}$	$\cdots$	$(\bar{a}_{pq})$	$\cdots$	$\bar{a}_{pn}$	$\bar{b}_p$
	$\vdots$				$\ddots$		$\vdots$	$\ddots$	$\vdots$	$\ddots$	$\vdots$	$\vdots$
	x_m					1	$\bar{a}_{m,m+1}$	$\cdots$	$\bar{a}_{mq}$	$\cdots$	$\bar{a}_{mn}$	$\bar{b}_m$
	$-w$	0	$\cdots$	0	$\cdots$	0	$\bar{c}_{m+1}$	$\cdots$	$\bar{c}_q$	$\cdots$	$\bar{c}_n$	$-\bar{w}$
	x_1	1		$\bar{a}^*_{1p}$			$\bar{a}^*_{1,m+1}$	$\cdots$	0	$\cdots$	$\bar{a}^*_{1n}$	$\bar{b}^*_1$
	$\vdots$		$\ddots$	$\vdots$			$\vdots$	$\ddots$	$\vdots$	$\ddots$	$\vdots$	$\vdots$
$k+1$	x_q			$\bar{a}^*_{pp}$			$\bar{a}^*_{p,m+1}$	$\cdots$	1	$\cdots$	$\bar{a}^*_{pn}$	$\bar{b}^*_p$
	$\vdots$			$\vdots$	$\ddots$		$\vdots$	$\ddots$	$\vdots$	$\ddots$	$\vdots$	$\vdots$
	x_m			$\bar{a}^*_{mp}$		1	$\bar{a}^*_{m,m+1}$	$\cdots$	0	$\cdots$	$\bar{a}^*_{mn}$	$\bar{b}^*_m$
	$-w$	0	$\cdots$	$\bar{c}^*_p$	$\cdots$	0	$\bar{c}^*_{m+1}$	$\cdots$	0	$\cdots$	$\bar{c}^*_n$	$-\bar{w}^*$

今までの説明で理解できるように，実行可能基底形式を連立1次方程式として取り扱って掃き出し法を適用するわけである．実際の計算では実行可能基底形式に相当する表 3.1 を利用することが多い．これを**単体表**または**シンプレックス・タブロー** (simplex tableau) という．次節で扱う計算例はこの単体表を用いて説明する．表 3.1 の単体表は，$\bar{a}_{pq}$ をピボットとする掃き出しによって反復 k から反復 $k+1$ への変形を表している．単体表において，ピボットはカッコで括って $(\bar{a}_{pq})$ とし，新しい実行可能基底形式の成分には $*$ 印をつけてある．

コラム（ゲーム理論と線形計画法）

利害が対立する場における人間行動を分析する手段として**ゲーム理論**が重要な役割を演じている．1944 年に John von Neumann（ジョン・フォン・ノイマン）と Oskar Morgenstern（オスカー・モルゲンシュテルン）の共著「Theory of Games and Economic Behavior」が発表されて以来，ゲーム理論の研究が大いに発展した．同じ頃，Dantzig が線形計画法の研究を始めたわけであるが，興味深いことにゲーム理論と線形計画法には密接な関係がある．

2 人のプレイヤー P_1, P_2 がプレイする**ゼロ和 2 人ゲーム**を考える．P_1 が戦略 i を選び P_2 が戦略 j を選んだとき，P_1 は利得 a_{ij} を得るものとする（言い換えれば，P_2 は a_{ij} だけ損することになる）．P_1 の戦略数を m，P_2 の戦略数を n とし，a_{ij} を (i,j) 成分とする行列を $A \in \boldsymbol{R}^{m\times n}$ とするとき，行列 A を P_1 の利得行列（P_2 の損失行列）という（一般性を失うことなく $a_{ij} > 0$ と仮定する）．混合戦略で，P_1 が戦略 i を x_i の確率で，P_2 が戦略 j を y_j の確率でそれぞれ選ぶとすると，$\boldsymbol{x} = [x_1, \ldots, x_m]^{\mathrm{T}} \in X = \{\boldsymbol{x} \mid \boldsymbol{e}_m^{\mathrm{T}}\boldsymbol{x} = 1, \boldsymbol{x} \geq \boldsymbol{0}\}, \boldsymbol{y} = [y_1, \ldots, y_n]^{\mathrm{T}} \in Y = \{\boldsymbol{y} \mid \boldsymbol{e}_n^{\mathrm{T}}\boldsymbol{y} = 1, \boldsymbol{y} \geq \boldsymbol{0}\}$ に対して，P_1 の利得の期待値は $\boldsymbol{x}^{\mathrm{T}}A\boldsymbol{y}$ で与えられる．ただし，$\boldsymbol{e}_m, \boldsymbol{e}_n$ はそれぞれ成分がすべて 1 の m 次元，n 次元ベクトルである．P_1 は最大化プレイヤーなので max–min 戦略を採用し，P_2 は最小化プレイヤーなので min–max 戦略を採用する．このとき，

$$\max_{\boldsymbol{x}\in X}\min_{\boldsymbol{y}\in Y}\boldsymbol{x}^{\mathrm{T}}A\boldsymbol{y} = \min_{\boldsymbol{y}\in Y}\max_{\boldsymbol{x}\in X}\boldsymbol{x}^{\mathrm{T}}A\boldsymbol{y}$$

が成り立つ．また，P_1 の戦略は，制約条件 $A^{\mathrm{T}}\boldsymbol{x} \geq v\boldsymbol{e}_n, v \geq 0, \boldsymbol{x} \in X$ のもとで max–min 値に対応するパラメータ v を最大化する線形計画問題として定式化できる．一方，P_2 の戦略はこの問題の双対問題として与えられる．

3.5　単体法の例

本節では，具体的な例を通して単体法のアルゴリズムならびに単体表の作り方を説明する．

例5　次の最小化問題を考える．

$$\begin{cases} \text{最 小 化} & w = -5x_1 - 4x_2 \\ \text{制約条件} & 5x_1 + 2x_2 \leq 30 \\ & \ \ x_1 + 2x_2 \leq 14 \\ & x_1 \geq 0, \quad x_2 \geq 0 \end{cases}$$

この問題にスラック変数 $x_3, x_4 \geq 0$ を導入すれば，次の標準形を得る．

$$\begin{cases} \text{最 小 化} & w = -5x_1 - 4x_2 + 0x_3 + 0x_4 \\ \text{制約条件} & 5x_1 + 2x_2 + x_3 \qquad\quad = 30 \\ & \ \ x_1 + 2x_2 \qquad\quad + x_4 = 14 \\ & x_1 \geq 0, \quad x_2 \geq 0, \quad x_3 \geq 0, \quad x_4 \geq 0 \end{cases}$$

まず x_3, x_4 を基底変数に選べば

$$\boldsymbol{x}_B + x_1 \begin{bmatrix} 5 \\ 1 \end{bmatrix} + x_2 \begin{bmatrix} 2 \\ 2 \end{bmatrix} = \begin{bmatrix} 30 \\ 14 \end{bmatrix} \quad \left(\boldsymbol{x}_B = \begin{bmatrix} x_3 \\ x_4 \end{bmatrix} \right)$$

となる．また目的関数は

$$w = -5x_1 - 4x_2$$

である．これを表したのが表3.2の反復0である．ここで目的関数の非基底変数 x_1, x_2 の係数をみればそれぞれ $-5, -4$ と負の値なので，非基底変数 x_1, x_2 のどちらを増やしても目的関数値は減少する．通常は係数が最も小さい非基底変数を増やすので x_1 に着目する．x_1 以外の非基底変数（この場合には x_2 のみ）は零のままにしておくと

$$\boldsymbol{x}_B = \begin{bmatrix} 30 \\ 14 \end{bmatrix} - x_1 \begin{bmatrix} 5 \\ 1 \end{bmatrix}$$

を得る．$\boldsymbol{x}_B$ の非負制約を満たす範囲内で x_1 を増加させなければならないので

表 3.2　例 5 の単体表

反復	基底	x_1	x_2	x_3	x_4	定数	比率
0	x_3	(5)	2	1	0	30	$\frac{30}{5}$
	x_4	1	2	0	1	14	14
	$-w$	-5	-4	0	0	0	
途中計算	x_1	1	$\frac{2}{5}$	$\frac{1}{5}$	0	6	
	x_4	$1-1$	$2-\frac{2}{5}$	$0-\frac{1}{5}$	1	$14-6$	
	$-w$	$-5+5\times 1$	$-4+5\times\frac{2}{5}$	$0+5\times\frac{1}{5}$	0	$0+5\times 6$	
1	x_1	1	$\frac{2}{5}$	$\frac{1}{5}$	0	6	$\frac{6}{2/5}$
	x_4	0	$\left(\frac{8}{5}\right)$	$-\frac{1}{5}$	1	8	$\frac{8}{8/5}$
	$-w$	0	-2	1	0	30	
途中計算	x_1	1	$\frac{2}{5}-\frac{2}{5}\times 1$	$\frac{1}{5}-\frac{2}{5}\times\left(-\frac{1}{8}\right)$	$0-\frac{2}{5}\times\frac{5}{8}$	$6-\frac{2}{5}\times 5$	
	x_2	0	1	$-\frac{1}{8}$	$\frac{5}{8}$	5	
	$-w$	0	$-2+2\times 1$	$1+2\times\left(-\frac{1}{8}\right)$	$0+2\times\frac{5}{8}$	$30+2\times 5$	
2	x_1	1	0	$\frac{1}{4}$	$-\frac{1}{4}$	4	
	x_2	0	1	$-\frac{1}{8}$	$\frac{5}{8}$	5	
	$-w$	0	0	$\frac{3}{4}$	$\frac{5}{4}$	40	

$$x_3 = 30 - 5x_1 \geq 0 \quad \left(\text{すなわち}\frac{30}{5} \geq x_1\right)$$
$$x_4 = 14 - x_1 \geq 0 \quad (\text{すなわち}\ 14 \geq x_1)$$

を満たす x_1 のうち，目的関数を最も下げるには $x_1 = \min\{30/5, 14\} = 30/5$ とすればよい．このとき $x_3 = 0$ となる．このことは x_3 が基底変数からはずれて x_1 が新たに基底変数になることを意味している．

次に新しい実行可能基底形式を作る．具体的には

$$\begin{bmatrix} (5) & 0 \\ 1 & 1 \end{bmatrix} \begin{bmatrix} x_1 \\ x_4 \end{bmatrix} + x_2 \begin{bmatrix} 2 \\ 2 \end{bmatrix} + x_3 \begin{bmatrix} 1 \\ 0 \end{bmatrix} = \begin{bmatrix} 30 \\ 14 \end{bmatrix}$$

において (5) をピボットとする掃き出しをすれば

$$\boldsymbol{x}_B + x_2 \begin{bmatrix} 2/5 \\ 8/5 \end{bmatrix} + x_3 \begin{bmatrix} 1/5 \\ -1/5 \end{bmatrix} = \begin{bmatrix} 6 \\ 8 \end{bmatrix} \quad \left(\boldsymbol{x}_B = \begin{bmatrix} x_1 \\ x_4 \end{bmatrix} \right)$$

を得る．またこの変形に伴って，目的関数は $w = -2x_2 + x_3 - 30$ となる．これを表したのが表 3.2 の反復 1 である．非基底変数 x_3 は増やせないが，x_2 の係数は負なのでこれを増加させれば目的関数がさらに下がることがわかる．反復 0 のときと同様に，x_2 以外の非基底変数（この場合は x_3 のみ）を零にして

$$x_1 = 6 - \frac{2}{5}x_2 \geq 0, \quad x_4 = 8 - \frac{8}{5}x_2 \geq 0$$

を満たす範囲内で x_2 を増やせば

$$x_2 = \min\left\{ \frac{6}{2/5}, \frac{8}{8/5} \right\} = 5$$

を得る．このとき $x_4 = 0$ となるので，x_4 が基底変数からはずれて x_2 が新たに基底変数になる．

さらに新しい実行可能基底形式を作る．具体的には

$$\begin{bmatrix} 1 & 2/5 \\ 0 & (8/5) \end{bmatrix} \begin{bmatrix} x_1 \\ x_2 \end{bmatrix} + x_3 \begin{bmatrix} 1/5 \\ -1/5 \end{bmatrix} + x_4 \begin{bmatrix} 0 \\ 1 \end{bmatrix} = \begin{bmatrix} 6 \\ 8 \end{bmatrix}$$

において (8/5) をピボットとする掃き出しをすれば反復 2 を得る．この変形に伴って，目的関数は

$$w = \frac{3}{4}x_3 + \frac{5}{4}x_4 - 40$$

となる．非基底変数 x_3, x_4 の係数は非負なので，もうこれ以上目的関数の値を下げることはできない．したがって，最適解と最適値は

$$x_1^* = 4, \quad x_2^* = 5, \quad (x_3^* = 0, \quad x_4^* = 0) \quad w^* = -40$$

となる．参考のために，表 3.2 の各反復で掃き出し法の途中計算を載せておく．この単体表における点 (x_1, x_2) の動きを描いたのが図 3.5 である．x_1–x_2 座標

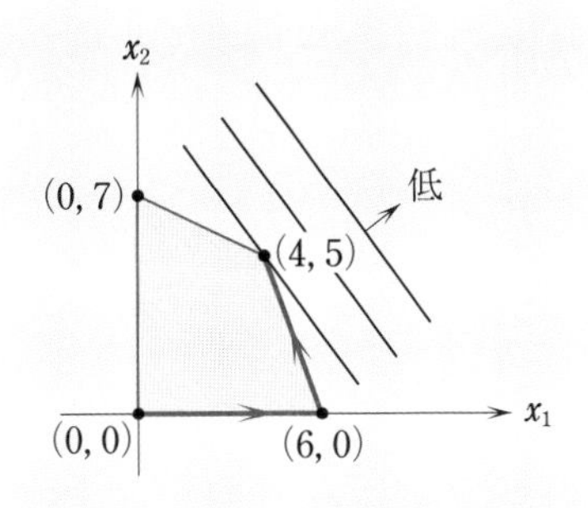

図 3.5 単体法で生成される点列の動き (例 5)

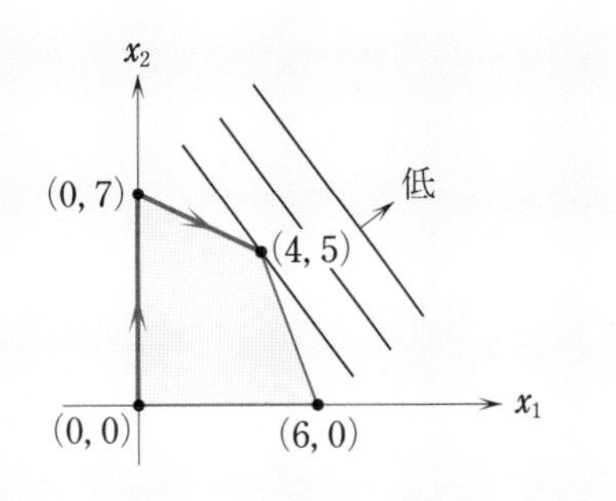

図 3.6 単体法で生成される点列の動き (例 6)

平面上で，点 $(0,0)$(目的関数値は 0) から出発して点 $(6,0)$ (目的関数値は -30) を経由して最適解 $(4,5)$(目的関数値は -40) に到達したことがわかる．特徴的なのは，目的関数値を下げながら多角形領域の隣り合う端点へ移動して，最終的に最適解に到達していることである．これが単体法で生成される点列の動きである． □

例 6 例 5 の単体表の反復 0 の目的関数 $(-w)$ の行で，-5 のかわりに -4 を選んだとすれば表 3.3 を得る．この単体表における点 (x_1, x_2) の動きを描いたのが図 3.6 である．x_1–x_2 座標平面上で，点 $(0,0)$(目的関数値は 0) から出発して点 $(0,7)$ (目的関数値は -28) を経由して最適解 $(4,5)$(目的関数値は -40) に到達している．図 3.5 とは別の辺をたどっており，$-w$ の行の数値の選び方によって道順が異なることがわかる[4)]． □

例 7 上記の例にもう 1 つ制約条件を加えた次の最小化問題を考える．

$$\begin{cases} \text{最 小 化} & w = -5x_1 - 4x_2 \\ \text{制約条件} & 5x_1 + 2x_2 \leq 30 \\ & x_1 + 2x_2 \leq 14 \\ & 5x_1 - 4x_2 \leq 15 \\ & x_1 \geq 0, \quad x_2 \geq 0 \end{cases}$$

4) このことは，必ずしも $\min \bar{c}_i$ となる番号を選ぶ必要がないことを意味している．

表 3.3 **例 6** の単体表

反復	基底	x_1	x_2	x_3	x_4	定数	比率
0	x_3	5	2	1	0	30	$\frac{30}{2}$
	x_4	1	(2)	0	1	14	$\frac{14}{2}$
	$-w$	-5	-4	0	0	0	
途中計算	x_3	$5-2\times\frac{1}{2}$	$2-2\times 1$	1	$0-2\times\frac{1}{2}$	$30-2\times 7$	
	x_2	$\frac{1}{2}$	1	0	$\frac{1}{2}$	7	
	$-w$	$-5+4\times\frac{1}{2}$	$-4+4\times 1$	0	$0+4\times\frac{1}{2}$	$0+4\times 7$	
1	x_3	(4)	0	1	-1	16	$\frac{16}{4}$
	x_2	$\frac{1}{2}$	1	0	$\frac{1}{2}$	7	$\frac{7}{1/2}$
	$-w$	-3	0	0	2	28	
途中計算	x_1	1	0	$\frac{1}{4}$	$-\frac{1}{4}$	4	
	x_2	$\frac{1}{2}-\frac{1}{2}\times 1$	1	$0-\frac{1}{2}\times\frac{1}{4}$	$\frac{1}{2}-\frac{1}{2}\times\left(-\frac{1}{4}\right)$	$7-\frac{1}{2}\times 4$	
	$-w$	$-3+3\times 1$	0	$0+3\times\frac{1}{4}$	$2+3\times\left(-\frac{1}{4}\right)$	$28+3\times 4$	
2	x_1	1	0	$\frac{1}{4}$	$-\frac{1}{4}$	4	
	x_2	0	1	$-\frac{1}{8}$	$\frac{5}{8}$	5	
	$-w$	0	0	$\frac{3}{4}$	$\frac{5}{4}$	40	

この問題にスラック変数 $x_3, x_4, x_5 \geq 0$ を導入すれば，次の標準形を得る．

$$
\left\{
\begin{array}{ll}
\text{最 小 化} & w = -5x_1 - 4x_2 + 0x_3 + 0x_4 + 0x_5 \\
\text{制約条件} & 5x_1 + 2x_2 + x_3 \qquad\qquad = 30 \\
 & \;\; x_1 + 2x_2 \qquad + x_4 \qquad = 14 \\
 & 5x_1 - 4x_2 \qquad\qquad + x_5 = 15 \\
 & x_i \geq 0 \quad (i = 1, \cdots, 5)
\end{array}
\right.
$$

表 3.4 の反復 1 において 2 列目の 3 行目が負の値 $\left(-\frac{4}{5} < 0\right)$ なので，変数 x_1 をいくら増やしても非負制約には影響しない．したがって，比率の欄が空白になっていることに注意されたい (他の反復の場合も同様)．図 3.7 には生成される点の動きを示してある． □

表 3.4 例 7 の単体表

反復	基底	x_1	x_2	x_3	x_4	x_5	定数	比率
0	x_3	5	2	1	0	0	30	6
	x_4	1	2	0	1	0	14	14
	x_5	(5)	-4	0	0	1	15	3
	$-w$	-5	-4	0	0	0	0	
1	x_3	0	(6)	1	0	-1	15	$\frac{5}{2}$
	x_4	0	$\frac{14}{5}$	0	1	$-\frac{1}{5}$	11	$\frac{55}{14}$
	x_1	1	$-\frac{4}{5}$	0	0	$\frac{1}{5}$	3	
	$-w$	0	-8	0	0	1	15	
2	x_2	0	1	$\frac{1}{6}$	0	$-\frac{1}{6}$	$\frac{5}{2}$	
	x_4	0	0	$-\frac{7}{15}$	1	$\left(\frac{4}{15}\right)$	4	15
	x_1	1	0	$\frac{2}{15}$	0	$\frac{1}{15}$	5	75
	$-w$	0	0	$\frac{4}{3}$	0	$-\frac{1}{3}$	35	
3	x_2	0	1	$-\frac{1}{8}$	$\frac{5}{8}$	0	5	
	x_5	0	0	$-\frac{7}{4}$	$\frac{15}{4}$	1	15	
	x_1	1	0	$\frac{1}{4}$	$-\frac{1}{4}$	0	4	
	$-w$	0	0	$\frac{3}{4}$	$\frac{5}{4}$	0	40	

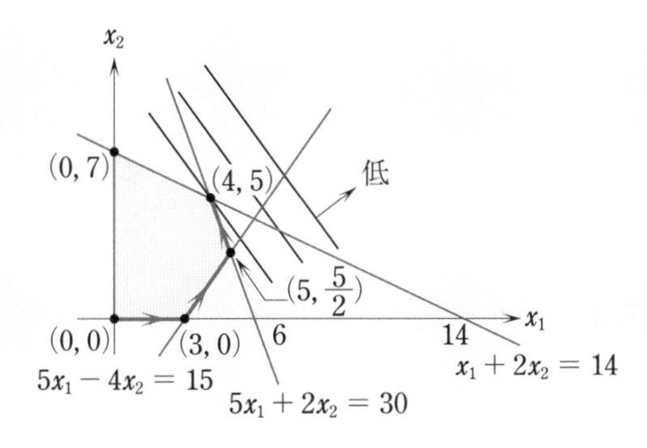

図 3.7 単体法で生成される点列の動き (例 7)

例 8 辺が最適解の集合になっている場合

次の最小化問題を考える.

$$
\begin{cases}
\text{最 小 化} & w = -5x_1 - 4x_2 \\
\text{制約条件} & 5x_1 + 4x_2 \leq 40 \\
& \ \ x_1 + 2x_2 \leq 14 \\
& 5x_1 - 6x_2 \leq 15 \\
& x_1 \geq 0, \quad x_2 \geq 0
\end{cases}
$$

表 3.5 **例 8** の単体表

反復	基底	x_1	x_2	x_3	x_4	x_5	定数	比率
0	x_3	5	4	1	0	0	40	8
	x_4	1	2	0	1	0	14	14
	x_5	(5)	−6	0	0	1	15	3
	$-w$	−5	−4	0	0	0	0	
1	x_3	0	(10)	1	0	−1	25	$\frac{5}{2}$
	x_4	0	$\frac{16}{5}$	0	1	$-\frac{1}{5}$	11	$\frac{55}{16}$
	x_1	1	$-\frac{6}{5}$	0	0	$\frac{1}{5}$	3	
	$-w$	0	−10	0	0	1	15	
2	x_2	0	1	$\frac{1}{10}$	0	$-\frac{1}{10}$	$\frac{5}{2}$	
	x_4	0	0	$-\frac{8}{25}$	1	$\left(\frac{3}{25}\right)$	3	25
	x_1	1	0	$\frac{3}{25}$	0	$\frac{2}{25}$	6	75
	$-w$	0	0	1	0	0	40	
3	x_2	0	1	$-\frac{1}{6}$	$\frac{5}{6}$	0	5	
	x_5	0	0	$-\frac{8}{3}$	$\frac{25}{3}$	1	25	
	x_1	1	0	$\frac{1}{3}$	$-\frac{2}{3}$	0	4	
	$-w$	0	0	1	0	0	40	

この問題にスラック変数 $x_3, x_4, x_5 \geq 0$ を導入すれば，次の標準形を得る．

$$
\begin{cases}
\text{最 小 化} & w = -5x_1 - 4x_2 + 0x_3 + 0x_4 + 0x_5 \\
\text{制約条件} & 5x_1 + 4x_2 + x_3 \qquad\qquad = 40 \\
 & \ \ x_1 + 2x_2 \qquad + x_4 \qquad = 14 \\
 & 5x_1 - 6x_2 \qquad\qquad + x_5 = 15 \\
 & x_i \geq 0 \quad (i = 1, \cdots, 5)
\end{cases}
$$

表 3.5 において，反復 2 で最適解 $(6, 5/2)$ に到達している．これは 2 直線

$$5x_1 + 4x_2 = 40, \quad x_1 - 6x_2 = 15$$

の交点である．ここで，方程式

$$5x_1 - 6x_2 = 15$$

を捨ててそのかわりに方程式

$$x_1 + 2x_2 = 14$$

を取り込めば，すなわち基底変数 x_4 をはずして非基底変数 x_5 を基底に取り込むと，反復 3 で別の最適解 $(4, 5)$ を得る．この場合，2 つの最適解 $(6, 5/2)$ と $(4, 5)$ を結ぶ線分上の点もまた最適解になる（図 3.8 参照）． □

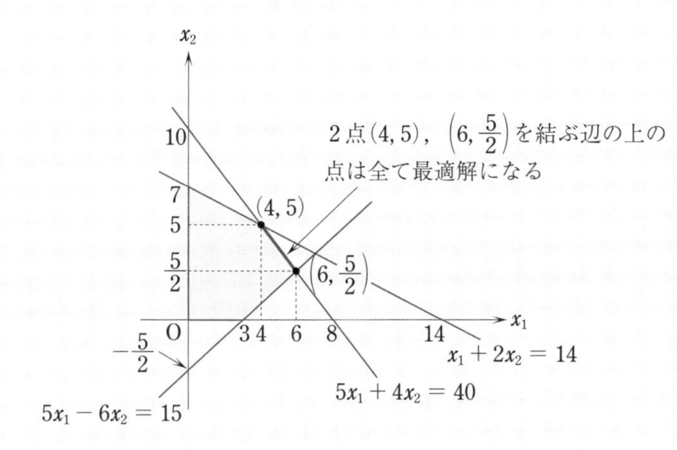

図 3.8　辺が最適解の集合になっている場合（例 8）

例 9　**退化している場合**

次の最小化問題を考える．

$$
\left\{
\begin{array}{lll}
\text{最 小 化} & w = -5x_1 - 4x_2 & \\
\text{制約条件} & 5x_1 + 2x_2 \leq 30 & (3.11) \\
 & x_1 + 2x_2 \leq 14 & (3.12) \\
 & 5x_1 - 4x_2 \leq 15 & (3.13) \\
 & 5x_1 - 2x_2 \leq 20 & (3.14) \\
 & x_1 \geq 0, \quad x_2 \geq 0 &
\end{array}
\right.
$$

この問題にスラック変数 $x_3, x_4, x_5, x_6 \geq 0$ を導入すれば，次の標準形を得る．

$$
\left\{
\begin{array}{ll}
\text{最 小 化} & w = -5x_1 - 4x_2 + 0x_3 + 0x_4 + 0x_5 + 0x_6 \\
\text{制約条件} & 5x_1 + 2x_2 + x_3 = 30 \\
 & x_1 + 2x_2 + x_4 = 14 \\
 & 5x_1 - 4x_2 + x_5 = 15 \\
 & 5x_1 - 2x_2 + x_6 = 20 \\
 & x_i \geq 0 \quad (i = 1, \cdots, 6)
\end{array}
\right.
$$

3つの制約条件 (3.11)，(3.13)，(3.14) の境界を表す直線が1点 $(5, 5/2)$ を通っており，しかも制約条件 (3.14) が余分であることに注意されたい（図3.9）．このことが退化現象を引き起こす原因になっている．ただし，標準形に直した際

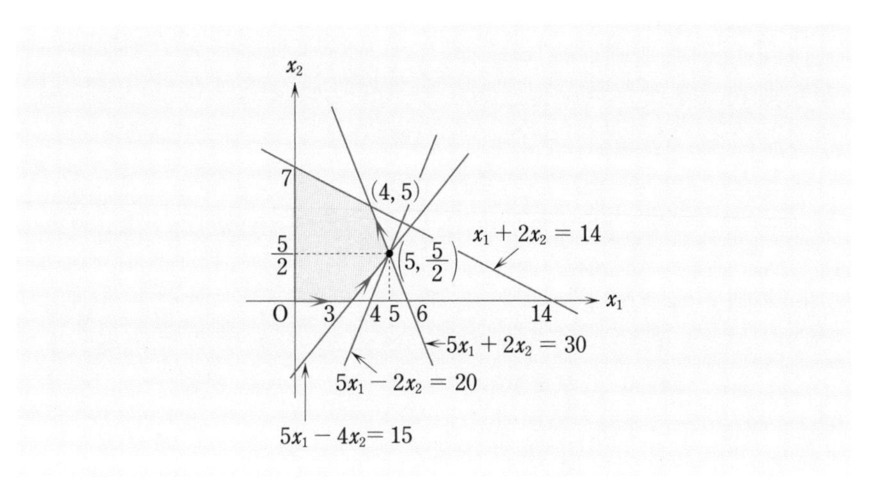

図3.9　退化している場合（例9）

にスラック変数 x_6 を追加しているので，標準形の係数行列のランクは 4 になりランク落ちしているわけではない（ランク落ちしている場合には，あらかじめ余分な等式制約を標準形から取り除くことができる）．表 3.6 の反復 2 と反復 3 で退化が起こり，目的関数値が変化しない ($w = -35$) ことに注目せよ．またこのことに関連して，反復 1 で最小比率 5/2 が 2 箇所で現れていることにも注

表 3.6　例 9 の単体表

反復	基底	x_1	x_2	x_3	x_4	x_5	x_6	定数	比率
0	x_3	5	2	1	0	0	0	30	6
	x_4	1	2	0	1	0	0	14	14
	x_5	(5)	-4	0	0	1	0	15	3
	x_6	5	-2	0	0	0	1	20	4
	$-w$	-5	-4	0	0	0	0	0	
1	x_3	0	6	1	0	-1	0	15	5/2
	x_4	0	14/5	0	1	$-1/5$	0	11	55/14
	x_1	1	$-4/5$	0	0	1/5	0	3	
	x_6	0	(2)	0	0	-1	1	5	5/2
	$-w$	0	-8	0	0	1	0	15	
2	x_3	0	0	1	0	(2)	-3	0	0
	x_4	0	0	0	1	6/5	$-7/5$	4	10/3
	x_1	1	0	0	0	$-1/5$	2/5	5	
	x_2	0	1	0	0	$-1/2$	1/2	5/2	
	$-w$	0	0	0	0	-3	4	35	
3	x_5	0	0	1/2	0	1	$-3/2$	0	
	x_4	0	0	$-3/5$	1	0	(2/5)	4	10
	x_1	1	0	1/10	0	0	1/10	5	50
	x_2	0	1	1/4	0	0	$-1/4$	5/2	
	$-w$	0	0	3/2	0	0	$-1/2$	35	
4	x_5	0	0	$-7/4$	15/4	1	0	15	
	x_6	0	0	$-3/2$	5/2	0	1	10	
	x_1	1	0	1/4	$-1/4$	0	0	4	
	x_2	0	1	$-1/8$	5/8	0	0	5	
	$-w$	0	0	3/4	5/4	0	0	40	

意せよ．x_3 と x_6 のいずれかを選ぶ選択の自由度がある．x_3 を基底からはずすのは制約条件 (3.11) を採用することに対応し，x_6 を基底からはずすのは制約条件 (3.14) を採用することに対応する．後者の場合，制約条件 (3.13)，(3.14) の 2 つを考慮するのでそれらの境界の交点 $(5, 5/2)$ が得られ，さらに制約条件 (3.13) をはずして制約条件 (3.11) を採用し直す作業が必要になる．その際に退化が起こるのである．図 3.9 には生成される点の動きを示してある．この例ではきちんと最適解に到達したが，場合によっては退化しているときに同じ状況を何度も繰り返して巡回することも有り得る（巡回が起こる例は **例 14** で紹介する）．□

例 10　**有界でない場合**

次の最小化問題を考える．

$$\begin{cases} \text{最 小 化} & w = -5x_1 - 4x_2 \\ \text{制約条件} & 4x_1 - 5x_2 \leq 12 \\ & -4x_1 + 5x_2 \leq 15 \\ & x_1 \geq 0, \quad x_2 \geq 0 \end{cases}$$

この問題にスラック変数 $x_3, x_4 \geq 0$ を導入すれば，次の標準形を得る．

$$\begin{cases} \text{最 小 化} & w = -5x_1 - 4x_2 + 0x_3 + 0x_4 \\ \text{制約条件} & 4x_1 - 5x_2 + x_3 = 12 \\ & -4x_1 + 5x_2 + x_4 = 15 \\ & x_1 \geq 0, \quad x_2 \geq 0, \quad x_3 \geq 0, \quad x_4 \geq 0 \end{cases}$$

表 3.7 の反復 1 で変数 x_2 の列に正の係数が存在しないので，x_2 の値をいくらでも大きくすることができる．実際，x_2 以外の非基底変数を零 $(x_3 = 0)$ とおくと

$$x_1 = 3 + \frac{5}{4}x_2$$
$$x_4 = 27 + 0x_2$$

となる．ここで，任意の $x_2 \geq 0$ に対して x_1，x_4 の非負制約を損なうことがないので変数 x_2 の値をいくらでも大きくすることができる．また，x_1，x_4 を目的関数に代入すれば

表 3.7 例 10 の単体表

反復	基底	x_1	x_2	x_3	x_4	定数	比率
0	x_3	(4)	-5	1	0	12	3
	x_4	-4	5	0	1	15	
	$-w$	-5	-4	0	0	0	
1	x_1	1	$-\frac{5}{4}$	$\frac{1}{4}$	0	3	
	x_4	0	0	1	1	27	
	$-w$	0	$-\frac{41}{4}$	$\frac{5}{4}$	0	15	

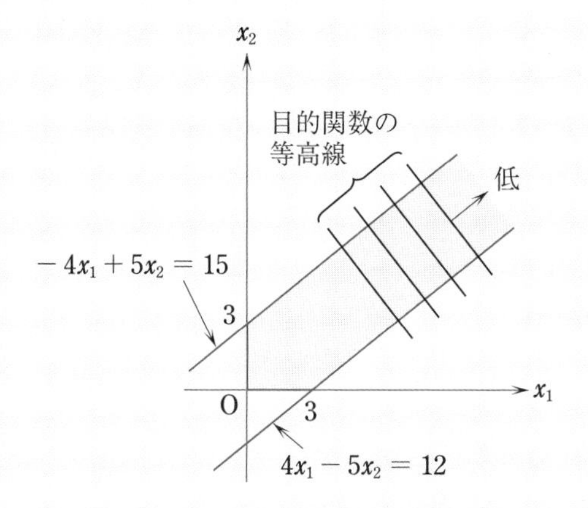

図 3.10 有界でない場合 (例 10)

$$w=-5x_1-4x_2=-15-\frac{41}{4}x_2$$

となり，変数 x_2 の値を大きくすれば目的関数の値をいくらでも下げることができる．したがって，目的関数は下に有界ではない（図 3.10 参照）． □

今までの例から類推できることをまとめると次の通りである．

(1) 実行可能基底解は実行可能領域の端点に対応している．

(2) 単体法の 1 回の掃き出しの操作により，多面体領域のある端点から隣接した端点に移ることができる．

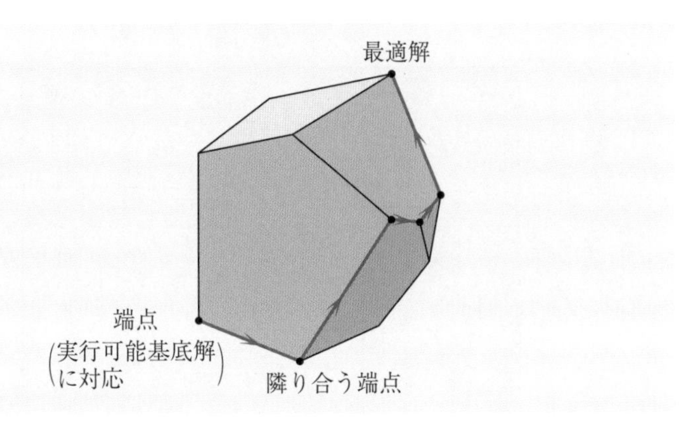

図 3.11　単体法で生成される点列の動き（イメージ図）

このことを3次元空間でイメージ的に図示したのが図3.11である．ただし，多面体の内部が実行可能領域であり，目的関数の等高線（面）は省略してある．

注意1　今までは説明の都合で単体表には行列全体（$m \times n$ 行列）を載せてきたが，3.4節の単体法の原理をみればわかるように，実際には基底行列の逆行列 B^{-1}（$m \times m$ 行列），単体乗数 $\boldsymbol{y} = (B^{-1})^{\mathrm{T}}\boldsymbol{c}_B$，右辺ベクトル $\bar{\boldsymbol{b}}$，関数値 $\bar{w}$，新たに基底に入る変数 x_q に対応する A の列ベクトルだけが用意されていれば単体法が実行できる．制約式の数 m は変数の数 n に比べて非常に少ないので，その場合には記憶容量も少なくてすむ．また，x_p に対応する列ベクトル $\boldsymbol{a}_p$ と x_q に対応する列ベクトル $\boldsymbol{a}_q$ が入れ替わるだけなので，現在の逆行列 B^{-1} から新しい基底行列の逆行列が容易に計算できる．このことを利用したのが**改訂単体法** (revised simplex method) である．通常は，単体法といえば改訂単体法を指す．　□

3.6　2 段 階 法

前節で紹介した単体法では，初回の実行可能基底形式（すなわち，1 組の実行可能基底解）が必要であった．しかしながら，一般にはそのような実行可能基底形式が標準形から直接見つかるとは限らない．そもそも，もとの線形計画問題の制約条件が矛盾していることすらあり得る．後者の場合にはもはや実行可能解すら存在しない．ここで紹介する **2 段階法** (two phase method) は，**第 1 段階** (phase I) で実行可能性を判定し実行可能基底形式を求めるものである．もとの線形計画問題の制約条件が矛盾しているならば，実行可能解が存在しないと判断してその場で終了する．**第 2 段階** (phase II) では第 1 段階で得られた基底形式を初回の実行可能基底形式として，アルゴリズム 3.1 を実行して最適解を求めるか，もしくは解が有界でないと判定して終了する．ここで注目すべきことは，第 1 段階と第 2 段階の両方で単体法が使われることである．

線形計画問題の標準形

$$A\boldsymbol{x} = \boldsymbol{b} \quad (\boldsymbol{x} \geq \boldsymbol{0}) \text{ のもとで } w = \boldsymbol{c}^{\mathrm{T}}\boldsymbol{x} \text{ を最小化せよ} \tag{3.15}$$

が与えられたとき，第 1 段階では，強制的に実行可能基底形式を作るために**人為変数** (artificial variable) と呼ばれる非負の変数 $v_1, v_2, \cdots, v_m$ を導入して，標準形の等式制約を次のように変更する．

$$\left\{\begin{array}{lllllllll}
a_{11}x_1 + a_{12}x_2 + \cdots + a_{1n}x_n + v_1 & & & = b_1 & (\geq 0) \\
a_{21}x_1 + a_{22}x_2 + \cdots + a_{2n}x_n & + v_2 & & = b_2 & (\geq 0) \\
\quad\vdots \qquad\qquad\qquad\qquad \vdots & & \ddots & & \vdots \\
a_{m1}x_1 + a_{m2}x_2 + \cdots + a_{mn}x_n & & + v_m & = b_m & (\geq 0) \\
x_i \geq 0 \quad (i = 1, \cdots, n), \quad v_i \geq 0 \quad (i = 1, \cdots, m) & & & &
\end{array}\right. \tag{3.16}$$

ただし，右辺 b_i $(i = 1, \cdots, m)$ は全て非負であるとする．そうでない場合には，あらかじめ両辺に -1 をかけて $b_i \geq 0$ としてから人為変数を付加するものとする．ここで

$$(x_1, x_2, \cdots, x_n, v_1, v_2, \cdots, v_m) = (0, 0, \cdots, 0, b_1, b_2, \cdots, b_m)$$

が (3.16) の実行可能基底解になることは明らかである．この問題に単体法を適用して人為変数が全て零になるような実行可能解 $(\bar{x}_1, \cdots, \bar{x}_n, 0, \cdots, 0)$ が見つかれば，$(\bar{x}_1, \cdots, \bar{x}_n)$ がもとの線形計画問題 (3.15) の実行可能基底解になる．このためには，目的関数 w のかわりに次の関数を最小化することを考える．

$$u = v_1 + v_2 + \cdots + v_m \tag{3.17}$$

人為変数は非負であるから，もとの問題が実行可能解をもつならば u の最小値 u^* は零となり，そのとき人為変数は全て零になる．他方，もし最小値が $u^* > 0$ ならば全ての人為変数を零にすることはできないので，もとの問題には実行可能解が存在しないことがわかる．以上が第1段階の手順である．

式 (3.16) をそれぞれ v_i について解いて，これを式 (3.17) に代入すれば

$$u = \left(-\sum_{i=1}^{m} a_{i1}\right) x_1 + \cdots + \left(-\sum_{i=1}^{m} a_{in}\right) x_n + \sum_{i=1}^{m} b_i$$

となるので，ここで

$$d_j = -(a_{1j} + a_{2j} + \cdots + a_{mj}) \quad (j = 1, \cdots, n)$$

$$u_0 = b_1 + b_2 + \cdots + b_m \quad (\geq 0)$$

とおいて式 (3.16) に

$$-u + d_1 x_1 + d_2 x_2 + \cdots + d_n x_n = -u_0$$

を追加すれば実行可能基底形式が得られる．第1段階では u のみを最小化することが目的なのでもとの問題の目的関数 w を考慮する必要はないが，第2段階に切り替わったときに w の最小化手順へ自然に移行するために最初から第1段階の基底形式に

$$-w + c_1 x_1 + c_2 x_2 + \cdots + c_n x_n = 0$$

も追加しておくことにする．また，人為変数はひとたび基底から除かれれば不要になるので，最初から人為変数の列を単体表に用意しておく必要はない．

2段階法のアルゴリズムは次のようにまとめられる．なお詳細は述べないが，第2段階に切り替わる際に人為変数が基底変数に残った場合の処理は次のアルゴリズム 3.2 を参照されたい．

アルゴリズム 3.2 (2 段階法)

第 1 段階　表 3.8 の単体表から出発して単体法を実行する．ただし，$-u$ の行を目的関数の行として計算し，$-w$ の行は単に掃き出しのみを行うこととする．最適単体表が得られたときに，$u^* > 0$ ならばもとの問題は実行可能でないと判定して終了する．$u^* = 0$ ならば第 2 段階に進む．

第 2 段階　もし $d_j > 0$ となる列が残っていればその列を取り除き，$-u$ の行を取り除く．その際に人為変数が基底に残っているならば，まずそれを非基底変数と入れ替える．入れ替えが不可能のときはその行を取り除く．その後，$-w$ の行を目的関数の行としてアルゴリズム 3.1 を実行する．そして最終的に最適解を得て終了するか，または，解が有界でないと判定して終了する．

表 3.8　第 1 段階の初期単体表

基底	x_1	$\cdots$	x_j	$\cdots$	x_n	定数
v_1	a_{11}	$\cdots$	a_{1j}	$\cdots$	a_{1n}	b_1
$\vdots$	$\vdots$	$\ddots$	$\vdots$	$\ddots$	$\vdots$	$\vdots$
v_i	a_{i1}	$\cdots$	a_{ij}	$\cdots$	a_{in}	b_i
$\vdots$	$\vdots$	$\ddots$	$\vdots$	$\ddots$	$\vdots$	$\vdots$
v_m	a_{m1}	$\cdots$	a_{mj}	$\cdots$	a_{mn}	b_m
$-w$	c_1	$\cdots$	c_j	$\cdots$	c_n	0
$-u$	d_1	$\cdots$	d_j	$\cdots$	d_n	$-u_0$

次の例で 2 段階法の手順を具体的に説明する．

例 11　次の最小化問題を考える．

$$\begin{cases} \text{最小化} & w = 2x_1 + 3x_2 \\ \text{制約条件} & 4x_1 + \ \ x_2 \geq 13 & (3.18) \\ & 3x_1 + 2x_2 \geq 16 & (3.19) \\ & \ x_1 + 2x_2 \geq \ \ 8 & (3.20) \\ & \ x_1 \geq 0, \quad x_2 \geq 0 \end{cases}$$

この問題の実行可能領域を図示したのが図 3.12 である．

この問題にスラック変数 $x_3, x_4, x_5 \geq 0$ を導入すれば，次の標準形を得る．

$$\begin{cases} \text{最小化} & w = 2x_1 + 3x_2 + 0x_3 + 0x_4 + 0x_5 \\ \text{制約条件} & 4x_1 + x_2 - x_3 = 13 \\ & 3x_1 + 2x_2 - x_4 = 16 \\ & x_1 + 2x_2 - x_5 = 8 \\ & x_i \geq 0 \quad (i = 1, \cdots, 5) \end{cases}$$

実行可能基底形式を作るために人為変数 $v_1, v_2, v_3 \geq 0$ を導入すれば，第1段階では次の最小化問題を解くことになる．

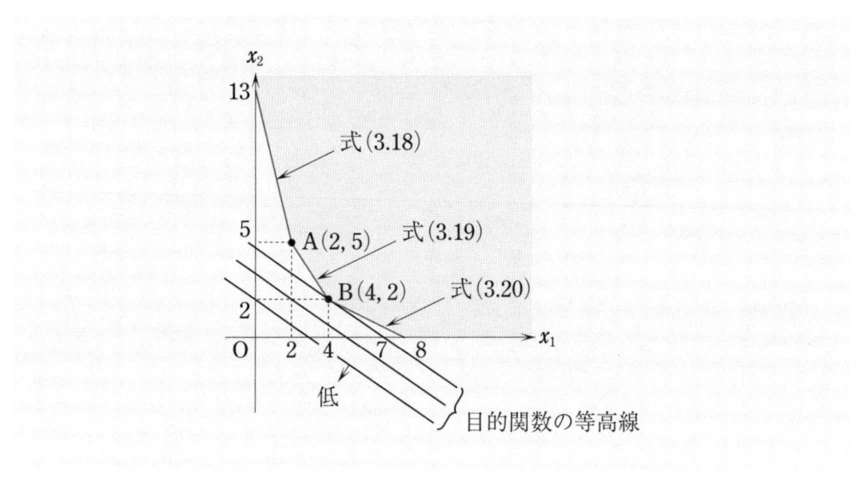

図 3.12　**例 11** の実行可能領域と目的関数の等高線

表 3.9　例 11 の 2 段階法の単体表

段階	反復	基底	x_1	x_2	x_3	x_4	x_5	定数
1	0	v_1	(4)	1	-1	0	0	13
		v_2	3	2	0	-1	0	16
		v_3	1	2	0	0	-1	8
		$-w$	2	3	0	0	0	0
		$-u$	-8	-5	1	1	1	-37
	1	x_1	1	1/4	$-1/4$	0	0	13/4
		v_2	0	5/4	3/4	-1	0	25/4
		v_3	0	(7/4)	1/4	0	-1	19/4
		$-w$	0	5/2	1/2	0	0	$-13/2$
		$-u$	0	-3	-1	1	1	-11
	2	x_1	1	0	$-2/7$	0	1/7	18/7
		v_2	0	0	4/7	-1	(5/7)	20/7
		x_2	0	1	1/7	0	$-4/7$	19/7
		$-w$	0	0	1/7	0	10/7	$-93/7$
		$-u$	0	0	$-4/7$	1	$-5/7$	$-20/7$
	3	x_1	1	0	$-2/5$	1/5	0	2
		x_5	0	0	(4/5)	$-7/5$	1	4
		x_2	0	1	3/5	$-4/5$	0	5
		$-w$	0	0	-1	2	0	-19
		$-u$	0	0	0	0	0	0
2	4	x_1	1	0	0	$-1/2$	1/2	4
		x_3	0	0	1	$-7/4$	5/4	5
		x_2	0	1	0	1/4	$-3/4$	2
		$-w$	0	0	0	1/4	5/4	-14

$$
\left\{
\begin{array}{ll}
\text{最 小 化} & u = v_1 + v_2 + v_3 \\
\text{制約条件} & 4x_1 + x_2 - x_3 + v_1 = 13 \\
& 3x_1 + 2x_2 - x_4 + v_2 = 16 \\
& x_1 + 2x_2 - x_5 + v_3 = 8 \\
& x_i \geq 0 \quad (i = 1, \cdots, 5), \quad v_i \geq 0 \quad (i = 1, 2, 3)
\end{array}
\right.
$$

以上の準備のもとで単体法を適用すれば表 3.9 を得る．

この単体表において反復 0 から反復 3 までが第 1 段階，反復 4 が第 2 段階に相当する．反復 3 において，$-u$ の行が全て零になっていることに注意せよ．このとき，もとの問題の実行可能基底解 $x_1 = 2, x_2 = 5, x_3 = 0, x_4 = 0, x_5 = 4$ が見つかったことになる．これは図 3.12 の点 A に対応している．そして反復 4 において，点 B に対応する最適解 $x_1 = 4, x_2 = 2$ と最適値 $w = 14$ が得られた．ただしスラック変数の値は $x_3 = 5, x_4 = 0, x_5 = 0$ である． □

なお，与えられた標準形に基底として利用できる変数が存在する場合には，わざわざ人為変数を導入する必要はない．これについては次の **例 12** を参照されたい．

例 12 基底変数として利用できる場合

次の最小化問題を考える．

$$\begin{cases} \text{最 小 化} \quad w = x_1 + 2x_2 + 3x_3 \\ \text{制約条件} \quad \;\; x_1 + \;\; 2x_2 + \;\; x_3 \le 10 \\ \qquad\qquad\quad 2x_1 - 10x_2 + 5x_3 = -3 \\ \qquad\qquad\quad 5x_1 + \;\; 3x_2 + 4x_3 \ge 5 \\ \qquad\qquad\quad\;\; x_1 \ge 0, \quad x_2 \ge 0, \quad x_3 \ge 0 \end{cases}$$

この問題を標準形に変換すれば，等式制約は次式で与えられる（右辺の定数項を非負にするために，2 番目の等式制約をあらかじめ -1 倍した）．

$$\begin{aligned} x_1 + \;\; 2x_2 + \;\; x_3 + x_4 \qquad &= 10 \\ -2x_1 + 10x_2 - 5x_3 \qquad\qquad &= 3 \\ 5x_1 + \;\; 3x_2 + 4x_3 \qquad - x_5 &= 5 \\ x_i \ge 0 \quad (i = 1, \cdots, 5)& \end{aligned}$$

このとき 1 番目の等式制約の変数 x_4 が基底変数として利用できるので，この式に人為変数を付加する必要はない．したがって，2 番目と 3 番目の制約式に人為変数を導入すれば，結局，第 1 段階で次の最小化問題を解くことになる．

$$\begin{cases} \text{最 小 化} \quad u = v_1 + v_2 \\ \text{制約条件} \quad \;\; x_1 + \;\; 2x_2 + \;\; x_3 + x_4 \qquad\qquad\qquad = 10 \\ \qquad\qquad\quad -2x_1 + 10x_2 - 5x_3 \qquad\qquad + v_1 \qquad = 3 \\ \qquad\qquad\quad 5x_1 + \;\; 3x_2 + 4x_3 \qquad - x_5 \qquad + v_2 = 5 \\ \qquad\qquad\quad x_i \ge 0 \quad (i = 1, \cdots, 5), \quad v_i \ge 0 \quad (i = 1, 2) \end{cases}$$

表 3.10 例 12 の初期単体表

反復	基底	x_1	x_2	x_3	x_4	x_5	定数
0	x_4	1	2	1	1	0	10
	v_1	−2	10	−5	0	0	3
	v_2	5	3	4	0	−1	5
	$-w$	1	2	3	0	0	0
	$-u$	−3	−13	1	0	1	−8

このとき初期単体表は表 3.10 で与えられる．ここで x_4 はそのまま基底変数として利用できるので，$-u$ の行は v_1，v_2 を含む行にしか関係しないことに注意せよ． □

次に実行可能解が存在しない例を与える．

例 13 実行可能解が存在しない問題

例 11 に条件 $x_1 + x_2 \leq 3$ を付加した次の最小化問題を考える．

$$\begin{cases} \text{最 小 化} & w = 2x_1 + 3x_2 \\ \text{制約条件} & 4x_1 + x_2 \geq 13 \\ & 3x_1 + 2x_2 \geq 16 \\ & x_1 + 2x_2 \geq 8 \\ & x_1 + x_2 \leq 3 \\ & x_1 \geq 0, \quad x_2 \geq 0 \end{cases}$$

この問題にスラック変数 $x_3, x_4, x_5, x_6 \geq 0$ を導入すれば，次の標準形を得る．

$$\begin{cases} \text{最 小 化} & w = 2x_1 + 3x_2 + 0x_3 + 0x_4 + 0x_5 + 0x_6 \\ \text{制約条件} & 4x_1 + x_2 - x_3 = 13 \\ & 3x_1 + 2x_2 - x_4 = 16 \\ & x_1 + 2x_2 - x_5 = 8 \\ & x_1 + x_2 + x_6 = 3 \\ & x_i \geq 0 \quad (i = 1, \cdots, 6) \end{cases}$$

実行可能基底形式を作るために人為変数 $v_1, v_2, v_3 \geq 0$ を導入すれば，第 1 段階では次の最小化問題を解くことになる．ただし x_6 はそのまま基底変数に選べるので，4 番目の等式制約には人為変数を導入しない．

表 3.11　例 13 の2段階法の単体表

段階	反復	基底	x_1	x_2	x_3	x_4	x_5	x_6	定数
1	0	v_1	4	1	−1	0	0	0	13
		v_2	3	2	0	−1	0	0	16
		v_3	1	2	0	0	−1	0	8
		x_6	(1)	1	0	0	0	1	3
		$-w$	2	3	0	0	0	0	0
		$-u$	−8	−5	1	1	1	0	−37
	1	v_1	0	−3	−1	0	0	−4	1
		v_2	0	−1	0	−1	0	−3	7
		v_3	0	1	0	0	−1	−1	5
		x_1	1	1	0	0	0	1	3
		$-w$	0	1	0	0	0	−2	−6
		$-u$	0	3	1	1	1	8	−13

$$
\begin{cases}
\text{最 小 化} & u = v_1 + v_2 + v_3 \\
\text{制約条件} & 4x_1 + x_2 - x_3 + v_1 = 13 \\
& 3x_1 + 2x_2 - x_4 + v_2 = 16 \\
& x_1 + 2x_2 - x_5 + v_3 = 8 \\
& x_1 + x_2 + x_6 = 3 \\
& x_i \geq 0 \quad (i = 1, \cdots, 6), \quad v_i \geq 0 \quad (i = 1, 2, 3)
\end{cases}
$$

以上の準備のもとで2段階法を実行すれば表3.11の単体表を得る．

反復1において $-u$ の行が全て非負になっているので第1段階は終了するが，$u = 13 > 0$ となって零ではない．このとき，人為変数 $v_1 = 1, v_2 = 7, v_3 = 5$ が残った状態である．したがって実行可能解は存在しない．実際，この問題の実行可能領域を図示したのが図3.13であるが，（イ）と（ロ）の両方の領域に含まれる点は存在しない．□

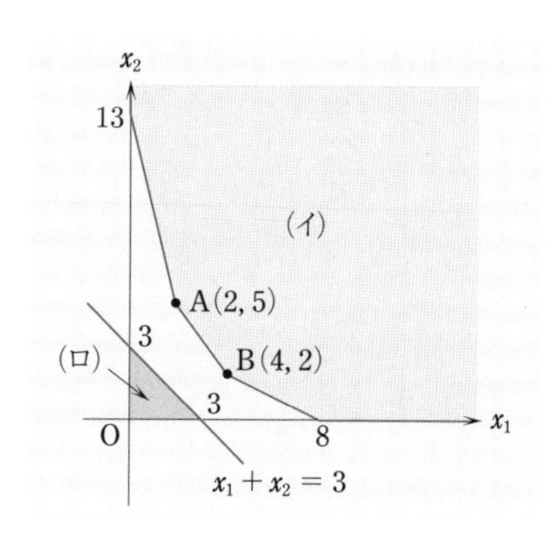

図 3.13　実行可能解が存在しない場合（例 13）

3.7 単体法の収束性

定理 3.2 から容易にわかるように，線形計画問題の標準形が退化していない場合には，各反復で新しい実行可能基底解に移る際に必ず目的関数値が減少するので，同じ実行可能基底解の組が選ばれることはない．また実行可能基底解の選び方は高々 ${}_n\mathrm{C}_m$ 通りしかないので，結局，単体法が有限回の反復で最適解を得るか，もしくは解が有界でないことを判定して終了することがわかる．同様に，2 段階法を利用した場合でも有限回の反復で実行可能性が判定できる．

定理 3.3（退化していない場合の単体法の収束性）

非退化の仮定のもとでは，単体法は有限回の反復で終了する．

他方，退化している場合には目的関数値が減少せず，実行可能基底解の入れ替えを繰り返しているうちに再び同じ実行可能基底解を選んでしまうことが有り得る．このことによって，反復が無限に繰り返されて単体法が終了しない現象が生ずるのである．この現象を**巡回** (cycling) という．例 9 でみる通り，退化しているからといって必ずしも巡回現象を起こすとは限らないが，次の例が示すように巡回現象が起こる場合もある．これはピボットを選択する際に p や q を選ぶ自由度があることが原因である．

例 14 巡回現象が起こる例

$$\begin{cases} \text{最小化} & w = -2x_1 - 3x_2 + x_3 + 12x_4 \\ \text{制約条件} & -2x_1 - 9x_2 + x_3 + 9x_4 \leq 0 \\ & \frac{1}{3}x_1 + x_2 - \frac{1}{3}x_3 - 2x_4 \leq 0 \\ & 2x_1 + 3x_2 - x_3 - 12x_4 \leq 2 \\ & x_1 \geq 0, \quad x_2 \geq 0, \quad x_3 \geq 0, \quad x_4 \geq 0 \end{cases}$$

この線形計画問題の標準形は次の通りである．

$$\begin{cases} \text{最小化} & w = -2x_1 - 3x_2 + x_3 + 12x_4 + 0x_5 + 0x_6 + 0x_7 \\ \text{制約条件} & -2x_1 - 9x_2 + x_3 + 9x_4 + x_5 = 0 \\ & \frac{1}{3}x_1 + x_2 - \frac{1}{3}x_3 - 2x_4 + x_6 = 0 \\ & 2x_1 + 3x_2 - x_3 - 12x_4 + x_7 = 2 \\ & x_i \geq 0 \quad (i = 1, \cdots, 7) \end{cases}$$

表 3.12 単体表（巡回する場合）

反復	基底	x_1	x_2	x_3	x_4	x_5	x_6	x_7	定数
0	x_5	-2	-9	1	9	1	0	0	0
	x_6	1/3	(1)	$-1/3$	-2	0	1	0	0
	x_7	2	3	-1	-12	0	0	1	2
	$-w$	-2	-3	1	12	0	0	0	0
1	x_5	(1)	0	-2	-9	1	9	0	0
	x_2	1/3	1	$-1/3$	-2	0	1	0	0
	x_7	1	0	0	-6	0	-3	1	2
	$-w$	-1	0	0	6	0	3	0	0
2	x_1	1	0	-2	-9	1	9	0	0
	x_2	0	1	1/3	(1)	$-1/3$	-2	0	0
	x_7	0	0	2	3	-1	-12	1	2
	$-w$	0	0	-2	-3	1	12	0	0
3	x_1	1	9	(1)	0	-2	-9	0	0
	x_4	0	1	1/3	1	$-1/3$	-2	0	0
	x_7	0	-3	1	0	0	-6	1	2
	$-w$	0	3	-1	0	0	6	0	0
4	x_3	1	9	1	0	-2	-9	0	0
	x_4	$-1/3$	-2	0	1	1/3	(1)	0	0
	x_7	-1	-12	0	0	2	3	1	2
	$-w$	1	12	0	0	-2	-3	0	0
5	x_3	-2	-9	1	9	(1)	0	0	0
	x_6	$-1/3$	-2	0	1	1/3	1	0	0
	x_7	0	-6	0	-3	1	0	1	2
	$-w$	0	6	0	3	-1	0	0	0
6	x_5	-2	-9	1	9	1	0	0	0
	x_6	1/3	1	$-1/3$	-2	0	1	0	0
	x_7	2	3	-1	-12	0	0	1	2
	$-w$	-2	-3	1	12	0	0	0	0

1番目と2番目の制約条件の右辺が零なので，この問題は退化している．これに対する単体表は表3.12の通りであり，反復6が反復0に一致しているので巡回現象が起きている．　□

巡回を防ぐための対策として過去に摂動法や辞書式順序などが扱われていたが，1977年にR.G.Blandは簡単な対策方法を提案した．この方法は，単体法のピボット選択において添字番号 p，q を一意的に決定するための規則として最小の添字を選ぶものである．**Blandの巡回対策**を用いた単体法のアルゴリズムは，以下の通りである（アルゴリズム3.1と比較してみよ）．

アルゴリズム3.3（Blandの巡回対策を用いた単体法）

初回の実行可能基底形式が与えられているものとする．

step1　相対費用係数が $\bar{\boldsymbol{c}}_N \geq \mathbf{0}$ を満たすならば最適解を得たので終了する．さもなければ $\bar{c}_i < 0$ であるような添字 i のうち最小のものを q として採用する．すなわち

$$\min_{\bar{c}_i<0} \; i \;= q$$

となる最小の添字番号 q を求める．

step2　$\bar{\boldsymbol{a}}_q \leq \mathbf{0}$ ならば，目的関数が下に有界でないので終了する．$\bar{a}_{iq} > 0$ となる成分が存在する場合には

$$\min_{\bar{a}_{iq}>0} \frac{\bar{b}_i}{\bar{a}_{iq}} = \frac{\bar{b}_p}{\bar{a}_{pq}}$$

となる添字番号 p を求める．もし最小値を与える添字 i が複数ある場合には，対応する基底変数で $(\boldsymbol{x}_B)_i = x_{B(i)}$ の最小の添字 $B(i)$ を与える i を p として採用する．

step3　$\bar{a}_{pq}$ をピボットとする掃き出しを実行して，$(\boldsymbol{x}_B)_p$ のかわりに x_q を基底変数とする新しい実行可能基底形式を作る．

step4　step1へ戻る．

添字 p，q を選ぶのに最小の番号を選ぶことから，Blandの巡回対策は**最小添字ルール**(smallest subscript rule)とも呼ばれる．次の定理はBlandによって証明された．

定理 3.4（Bland の巡回対策を用いた単体法の収束性）

退化をしているしていないにかかわらず，Bland の巡回対策を用いた単体法は有限回の反復で終了する．

前述の退化した **例 14** に Bland の巡回対策を用いた単体法を適用した場合の結果が表 3.13 で与えられている．実際に巡回が生じないことが確かめられる．この結果から，最適解は $x_1^* = 2, x_2^* = 0, x_3^* = 2, x_4^* = 0, x_5^* = 2, x_6^* = 0, x_7^* = 0$ であり，最適値が $w^* = -2$ であることがわかる．

表 3.13 単体表（巡回対策を用いた場合）

反復	基底	x_1	x_2	x_3	x_4	x_5	x_6	x_7	定数
0	x_5	-2	-9	1	9	1	0	0	0
	x_6	$\left(\frac{1}{3}\right)$	1	$-\frac{1}{3}$	-2	0	1	0	0
	x_7	2	3	-1	-12	0	0	1	2
	$-w$	-2	-3	1	12	0	0	0	0
1	x_5	0	-3	-1	-3	1	6	0	0
	x_1	1	3	-1	-6	0	3	0	0
	x_7	0	-3	(1)	0	0	-6	1	2
	$-w$	0	3	-1	0	0	6	0	0
2	x_5	0	-6	0	-3	1	0	1	2
	x_1	1	0	0	-6	0	-3	1	2
	x_3	0	-3	1	0	0	-6	1	2
	$-w$	0	0	0	0	0	0	1	2

注意2 通常はアルゴリズム 3.1 を実行し，退化が生じたときに最小添字ルールを用いればよい． □

アルゴリズム 3.1〜アルゴリズム 3.3 をまとめると，次のようになる．

単体法は実行可能基底解（端点に対応）から別の実行可能基底解（隣接した端点に対応）に移動しながら最終的に有限回の反復で最適解を得るか，問題が実行可能でないと判定するか，あるいは目的関数が有界でないと判定して終了する．

通常は全ての基底解を調べることなく比較的少ない回数で終了するが，最適解に到達するまでに全ての端点を辿らなければならないような病的な例が存在する．そうした単体法にとって最も都合の悪い例として次の**Klee–Minty の問題**が知られている．

$$
\begin{cases}
\text{最 大 化} & \displaystyle\sum_{i=1}^{n} 10^{n-i} x_i \\
\text{制約条件} & \displaystyle 2\sum_{j=1}^{i-1} 10^{i-j} x_j + x_i \leq 100^{i-1} \quad (i = 1, \cdots, n) \\
 & x_i \geq 0 \quad (i = 1, \cdots, n)
\end{cases}
$$

この問題の実行可能領域は本質的に n 次元空間の超立方体に対応するもので，立方体と同様に全部で 2^n 個の端点をもっている．原点から出発する単体法を適用すると，有限回で収束するとはいえ最適解が得られるまでに $2^n - 1$ 回の反復が必要になる．変数の数 n が多い場合には反復回数は天文学的な数になり，単体法は全く役に立たなくなる．

しかしながら，実際の問題ではこうした最悪な事態が起こることはまずあり得ず，普通は等式制約の数 m の数倍の反復で終了することが知られている．結局，単体法は「最悪の意味では実用的とはいえない解法」ではあるが，「平均的な意味では十分に実用的な解法」であるといえる[5)]．

5)　単体法に関するこうした最悪計算量と平均計算量については計算複雑度の分野できちんと研究されている．

3.8 双 対 性

線形計画問題の標準形

$$
\text{(P)} \quad \begin{cases} \text{最 小 化} & f_p = \boldsymbol{c}^{\mathrm{T}}\boldsymbol{x} \quad (\boldsymbol{x} \in \boldsymbol{R}^n \text{について}) \\ \text{制約条件} & A\boldsymbol{x} = \boldsymbol{b} \quad (\boldsymbol{x} \geq \boldsymbol{0}) \end{cases} \tag{3.21}
$$

に対して，次の線形計画問題を**双対問題**（そうつい）(dual problem) という．

$$
\text{(D)} \quad \begin{cases} \text{最 大 化} & f_d = \boldsymbol{b}^{\mathrm{T}}\boldsymbol{y} \quad (\boldsymbol{y} \in \boldsymbol{R}^m \text{について}) \\ \text{制約条件} & A^{\mathrm{T}}\boldsymbol{y} \leq \boldsymbol{c} \end{cases}
$$

あるいはスラック変数 $\boldsymbol{z} \in \boldsymbol{R}^n$ を導入すれば

$$
\text{(D)}' \quad \begin{cases} \text{最 大 化} & f_d = \boldsymbol{b}^{\mathrm{T}}\boldsymbol{y} \quad (\boldsymbol{y}, \boldsymbol{z} \text{について}) \\ \text{制約条件} & A^{\mathrm{T}}\boldsymbol{y} + \boldsymbol{z} = \boldsymbol{c} \quad (\boldsymbol{z} \geq \boldsymbol{0}) \end{cases}
$$

となる．双対問題に対してもとの最小化問題 (3.21) を**主問題** (primal problem) という．そして変数 x は**主変数** (primal variable)，変数 $\boldsymbol{y}$ と $\boldsymbol{z}$ は**双対変数** (dual variable) と呼ばれる．

例 15　主問題

$$
\begin{cases} \text{最 小 化} & f_p = 3x_1 + 2x_2 + 5x_3 + x_4 \\ \text{制約条件} & 2x_1 + x_2 - 3x_3 + 5x_4 = 10 \\ & 3x_1 - 7x_2 + 4x_3 + x_4 = 15 \\ & x_1 \geq 0, \quad x_2 \geq 0, \quad x_3 \geq 0, \quad x_4 \geq 0 \end{cases}
$$

が与えられたとき，双対問題は次のように表される．

$$
\begin{cases} \text{最 大 化} & f_d = 10y_1 + 15y_2 \\ \text{制約条件} & 2y_1 + 3y_2 \leq 3 \\ & y_1 - 7y_2 \leq 2 \\ & -3y_1 + 4y_2 \leq 5 \\ & 5y_1 + y_2 \leq 1 \end{cases}
$$

□

主問題と双対問題には非常に重要な関係があり，その関係を**双対性** (duality) という．まずはじめに次の定理を与える．これは主問題である最小化問題と双対問題である最大化問題のそれぞれの目的関数値の大小関係を示したもので，弱双対定理 (weak duality theorem) と呼ばれている．

定理 3.5（弱双対定理）

$\bar{\boldsymbol{x}}$ と $\bar{\boldsymbol{y}}$ がそれぞれ主問題 (P) と双対問題 (D) の実行可能解であるならば

$$\bar{f}_p = \boldsymbol{c}^{\mathrm{T}}\bar{\boldsymbol{x}} \geq \boldsymbol{b}^{\mathrm{T}}\bar{\boldsymbol{y}} = \bar{f}_d$$

が成り立つ．

［証明］ $\bar{\boldsymbol{x}}$ と $\bar{\boldsymbol{y}}$ はそれぞれ実行可能解なので

$$A\bar{\boldsymbol{x}} = \boldsymbol{b} \quad (\bar{\boldsymbol{x}} \geq \boldsymbol{0}), \quad A^{\mathrm{T}}\bar{\boldsymbol{y}} \leq \boldsymbol{c}$$

を満たす．したがって，

$$\bar{f}_p = \boldsymbol{c}^{\mathrm{T}}\bar{\boldsymbol{x}} \geq (A^{\mathrm{T}}\bar{\boldsymbol{y}})^{\mathrm{T}}\bar{\boldsymbol{x}} = \bar{\boldsymbol{y}}^{\mathrm{T}}(A\bar{\boldsymbol{x}}) = \bar{\boldsymbol{y}}^{\mathrm{T}}\boldsymbol{b} = \bar{f}_d$$

が成り立つ． ■

弱双対定理から次の結果が容易に得られる．

系 3.1

(1) 主問題の実行可能解 $\hat{\boldsymbol{x}}$ と双対問題の実行可能解 $\hat{\boldsymbol{y}}$ に対して $\boldsymbol{c}^{\mathrm{T}}\hat{\boldsymbol{x}} = \boldsymbol{b}^{\mathrm{T}}\hat{\boldsymbol{y}}$ が成り立つならば，$\hat{\boldsymbol{x}}$ と $\hat{\boldsymbol{y}}$ はそれぞれ主問題，双対問題の最適解になる．

(2) 主問題の目的関数が下に有界でない（すなわち $\min f_p = -\infty$）か，あるいは双対問題の目的関数が上に有界でない（すなわち $\max f_d = +\infty$）ならば，他方の問題は実行可能ではない．

［証明］ (1) 弱双対定理より主問題に最小値が存在し双対問題に最大値が存在することがわかる．したがって，目的関数値が等しくなる実行可能解がそれぞれの最適解であることは明らかである．

(2) 主問題の目的関数が下に有界でない場合で証明する．双対問題に実行可能解 $\hat{y}$ が存在すると仮定すれば，弱双対定理より

$$\boldsymbol{c}^{\mathrm{T}}\boldsymbol{x} \geq \boldsymbol{b}^{\mathrm{T}}\hat{\boldsymbol{y}}$$

が成り立つ．しかしながら仮定より $\boldsymbol{c}^{\mathrm{T}}\boldsymbol{x} \to -\infty$ となるので矛盾する．したがって双対問題に実行可能解は存在しない．双対問題の目的関数が上に有界でない場合も同様に示せる． ■

主問題 (P) と双対問題 (D) の関係について次の性質が知られている．これは双対定理 (duality theorem) と呼ばれている．

定理 3.6（双対定理）

(1) 主問題が最適解をもつならば，それに対応する単体乗数が双対問題の最適解になる．さらに，それぞれの最適値は等しい ($\min f_p = \max f_d$).

(2) 主問題および双対問題がともに実行可能解をもつならば両方とも最適解をもち，それぞれの最適値は一致する．

［証明］ (1) 主問題の最適基底解を $\boldsymbol{x}^*$ とし，そのときの基底行列を B_*，基底変数ベクトルを $\boldsymbol{x}_B^*$ とすれば最適性基準より

$$B_*\boldsymbol{x}_B^* = \boldsymbol{b} \quad (\boldsymbol{x}_B^* \geq \boldsymbol{0}), \quad \bar{\boldsymbol{c}}_N^* = \boldsymbol{c}_N - N_*^{\mathrm{T}}\boldsymbol{y}^* \geq \boldsymbol{0}$$

が成り立つ．ただし，$\boldsymbol{y}^*$ は最適解に対応する単体乗数で $B_*^{\mathrm{T}}\boldsymbol{y}^* = \boldsymbol{c}_B$ を満たす．したがって

$$A^{\mathrm{T}}\boldsymbol{y}^* = \begin{bmatrix} B_*^{\mathrm{T}} \\ N_*^{\mathrm{T}} \end{bmatrix}\boldsymbol{y}^* = \begin{bmatrix} B_*^{\mathrm{T}}\boldsymbol{y}^* \\ N_*^{\mathrm{T}}\boldsymbol{y}^* \end{bmatrix} \leq \begin{bmatrix} \boldsymbol{c}_B \\ \boldsymbol{c}_N \end{bmatrix} = \boldsymbol{c}$$

が成り立つので，$\boldsymbol{y}^*$ は双対問題の実行可能解になる．このとき $\boldsymbol{y}^*$ での目的関数値は

$$f_d^* = \boldsymbol{b}^{\mathrm{T}}\boldsymbol{y}^* = (B_*^{-1}\boldsymbol{b})^{\mathrm{T}}\boldsymbol{c}_B = \boldsymbol{c}_B^{\mathrm{T}}\boldsymbol{x}_B^* = f_p^*$$

となるので，系 3.1 より $\boldsymbol{y}^*$ は双対問題の最適解になる．

(2) 仮定より弱双対定理が成り立つので，主問題の目的関数は下に有界であり双対問題の目的関数は上に有界である．したがって両方の問題は最適解をもつ．よって，(1) の証明と同様にして示すことができる． ■

上記の性質をまとめたのが表 3.14 である．また図 3.14 (a) はその概念図である．

双対定理からわかるように，双対問題の制約条件は主問題に対する最適性基準に相当する．また，主問題と双対問題の最適解はお互いに導き合えるので，

表 3.14 双対性

(P) ＼ (D)	実行可能	実行可能でない
実行可能	$\min f_p = \max f_d$	$\min f_p = -\infty$
実行可能でない	$\max f_d = +\infty$	—

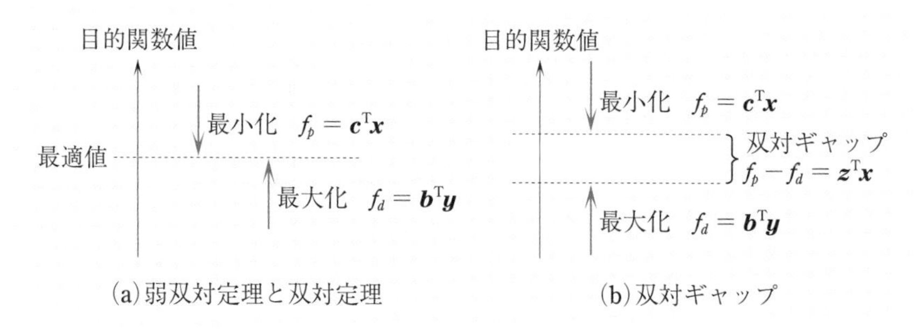

図 3.14 双対性

線形計画問題が与えられた場合，それを解くためには主問題か双対問題のどちらか一方の解きやすい問題を解けばよい．

例 16 対称形の双対性

最小化問題

$$(\mathrm{P_S}) \quad \begin{cases} \text{最 小 化} & \boldsymbol{c}^{\mathrm{T}}\boldsymbol{x} \quad (\boldsymbol{x}\text{ について}) \\ \text{制約条件} & A\boldsymbol{x} \geq \boldsymbol{b} \quad (\boldsymbol{x} \geq \boldsymbol{0}) \end{cases}$$

に対する双対問題は次の最大化問題になる．

$$(\mathrm{D_S}) \quad \begin{cases} \text{最 大 化} & \boldsymbol{b}^{\mathrm{T}}\boldsymbol{y} \quad (\boldsymbol{y}\text{ について}) \\ \text{制約条件} & A^{\mathrm{T}}\boldsymbol{y} \leq \boldsymbol{c} \quad (\boldsymbol{y} \geq \boldsymbol{0}) \end{cases}$$

このような主問題・双対問題を**対称形**という．

実際に導いてみよう．まず最小化問題 $(\mathrm{P_S})$ を標準形に変換する．すなわち，スラック変数 $\boldsymbol{s}(\in \boldsymbol{R}^m) \geq \boldsymbol{0}$ を用いれば不等式制約は等式制約 $A\boldsymbol{x} - \boldsymbol{s} = \boldsymbol{b}$ で表されるので，$\boldsymbol{x}$ についての最小化問題 $(\mathrm{P_S})$ は $[\boldsymbol{x}, \boldsymbol{s}]$ についての最小化問題になる．

$$\begin{cases} \text{最 小 化} & \begin{bmatrix} \boldsymbol{c} \\ \boldsymbol{0} \end{bmatrix}^{\mathrm{T}} \begin{bmatrix} \boldsymbol{x} \\ \boldsymbol{s} \end{bmatrix} \quad ([\boldsymbol{x}, \boldsymbol{s}] \text{ について}) \\ \text{制約条件} & [A \quad -I] \begin{bmatrix} \boldsymbol{x} \\ \boldsymbol{s} \end{bmatrix} = \boldsymbol{b} \quad \left(\begin{bmatrix} \boldsymbol{x} \\ \boldsymbol{s} \end{bmatrix} \geq \boldsymbol{0} \right) \end{cases}$$

これを主問題としたとき，その双対問題は次のように記述される．

$$\begin{cases} \text{最 大 化} & \boldsymbol{b}^{\mathrm{T}}\boldsymbol{y} \quad (\boldsymbol{y} \text{ について}) \\ \text{制約条件} & \begin{bmatrix} A^{\mathrm{T}} \\ -I \end{bmatrix} \boldsymbol{y} \leq \begin{bmatrix} \boldsymbol{c} \\ \boldsymbol{0} \end{bmatrix} \end{cases}$$

ここで不等式制約を別々に書けば

$$A^{\mathrm{T}}\boldsymbol{y} \leq \boldsymbol{c} \quad (-\boldsymbol{y} \leq \boldsymbol{0})$$

となり，結論を得る． □

主問題 (P) の実行可能解を $\hat{\boldsymbol{x}}$，双対問題 (D) の実行可能解を $\hat{\boldsymbol{y}}$ とするとき，

$$A\hat{\boldsymbol{x}} = \boldsymbol{b} \quad (\hat{\boldsymbol{x}} \geq \boldsymbol{0}), \quad \boldsymbol{c} - A^{\mathrm{T}}\hat{\boldsymbol{y}} \geq \boldsymbol{0}$$

なので

$$0 \leq \hat{\boldsymbol{x}}^{\mathrm{T}}(\boldsymbol{c} - A^{\mathrm{T}}\hat{\boldsymbol{y}}) = \hat{\boldsymbol{x}}^{\mathrm{T}}\boldsymbol{c} - (A\hat{\boldsymbol{x}})^{\mathrm{T}}\hat{\boldsymbol{y}} = \hat{\boldsymbol{x}}^{\mathrm{T}}\boldsymbol{c} - \boldsymbol{b}^{\mathrm{T}}\hat{\boldsymbol{y}} = \hat{f}_p - \hat{f}_d$$

と書ける．定理 3.6，系 3.1 より，$\hat{\boldsymbol{x}}$ と $\hat{\boldsymbol{y}}$ がそれぞれ主問題，双対問題の最適解になるための必要十分条件が $\hat{f}_p = \hat{f}_d$ であることから，最適性条件は次のように書ける．

$$\hat{\boldsymbol{x}}^{\mathrm{T}}(\boldsymbol{c} - A^{\mathrm{T}}\hat{\boldsymbol{y}}) = \sum_{i=1}^{n} \hat{x}_i(\boldsymbol{c} - A^{\mathrm{T}}\hat{\boldsymbol{y}})_i = 0$$

さらに $\hat{\boldsymbol{x}} \geq \boldsymbol{0}$，$\boldsymbol{c} - A^{\mathrm{T}}\hat{\boldsymbol{y}} \geq \boldsymbol{0}$ であることを考慮すれば，上式は

$$\hat{x}_i(\boldsymbol{c} - A^{\mathrm{T}}\hat{\boldsymbol{y}})_i = 0 \quad (i = 1, \cdots, n)$$

と表すことができる．この条件を**相補性条件** (complementarity condition) という．相補性条件は，主変数が $\hat{x}_i > 0$ ならば双対変数が $(\boldsymbol{c} - A^{\mathrm{T}}\hat{\boldsymbol{y}})_i = 0$ を満

たすことを要請し，逆に，双対変数が $(\boldsymbol{c} - A^{\mathrm{T}}\hat{\boldsymbol{y}})_i > 0$ を満たすならば主変数が $\hat{x}_i = 0$ になることを要請する条件である．

以上をまとめれば次の相補性定理 (complementarity theorem) が得られる．

定理 3.7（相補性定理）

$\boldsymbol{x}$ と $\boldsymbol{y}$ がそれぞれ主問題および双対問題の最適解になるための必要十分条件は，次の 3 つの条件が成り立つことである．

(OPT1)　$A\boldsymbol{x} = \boldsymbol{b}$　$(\boldsymbol{x} \geq \boldsymbol{0})$　（主問題の実行可能性）

(OPT2)　$A^{\mathrm{T}}\boldsymbol{y} \leq \boldsymbol{c}$　（双対問題の実行可能性）

(OPT3)　$x_i(\boldsymbol{c} - A^{\mathrm{T}}\boldsymbol{y})_i = 0$　$(i = 1, \cdots, n)$　（相補性条件）

条件 (OPT1)，(OPT2)，(OPT3) は第 5 章で述べる **Karush–Kuhn–Tucker 条件**（カルーシュ・キューン・タッカー条件，略して **KKT 条件**）に相当する．あるいは双対問題 (D)′ を利用すれば，f_p と f_d との差は

$$f_p - f_d = \boldsymbol{c}^{\mathrm{T}}\boldsymbol{x} - \boldsymbol{b}^{\mathrm{T}}\boldsymbol{y} = (A^{\mathrm{T}}\boldsymbol{y} + \boldsymbol{z})^{\mathrm{T}}\boldsymbol{x} - \boldsymbol{b}^{\mathrm{T}}\boldsymbol{y} = \boldsymbol{z}^{\mathrm{T}}\boldsymbol{x}$$

となる．これを**双対ギャップ** (duality gap) という（図 3.14 (b) 参照）．したがって，最適性条件は次のようにも書き表される．

$$A\boldsymbol{x} = \boldsymbol{b} \quad (\boldsymbol{x} \geq \boldsymbol{0}) \quad \text{(主問題の実行可能性)}$$
$$A^{\mathrm{T}}\boldsymbol{y} + \boldsymbol{z} = \boldsymbol{c} \quad (\boldsymbol{z} \geq \boldsymbol{0}) \quad \text{(双対問題の実行可能性)}$$
$$\boldsymbol{z}^{\mathrm{T}}\boldsymbol{x} = 0 \quad (\text{もしくは } x_i z_i = 0, \quad i = 1, \cdots, n) \quad \text{(相補性条件)}$$

結局，相補性条件は最適解において双対ギャップが零になることを意味している．

相補性定理が主張している最適解であるための 3 つの条件から線形計画法の解法を分類することができる．3.4 節で述べた単体法は条件 (OPT1)，(OPT3) を満たしながら条件 (OPT2) を満たす解を求めるための解法であると解釈することができる．他方，条件 (OPT2)，(OPT3) を満たしながら条件 (OPT1) を満たす解を求める解法も考えられる．そうした解法として**双対単体法** (dual simplex method) があげられる．これについては次節で紹介する．

3.9 双対単体法

前節の最後に述べたように，双対単体法は最適性の条件のうち，(OPT2) と (OPT3) を満たしながら，条件 (OPT1) を満たす解を求めるための方法である．主問題と双対問題は行列 A と行列 A^{T} を入れ換えて，等式制約の定数ベクトル $\boldsymbol{b}$ と目的関数の係数ベクトル $\boldsymbol{c}$ を入れ換えた関係になっている．このことを考慮すれば，単体表の定数の列と目的関数の行の役割を交換したものが双対単体法に相当する．基底形式

$$\boldsymbol{x}_B + \sum_{i:\text{非基底}} x_i \bar{\boldsymbol{a}}_i = \bar{\boldsymbol{b}}$$

$$-w + \sum_{i:\text{非基底}} \bar{c}_i x_i = -\bar{w}$$

において $\bar{c}_i \geq 0$（i：非基底）を満たすとき，これを**双対実行可能基底形式**と呼ぶ（式 (3.4)，(3.5) または式 (3.6)，(3.7) を参照のこと）．このとき最終的に $\bar{\boldsymbol{b}} \geq \boldsymbol{0}$ が成り立つように工夫するのである．詳細は述べないが，双対単体法は双対問題に単体法を適用したものと解釈することができる．アルゴリズムは次のようにまとめられる．

アルゴリズム 3.4（双対単体法）

初回の双対実行可能基底形式が与えられているものとする．

step1 $\bar{b}_i \geq 0$ $(i = 1, \cdots, m)$ を満たすならば最適解を得たので終了する．さもなければ $\min_{\bar{b}_i < 0} \bar{b}_i = \bar{b}_p$ となる添字番号 p を求める．

step2 p 行が全て $\bar{a}_{pj} \geq 0$ ならば，主問題は実行可能でないので終了する．$\bar{a}_{pj} < 0$ となる成分が存在する場合には

$$\min_{\bar{a}_{pj} < 0} \frac{\bar{c}_j}{|\bar{a}_{pj}|} = \frac{\bar{c}_q}{|\bar{a}_{pq}|}$$

となる添字番号 q を求める．

step3 $\bar{a}_{pq}$ をピボットとする掃き出しを実行して，$(\boldsymbol{x}_B)_p$ のかわりに x_q を基底変数とする新しい双対実行可能基底形式を作る．

step4 step1 へ戻る．

単体法のアルゴリズム 3.1 の step2 と双対単体法のアルゴリズム 3.4 の step2 が対応していることに注意せよ．主問題（双対問題）が有界でないことと双対問題（主問題）が実行可能でないことが同値であることが，その理由である．

次の例で双対単体法の手順を具体的に述べる．

例 17　**双対単体法**

例 11 で扱った次の最小化問題を再び考える．

$$\begin{cases} \text{最 小 化} & w = 2x_1 + 3x_2 \\ \text{制約条件} & 4x_1 + x_2 - x_3 = 13 \\ & 3x_1 + 2x_2 - x_4 = 16 \\ & x_1 + 2x_2 - x_5 = 8 \\ & x_i \geq 0 \quad (i = 1, \cdots, 5) \end{cases}$$

等式制約の両辺に -1 をかければ

$$\begin{cases} -4x_1 - x_2 + x_3 = -13 \\ -3x_1 - 2x_2 + x_4 = -16 \\ -x_1 - 2x_2 + x_5 = -8 \end{cases}$$

となるので，x_3, x_4, x_5 が基底変数として利用できる．さらに目的関数を変形すれば

$$-w + 2x_1 + 3x_2 = 0$$

となり x_1, x_2 の係数は非負である．したがって，双対実行可能基底形式が得られた．これを初回の双対実行可能基底形式として双対単体法を適用したのが表 3.15 の単体表である．このとき反復 2 で最適解と最適値

$$x_1^* = 4, \quad x_2^* = 2 \; (x_3^* = 5, \; x_4^* = x_5^* = 0),$$
$$w^* = 14$$

が得られる（2 段階法を用いた場合と比較してみよ）．　□

表 3.15 双対単体法の単体表

反復	基底	x_1	x_2	x_3	x_4	x_5	定数
0	x_3	-4	-1	1	0	0	-13
	x_4	(-3)	-2	0	1	0	-16
	x_5	-1	-2	0	0	1	-8
	$-w$	2	3	0	0	0	0
1	x_3	0	$\frac{5}{3}$	1	$-\frac{4}{3}$	0	$\frac{25}{3}$
	x_1	1	$\frac{2}{3}$	0	$-\frac{1}{3}$	0	$\frac{16}{3}$
	x_5	0	$\left(-\frac{4}{3}\right)$	0	$-\frac{1}{3}$	1	$-\frac{8}{3}$
	$-w$	0	$\frac{5}{3}$	0	$\frac{2}{3}$	0	$-\frac{32}{3}$
2	x_3	0	0	1	$-\frac{7}{4}$	$\frac{5}{4}$	5
	x_1	1	0	0	$-\frac{1}{2}$	$\frac{1}{2}$	4
	x_2	0	1	0	$\frac{1}{4}$	$-\frac{3}{4}$	2
	$-w$	0	0	0	$\frac{1}{4}$	$\frac{5}{4}$	-14

3.10　感度解析と再最適化

ある線形計画問題の最適解が得られたとしよう．このとき，もとの問題の目的関数の係数や制約条件の定数項が変化したときに最適解がどのように変化するかを知りたいことが少なくない．こうした解析を**感度解析** (sensitivity analysis) という．また，変更された問題を最初から解きなおさなくても，変更前の最適解を利用して効率よく解きなおすことが考えられている．これを**再最適化** (post-optimization) という．本節では，こうしたテクニックを簡単に紹介したい．なおここでは，目的関数の係数 $\boldsymbol{c}$ と制約条件の定数項 $\boldsymbol{b}$ が変化した場合だけを取り上げるが，係数行列 A が変化したり，新しい制約条件が追加された場合でも同様の議論がなされている．

線形計画問題の標準形

$$\begin{cases} \text{最 小 化} \quad w = \boldsymbol{c}^{\mathrm{T}}\boldsymbol{x} \\ \text{制約条件} \quad A\boldsymbol{x} = \boldsymbol{b} \quad (\boldsymbol{x} \geq \boldsymbol{0}) \end{cases} \tag{3.22}$$

を単体法で解いて，最適解が求まっているとする．このとき，最適基底行列を B_* とすれば，最適基底変数 $\boldsymbol{x}_{B_*}$，対応する単体乗数 $\boldsymbol{y}^*$，目的関数値 w^* はそれぞれ

$$\boldsymbol{x}_{B_*} = B_*^{-1}\boldsymbol{b} \geq \boldsymbol{0}, \quad \boldsymbol{y}^* = (B_*^{-1})^{\mathrm{T}}\boldsymbol{c}_{B_*}, \quad w^* = \boldsymbol{c}_{B_*}^{\mathrm{T}}\boldsymbol{x}_{B_*} = \boldsymbol{b}^{\mathrm{T}}\boldsymbol{y}^*$$

で与えられる．さらに最適性基準

$$\bar{c}_i = c_i - \boldsymbol{a}_i^{\mathrm{T}}\boldsymbol{y}^* \geq 0 \quad (i : \text{非基底})$$

が成り立っている．

3.10.1　目的関数の係数が変化した場合

目的関数の係数 $\boldsymbol{c}$ が $\Delta\boldsymbol{c}$ だけ変化して，もとの問題 (3.22) が次のように変更されたとする．

$$\begin{cases} \text{最 小 化} \quad w = (\boldsymbol{c} + \Delta\boldsymbol{c})^{\mathrm{T}}\boldsymbol{x} \\ \text{制約条件} \quad A\boldsymbol{x} = \boldsymbol{b} \quad (\boldsymbol{x} \geq \boldsymbol{0}) \end{cases} \tag{3.23}$$

この変更によって最適性基準，単体乗数，目的関数値が影響を受けるので，変化後の値に ^ 印を付ければ

$$
\begin{aligned}
\hat{c}_i &= (c_i + \Delta c_i) - \boldsymbol{a}_i^{\mathrm{T}}(B_*^{-1})^{\mathrm{T}}(\boldsymbol{c}_{B_*} + \Delta\boldsymbol{c}_{B_*}) \\
&= (c_i - \boldsymbol{a}_i^{\mathrm{T}}(B_*^{-1})^{\mathrm{T}}\boldsymbol{c}_{B_*}) + (\Delta c_i - \boldsymbol{a}_i^{\mathrm{T}}(B_*^{-1})^{\mathrm{T}}\Delta\boldsymbol{c}_{B_*}) \\
&= \bar{c}_i + (\Delta c_i - \boldsymbol{a}_i^{\mathrm{T}}(B_*^{-1})^{\mathrm{T}}\Delta\boldsymbol{c}_{B_*}) \quad (i:\text{非基底}) \\
\hat{w} &= (\boldsymbol{c}_{B_*} + \Delta\boldsymbol{c}_{B_*})^{\mathrm{T}}\boldsymbol{x}_{B_*} = w^* + \Delta\boldsymbol{c}_{B_*}^{\mathrm{T}}\boldsymbol{x}_{B_*}
\end{aligned}
$$

となる．ここで，$\boldsymbol{x}_{B_*}$ は影響を受けないことに注意せよ．以上のことから次の結論を得る．

(1)　もし全ての i (非基底) に対して $\hat{c}_i \geq 0$ ならば，変化後も最適性基準が満たされているので $\boldsymbol{x}_{B_*}$ がそのまま問題 (3.23) の最適基底変数になり，最適値は $w^* + \Delta\boldsymbol{c}_{B_*}^{\mathrm{T}}\boldsymbol{x}_{B_*}$ になる．

(2)　もし $\hat{c}_i$ の中に負のものがあるならば，単体法を適用して再最適化を実行する．

3.10.2　制約条件の定数項が変化した場合

制約条件の定数項 $\boldsymbol{b}$ が $\Delta\boldsymbol{b}$ だけ変化して，もとの問題 (3.22) が次のように変更されたとする．

$$
\begin{cases}
\text{最 小 化} & w = \boldsymbol{c}^{\mathrm{T}}\boldsymbol{x} \\
\text{制約条件} & A\boldsymbol{x} = \boldsymbol{b} + \Delta\boldsymbol{b} \quad (\boldsymbol{x} \geq \boldsymbol{0})
\end{cases}
\tag{3.24}
$$

この変更によって最適基底変数と目的関数値は影響を受けるが，単体乗数や最適性基準は影響を受けない．変化後の値に ^ 印を付ければ

$$
\begin{aligned}
\hat{\boldsymbol{x}}_{B_*} &= B_*^{-1}(\boldsymbol{b} + \Delta\boldsymbol{b}) = \boldsymbol{x}_{B_*} + B_*^{-1}\Delta\boldsymbol{b} \\
\hat{w} &= (\boldsymbol{b} + \Delta\boldsymbol{b})^{\mathrm{T}}\boldsymbol{y}^* = w^* + (\Delta\boldsymbol{b})^{\mathrm{T}}\boldsymbol{y}^*
\end{aligned}
$$

となる．以上のことから次の結論を得る．

(1)　もし $\hat{\boldsymbol{x}}_{B_*} \geq \boldsymbol{0}$ ならば，$\hat{\boldsymbol{x}}_{B_*}$ がそのまま問題 (3.24) の最適基底変数になり，最適値は $w^* + (\Delta\boldsymbol{b})^{\mathrm{T}}\boldsymbol{y}^*$ になる．

(2)　もし $\hat{\boldsymbol{x}}_{B_*} \geq \boldsymbol{0}$ が成り立たないならば，最適性基準は満たされているので双対単体法を適用して再最適化を実行する．

3.11 二者択一定理

線形計画法は線形不等式の研究と密接に関係している．与えられた線形方程式系や線形不等式系を満たす解が存在するかどうかを調べることは，とりもなおさず線形計画問題の実行可能性を議論することにほかならないからである．そうした線形不等式論のうち，次の **Farkas（ファーカス）の定理**がよく知られている．この定理は非線形計画法の理論で重要な役割を演ずる．ここでは双対定理を用いて証明する．

定理 3.8（Farkas の定理）

任意の行列 $A \in \boldsymbol{R}^{m\times n}$ と任意のベクトル $\boldsymbol{b} \in \boldsymbol{R}^m$ に対して，次の命題のいずれか一方だけが成り立つ．

(1)　$A\boldsymbol{x} = \boldsymbol{b}$, $\boldsymbol{x} \geq \boldsymbol{0}$ を満たす $\boldsymbol{x}$ が存在する．

(2)　$A^{\mathrm{T}}\boldsymbol{y} \leq \boldsymbol{0}$, $\boldsymbol{b}^{\mathrm{T}}\boldsymbol{y} > 0$ を満たす $\boldsymbol{y}$ が存在する．

［証明］　次の 2 つの集合

$$X = \{\boldsymbol{x} \in \boldsymbol{R}^n | \ A\boldsymbol{x} = \boldsymbol{b}, \quad \boldsymbol{x} \geq \boldsymbol{0}\}$$

$$Y = \{\boldsymbol{y} \in \boldsymbol{R}^m | \ A^{\mathrm{T}}\boldsymbol{y} \leq \boldsymbol{0}, \quad \boldsymbol{b}^{\mathrm{T}}\boldsymbol{y} > 0\}$$

を定義する．

(i)　まず $X \neq \emptyset$ ならば $Y = \emptyset$ であることを示す．背理法で示すために結論が成り立たないと仮定する．すなわち $Y \neq \emptyset$ であると仮定する．このとき，$\boldsymbol{x} \in X$, $\boldsymbol{y} \in Y$ に対して $0 < \boldsymbol{b}^{\mathrm{T}}\boldsymbol{y} = (A\boldsymbol{x})^{\mathrm{T}}\boldsymbol{y} = \boldsymbol{x}^{\mathrm{T}}(A^{\mathrm{T}}\boldsymbol{y}) \leq 0$ となるので矛盾する．ただし，最後の不等式は $\boldsymbol{x} \geq \boldsymbol{0}$, $A^{\mathrm{T}}\boldsymbol{y} \leq \boldsymbol{0}$ により導かれる．したがって $X \neq \emptyset$ ならば $Y = \emptyset$ であることが示された．

(ii)　次に $X = \emptyset$ ならば $Y \neq \emptyset$ であることを示す．$X = \emptyset$ から線形計画問題

$$\begin{cases} \text{最 小 化} & \boldsymbol{0}^{\mathrm{T}}\boldsymbol{x} \\ \text{制約条件} & A\boldsymbol{x} = \boldsymbol{b} \quad (\boldsymbol{x} \geq \boldsymbol{0}) \end{cases}$$

は実行可能解をもたないので，双対定理より次の双対問題

$$\begin{cases} \text{最 大 化} & \boldsymbol{b}^{\mathrm{T}}\boldsymbol{y} \\ \text{制約条件} & A^{\mathrm{T}}\boldsymbol{y} \leq \boldsymbol{0} \end{cases}$$

に実行可能解が存在しないか，あるいは目的関数 $\boldsymbol{b}^{\mathrm{T}}\boldsymbol{y}$ が上に有界でないかのいずれかが成り立つ．しかしながらこの双対問題には自明な実行可能解 $\boldsymbol{y}=\boldsymbol{0}$ が存在するので，目的関数は上に有界ではない．すなわち $\boldsymbol{b}^{\mathrm{T}}\boldsymbol{y}$ の値はいくらでも大きくできるので，$\boldsymbol{b}^{\mathrm{T}}\boldsymbol{y}>0$，$A^{\mathrm{T}}\boldsymbol{y}\leq\boldsymbol{0}$ を満たすベクトル $\boldsymbol{y}$ が存在する．したがって $X=\emptyset$ ならば $Y\neq\emptyset$ であることが示された． ■

Farkas の定理の幾何学的解釈を考えてみよう．$m=n=2$ とし，行列 A の列ベクトルを $\boldsymbol{a}_1,\boldsymbol{a}_2$ とおく．このとき命題 (1) が成り立つとは，$A\boldsymbol{x}=[\boldsymbol{a}_1,\boldsymbol{a}_2]\begin{bmatrix}x_1\\x_2\end{bmatrix}=x_1\boldsymbol{a}_1+x_2\boldsymbol{a}_2=\boldsymbol{b}$ が非負の解 x_1,x_2 をもつことなので，図 3.15 (a) で示すようにベクトル $\boldsymbol{b}$ が $\boldsymbol{a}_1,\boldsymbol{a}_2$ の非負結合全体の集合（灰色部分）に含まれることを意味している．他方，命題 (2) の条件式

$$A^{\mathrm{T}}\boldsymbol{y}=\begin{bmatrix}\boldsymbol{a}_1^{\mathrm{T}}\\\boldsymbol{a}_2^{\mathrm{T}}\end{bmatrix}\boldsymbol{y}=\begin{bmatrix}\boldsymbol{a}_1^{\mathrm{T}}\boldsymbol{y}\\\boldsymbol{a}_2^{\mathrm{T}}\boldsymbol{y}\end{bmatrix}\leq\begin{bmatrix}0\\0\end{bmatrix}$$

は，ベクトル $\boldsymbol{y}$ が $\boldsymbol{a}_1,\boldsymbol{a}_2$ と鈍角または直角をなす領域に存在することを意味している（図 3.15 (b) の青色部分）．しかしながら，命題 (1) が成り立つ $\boldsymbol{b}$ の存

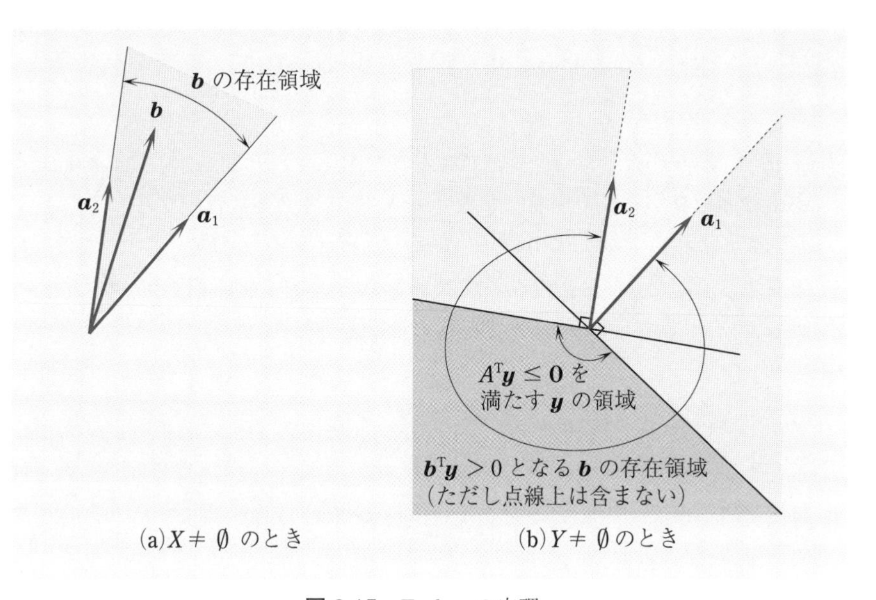

図 3.15　Farkas の定理

在領域と命題 (2) が成り立つ $\boldsymbol{b}$ の存在領域は共通部分をもたず，かつ，$\boldsymbol{b}$ は必ずどちらか一方の領域に含まれる．したがって (1) と (2) は両立しないが，いずれか一方が必ず成り立つ．

定理 3.8 のように，2 つの命題のうちいずれか一方だけが必ず成り立つ定理を**二者択一定理** (alternative theorem) と呼ぶ．二者択一定理は Farkas の定理以外にもいろいろと知られている．以下に代表的な二者択一定理をあげておく．それぞれの命題において行列，ベクトルは積の演算が可能であるような適当な次元をもっているものとする．なお，以下では $\boldsymbol{y} \geq \boldsymbol{0}$, $\boldsymbol{y} \neq \boldsymbol{0}$ はベクトル $\boldsymbol{y}$ の成分が非負で，かつ全ての成分が零になる場合を除くことを意味する．

Gale (ゲイル) の二者択一定理

(1)　$A\boldsymbol{x} = \boldsymbol{b}$ を満たす $\boldsymbol{x}$ が存在する．

(2)　$A^{\mathrm{T}}\boldsymbol{y} = \boldsymbol{0}$, $\boldsymbol{b}^{\mathrm{T}}\boldsymbol{y} = 1$ を満たす $\boldsymbol{y}$ が存在する．

Gordan (ゴルダン) の二者択一定理

(1)　$A\boldsymbol{x} > \boldsymbol{0}$ を満たす $\boldsymbol{x}$ が存在する．

(2)　$A^{\mathrm{T}}\boldsymbol{y} = \boldsymbol{0}$, $\boldsymbol{y} \geq \boldsymbol{0}$, $\boldsymbol{y} \neq \boldsymbol{0}$ を満たす $\boldsymbol{y}$ が存在する．

Motzkin (モツキン) の二者択一定理

(1)　$A\boldsymbol{x} > \boldsymbol{0}$, $B\boldsymbol{x} \geq \boldsymbol{0}$, $C\boldsymbol{x} = \boldsymbol{0}$ を満たす $\boldsymbol{x}$ が存在する．

(2)　$A^{\mathrm{T}}\boldsymbol{y} + B^{\mathrm{T}}\boldsymbol{z} + C^{\mathrm{T}}\boldsymbol{w} = \boldsymbol{0}$, $\boldsymbol{y} \geq \boldsymbol{0}$, $\boldsymbol{y} \neq \boldsymbol{0}$, $\boldsymbol{z} \geq \boldsymbol{0}$ を満たす $\boldsymbol{y}$, $\boldsymbol{z}$, $\boldsymbol{w}$ が存在する．

注意3　こうした二者択一定理は，一方の定理から他方の定理が導けるという意味でお互いに関連し合っている．例えば，Motzkin の定理で $B = O, C = O$ とおくと，Gordan の定理が得られる．

また，Motzkin の定理で $A = \boldsymbol{b}^{\mathrm{T}}, C = O$ とし，行列 B を改めて $-B^{\mathrm{T}}$ とおけば

(1)　$\boldsymbol{b}^{\mathrm{T}}\boldsymbol{x} > 0$, $B^{\mathrm{T}}\boldsymbol{x} \leq \boldsymbol{0}$ を満たす $\boldsymbol{x}$ が存在する．

(2)　$y\boldsymbol{b} - B\boldsymbol{z} = \boldsymbol{0}$, $y > 0$, $\boldsymbol{z} \geq \boldsymbol{0}$ を満たす y と $\boldsymbol{z}$ が存在する．

となる．さらに (2) で $\boldsymbol{u} = \dfrac{1}{y}\boldsymbol{z}$ とおけば

(2)′　$B\boldsymbol{u} = \boldsymbol{b}$, $\boldsymbol{u} \geq \boldsymbol{0}$ を満たす $\boldsymbol{u}$ が存在する．

と書き直せる．これは Farkas の定理にほかならない．逆に，Farkas の定理から Motzkin の定理を導くこともできる（章末問題 9 を参照せよ）．　□

3.12 内 点 法

問題の難しさの程度を測ったりアルゴリズムの性能を測るための手段として**計算複雑度** (computational complexity) の理論がある．この立場から線形計画問題をながめてみよう．一口にやさしい問題，難しい問題といってもその境界線をどこに引くかが問題になる．その際に，問題の規模（n や m）に応じて四則演算（主に乗除算）や反復回数などの計算量がどのように見積もれるかを調べる必要がある．最悪計算量と平均計算量の2つの立場があるが，ここでは最悪計算量の立場で線形計画問題を考える．

3.7節で紹介した **Klee–Minty の問題**のように，単体法は最悪なケースとして指数オーダーの反復回数を要する．そこで生じたのが「線形計画問題を，問題の規模の多項式オーダーで解くアルゴリズム（**多項式時間アルゴリズム** (polynomial time algorithm)）が存在するか？」という疑問である．これに答えたのが旧ソビエトの数学者 L. G. Khachiyan（ハチヤン）であった．彼は旧ソビエトで昔から研究されていた**楕円体法** (ellipsoid method) を巧妙に利用して，線形計画問題が多項式オーダーで解けることを証明した．1979年のことである．このことによって，線形計画問題は多項式時間アルゴリズムで解ける問題に分類されたのである．Khachiyan の楕円体法は理論的には単体法よりも優れた解法であると解釈できるが，その後の実験結果から規模の小さな問題ですら多くの計算量を必要とし実用的にはあまり役に立たない解法であることがわかった．そこで次に「実用的な多項式時間アルゴリズムが存在するか？」という疑問が生じたのである．これに対して，1984年に米国 AT&T ベル研究所のインド人研究者 N. Karmarkar（カーマーカー）が非線形計画法（第4，5章参照）の考え方を援用した**内点法**（**射影変換法**と呼ばれている）を提案した[6)]．以上の経過をまとめたのが図3.16である．単体法が多項式時間アルゴリズムにならないのは実行可能領域の境界を移動することによる．一方，内点法は実行可能領域の内部を移動して最適解に近づく解法である（図3.17参照）．

Karmarkar の研究をきっかけに世界中の研究者たちが**内点法** (interior point

6) 旧ソビエトの研究者 I. I. Dikin がすでに1967年に類似の解法を発表していたことが1988年に判明した．ただし多項式オーダー性を示したわけではない．

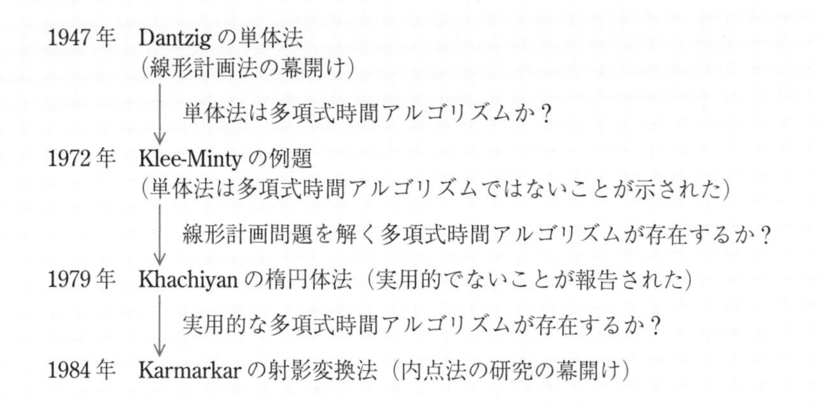

図 3.16 線形計画問題の計算複雑度 (最悪計算量の立場から)

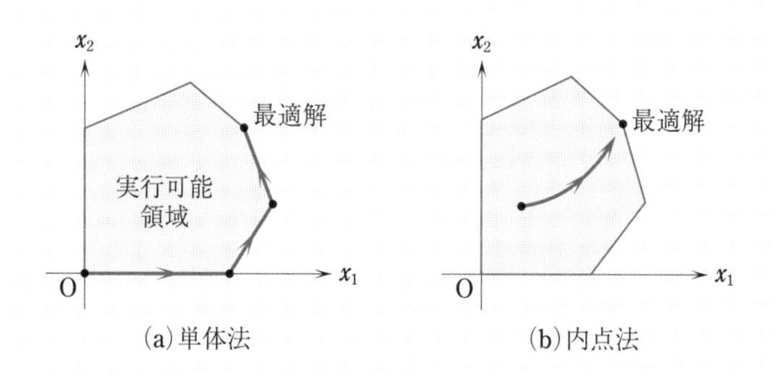

図 3.17 単体法と内点法の点列の動き

method) の研究に積極的に取り組むことになり，多種多様な内点法が提案された．そうした研究の中で，とりわけ小島，水野，吉瀬，田辺，Megiddo らの研究に端を発した**主双対内点法** (primal-dual interior point method) が有力であるといわれている．この解法は非線形方程式を解くための**ニュートン法** (Newton method) と密接に関係している．3.8 節で述べたように，線形計画問題の最適性条件は次式で与えられる (5.1.3 項の KKT 条件を参照せよ)．

$$A^{\mathrm{T}}\boldsymbol{y} + \boldsymbol{z} = \boldsymbol{c} \tag{3.25}$$

$$A\boldsymbol{x} = \boldsymbol{b} \tag{3.26}$$

$$x_i z_i = 0 \quad (i = 1, \cdots, n) \tag{3.27}$$

$$\boldsymbol{x} \geq \boldsymbol{0}, \quad \boldsymbol{z} \geq \boldsymbol{0} \tag{3.28}$$

ただし，$\boldsymbol{x}$ は主変数，$\boldsymbol{y}$ と $\boldsymbol{z}$ は双対変数である．ここで紹介する解法は，線形方程式 (3.25)，(3.26) および非線形方程式 (3.27) の部分にニュートン法を適用して探索方向を求め，主変数と双対変数が $\boldsymbol{x} > \boldsymbol{0}$，$\boldsymbol{z} > \boldsymbol{0}$ を満たすようにステップ幅を調整して新しい近似解を生成していくものである．主変数と双対変数の両方を対等に扱う内点法なので，主双対内点法と呼ばれている．これに対して主問題に適用される内点法を**主内点法** (primal interior point method)，双対問題に適用される内点法を**双対内点法** (dual interior point method) という．なお，これから述べる方法は反復法と呼ばれるクラスに属するものである．他方，有限回の演算で厳密解を得る方法を直接法という．3.4 節で紹介した単体法は直接法のひとつである．

3.12.1 中心化 KKT 条件と主双対内点法

さて，準備のためにいくつかの記号を導入する．主変数 $\boldsymbol{x} = [x_1, \cdots, x_n]^{\mathrm{T}}$ と双対変数 $\boldsymbol{z} = [z_1, \cdots, z_n]^{\mathrm{T}}$ の成分を対角に並べてできる対角行列をそれぞれ X，Z とおき，成分が全て 1 である n 次元ベクトルを $\boldsymbol{e}$ とおく．すなわち

$$X = \begin{bmatrix} x_1 & & \\ & \ddots & \\ & & x_n \end{bmatrix}, \quad Z = \begin{bmatrix} z_1 & & \\ & \ddots & \\ & & z_n \end{bmatrix}, \quad \boldsymbol{e} = \begin{bmatrix} 1 \\ \vdots \\ 1 \end{bmatrix}$$

とする．ここで

$$\boldsymbol{x} = X\boldsymbol{e}, \quad \boldsymbol{z} = Z\boldsymbol{e}$$

と表されることに注意されたい．この記号を用いれば相補性条件 (3.27) は $XZ\boldsymbol{e} = \boldsymbol{0}$ と書けるので，最適性条件（KKT 条件）は次のようにベクトル表現できる．

$$\boldsymbol{r}_0(\boldsymbol{x},\boldsymbol{y},\boldsymbol{z}) \equiv \begin{bmatrix} A^{\mathrm{T}}\boldsymbol{y}+\boldsymbol{z}-\boldsymbol{c} \\ A\boldsymbol{x}-\boldsymbol{b} \\ XZ\boldsymbol{e} \end{bmatrix} = \boldsymbol{0} \tag{3.29}$$

$$\boldsymbol{x} \geq \boldsymbol{0}, \quad \boldsymbol{z} \geq \boldsymbol{0} \tag{3.30}$$

ここで，$(\boldsymbol{x},\boldsymbol{y},\boldsymbol{z})$ が**内点**であるとは $\boldsymbol{x} > \boldsymbol{0}$，$\boldsymbol{z} > \boldsymbol{0}$ を満たす点のこととする．さらに線形等式制約 $A^{\mathrm{T}}\boldsymbol{y}+\boldsymbol{z}=\boldsymbol{c}$，$A\boldsymbol{x}=\boldsymbol{b}$ を満たす内点を**実行可能内点**，満たさない内点を**非実行可能内点**と呼ぶことにする．また実行可能領域に関連して次の集合

$$\mathcal{F} = \{(\boldsymbol{x},\boldsymbol{y},\boldsymbol{z}) \mid A\boldsymbol{x}=\boldsymbol{b}, \ \ A^{\mathrm{T}}\boldsymbol{y}+\boldsymbol{z}=\boldsymbol{c}, \ \ \boldsymbol{x} \geq \boldsymbol{0}, \ \boldsymbol{z} \geq \boldsymbol{0}\}$$

を定義し，非負制約を内点の条件で置き換えた集合を

$$\mathcal{F}^{\circ} = \{(\boldsymbol{x},\boldsymbol{y},\boldsymbol{z}) \mid A\boldsymbol{x}=\boldsymbol{b}, \ \ A^{\mathrm{T}}\boldsymbol{y}+\boldsymbol{z}=\boldsymbol{c}, \ \ \boldsymbol{x} > \boldsymbol{0}, \ \boldsymbol{z} > \boldsymbol{0}\}$$

とおく．したがって，$\mathcal{F}^{\circ}$ は実行可能内点全体の集合になる．非線形方程式 (3.29) を解くためのニュートン法は，方程式の 1 次近似を零にするような補正ベクトル $[\Delta\boldsymbol{x},\Delta\boldsymbol{y},\Delta\boldsymbol{z}]$ を探索方向に選ぶものである．具体的に式 (3.29) で $\boldsymbol{x},\boldsymbol{y},\boldsymbol{z}$ を $\boldsymbol{x}+\Delta\boldsymbol{x},\boldsymbol{y}+\Delta\boldsymbol{y},\boldsymbol{z}+\Delta\boldsymbol{z}$ とおいて 1 次近似すれば 1 番目と 2 番目の方程式は $A^{\mathrm{T}}(\boldsymbol{y}+\Delta\boldsymbol{y})+(\boldsymbol{z}+\Delta\boldsymbol{z})-\boldsymbol{c}=\boldsymbol{0}$，$A(\boldsymbol{x}+\Delta\boldsymbol{x})-\boldsymbol{b}=\boldsymbol{0}$ となる．他方，3 番目の方程式を成分表示すれば $(x_i+\Delta x_i)(z_i+\Delta z_i)=0$ であるが，非線形項 $\Delta x_i \Delta z_i$ を除いて 1 次近似すれば $x_i z_i + x_i \Delta z_i + \Delta x_i z_i = 0$ となる．したがって，探索方向 $[\Delta\boldsymbol{x},\Delta\boldsymbol{y},\Delta\boldsymbol{z}]$ を計算するには次の連立 1 次方程式を解けばよい．

$$J(\boldsymbol{x},\boldsymbol{y},\boldsymbol{z}) \begin{bmatrix} \Delta\boldsymbol{x} \\ \Delta\boldsymbol{y} \\ \Delta\boldsymbol{z} \end{bmatrix} = -\boldsymbol{r}_0(\boldsymbol{x},\boldsymbol{y},\boldsymbol{z}) \tag{3.31}$$

ここで $J(\boldsymbol{x},\boldsymbol{y},\boldsymbol{z})$ は $\boldsymbol{r}_0(\boldsymbol{x},\boldsymbol{y},\boldsymbol{z})$ のヤコビ行列で，次式で与えられる．

$$J(\boldsymbol{x},\boldsymbol{y},\boldsymbol{z}) = \begin{bmatrix} O & A^{\mathrm{T}} & I \\ A & O & O \\ Z & O & X \end{bmatrix} \tag{3.32}$$

内点法では解に近づく前に非負制約の境界に寄っていくことを防ぐために，適当な正のパラメータ τ を導入して相補性条件 $x_i z_i = 0 \ (i = 1,\cdots,n)$ を

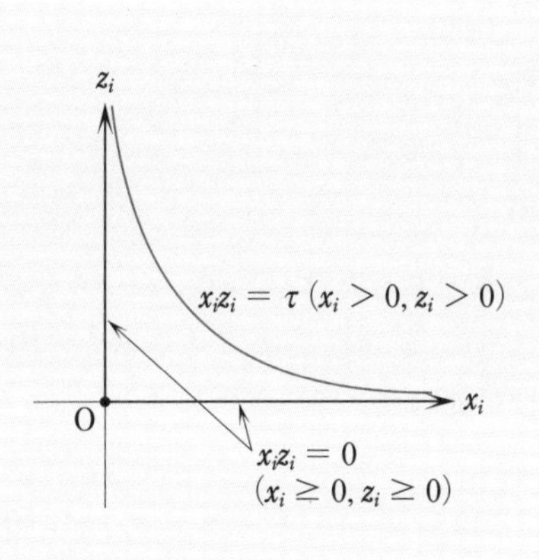

図 3.18　折れ線を双曲線で近似する

$x_iz_i = \tau\ (i = 1, \cdots, n)$ で置き換える．これは，図 3.18 でわかるように折れ線 $(x_iz_i = 0,\ x_i \geq 0,\ z_i \geq 0)$ を双曲線 $(x_iz_i = \tau,\ x_i > 0,\ z_i > 0)$ で近似したものである．特に $\tau = 0$ とした場合が従来の相補性条件である．この場合，KKT 条件 (3.29)，(3.30) は

$$\boldsymbol{r}(\boldsymbol{x}, \boldsymbol{y}, \boldsymbol{z}) \equiv \begin{bmatrix} A^{\mathrm{T}}\boldsymbol{y} + \boldsymbol{z} - \boldsymbol{c} \\ A\boldsymbol{x} - \boldsymbol{b} \\ XZ\boldsymbol{e} - \tau\boldsymbol{e} \end{bmatrix} = \boldsymbol{0} \tag{3.33}$$

$$\boldsymbol{x} > \boldsymbol{0}, \quad \boldsymbol{z} > \boldsymbol{0} \tag{3.34}$$

で置き換えられる．これを**中心化 KKT 条件**と呼ぶ．このとき，$\boldsymbol{r}(\boldsymbol{x}, \boldsymbol{y}, \boldsymbol{z})$ のヤコビ行列は $\boldsymbol{r}_0(\boldsymbol{x}, \boldsymbol{y}, \boldsymbol{z})$ のヤコビ行列 (3.32) と等しくなることに注意されたい．このヤコビ行列の正則性は次の定理で保証される．

定理 3.9（ヤコビ行列の正則性）

$\boldsymbol{x} > \boldsymbol{0}$，$\boldsymbol{z} > \boldsymbol{0}$ かつ $\mathrm{rank}\ A = m$ ならば，ヤコビ行列 (3.32) は正則である．

［証明］　$J(\boldsymbol{x}, \boldsymbol{y}, \boldsymbol{z})\boldsymbol{v} = \boldsymbol{0}$ ならばベクトル $\boldsymbol{v}$ はゼロベクトルであることを示せばよいので，

$$\begin{bmatrix} O & A^{\mathrm{T}} & I \\ A & O & O \\ Z & O & X \end{bmatrix} \begin{bmatrix} \boldsymbol{v}_x \\ \boldsymbol{v}_y \\ \boldsymbol{v}_z \end{bmatrix} = \begin{bmatrix} \mathbf{0} \\ \mathbf{0} \\ \mathbf{0} \end{bmatrix}$$

とおく．3 番目の式 $Z\boldsymbol{v}_x + X\boldsymbol{v}_z = \mathbf{0}$ より $\boldsymbol{v}_z = -X^{-1}Z\boldsymbol{v}_x$ なので，これを 1 番目の式 $A^{\mathrm{T}}\boldsymbol{v}_y + \boldsymbol{v}_z = \mathbf{0}$ に代入して $\boldsymbol{v}_x$ について解けば $\boldsymbol{v}_x = Z^{-1}XA^{\mathrm{T}}\boldsymbol{v}_y$ となる．これを 2 番目の式 $A\boldsymbol{v}_x = \mathbf{0}$ に代入すれば $A(Z^{-1}X)A^{\mathrm{T}}\boldsymbol{v}_y = \mathbf{0}$ を得る．仮定より $Z^{-1}X$ は正定値対称行列でかつ rank $A = m$ なので，$A(Z^{-1}X)A^{\mathrm{T}}$ は正定値対称行列（したがって正則行列）になる．よって $\boldsymbol{v}_y = \mathbf{0}$ となる．これを上記の関係式に代入すれば $[\boldsymbol{v}_x, \boldsymbol{v}_y, \boldsymbol{v}_z]^{\mathrm{T}} = [\mathbf{0}, \mathbf{0}, \mathbf{0}]^{\mathrm{T}}$ を得るので，結局，$J(\boldsymbol{x}, \boldsymbol{y}, \boldsymbol{z})$ の正則性が証明された． ■

この定理は，式 (3.33) にニュートン法を適用すれば $J(\boldsymbol{x}, \boldsymbol{y}, \boldsymbol{z}) \begin{bmatrix} \Delta\boldsymbol{x} \\ \Delta\boldsymbol{y} \\ \Delta\boldsymbol{z} \end{bmatrix} = -\boldsymbol{r}(\boldsymbol{x}, \boldsymbol{y}, \boldsymbol{z})$ から探索方向が一意に定まることを保証している．さらに，非線形方程式の解はパラメータ τ によって定まるので，その解を $(\boldsymbol{x}(\tau), \boldsymbol{y}(\tau), \boldsymbol{z}(\tau))$ とおくことができる．そして上記の定理と陰関数定理より，$\mathcal{F}^{\circ} \neq \emptyset$ のとき $(\boldsymbol{x}(\tau), \boldsymbol{y}(\tau), \boldsymbol{z}(\tau))$ はただ 1 つ定まる．パラメータ τ を変えたときに定まるこうした点の集合を

$$\mathcal{P} = \{(\boldsymbol{x}(\tau), \boldsymbol{y}(\tau), \boldsymbol{z}(\tau)) \mid \boldsymbol{r}(\boldsymbol{x}(\tau), \boldsymbol{y}(\tau), \boldsymbol{z}(\tau)) = \mathbf{0}, \quad \tau > 0\}$$

と定義し**中心パス**（**センターパス**：central path）という．$\tau = 0$ の点が KKT 条件を満たす点（これを **KKT 点**という）に相当するので，τ の値を変化させながら中心パスをたどって，τ の値を零に近づけていけば最終的に KKT 点にたどり着くことになる．実際は中心パス上を正確に移動することは無理なので，できるだけパスの近くをたどることになる．このような方法を**パス追跡法** (path following method) と呼ぶ．

以下に紹介する内点法はパス追跡法の 1 つである．具体的には，中心化 KKT 条件にニュートン法を適用して探索方向を生成し，新しい近似解が内点になるように探索方向のステップ幅を調整するものである．ここで，パラメータ τ の決め方は本質的である．どの程度最適解に近づいているかを表す量として 3.8 節で述べた双対ギャップ $\boldsymbol{x}^{\mathrm{T}}\boldsymbol{z} = \sum_{i=1}^{n} x_i z_i$ が利用できるので，$\mu \equiv \frac{1}{n}\boldsymbol{x}^{\mathrm{T}}\boldsymbol{z}$ を定

義して $\sigma \in (0,1)$ に対して $\tau = \sigma\mu$ とおくのが普通である．以上をまとめれば，主双対内点法のアルゴリズムは次のように表される．ここであえて $\sigma = 0$ とおくと式 (3.35) は KKT 条件に対するニュートン方程式 (3.31) になることに注意されたい．

アルゴリズム 3.5（主双対内点法（プロトタイプ））

step0 $\boldsymbol{x}_0 > \boldsymbol{0}$, $\boldsymbol{z}_0 > \boldsymbol{0}$ を満たす初期点 $(\boldsymbol{x}_0, \boldsymbol{y}_0, \boldsymbol{z}_0)$ を与える．$k = 0$ とおく．

step1 $\sigma_k \in (0,1)$ を与えて，$\mu_k = \dfrac{\boldsymbol{x}_k^{\mathrm{T}} \boldsymbol{z}_k}{n}$ とおく．

step2 連立 1 次方程式

$$\begin{bmatrix} O & A^{\mathrm{T}} & I \\ A & O & O \\ Z_k & O & X_k \end{bmatrix} \begin{bmatrix} \Delta \boldsymbol{x} \\ \Delta \boldsymbol{y} \\ \Delta \boldsymbol{z} \end{bmatrix} = - \begin{bmatrix} A^{\mathrm{T}} \boldsymbol{y}_k + \boldsymbol{z}_k - \boldsymbol{c} \\ A\boldsymbol{x}_k - \boldsymbol{b} \\ X_k Z_k \boldsymbol{e} - \sigma_k \mu_k \boldsymbol{e} \end{bmatrix} \tag{3.35}$$

を解いて探索方向 $[\Delta \boldsymbol{x}_k, \Delta \boldsymbol{y}_k, \Delta \boldsymbol{z}_k]$ を求める．

step3 $\boldsymbol{x}_k + \alpha_k \Delta \boldsymbol{x}_k > \boldsymbol{0}$, $\boldsymbol{z}_k + \alpha_k \Delta \boldsymbol{z}_k > \boldsymbol{0}$ を満たすステップ幅 $\alpha_k \in (0,1]$ を求める．

step4 $\begin{bmatrix} \boldsymbol{x}_{k+1} \\ \boldsymbol{y}_{k+1} \\ \boldsymbol{z}_{k+1} \end{bmatrix} = \begin{bmatrix} \boldsymbol{x}_k \\ \boldsymbol{y}_k \\ \boldsymbol{z}_k \end{bmatrix} + \alpha_k \begin{bmatrix} \Delta \boldsymbol{x}_k \\ \Delta \boldsymbol{y}_k \\ \Delta \boldsymbol{z}_k \end{bmatrix}$ とおく．

step5 $k := k + 1$ とおいて step1 へいく．

3.12.2 実行可能点列主双対内点法のアルゴリズム

アルゴリズム 3.5 において特に初期点として実行可能内点を選んだ場合，すなわち，$(\boldsymbol{x}_0, \boldsymbol{y}_0, \boldsymbol{z}_0) \in \mathcal{F}^{\circ}$ の場合，毎回，実行可能内点が生成されるので（後述），step2 の連立 1 次方程式は次式で置き換えられる．

$$\begin{bmatrix} O & A^{\mathrm{T}} & I \\ A & O & O \\ Z_k & O & X_k \end{bmatrix} \begin{bmatrix} \Delta \boldsymbol{x} \\ \Delta \boldsymbol{y} \\ \Delta \boldsymbol{z} \end{bmatrix} = - \begin{bmatrix} \boldsymbol{0} \\ \boldsymbol{0} \\ X_k Z_k \boldsymbol{e} - \sigma_k \mu_k \boldsymbol{e} \end{bmatrix} \tag{3.36}$$

この方法を**実行可能点列主双対内点法** (feasible primal-dual interior

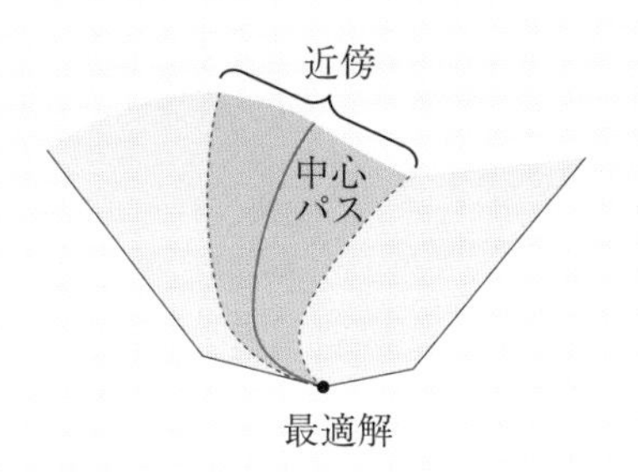

図 3.19 中心パスとその近傍

point method) という．それに対して，内点ではあるが必ずしも実行可能な初期点を要求しない方法を**非実行可能点列主双対内点法** (infeasible primal-dual interior point method) という．前者の場合には実行可能な初期点をどのようにして求めるかが問題になるので，後者のほうが実用的である．しかし理論的には前者のほうが話が簡単になるので，以下の議論では実行可能点列主双対内点法に限定する．

アルゴリズムの多項式オーダー性を示すためには，生成される点列が中心パス $\mathcal{P}$ のどのような近傍を移動すべきかが重要な鍵をにぎる（図 3.19 参照）．いくつかの近傍が提案されているが，ここでは $0 < \gamma < 1$ を満たす γ に対して次の集合を考える．

$$\mathcal{N}(\gamma) = \{(\boldsymbol{x}, \boldsymbol{y}, \boldsymbol{z}) \in \mathcal{F}^\circ \mid x_i z_i \geq \gamma\mu \quad (i = 1, \cdots, n), \quad \text{ただし} \quad \mu = \frac{1}{n}\boldsymbol{x}^{\mathrm{T}}\boldsymbol{z}\}$$

この近傍を組み入れた実行可能点列主双対内点法のアルゴリズムは以下の通りである．ここで最適性条件のうち式 (3.25)，(3.26)，(3.28) は常に満たされているので，相補性条件 (3.27) が適当な誤差範囲内で満たされれば終了する．具体的には，あらかじめ指定した許容誤差 $\varepsilon > 0$ に対して $\mu_k \leq \varepsilon$ が満たされればアルゴリズムを終了する．

アルゴリズム 3.6（実行可能点列主双対内点法）

step0 $0 < \gamma < 1$, $0 < \sigma_{\min} < \sigma_{\max} < 1$ を満たす定数 $\gamma, \sigma_{\min}, \sigma_{\max}$，および，停止条件のための許容誤差 $\varepsilon > 0$ を与える．$(\boldsymbol{x}_0, \boldsymbol{y}_0, \boldsymbol{z}_0) \in \mathcal{N}(\gamma)$ を満たす初期点を与える．$k = 0$ とおく．

step1 $\sigma_k \in [\sigma_{\min}, \sigma_{\max}]$ を与えて，$\mu_k = \dfrac{\boldsymbol{x}_k^{\mathrm{T}} \boldsymbol{z}_k}{n}$ とおく．

step2 $\mu_k \leq \varepsilon$ ならば終了する．

step3 連立 1 次方程式

$$\begin{bmatrix} O & A^{\mathrm{T}} & I \\ A & O & O \\ Z_k & O & X_k \end{bmatrix} \begin{bmatrix} \Delta \boldsymbol{x} \\ \Delta \boldsymbol{y} \\ \Delta \boldsymbol{z} \end{bmatrix} = \begin{bmatrix} \boldsymbol{0} \\ \boldsymbol{0} \\ -X_k Z_k \boldsymbol{e} + \sigma_k \mu_k \boldsymbol{e} \end{bmatrix} \tag{3.37}$$

を解いて探索方向 $[\Delta \boldsymbol{x}_k, \Delta \boldsymbol{y}_k, \Delta \boldsymbol{z}_k]$ を求める．

step4 $(\boldsymbol{x}_k + \alpha_k \Delta \boldsymbol{x}_k, \boldsymbol{y}_k + \alpha_k \Delta \boldsymbol{y}_k, \boldsymbol{z}_k + \alpha_k \Delta \boldsymbol{z}_k) \in \mathcal{N}(\gamma)$ かつ $\alpha_k \in (0, 1]$ を満たす最大のステップ幅 α_k を求める．

step5 $\begin{bmatrix} \boldsymbol{x}_{k+1} \\ \boldsymbol{y}_{k+1} \\ \boldsymbol{z}_{k+1} \end{bmatrix} = \begin{bmatrix} \boldsymbol{x}_k \\ \boldsymbol{y}_k \\ \boldsymbol{z}_k \end{bmatrix} + \alpha_k \begin{bmatrix} \Delta \boldsymbol{x}_k \\ \Delta \boldsymbol{y}_k \\ \Delta \boldsymbol{z}_k \end{bmatrix}$ とおく．

step6 $k := k + 1$ とおいて step1 へいく．

上記のアルゴリズムでは $0 < \sigma_k < 1$ としているが，step3 において特に $\sigma_k = 0$, あるいは $\sigma_k = 1$ とおいたとき，得られる探索方向をそれぞれ**アフィンスケーリング方向** (affine scaling direction)，**中心化方向** (centering direction) と呼ぶことがある．

アルゴリズムの手順の中で最も手間のかかる作業が，step3 の連立 1 次方程式を解く部分である．係数行列は $(2n + m)$ 次行列なので，規模が非常に大きい方程式になる．実際はこのままの形で解くのではなく，より規模の小さい連立 1 次方程式に同値変形してから解くことが考えられている（章末問題 10 を参照）．具体的には，$\Delta \boldsymbol{z}$ を消去して得られる連立 1 次方程式

$$\begin{bmatrix} -X_k^{-1} Z_k & A^{\mathrm{T}} \\ A & O \end{bmatrix} \begin{bmatrix} \Delta \boldsymbol{x} \\ \Delta \boldsymbol{y} \end{bmatrix} = \begin{bmatrix} \boldsymbol{z}_k - \sigma_k \mu_k X_k^{-1} \boldsymbol{e} \\ \boldsymbol{0} \end{bmatrix} \tag{3.38}$$

を $\Delta \boldsymbol{x}_k$，$\Delta \boldsymbol{y}_k$ について解けば，$\Delta \boldsymbol{z}_k$ は

$$\Delta \boldsymbol{z}_k = -\boldsymbol{z}_k + \sigma_k \mu_k X_k^{-1} \boldsymbol{e} - X_k^{-1} Z_k \Delta \boldsymbol{x}_k \tag{3.39}$$

から得られる．あるいは $\Delta \boldsymbol{x}_k$ も消去しておけば，次の式から探索方向は $\Delta \boldsymbol{y}_k, \Delta \boldsymbol{x}_k, \Delta \boldsymbol{z}_k$ の順に求まる．

$$A(Z_k^{-1}X_k)A^{\mathrm{T}}\Delta \boldsymbol{y}_k = A(\boldsymbol{x}_k - \sigma_k\mu_k Z_k^{-1}\boldsymbol{e}) \tag{3.40}$$

$$\Delta \boldsymbol{x}_k = -\boldsymbol{x}_k + \sigma_k\mu_k Z_k^{-1}\boldsymbol{e} + Z_k^{-1}X_k A^{\mathrm{T}}\Delta \boldsymbol{y}_k \tag{3.41}$$

$$\Delta \boldsymbol{z}_k = -\boldsymbol{z}_k + \sigma_k\mu_k X_k^{-1}\boldsymbol{e} - X_k^{-1}Z_k\Delta \boldsymbol{x}_k \tag{3.42}$$

数学的には方程式(3.37)，方程式(3.38)，(3.39)，あるいは方程式(3.40)，(3.41)，(3.42) のいずれを解いてもかまわないわけであるが，数値計算上は解きやすさが異なる．連立1次方程式 (3.40) の場合，その係数行列は m 次行列なので問題の規模が小さくなる．しかも係数行列が正定値対称行列なので，こうした連立1次方程式を解くための有効な数値解法が利用できる．他方，連立1次方程式 (3.38) では係数行列が $(n+m)$ 次と規模が大きくなり，しかも対称ではあるが正定値ではない．こうした意味では式 (3.40) のほうが有利であるように思えるが，一方，式 (3.38) では行列 A の特別な構造が陽に利用できる．実際の問題では行列 A の成分はほとんど零（すなわち A は疎行列）であることが多いので，式 (3.38) を利用するほうが有利になる．それに比べて，式 (3.40) では A と A^{T} の積があるので，係数行列がこうした疎構造を保存するとは限らない．それぞれの連立1次方程式には一長一短があるのである．

3.12.3 実行可能点列主双対内点法の多項式オーダー性

最後に反復回数の多項式オーダー性について触れておく．以下では，表記を簡単にするためにベクトル

$$\begin{bmatrix} \boldsymbol{x}_k(\alpha) \\ \boldsymbol{y}_k(\alpha) \\ \boldsymbol{z}_k(\alpha) \end{bmatrix} = \begin{bmatrix} \boldsymbol{x}_k \\ \boldsymbol{y}_k \\ \boldsymbol{z}_k \end{bmatrix} + \alpha \begin{bmatrix} \Delta \boldsymbol{x}_k \\ \Delta \boldsymbol{y}_k \\ \Delta \boldsymbol{z}_k \end{bmatrix}$$

を定義し

$$\mu_k(\alpha) = \frac{1}{n}\boldsymbol{x}_k(\alpha)^{\mathrm{T}}\boldsymbol{z}_k(\alpha)$$

とおく．このとき，アルゴリズム 3.6 の step4 で得られたステップ幅 α_k に対して

$$(\boldsymbol{x}_{k+1}, \boldsymbol{y}_{k+1}, \boldsymbol{z}_{k+1}) = (\boldsymbol{x}_k(\alpha_k), \boldsymbol{y}_k(\alpha_k), \boldsymbol{z}_k(\alpha_k))$$

となることに注意せよ．

まず，点 $(\boldsymbol{x}_k, \boldsymbol{y}_k, \boldsymbol{z}_k)$ が線形等式制約を満たすならば，ステップ幅 α の選び方によらず点 $(\boldsymbol{x}_k(\alpha), \boldsymbol{y}_k(\alpha), \boldsymbol{z}_k(\alpha))$ もまた線形等式制約を満たすことを確認しておく．実際，点 $(\boldsymbol{x}_k, \boldsymbol{y}_k, \boldsymbol{z}_k)$ は $A^{\mathrm{T}}\boldsymbol{y}_k + \boldsymbol{z}_k - \boldsymbol{c} = \boldsymbol{0}$, $A\boldsymbol{x}_k - \boldsymbol{b} = \boldsymbol{0}$ を満たし，探索方向 $[\Delta\boldsymbol{x}_k, \Delta\boldsymbol{y}_k, \Delta\boldsymbol{z}_k]$ は $A^{\mathrm{T}}\Delta\boldsymbol{y}_k + \Delta\boldsymbol{z}_k = \boldsymbol{0}$, $A\Delta\boldsymbol{x}_k = \boldsymbol{0}$ を満たすので，任意の α に対して

$$A^{\mathrm{T}}\boldsymbol{y}_k(\alpha) + \boldsymbol{z}_k(\alpha) - \boldsymbol{c} = A^{\mathrm{T}}\boldsymbol{y}_k + \boldsymbol{z}_k - \boldsymbol{c} + \alpha(A^{\mathrm{T}}\Delta\boldsymbol{y}_k + \Delta\boldsymbol{z}_k) = \boldsymbol{0} \tag{3.43}$$

$$A\boldsymbol{x}_k(\alpha) - \boldsymbol{b} = A\boldsymbol{x}_k - \boldsymbol{b} + \alpha A\Delta\boldsymbol{x}_k = \boldsymbol{0} \tag{3.44}$$

が成り立つ．このことは，実行可能点列主双対内点法で生成される点列が常に線形等式制約を満足することを意味している．

次に，探索方向 $[\Delta\boldsymbol{x}_k, \Delta\boldsymbol{z}_k]$ について以下の補助定理が成り立つことを示す．

補助定理 3.1

(1) $\Delta\boldsymbol{x}_k$ と $\Delta\boldsymbol{z}_k$ は直交する．すなわち $\Delta\boldsymbol{x}_k^{\mathrm{T}}\Delta\boldsymbol{z}_k = 0$ が成り立つ．

(2) もし $(\boldsymbol{x}_k, \boldsymbol{y}_k, \boldsymbol{z}_k) \in \mathcal{N}(\gamma)$ ならば

$$\|\Delta X_k \Delta Z_k \boldsymbol{e}\| \leq \frac{1}{2\sqrt{2}}\left(1 + \frac{1}{\gamma}\right) n\mu_k$$

が成り立つ．ただし，ΔX_k と ΔZ_k はそれぞれベクトル $\Delta\boldsymbol{x}_k, \Delta\boldsymbol{z}_k$ の成分を対角に並べた対角行列である．

［証明］ (1) $A^{\mathrm{T}}\Delta\boldsymbol{y}_k + \Delta\boldsymbol{z}_k = \boldsymbol{0}$ の左から $\Delta\boldsymbol{x}_k^{\mathrm{T}}$ をかけて，$A\Delta\boldsymbol{x}_k = \boldsymbol{0}$ を利用すれば

$$\Delta\boldsymbol{x}_k^{\mathrm{T}}\Delta\boldsymbol{z}_k = -(A\Delta\boldsymbol{x}_k)^{\mathrm{T}}\Delta\boldsymbol{y}_k = 0$$

を得る．

(2) 一般に，$\boldsymbol{u}^{\mathrm{T}}\boldsymbol{v} \geq 0$ を満たす 2 つの任意のベクトル $\boldsymbol{u}, \boldsymbol{v}$ に対して

$$\|UV\boldsymbol{e}\| \leq \frac{1}{2\sqrt{2}}\|\boldsymbol{u} + \boldsymbol{v}\|^2 \tag{3.45}$$

が成り立つことを注意しておく．ただし，U, V はベクトル $\boldsymbol{u}, \boldsymbol{v}$ の成分をそれぞれ対角に並べた対角行列である（証明は章末問題 11 を参照のこと）．ここで，

$$X_k^{1/2} = \begin{bmatrix} \sqrt{(\boldsymbol{x}_k)_1} & & \\ & \ddots & \\ & & \sqrt{(\boldsymbol{x}_k)_n} \end{bmatrix},$$

$$Z_k^{-1/2} = \begin{bmatrix} 1/\sqrt{(\boldsymbol{z}_k)_1} & & \\ & \ddots & \\ & & 1/\sqrt{(\boldsymbol{z}_k)_n} \end{bmatrix}$$

と定義したとき，対角行列 $D_k = X_k^{1/2} Z_k^{-1/2}$ に対して $\boldsymbol{u} = D_k^{-1} \Delta \boldsymbol{x}_k$，$\boldsymbol{v} = D_k \Delta \boldsymbol{z}_k$ とおけば，$\boldsymbol{u}^{\mathrm{T}} \boldsymbol{v} = \Delta \boldsymbol{x}_k^{\mathrm{T}} \Delta \boldsymbol{z}_k = 0$ が成り立つ．よって，式 (3.45) より

$$\begin{aligned} \|\Delta X_k \Delta Z_k \boldsymbol{e}\| &= \|UV\boldsymbol{e}\| \\ &\leq \frac{1}{2\sqrt{2}} \|\boldsymbol{u} + \boldsymbol{v}\|^2 \\ &= \frac{1}{2\sqrt{2}} \|D_k^{-1} \Delta \boldsymbol{x}_k + D_k \Delta \boldsymbol{z}_k\|^2 \end{aligned}$$

となる．方程式 (3.37) の第 3 式より

$$D_k^{-1} \Delta \boldsymbol{x}_k + D_k \Delta \boldsymbol{z}_k = (X_k Z_k)^{-1/2} (-X_k Z_k \boldsymbol{e} + \sigma_k \mu_k \boldsymbol{e})$$

となるので，上式より次の結果を得る．ただし，式の変形で $\boldsymbol{x}_k^{\mathrm{T}} \boldsymbol{z}_k = n\mu_k$，$\boldsymbol{e}^{\mathrm{T}} \boldsymbol{e} = n, (\boldsymbol{x}_k)_i (\boldsymbol{z}_k)_i \geq \gamma \mu_k$ を用いた．

$$\begin{aligned} \|\Delta X_k \Delta Z_k \boldsymbol{e}\| &\leq \frac{1}{2\sqrt{2}} \|(X_k Z_k)^{-1/2} (-X_k Z_k \boldsymbol{e} + \sigma_k \mu_k \boldsymbol{e})\|^2 \\ &= \frac{1}{2\sqrt{2}} (\boldsymbol{e}^{\mathrm{T}} X_k Z_k \boldsymbol{e} - 2\sigma_k \mu_k \boldsymbol{e}^{\mathrm{T}} \boldsymbol{e} + \sigma_k^2 \mu_k^2 \boldsymbol{e}^{\mathrm{T}} (X_k Z_k)^{-1} \boldsymbol{e}) \\ &= \frac{1}{2\sqrt{2}} \left(\boldsymbol{x}_k^{\mathrm{T}} \boldsymbol{z}_k - 2n\sigma_k \mu_k + \sigma_k^2 \mu_k^2 \sum_{i=1}^{n} \frac{1}{(\boldsymbol{x}_k)_i (\boldsymbol{z}_k)_i} \right) \\ &\leq \frac{1}{2\sqrt{2}} \left(n\mu_k - 2n\sigma_k \mu_k + \sigma_k^2 \mu_k^2 \frac{n}{\gamma \mu_k} \right) \\ &= \frac{1}{2\sqrt{2}} \left(1 - 2\sigma_k + \frac{\sigma_k^2}{\gamma} \right) n\mu_k \\ &\leq \frac{1}{2\sqrt{2}} \left(1 + \frac{1}{\gamma} \right) n\mu_k \end{aligned}$$

■

次の補助定理は，現在の点が近傍 $\mathcal{N}(\gamma)$ に含まれているとき，ステップ幅を適当に調節すれば次の点もまた近傍 $\mathcal{N}(\gamma)$ に含まれることを示している．

補助定理 3.2

もし $(\boldsymbol{x}_k, \boldsymbol{y}_k, \boldsymbol{z}_k) \in \mathcal{N}(\gamma)$ かつ $\alpha \in \left[0,\ 2\sqrt{2}\gamma\dfrac{(1-\gamma)\sigma_k}{(1+\gamma)n}\right]$ ならば，$(\boldsymbol{x}_k(\alpha), \boldsymbol{y}_k(\alpha), \boldsymbol{z}_k(\alpha)) \in \mathcal{N}(\gamma)$ が成り立つ．

［証明］ まず，n は大きな自然数なので $2\sqrt{2}\gamma\dfrac{(1-\gamma)\sigma_k}{(1+\gamma)n} < 1$ が成り立つことを注意しておく．補助定理 3.1 の (2) より，$i = 1, \cdots, n$ に対して

$$|(\Delta\boldsymbol{x}_k)_i(\Delta\boldsymbol{z}_k)_i| \leq \|\Delta X_k \Delta Z_k \boldsymbol{e}\| \leq \frac{1}{2\sqrt{2}}\left(1 + \frac{1}{\gamma}\right)n\mu_k$$

が成り立つので，方程式 (3.37) の第 3 式および $(\boldsymbol{x}_k)_i(\boldsymbol{z}_k)_i \geq \gamma\mu_k$ より

$$\begin{aligned}(\boldsymbol{x}_k(\alpha))_i(\boldsymbol{z}_k(\alpha))_i &= ((\boldsymbol{x}_k)_i + \alpha(\Delta\boldsymbol{x}_k)_i)((\boldsymbol{z}_k)_i + \alpha(\Delta\boldsymbol{z}_k)_i) \\ &= (\boldsymbol{x}_k)_i(\boldsymbol{z}_k)_i + \alpha((\boldsymbol{x}_k)_i(\Delta\boldsymbol{z}_k)_i + (\boldsymbol{z}_k)_i(\Delta\boldsymbol{x}_k)_i) \\ &\quad + \alpha^2(\Delta\boldsymbol{x}_k)_i(\Delta\boldsymbol{z}_k)_i \\ &\geq (\boldsymbol{x}_k)_i(\boldsymbol{z}_k)_i(1-\alpha) + \alpha\sigma_k\mu_k - \alpha^2|(\Delta\boldsymbol{x}_k)_i(\Delta\boldsymbol{z}_k)_i| \\ &\geq \gamma(1-\alpha)\mu_k + \alpha\sigma_k\mu_k - \alpha^2\frac{1}{2\sqrt{2}}\left(1+\frac{1}{\gamma}\right)n\mu_k \end{aligned} \tag{3.46}$$

を得る．他方，方程式 (3.37) の第 3 式および補助定理 3.1 の (1) より

$$\begin{aligned}\mu_k(\alpha) &= \frac{1}{n}\boldsymbol{x}_k(\alpha)^{\mathrm{T}}\boldsymbol{z}_k(\alpha) \\ &= \frac{1}{n}(\boldsymbol{x}_k + \alpha\Delta\boldsymbol{x}_k)^{\mathrm{T}}(\boldsymbol{z}_k + \alpha\Delta\boldsymbol{z}_k) \\ &= \frac{1}{n}(\boldsymbol{x}_k^{\mathrm{T}}\boldsymbol{z}_k + \alpha\boldsymbol{e}^{\mathrm{T}}(Z_k\Delta\boldsymbol{x}_k + X_k\Delta\boldsymbol{z}_k) + \alpha^2\Delta\boldsymbol{x}_k^{\mathrm{T}}\Delta\boldsymbol{z}_k) \\ &= \frac{1}{n}(\boldsymbol{x}_k^{\mathrm{T}}\boldsymbol{z}_k + \alpha\boldsymbol{e}^{\mathrm{T}}(-X_kZ_k\boldsymbol{e} + \sigma_k\mu_k\boldsymbol{e})) \\ &= (1-\alpha(1-\sigma_k))\mu_k \end{aligned} \tag{3.47}$$

となる．また

$$0 \leq \alpha \leq 2\sqrt{2}\gamma\frac{(1-\gamma)\sigma_k}{(1+\gamma)n}$$

なので

$$\alpha\sigma_k\mu_k(1-\gamma) \geq \frac{\alpha^2}{2\sqrt{2}}n\mu_k\left(1+\frac{1}{\gamma}\right)$$

となり，これを同値変形すれば

$$\gamma(1-\alpha)\mu_k + \alpha\sigma_k\mu_k - \alpha^2\frac{1}{2\sqrt{2}}\left(1+\frac{1}{\gamma}\right)n\mu_k \geq \gamma(1-\alpha(1-\sigma_k))\mu_k$$

を得る．したがって，式 (3.46) と式 (3.47) より

$$(\boldsymbol{x}_k(\alpha))_i(\boldsymbol{z}_k(\alpha))_i \geq \gamma\mu_k(\alpha)$$

が成り立つ．また式 (3.47) より $\mu_k(\alpha) > 0$ なので，

$$\alpha \in \left[0,\ 2\sqrt{2}\gamma\frac{(1-\gamma)\sigma_k}{(1+\gamma)n}\right]$$

を満たす任意の α に対して

$$(\boldsymbol{x}_k(\alpha))_i(\boldsymbol{z}_k(\alpha))_i > 0$$

が成り立つ．一方，$(\boldsymbol{x}_k(0))_i(\boldsymbol{z}_k(0))_i = (\boldsymbol{x}_k)_i(\boldsymbol{z}_k)_i > 0$ であることと，$(\boldsymbol{x}_k(\alpha))_i(\boldsymbol{z}_k(\alpha))_i$ の α に関する連続性より $(\boldsymbol{x}_k(\alpha))_i$ と $(\boldsymbol{z}_k(\alpha))_i$ の符号の反転が起こることはないので，結局，$\boldsymbol{x}_k(\alpha) > \boldsymbol{0}$, $\boldsymbol{z}_k(\alpha) > \boldsymbol{0}$ となる．さらに式 (3.43), (3.44) から点 $(\boldsymbol{x}_k(\alpha), \boldsymbol{y}_k(\alpha), \boldsymbol{z}_k(\alpha))$ は明らかに線形等式制約を満足するので，$(\boldsymbol{x}_k(\alpha), \boldsymbol{y}_k(\alpha), \boldsymbol{z}_k(\alpha)) \in \mathcal{F}^\circ$ となる．以上より，$(\boldsymbol{x}_k(\alpha), \boldsymbol{y}_k(\alpha), \boldsymbol{z}_k(\alpha)) \in \mathcal{N}(\gamma)$ が成り立つ． ■

ステップ幅 α_k はできるだけ大きくとりたいので，上記の補助定理よりステップ幅は少なくとも

$$\alpha_k \geq 2\sqrt{2}\gamma\frac{(1-\gamma)\sigma_k}{(1+\gamma)n}\left(\geq 2\sqrt{2}\gamma\frac{(1-\gamma)\sigma_{\min}}{(1+\gamma)n}\right) \tag{3.48}$$

を満たすように選べばよいことがわかる．したがって，α_k は正の値で下に有界になる．次の定理は，パラメータ μ_k の単調減少性を保証している．このことから，生成される点列が最適解に近づいていくことが期待される．

定理 3.10

点列 $\{(\boldsymbol{x}_k, \boldsymbol{y}_k, \boldsymbol{z}_k)\}$ がアルゴリズム 3.6 によって生成されると仮定する．このとき，全ての $k \geq 0$ に対して

$$\mu_{k+1} \leq \left(1-\frac{\delta}{n}\right)\mu_k \tag{3.49}$$

が成り立つ．ただし，δ は n に無関係な定数で

$$\delta = 2\sqrt{2}\gamma\frac{1-\gamma}{1+\gamma}\min\{\sigma_{\min}(1-\sigma_{\min}),\ \sigma_{\max}(1-\sigma_{\max})\}$$

で定義される．

［証明］ 式 (3.47), (3.48) より

$$\begin{aligned}\mu_{k+1} &= \mu_k(\alpha_k)\\ &= (1-\alpha_k(1-\sigma_k))\mu_k\\ &\leq \left(1-\frac{2\sqrt{2}}{n}\gamma\frac{1-\gamma}{1+\gamma}\sigma_k(1-\sigma_k)\right)\mu_k\end{aligned}$$

となる．ここで $\sigma_k \in [\sigma_{\min}, \sigma_{\max}]$ に対して $\sigma_k(1-\sigma_k)$ がその区間の境界で最小値をもつことに注意すれば，

$$\sigma_k(1-\sigma_k) \geq \min\{\sigma_{\min}(1-\sigma_{\min}),\ \sigma_{\max}(1-\sigma_{\max})\}$$

となる．したがって結論を得る． ■

以上の結果を利用すれば，最終的に次の定理が得られる．

定理 3.11（多項式オーダー性）

$\varepsilon \in (0,1)$ および $\gamma \in (0,1)$ が与えられたとき，

$$(\boldsymbol{x}_0, \boldsymbol{y}_0, \boldsymbol{z}_0) \in \mathcal{N}(\gamma) \quad \text{かつ} \quad \mu_0 \leq \frac{1}{\varepsilon^\beta} \tag{3.50}$$

となるように初期点 $(\boldsymbol{x}_0, \boldsymbol{y}_0, \boldsymbol{z}_0)$ が選ばれたとする．ただし，β は正の定数である．このとき $K = \mathcal{O}\left(n\log\frac{1}{\varepsilon}\right)$ となる自然数 K が存在して[7]，もし $k \geq K$ ならば $\mu_k \leq \varepsilon$ が成り立つ．

［証明］ 式 (3.49) の両辺で自然対数をとれば

$$\log\mu_{k+1} \leq \log\left(1-\frac{\delta}{n}\right) + \log\mu_k$$

7) $K = \mathcal{O}\left(n\log\frac{1}{\varepsilon}\right)$ とは $K \leq \xi n\log\frac{1}{\varepsilon}$ を満たす正定数 ξ が存在することを意味する．

となる．この関係式を順々に用いていって，条件 (3.50) を利用すれば

$$\begin{aligned}\log \mu_k &\leq k \log\left(1-\frac{\delta}{n}\right)+\log \mu_0 \\ &\leq k \log\left(1-\frac{\delta}{n}\right)+\beta \log \frac{1}{\varepsilon}\end{aligned} \tag{3.51}$$

を得る．一方，$0<\dfrac{\delta}{n}<1$ となるので対数関数の性質から

$$\log\left(1-\frac{\delta}{n}\right) \leq -\frac{\delta}{n}$$

が成り立つ．よって式 (3.51) より

$$\log \mu_k \leq k\left(-\frac{\delta}{n}\right)+\beta \log \frac{1}{\varepsilon}$$

となる．したがって，もし反復回数 k が

$$k\left(-\frac{\delta}{n}\right)+\beta \log \frac{1}{\varepsilon} \leq \log \varepsilon$$

を満たすならば，すなわち

$$k \geq \frac{(1+\beta)}{\delta} n \log \frac{1}{\varepsilon}$$

ならば，収束判定条件 $\mu_k \leq \varepsilon$ が満たされる．したがって，$\dfrac{(1+\beta)}{\delta} n \log \dfrac{1}{\varepsilon}$ を上回る最小の自然数を K とおけば結論が得られる． ■

上記の定理は，アルゴリズム 3.6 の反復回数の多項式オーダー性を示している．一方，1 回の反復ごとに連立 1 次方程式 (3.38) または式 (3.40) を解く必要があり，ガウスの消去法などの標準的な解法は，次元の 3 乗のオーダーの乗算回数を必要とする．厳密には，単に四則演算回数のみならず，総ビット演算回数も考慮しなければならない．

本節では実行可能点列主双対内点法に限定したが，初期点の選び方など問題点もある．その意味では，非実行可能点列内点法のほうが有利である．実用的には，**Mehrotra の予測子・修正子法**が知られている．

3章の問題

□**1** 次のミニマックス問題を線形計画問題として記述せよ．

$$\begin{cases} \text{最 小 化} & \max\left\{\sum_{j=1}^{n} c_{1j}x_j,\ \sum_{j=1}^{n} c_{2j}x_j, \cdots, \sum_{j=1}^{n} c_{pj}x_j\right\} \\ \text{制約条件} & \sum_{j=1}^{n} a_{ij}x_j = b_i \quad (i=1,\cdots,m) \\ & x_i \geq 0 \quad (i=1,\cdots,n) \end{cases}$$

□**2** 次の分数計画問題を線形計画問題として記述せよ．

$$\begin{cases} \text{最 小 化} & \dfrac{\sum_{i=1}^{n} c_i x_i + c_0}{\sum_{j=1}^{n} d_j x_j + d_0} \\ \text{制約条件} & \sum_{j=1}^{n} a_{ij}x_j = b_i \quad (i=1,\cdots,m) \\ & x_i \geq 0 \quad (i=1,\cdots,n) \end{cases}$$

ただし，実行可能領域では常に $\sum_{j=1}^{n} d_j x_j + d_0 > 0$ が成り立つものとする．

□**3** 次の線形計画問題について，全ての基底解を調べて最適解を求めよ．

$$\begin{cases} \text{最 小 化} & 2x_1 + x_2 + x_3 + 3x_4 + 2x_5 \\ \text{制約条件} & 5x_1 + 2x_2 + 4x_3 + 7x_4 + x_5 = 14 \\ & x_1 + 2x_2 + 4x_3 + 3x_4 - 3x_5 = 6 \\ & x_i \geq 0 \quad (i=1,\cdots,5) \end{cases}$$

□**4** 次の線形計画問題を単体法で解け．

(1)
$$\begin{cases} \text{最 小 化} & -2.5x_1 - 5x_2 - 3.4x_3 \\ \text{制約条件} & 2x_1 + 10x_2 + 4x_3 \leq 425 \\ & 6x_1 + 5x_2 + 8x_3 \leq 400 \\ & 7x_1 + 10x_2 + 8x_3 \leq 600 \\ & x_1 \geq 0, \quad x_2 \geq 0, \quad x_3 \geq 0 \end{cases}$$

(2) $$\begin{cases} \text{最 小 化} & 9x_1 + 5x_2 + 8x_3 \\ \text{制約条件} & 2.5x_1 + 3x_2 + 5x_3 \geq 200 \\ & 2.5x_1 + 2x_2 + 3x_3 \geq 160 \\ & 3x_1 + x_2 + 2x_3 \geq 120 \\ & x_1 \geq 0, \quad x_2 \geq 0, \quad x_3 \geq 0 \end{cases}$$

(3) $$\begin{cases} \text{最 小 化} & x_1 + x_2 \\ \text{制約条件} & -x_1 + 2x_2 \leq -2 \\ & -x_1 + 2x_2 \geq 2 \\ & 3x_1 + 4x_2 \geq 12 \\ & x_1 \geq 0, \quad x_2 \geq 0 \end{cases}$$

□ **5** 2 段階法は w と u の両方をそれぞれ最小化する 2 目的最小化問題を解いていることになる．一方，これを 1 目的化して

$$P(\boldsymbol{x}, \boldsymbol{v}) = w + Mu$$

を最小化することが考えられる．ただし，定数 M は十分に大きな正の数であり，罰金パラメータと呼ばれる．このとき，罰金パラメータのおかげで第 2 項（これを罰金項という）が優先的に最小化される．したがって $P(\boldsymbol{x}, \boldsymbol{v})$ を最小化することによって，まず u が零になり，続いて w の最小化が実行されることになる．こうした方法を**罰金法**（**ペナルティ法**：penalty method）という．あるいは M が非常に大きな正の数であることから**巨大 $\boldsymbol{M}$ 法** (big M method) とも呼ばれる．

例 11 の最小化問題を罰金法を用いて解け．

□ **6** x_5, x_6, x_7 を初期の基底変数として次の問題を（通常の）単体法で解いて，巡回が生じることを確かめよ（単体表の反復 0 と反復 6 が一致する）．次に Bland の巡回対策を用いた単体法で解いて最適解を求めよ（反復 6 で最適解を得る）．

$$\begin{cases} \text{最 小 化} & -\dfrac{3}{4}x_1 + 150x_2 - \dfrac{1}{50}x_3 + 6x_4 \\ \text{制約条件} & \dfrac{1}{4}x_1 - 60x_2 - \dfrac{1}{25}x_3 + 9x_4 + x_5 = 0 \\ & \dfrac{1}{2}x_1 - 90x_2 - \dfrac{1}{50}x_3 + 3x_4 + x_6 = 0 \\ & x_3 + x_7 = 1 \\ & x_i \geq 0 \quad (i = 1, \cdots, 7) \end{cases}$$

□ **7** 次の線形計画問題を双対単体法で解け.

$$\begin{cases} \text{最 小 化} & 2x_1+3x_2+x_3+2x_4+6x_5 \\ \text{制約条件} & -x_1+3x_2+\ x_3-4x_4+\ x_5 \leq -1 \\ & \ x_1+4x_2+2x_3+\ x_4+3x_5 \leq 5 \\ & -x_1-2x_2-\ x_3+3x_4-\ x_5 \leq -2 \\ & x_i \geq 0 \quad (i=1,\cdots,5) \end{cases}$$

□ **8** 次の線形計画問題を考える.

$$\begin{cases} \text{最 小 化} & \boldsymbol{c}_{(1)}^{\mathrm{T}}\boldsymbol{x}_{(1)}+\boldsymbol{c}_{(2)}^{\mathrm{T}}\boldsymbol{x}_{(2)} \\ \text{制約条件} & A_{11}\boldsymbol{x}_{(1)}+A_{12}\boldsymbol{x}_{(2)} \geq \boldsymbol{b}_{(1)} \\ & A_{21}\boldsymbol{x}_{(1)}+A_{22}\boldsymbol{x}_{(2)} = \boldsymbol{b}_{(2)} \\ & \boldsymbol{x}_{(1)} \geq \boldsymbol{0} \end{cases}$$

ただし, $A_{11} \in \boldsymbol{R}^{m_1\times n_1}$, $A_{12} \in \boldsymbol{R}^{m_1\times n_2}$, $A_{21} \in \boldsymbol{R}^{m_2\times n_1}$, $A_{22} \in \boldsymbol{R}^{m_2\times n_2}$, $\boldsymbol{x}_{(1)} \in \boldsymbol{R}^{n_1}$, $\boldsymbol{x}_{(2)} \in \boldsymbol{R}^{n_2}$, $\boldsymbol{c}_{(1)} \in \boldsymbol{R}^{n_1}$, $\boldsymbol{c}_{(2)} \in \boldsymbol{R}^{n_2}$, $\boldsymbol{b}_{(1)} \in \boldsymbol{R}^{m_1}$, $\boldsymbol{b}_{(2)} \in \boldsymbol{R}^{m_2}$ である. この問題を主問題としたとき, 双対問題が次式で与えられることを示せ.

$$\begin{cases} \text{最 大 化} & \boldsymbol{b}_{(1)}^{\mathrm{T}}\boldsymbol{y}_{(1)}+\boldsymbol{b}_{(2)}^{\mathrm{T}}\boldsymbol{y}_{(2)} \\ \text{制約条件} & A_{11}^{\mathrm{T}}\boldsymbol{y}_{(1)}+A_{21}^{\mathrm{T}}\boldsymbol{y}_{(2)} \leq \boldsymbol{c}_{(1)} \\ & A_{12}^{\mathrm{T}}\boldsymbol{y}_{(1)}+A_{22}^{\mathrm{T}}\boldsymbol{y}_{(2)} = \boldsymbol{c}_{(2)} \\ & \boldsymbol{y}_{(1)} \geq \boldsymbol{0} \end{cases}$$

□ **9** Farkas の定理を用いて Motzkin の二者択一定理を示せ.

□ **10** 定理 3.9 の仮定が満たされるとき, 次の連立 1 次方程式を解いて探索方向 $[\Delta\boldsymbol{x},\Delta\boldsymbol{y},\Delta\boldsymbol{z}]$ を求めよ. ただし $\boldsymbol{r}_1 \in \boldsymbol{R}^n$, $\boldsymbol{r}_2 \in \boldsymbol{R}^m$, $\boldsymbol{r}_3 \in \boldsymbol{R}^n$ である.

$$\begin{bmatrix} O & A^{\mathrm{T}} & I \\ A & O & O \\ Z & O & X \end{bmatrix}\begin{bmatrix} \Delta\boldsymbol{x} \\ \Delta\boldsymbol{y} \\ \Delta\boldsymbol{z} \end{bmatrix} = \begin{bmatrix} \boldsymbol{r}_1 \\ \boldsymbol{r}_2 \\ \boldsymbol{r}_3 \end{bmatrix}$$

□ **11** $\boldsymbol{u}^{\mathrm{T}}\boldsymbol{v} \geq 0$ を満たす 2 つの任意の n 次元ベクトル $\boldsymbol{u},\boldsymbol{v}$ に対して

$$\|UV\boldsymbol{e}\| \leq \frac{1}{2\sqrt{2}}\|\boldsymbol{u}+\boldsymbol{v}\|^2$$

が成り立つことを証明せよ. ただし, U, V はそれぞれベクトル $\boldsymbol{u}$, $\boldsymbol{v}$ の成分を対角に並べた対角行列である.

4 非線形計画法 I (無制約最小化問題)

非線形関数の最小解を求める問題を考える．ここでは制約条件のない最小化問題を扱う．本章では，まず初めに最適解であるための条件について述べる．続いて近似解を求めるための数値解法を紹介する．これは反復法で，通常は最適解であるための必要条件を満足する点を探索するものである．最急降下法，共役勾配法，ニュートン法，準ニュートン法など代表的な数値解法について学習する．無制約最小化問題の数値解法を学ぶことはそれ自身大事であるばかりでなく，第 **5** 章で扱う制約付き最小化問題の解法でも役に立つ．

4 章で学ぶ概念・キーワード

- 最適性条件：1 次の必要条件，2 次の必要条件，2 次の十分条件
- 反復法：大域的収束性，局所的収束性，収束率，降下法
- 直線探索法：Armijo 条件，Wolfe 条件
- 最急降下法：最急降下方向
- 共役勾配法：非線形共役勾配法
- ニュートン法：局所的 2 次収束性
- 準ニュートン法：BFGS 公式，DFP 公式，記憶制限準ニュートン法
- 信頼領域法：ドッグレッグ法

無制約最小化問題は次のような問題である．

無制約最小化問題

n 変数関数 $f(\boldsymbol{x})$ を最小にする $\boldsymbol{x}^* \in \boldsymbol{R}^n$ を見つけよ．

本章では，無制約最小化問題の最適性条件と数値解法について説明する．

4.1　最適性条件

無制約最小化問題の最適解の定義と最適性条件は，それぞれ以下のように与えられる．

定義 4.1（最小解）

$\boldsymbol{x}^* \in \boldsymbol{R}^n$ が無制約最小化問題の**大域的最小解** (global minimizer) であるとは，任意の点 $\boldsymbol{x} \in \boldsymbol{R}^n$ に対して $f(\boldsymbol{x}^*) \leq f(\boldsymbol{x})$ が成り立つことである．そして，$\boldsymbol{x}^*$ が**局所的最小解** (local minimizer) であるとは，$\boldsymbol{x}^*$ の ε–近傍 $\mathcal{N}(\boldsymbol{x}^*, \varepsilon) = \{\boldsymbol{x} \in \boldsymbol{R}^n \mid \|\boldsymbol{x} - \boldsymbol{x}^*\| < \varepsilon\}$ が存在して，任意の点 $\boldsymbol{x} \in \mathcal{N}(\boldsymbol{x}^*, \varepsilon)$ に対して $f(\boldsymbol{x}^*) \leq f(\boldsymbol{x})$ が成り立つことである．

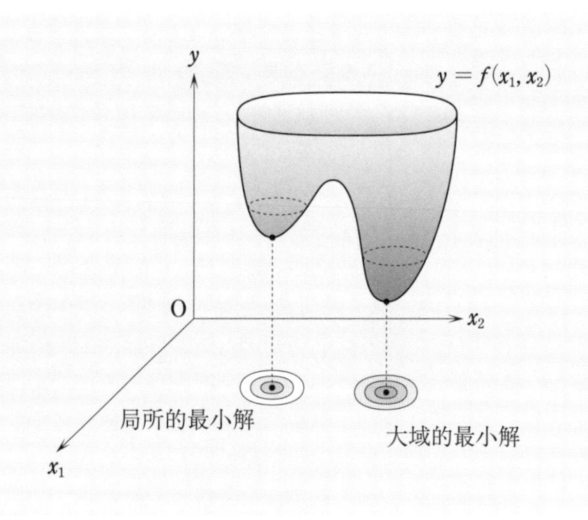

図 4.1　局所的最小解と大域的最小解

定理 4.1（最適性条件）

(1)　$\boldsymbol{x}^*$ が無制約最小化問題の局所的最小解で，$f:\boldsymbol{R}^n\to\boldsymbol{R}$ が $\boldsymbol{x}^*$ の近傍で連続的微分可能であるならば

$$\nabla f(\boldsymbol{x}^*)=\boldsymbol{0} \tag{4.1}$$

が成り立つ（**1 次の必要条件**）.

さらに，f が $\boldsymbol{x}^*$ の近傍で 2 回連続的微分可能ならば $\nabla^2 f(\boldsymbol{x}^*)$ は半正定値行列になる（**2 次の必要条件**）.

(2)　$f:\boldsymbol{R}^n\to\boldsymbol{R}$ が $\boldsymbol{x}^*$ の近傍で 2 回連続的微分可能であるとき，$\boldsymbol{x}^*$ が $\nabla f(\boldsymbol{x}^*)=\boldsymbol{0}$ を満たし，かつ，$\nabla^2 f(\boldsymbol{x}^*)$ が正定値行列ならば，$\boldsymbol{x}^*$ は局所的最小解になる（**2 次の十分条件**）.

[証明]　(1)　まず 1 次の必要条件を証明する．背理法で証明するので，$\nabla f(\boldsymbol{x}^*)\neq\boldsymbol{0}$ と仮定する．ここで $\boldsymbol{d}=-\nabla f(\boldsymbol{x}^*)$ とおくと $\boldsymbol{d}^{\mathrm{T}}\nabla f(\boldsymbol{x}^*)=-\|\nabla f(\boldsymbol{x}^*)\|^2<0$ となる．$\nabla f(\boldsymbol{x})$ が $\boldsymbol{x}^*$ の近傍で連続であることから，正の数 $\bar{t}$ が存在して，$t\in[0,\bar{t}\,]$ となる任意の t に対して

$$\boldsymbol{d}^{\mathrm{T}}\nabla f(\boldsymbol{x}^*+t\boldsymbol{d})<0$$

が成り立つ．また平均値定理より，$t\in(0,\bar{t}\,]$ となる任意の t に対して

$$f(\boldsymbol{x}^*+t\boldsymbol{d})=f(\boldsymbol{x}^*)+t\boldsymbol{d}^{\mathrm{T}}\nabla f(\boldsymbol{x}^*+\xi t\boldsymbol{d})$$

となる．ただし ξ は $0<\xi<1$ を満たす適当な実数である．$\xi t\in(0,\bar{t}\ )$ より $\boldsymbol{d}^{\mathrm{T}}\nabla f(\boldsymbol{x}^*+\xi t\boldsymbol{d})<0$ となるので，$f(\boldsymbol{x}^*+t\boldsymbol{d})<f(\boldsymbol{x}^*)$ が成り立つ．これは $\boldsymbol{x}^*$ が局所的最小解であることに矛盾する．したがって $\nabla f(\boldsymbol{x}^*)=\boldsymbol{0}$ が成り立つ．

次に 2 次の必要条件を証明する．背理法で証明するので，$\nabla^2 f(\boldsymbol{x}^*)$ が半正定値行列でないと仮定する．このとき $\boldsymbol{d}^{\mathrm{T}}\nabla^2 f(\boldsymbol{x}^*)\boldsymbol{d}<0$ となるベクトル $\boldsymbol{d}$ が存在するので，$\nabla^2 f(\boldsymbol{x})$ が $\boldsymbol{x}^*$ の近傍で連続であることから，正の数 $\hat{t}$ が存在して $t\in[0,\ \hat{t}\,]$ となる任意の t に対して

$$\boldsymbol{d}^{\mathrm{T}}\nabla^2 f(\boldsymbol{x}^*+t\boldsymbol{d})\boldsymbol{d}<0$$

が成り立つ．またテイラーの定理より，$t\in(0,\hat{t}\,]$ となる任意の t に対して

$$f(\boldsymbol{x}^*+t\boldsymbol{d})=f(\boldsymbol{x}^*)+t\boldsymbol{d}^{\mathrm{T}}\nabla f(\boldsymbol{x}^*)+\frac{1}{2}t^2\boldsymbol{d}^{\mathrm{T}}\nabla^2 f(\boldsymbol{x}^*+\xi t\boldsymbol{d})\boldsymbol{d}$$

となる．ただし ξ は $0<\xi<1$ を満たす適当な実数である．$\xi t\in(0,\ \hat{t})$

なので $\boldsymbol{d}^{\mathrm{T}}\nabla^2 f(\boldsymbol{x}^* + \xi t\boldsymbol{d})\boldsymbol{d} < 0$ が成り立つこと，および 1 次の必要条件 $(\nabla f(\boldsymbol{x}^*) = \boldsymbol{0})$ が成り立つことから $f(\boldsymbol{x}^* + t\boldsymbol{d}) < f(\boldsymbol{x}^*)$ を示すことができる．これは $\boldsymbol{x}^*$ が局所的最小解であることに矛盾する．したがって $\nabla^2 f(\boldsymbol{x}^*)$ は半正定値行列になる．

(2) 仮定より，$\boldsymbol{x}^*$ の適当な ε–近傍 $D = \{\boldsymbol{z} \mid \|\boldsymbol{z} - \boldsymbol{x}^*\| < \varepsilon\}$ においてヘッセ行列 $\nabla^2 f(\boldsymbol{x})$ は正定値対称行列である．$\|\boldsymbol{d}\| < \varepsilon$ となるゼロベクトルでない任意のベクトル $\boldsymbol{d}$ に対して，テイラーの定理より

$$
\begin{aligned}
f(\boldsymbol{x}^* + \boldsymbol{d}) &= f(\boldsymbol{x}^*) + \nabla f(\boldsymbol{x}^*)^{\mathrm{T}}\boldsymbol{d} + \frac{1}{2}\boldsymbol{d}^{\mathrm{T}}\nabla^2 f(\boldsymbol{x}^* + \xi\boldsymbol{d})\boldsymbol{d} \\
&= f(\boldsymbol{x}^*) + \frac{1}{2}\boldsymbol{d}^{\mathrm{T}}\nabla^2 f(\boldsymbol{x}^* + \xi\boldsymbol{d})\boldsymbol{d}
\end{aligned}
$$

となる．ただし ξ は $0 < \xi < 1$ となる適当な実数である．このとき $\boldsymbol{x}^* + \xi\boldsymbol{d} \in D$ なので $\boldsymbol{d}^{\mathrm{T}}\nabla^2 f(\boldsymbol{x}^* + \xi\boldsymbol{d})\boldsymbol{d} > 0$ となり，結局，$f(\boldsymbol{x}^* + \boldsymbol{d}) > f(\boldsymbol{x}^*)$ が成り立つ．したがって $\boldsymbol{x}^*$ は局所的最小解になる． ■

この定理の (1) より，$\nabla f(\boldsymbol{x}^*) = \boldsymbol{0}$ は局所的最小解であるための必要条件であることがわかる．また，定理の (2) は局所的最小解であるための十分条件である．以下で述べる数値解法は，必要条件 (4.1) を満足する点（**停留点** (stationary point) と呼ぶ）を見つけることを目指したものである．特に関数 f が $\boldsymbol{R}^n$ で凸ならば，式 (4.1) は $\boldsymbol{x}^*$ が無制約最小化問題の大域的最小解であるための必要十分条件になる（章末問題 2 参照）．また，$\nabla f(\boldsymbol{x}^*) = \boldsymbol{0}$ となる $\boldsymbol{x}^*$ に対して，$\boldsymbol{v}$ の選び方によって 2 次形式が $\boldsymbol{v}^{\mathrm{T}}\nabla^2 f(\boldsymbol{x}^*)\boldsymbol{v} > 0$ にも $\boldsymbol{v}^{\mathrm{T}}\nabla^2 f(\boldsymbol{x}^*)\boldsymbol{v} < 0$ にもなるとき，$\boldsymbol{x}^*$ を**鞍点** (saddle point) という．この場合には，ある方向に沿って移動したときに $\boldsymbol{x}^*$ は関数値が高い点になり，別の方向に沿って移動したときに $\boldsymbol{x}^*$ は関数値が低い点になる（図 4.2）．

例 1 2 次関数最小化問題を考える．ただし Q は対称行列である．

$$
\text{最小化} \quad f(\boldsymbol{x}) = \frac{1}{2}\boldsymbol{x}^{\mathrm{T}}Q\boldsymbol{x} + \boldsymbol{c}^{\mathrm{T}}\boldsymbol{x} \tag{4.2}
$$

$\nabla f(\boldsymbol{x}) = Q\boldsymbol{x} + \boldsymbol{c}$ なので 1 次の必要条件は

$$
Q\boldsymbol{x} + \boldsymbol{c} = \boldsymbol{0} \tag{4.3}
$$

となる．また，行列 Q が正定値対称ならば 2 次の十分条件より，最小化問題 (4.2) を解くことと連立 1 次方程式 (4.3) を解くことが同値になる．

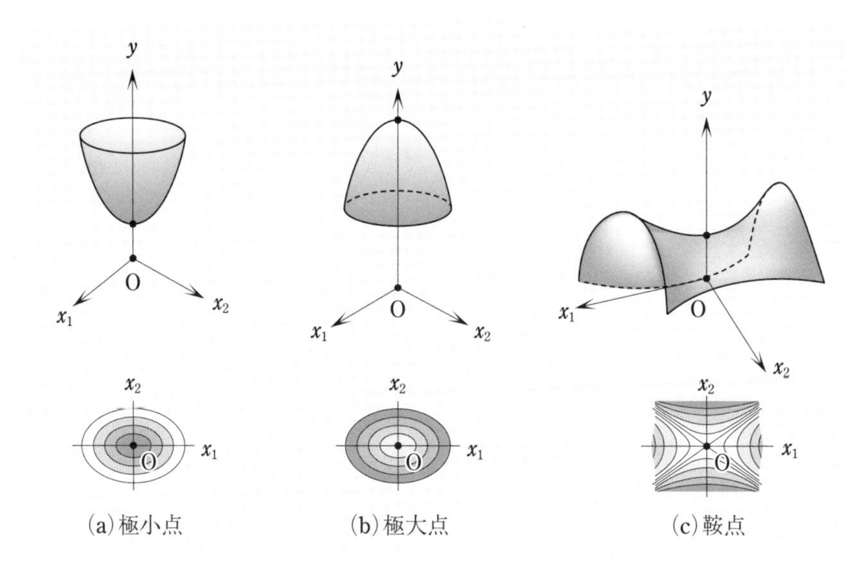

図 4.2　極小点，極大点，鞍点

例えば（線形）最小 2 乗問題を考えてみよう．

$$\text{最小化}\quad f(\boldsymbol{x}) = \frac{1}{2}\|A\boldsymbol{x} - \boldsymbol{b}\|^2$$

ただし，$A \in \boldsymbol{R}^{m\times n}$，$\boldsymbol{b} \in \boldsymbol{R}^m$，$m > n$ である．ここで

$$f(\boldsymbol{x}) = \frac{1}{2}(A\boldsymbol{x} - \boldsymbol{b})^{\mathrm{T}}(A\boldsymbol{x} - \boldsymbol{b}) = \frac{1}{2}\boldsymbol{x}^{\mathrm{T}}A^{\mathrm{T}}A\boldsymbol{x} - (A^{\mathrm{T}}\boldsymbol{b})^{\mathrm{T}}\boldsymbol{x} + \frac{1}{2}\boldsymbol{b}^{\mathrm{T}}\boldsymbol{b}$$

なので，最小化問題 (4.2) において $Q = A^{\mathrm{T}}A$，$\boldsymbol{c} = -A^{\mathrm{T}}\boldsymbol{b}$ となる（定数項 $\frac{1}{2}\boldsymbol{b}^{\mathrm{T}}\boldsymbol{b}$ を無視しても最小化問題には影響ない）．もし rank $A = n$ ならば行列 $A^{\mathrm{T}}A$ は正定値になるので，結局，この最小 2 乗問題を解くことと連立 1 次方程式

$$A^{\mathrm{T}}A\boldsymbol{x} = A^{\mathrm{T}}\boldsymbol{b}$$

を解くことは同値になる．この連立 1 次方程式を**正規方程式** (normal equation) と呼ぶ．　□

4.2 反復法とは

4.2.1 反復法

一般に，数値解法は直接法と反復法とに大別される．**直接法** (direct method) は有限回の手順で真の解を得るような数値解法の総称であり，線形計画問題に対する単体法や連立 1 次方程式を解くためのガウスの消去法などは直接法に分類される．一方，これから紹介する**反復法** (iterative method) は，適当な初期点 $\boldsymbol{x}_0$ から出発して反復式 $\boldsymbol{x}_{k+1} = \boldsymbol{x}_k + \boldsymbol{d}_k$ によって点列 $\{\boldsymbol{x}_k\}$ を生成し最終的に最適解（もしくは最適性条件を満足する点）$\boldsymbol{x}^*$ に収束させようというものである．ここで，$\boldsymbol{x}_k$ は k 回目の反復における解 $\boldsymbol{x}^*$ の近似解であり，$\boldsymbol{d}_k$ は**探索方向** (search direction) と呼ばれる（図 4.3 と図 4.4 参照）．その際，$f(\boldsymbol{x}_{k+1}) < f(\boldsymbol{x}_k)$ を満たすような点列 $\{\boldsymbol{x}_k\}$ を生成することが要求される．

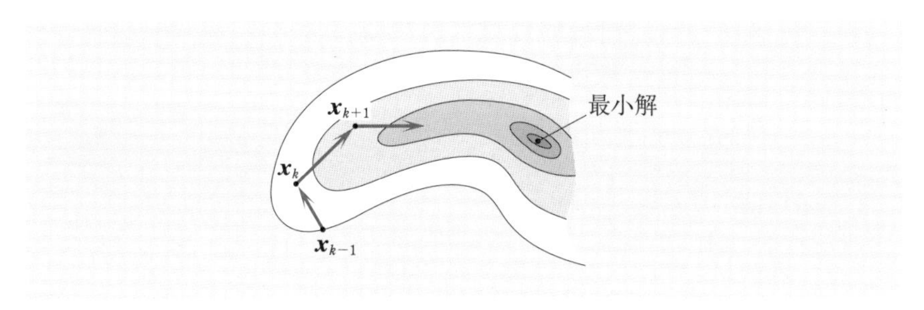

図 4.3 反復法

これを実現するためには，探索方向 $\boldsymbol{d}_k$ が目的関数の値を下げる方向であること，すなわち，点 $\boldsymbol{x}_k$ における関数 $f(\boldsymbol{x})$ の $\boldsymbol{d}_k$ 方向での方向微係数が負になることが望ましい．$f(\boldsymbol{x})$ が微分可能の場合には，このことは

$$\lim_{t \to +0} \frac{f(\boldsymbol{x}_k + t\boldsymbol{d}_k) - f(\boldsymbol{x}_k)}{t} = \nabla f(\boldsymbol{x}_k)^{\mathrm{T}} \boldsymbol{d}_k < 0 \tag{4.4}$$

と書ける．式 (4.4) が成り立つような探索方向 $\boldsymbol{d}_k$ を $f(\boldsymbol{x})$ の**降下方向** (descent direction) と呼ぶ．このとき，その方向で適当なステップ幅 $\alpha_k > 0$ を選んで次の近似解を

$$\boldsymbol{x}_{k+1} = \boldsymbol{x}_k + \alpha_k \boldsymbol{d}_k$$

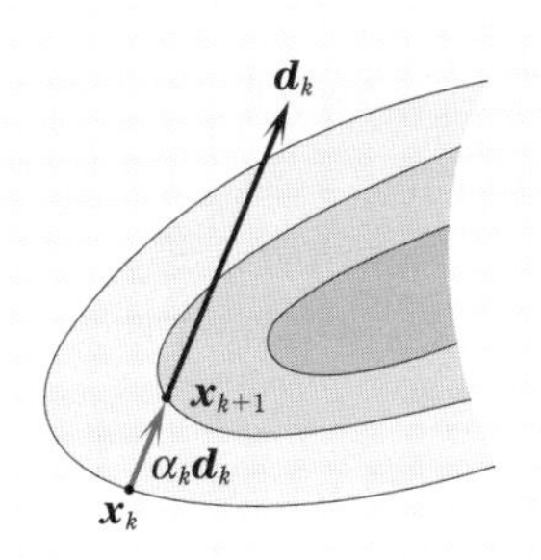

図 4.4　探索方向とステップ幅

として生成していく．こうしたステップ幅の調整を**直線探索** (line search) という．

以上より，直線探索を用いた反復法のアルゴリズムは次のようにまとめられる．

アルゴリズム 4.1 (直線探索を用いた反復法)

step0　初期設定をする (初期点 $\boldsymbol{x}_0$ などを与える．$k = 0$ とおく)．

step1　停止条件が満たされていれば，$\boldsymbol{x}_k$ を解として停止する．さもなければ，step2 へいく．

step2　探索方向 $\boldsymbol{d}_k$ を決定する．

step3　$\boldsymbol{d}_k$ 方向でのステップ幅 α_k を求める (直線探索)．

step4　$\boldsymbol{x}_{k+1} = \boldsymbol{x}_k + \alpha_k \boldsymbol{d}_k$ とおく．

step5　$k := k + 1$ とおいて step1 へいく．

アルゴリズムの step1 においてよく用いられる停止条件は，勾配ベクトルの大きさ $\|\nabla f(\boldsymbol{x}_k)\|$ や点列 $\{\boldsymbol{x}_k\}$ の変動 $\|\boldsymbol{x}_k - \boldsymbol{x}_{k-1}\|$ がある程度小さくなったら解に収束したとみなすことである．

4.2.2　収束性の定義

アルゴリズムの収束性は大域的収束性と局所的収束性の 2 つに分けられる．**大域的収束性** (global convergence) とは，任意の初期点から出発したとき，有限の反復回数で $\boldsymbol{x}^*$ が得られるか，もしくは生成される点列が $\boldsymbol{x}^*$ に収束する（言い換えれば，解からかなり離れた初期点から出発しても $\boldsymbol{x}^*$ に収束する）ことをいう．ただし，点列 $\{\boldsymbol{x}_k\}$ が $\boldsymbol{x}^*$ に収束することがいえなくても $\|\nabla f(\boldsymbol{x}_k)\| \to 0$

が成り立つ場合にも大域的収束するという．

他方，**局所的収束性** (local convergence) とは初期点を $\boldsymbol{x}^*$ の十分近くに選べば $\boldsymbol{x}^*$ に収束する性質のことである．この場合には，その**収束率** (rate of convergence) が重要になる．収束率の定義にはいくつかあるが，**q–収束**と **r–収束**が代表的である．ここで，接頭語 “q–” と “r–” はそれぞれ商 (quotient) と根 (root) の意味である．以下に，この2つの収束率を定義する．有限回で解に到達する場合を除き，全ての $k \geq 0$ に対して $\boldsymbol{x}_k \neq \boldsymbol{x}^*$ であると仮定する．点列 $\{\boldsymbol{x}_k\}$ が $\boldsymbol{x}^*$ に収束するとき，ある定数 $c \in (0,1)$ と整数 $k' \geq 0$ がとれて

$$\|\boldsymbol{x}_{k+1} - \boldsymbol{x}^*\| \leq c\|\boldsymbol{x}_k - \boldsymbol{x}^*\| \quad (\forall k \geq k')$$

が成り立つならば，点列 $\{\boldsymbol{x}_k\}$ は $\boldsymbol{x}^*$ に **q–1次収束** (q–linear convergence) するという．このとき定数 c の大きさは本質的で，c の値が1に近いときにはこの収束は非常に遅くなり，そのような数値解法は実用的ではない．これに対して，ある定数 $c > 0$ と整数 $k' \geq 0$ がとれて

$$\|\boldsymbol{x}_{k+1} - \boldsymbol{x}^*\| \leq c\|\boldsymbol{x}_k - \boldsymbol{x}^*\|^2 \quad (\forall k \geq k')$$

$$\|\boldsymbol{x}_{k+1} - \boldsymbol{x}^*\| \leq c\|\boldsymbol{x}_k - \boldsymbol{x}^*\|^3 \quad (\forall k \geq k')$$

が成り立つとき，点列 $\{\boldsymbol{x}_k\}$ は $\boldsymbol{x}^*$ にそれぞれ **q–2次収束** (q–quadratic convergence)，**q–3次収束** (q–cubic convergence) するという．この場合には，解の近傍で前回の誤差 $\|\boldsymbol{x}_k - \boldsymbol{x}^*\|$ の2乗または3乗に比例して次の近似誤差 $\|\boldsymbol{x}_{k+1} - \boldsymbol{x}^*\|$ がどんどん小さくなっていくので，かなり実用的である．あるいは，q–2次収束まではしなくても，0に収束する数列 $\{c_k\}$ と整数 $k' \geq 0$ がとれて

$$\|\boldsymbol{x}_{k+1} - \boldsymbol{x}^*\| \leq c_k\|\boldsymbol{x}_k - \boldsymbol{x}^*\| \quad (\forall k \geq k')$$

が成り立つ収束率でも十分に実用的である．これを **q–超1次収束** (q–superlinear convergence) といい，

$$\lim_{k\to\infty} \frac{\|\boldsymbol{x}_{k+1} - \boldsymbol{x}^*\|}{\|\boldsymbol{x}_k - \boldsymbol{x}^*\|} = 0$$

とも表す[1)]．一般に，ある定数 $p > 1$, $c > 0$ と整数 $k' \geq 0$ がとれて

1) 2次収束や3次収束も超1次収束の特別な場合であるが，ここでは1次よりも大きくて2次よりも小さい収束率を意識している．

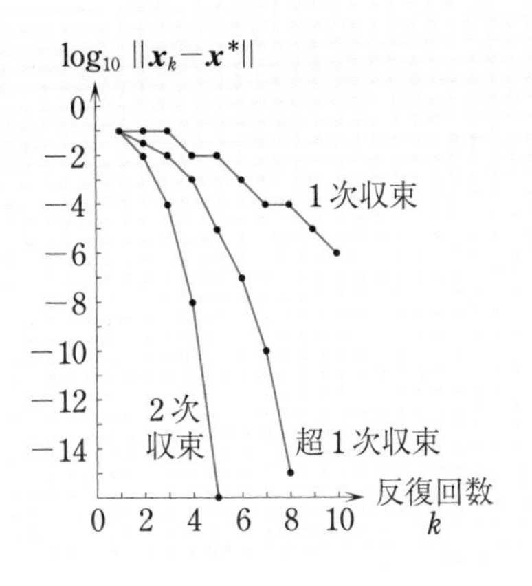

図 4.5　収束率

$$\|\boldsymbol{x}_{k+1}-\boldsymbol{x}^*\| \le c\|\boldsymbol{x}_k-\boldsymbol{x}^*\|^p \quad (\forall k \ge k')$$

が成り立つとき，点列 $\{\boldsymbol{x}_k\}$ は $\boldsymbol{x}^*$ に（少なくとも）**q–p 次収束する**という．次数 p は大きい値であるにこしたことはないが，通常はその分だけアルゴリズムが複雑になる傾向がある．多くの場合，q–超 1 次収束や q–2 次収束するアルゴリズムで十分である．

他方，零に q–p 次収束する数列 $\{\xi_k\}$ と正の定数 c に対して

$$\|\boldsymbol{x}_k-\boldsymbol{x}^*\| \le c\xi_k$$

が成り立つとき，点列 $\{\boldsymbol{x}_k\}$ は $\boldsymbol{x}^*$ に（少なくとも）**r–p 次収束する**という．前述の収束率と同様に，r–超 1 次収束性や r–2 次収束性などが定義できる．r–収束のほうが q–収束よりも弱い収束性なので，実用的には q–収束するアルゴリズムのほうが望ましい．本書では，特に断らない限り，収束率は q–収束を意味することにし接頭語 “q–” は省略する．

4.3 直線探索法

直線探索法 (line search method) は解法の大域的収束性を実現するための手段の1つであり，具体的なステップ幅の選び方を以下に紹介する．なお，大域的収束を達成するための別の手段として信頼領域法と呼ばれる手法があるが，これについては 4.10 節で述べる．

$\boldsymbol{d}_k$ 方向で目的関数値を最小にするステップ幅を選ぶこと，すなわち，

$$f(\boldsymbol{x}_k + \alpha_k \boldsymbol{d}_k) = \min_{\alpha}\{f(\boldsymbol{x}_k + \alpha \boldsymbol{d}_k) \mid \alpha > 0\}$$

となる α_k を選ぶ直線探索を**正確な直線探索** (exact line search) という．または，最小値であるための必要条件を満たす α_k，すなわち

$$\alpha_k = \min\{\alpha \mid \nabla f(\boldsymbol{x}_k + \alpha \boldsymbol{d}_k)^{\mathrm{T}} \boldsymbol{d}_k = 0, \quad \alpha > 0\}$$

となる α_k を選ぶ探索も正確な直線探索ということにする．図 4.6 (a) は目的関数 $f(\boldsymbol{x})$ を探索方向 $\boldsymbol{d}_k$ で切った断面図であり，横軸はステップ幅 α，原点は点 $\boldsymbol{x}_k$ に対応する．図 4.6 (b) は探索方向を表す．

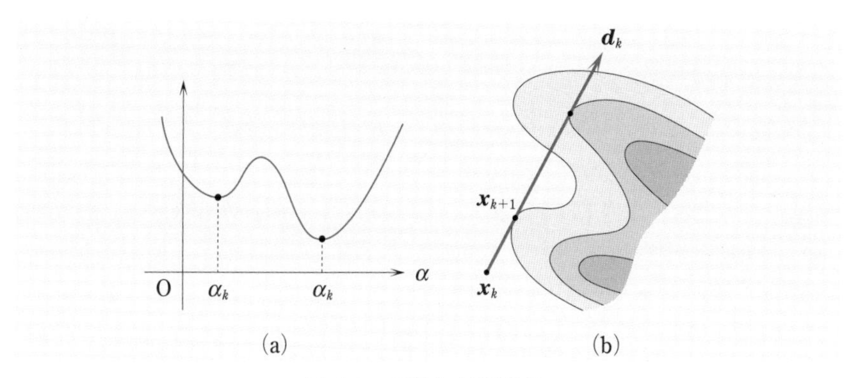

図 4.6　正確な直線探索

例 2　**2 次関数最小化での正確な直線探索**

行列 $A \in \boldsymbol{R}^{n\times n}$ が正定値対称で $\boldsymbol{b} \in \boldsymbol{R}^n$ が定数ベクトルであるとき，2 次関数最小化問題

$$\text{最小化} \quad f(\boldsymbol{x}) = \frac{1}{2}\boldsymbol{x}^{\mathrm{T}} A \boldsymbol{x} + \boldsymbol{b}^{\mathrm{T}} \boldsymbol{x}$$

を考える．現在の近似解 $\boldsymbol{x}_k$ と降下方向 $\boldsymbol{d}_k$ が与えられたとき，正確な直線探索

によってステップ幅 α_k を求めてみよう．$f(\boldsymbol{x}_k+\alpha\boldsymbol{d}_k)$ は α の関数になるので，改めて $\phi(\alpha)$ と書き直せば

$$
\begin{aligned}
\phi(\alpha) &= f(\boldsymbol{x}_k+\alpha\boldsymbol{d}_k) \\
&= \frac{1}{2}(\boldsymbol{x}_k+\alpha\boldsymbol{d}_k)^{\mathrm{T}}A(\boldsymbol{x}_k+\alpha\boldsymbol{d}_k)+\boldsymbol{b}^{\mathrm{T}}(\boldsymbol{x}_k+\alpha\boldsymbol{d}_k) \\
&= \frac{1}{2}(\boldsymbol{d}_k^{\mathrm{T}}A\boldsymbol{d}_k)\alpha^2+(\boldsymbol{d}_k^{\mathrm{T}}\nabla f(\boldsymbol{x}_k))\alpha+f(\boldsymbol{x}_k)
\end{aligned}
$$

となる．これは α についての 2 次関数である．ただし $\nabla f(\boldsymbol{x})=A\boldsymbol{x}+\boldsymbol{b}$ である．A の正定値性より $\boldsymbol{d}_k^{\mathrm{T}}A\boldsymbol{d}_k>0$ なので，$\phi(\alpha)$ の最小値を求めるためには $\dfrac{d}{d\alpha}\phi(\alpha)=0$ を満たす α を求めればよい．したがって具体的に

$$
\frac{d}{d\alpha}\phi(\alpha)=(\boldsymbol{d}_k^{\mathrm{T}}A\boldsymbol{d}_k)\alpha+\boldsymbol{d}_k^{\mathrm{T}}\nabla f(\boldsymbol{x}_k)=0
$$

を解けば

$$
\alpha_k=-\frac{\boldsymbol{d}_k^{\mathrm{T}}\nabla f(\boldsymbol{x}_k)}{\boldsymbol{d}_k^{\mathrm{T}}A\boldsymbol{d}_k} \tag{4.5}
$$

を得る．ここで $\boldsymbol{d}_k^{\mathrm{T}}\nabla f(\boldsymbol{x}_k)<0$ なので $\alpha_k>0$ になることに注意せよ． □

正確な直線探索は 2 次関数の場合には具体的に計算できるものの，一般の目的関数の場合には計算することは不可能であり，あくまでも理論的な探索法である．それに対して緩和された直線探索法がいくつか提案されており，それらを用いた場合の数値解法の大域的収束性が示されている．

直線探索の基準として，次の 2 つの条件が実用的である．

(i) **Armijo** (アルミホ) 条件

$0<\xi<1$ であるような定数 ξ に対して，

$$
f(\boldsymbol{x}_k+\alpha\boldsymbol{d}_k)\leq f(\boldsymbol{x}_k)+\xi\alpha\nabla f(\boldsymbol{x}_k)^{\mathrm{T}}\boldsymbol{d}_k \tag{4.6}
$$

を満たす $\alpha>0$ を選ぶ．

(ii) **Wolfe** (ウルフ) 条件

$0<\xi_1<\xi_2<1$ であるような定数 ξ_1,ξ_2 に対して，

$$
f(\boldsymbol{x}_k+\alpha\boldsymbol{d}_k)\leq f(\boldsymbol{x}_k)+\xi_1\alpha\nabla f(\boldsymbol{x}_k)^{\mathrm{T}}\boldsymbol{d}_k \tag{4.7}
$$

$$
\xi_2\nabla f(\boldsymbol{x}_k)^{\mathrm{T}}\boldsymbol{d}_k\leq\nabla f(\boldsymbol{x}_k+\alpha\boldsymbol{d}_k)^{\mathrm{T}}\boldsymbol{d}_k \tag{4.8}
$$

を満たす $\alpha > 0$ を選ぶ．

ここで，Armijo 条件 (4.6) の幾何学的な意味は図 4.7 で示される．横軸はステップ幅 α，原点は点 $\boldsymbol{x}_k$ に対応する．このとき，原点における $f(\boldsymbol{x}_k + \alpha \boldsymbol{d}_k)$ の接線 $y = f(\boldsymbol{x}_k) + \alpha \nabla f(\boldsymbol{x}_k)^{\mathrm{T}} \boldsymbol{d}_k$ の傾きを緩和して得られた直線 $y = f(\boldsymbol{x}_k) + \xi \alpha \nabla f(\boldsymbol{x}_k)^{\mathrm{T}} \boldsymbol{d}_k$ よりも関数値が低くなるような α の区間からステップ幅を選ぶことになる．α_k を非常に小さく選べば Armijo 条件が満たされる．

一方 Wolfe 条件は，Armijo 条件 (4.7) に方向微係数に関する条件 (4.8) を付加したものである．条件 (4.8) を満たすステップ幅の区間を表したのが図 4.8 で

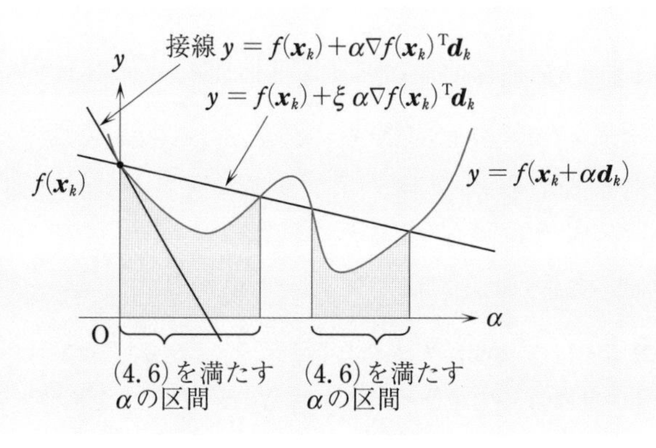

図 4.7 Armijo 条件 (4.6) を満たすステップ幅

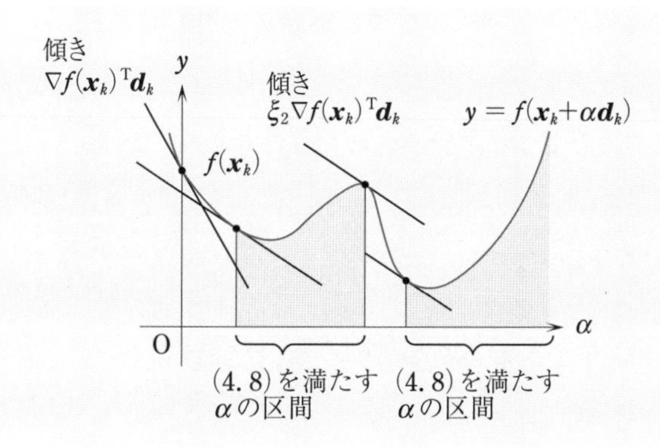

図 4.8 Wolfe 条件 (4.8) を満たすステップ幅

ある．この条件は，ステップ幅があまり小さくなり過ぎないように調整するためのものである．

降下方向 $\boldsymbol{d}_k$ が与えられたときに，Armijo 条件を実現するための直線探索アルゴリズムは次の通りである．目的関数 $f(\boldsymbol{x})$ に適当な仮定をすれば，このアルゴリズムによって有限回の手順で α_k が得られることが示せる．

アルゴリズム 4.2（Armijo 条件に対する直線探索法）

step0 現在の近似解 $\boldsymbol{x}_k$，パラメータ $0 < \xi < 1, 0 < \tau < 1$，$\beta > 0$（通常は $\beta = 1$）を与える．

step1 探索方向 $\boldsymbol{d}_k$ で，Armijo 条件を満たすステップ幅 α_k を求める（以下はその手順）．

step1.0 $\beta_{k,0} = \beta, i = 0$ とおく．

step1.1 Armijo 条件

$$f(\boldsymbol{x}_k + \beta_{k,i}\boldsymbol{d}_k) \leq f(\boldsymbol{x}_k) + \xi\beta_{k,i}\nabla f(\boldsymbol{x}_k)^{\mathrm{T}}\boldsymbol{d}_k$$

を満たすならば step2 へいく．さもなければ step1.2 へいく．

step1.2 $\beta_{k,i+1} = \tau\beta_{k,i}$，$i := i + 1$ とおいて step1.1 へいく．

step2 $\alpha_k = \beta_{k,i}$ とおく．

以上のアルゴリズムを**バックトラック法** (backtracking) という．

4.4 降下法の大域的収束性

本節では，降下方向と直線探索を組合せた反復法の大域的収束性に関する定理を証明する．この定理は基本的なもので，後述する最急降下法，共役勾配法，準ニュートン法などの反復法の収束性を示すのに非常に役に立つ．

定理 4.2（Zoutendijk 条件）

目的関数 $f(\boldsymbol{x})$ は下に有界で，かつ，初期点 $\boldsymbol{x}_0$ における準位集合 $\{\boldsymbol{x} \mid f(\boldsymbol{x}) \leq f(\boldsymbol{x}_0)\}$ を含む開集合 $\mathcal{N}$ において連続的微分可能であるとする．また，勾配ベクトル $\nabla f(\boldsymbol{x})$ は集合 $\mathcal{N}$ で**リプシッツ連続** (Lipschitz continuous)，すなわち

$$\text{任意の } \boldsymbol{x}, \boldsymbol{y} \in \mathcal{N} \text{ に対して } \|\nabla f(\boldsymbol{x}) - \nabla f(\boldsymbol{y})\| \leq L\|\boldsymbol{x} - \boldsymbol{y}\| \tag{4.9}$$

を満足すると仮定する．ここで L は正の定数である（定数 L は**リプシッツ定数**と呼ばれている．また，(4.9) が成り立つとき関数 f は $\boldsymbol{L}$–**平滑** (L–smooth) であるという）．反復法のアルゴリズムで，探索方向 $\boldsymbol{d}_k$ は降下方向（すなわち $\nabla f(\boldsymbol{x}_k)^{\mathrm{T}}\boldsymbol{d}_k < 0$ を満たす）とし，ステップ幅 α_k は Wolfe 条件 (4.7),(4.8) を満たすとする．

このとき，反復式 $\boldsymbol{x}_{k+1} = \boldsymbol{x}_k + \alpha_k \boldsymbol{d}_k$ で生成される点列 $\{\boldsymbol{x}_k\}$ に対して

$$\sum_{k=0}^{\infty} \left(\frac{\nabla f(\boldsymbol{x}_k)^{\mathrm{T}}\boldsymbol{d}_k}{\|\boldsymbol{d}_k\|} \right)^2 < \infty \tag{4.10}$$

が成り立つ．あるいは同値な式として

$$\sum_{k=0}^{\infty} (\|\nabla f(\boldsymbol{x}_k)\| \cos\theta_k)^2 < \infty \tag{4.11}$$

が成り立つ．ただし，θ_k は $-\nabla f(\boldsymbol{x}_k)$ と探索方向 $\boldsymbol{d}_k$ とのなす角で

$$\cos\theta_k = \frac{(-\nabla f(\boldsymbol{x}_k))^{\mathrm{T}}\boldsymbol{d}_k}{\|\nabla f(\boldsymbol{x}_k)\|\|\boldsymbol{d}_k\|} \tag{4.12}$$

と定義される．

[証明]　まず，条件 (4.7) より点列 $\{\boldsymbol{x}_k\}$ が準位集合に含まれることに注意す

る．条件 (4.8) より

$$(\nabla f(\boldsymbol{x}_{k+1}) - \nabla f(\boldsymbol{x}_k))^{\mathrm{T}} \boldsymbol{d}_k \geq (\xi_2 - 1)\nabla f(\boldsymbol{x}_k)^{\mathrm{T}} \boldsymbol{d}_k$$

であり，また，リプシッツ条件 (4.9) より

$$(\nabla f(\boldsymbol{x}_{k+1}) - \nabla f(\boldsymbol{x}_k))^{\mathrm{T}} \boldsymbol{d}_k \leq L\|\boldsymbol{x}_{k+1} - \boldsymbol{x}_k\|\|\boldsymbol{d}_k\| = \alpha_k L \|\boldsymbol{d}_k\|^2$$

なので，これらの式より

$$\alpha_k \geq \frac{(\nabla f(\boldsymbol{x}_{k+1}) - \nabla f(\boldsymbol{x}_k))^{\mathrm{T}} \boldsymbol{d}_k}{L\|\boldsymbol{d}_k\|^2} \geq \frac{\xi_2 - 1}{L} \frac{\nabla f(\boldsymbol{x}_k)^{\mathrm{T}} \boldsymbol{d}_k}{\|\boldsymbol{d}_k\|^2}$$

を得る．上式を条件 (4.7) に代入すれば

$$\begin{aligned} f(\boldsymbol{x}_{k+1}) &\leq f(\boldsymbol{x}_k) + \xi_1 \alpha_k \nabla f(\boldsymbol{x}_k)^{\mathrm{T}} \boldsymbol{d}_k \\ &\leq f(\boldsymbol{x}_k) - c\frac{(\nabla f(\boldsymbol{x}_k)^{\mathrm{T}} \boldsymbol{d}_k)^2}{\|\boldsymbol{d}_k\|^2} \end{aligned}$$

となる．ただし

$$c = \frac{\xi_1(1 - \xi_2)}{L}$$

である．両辺を $k = 0, \cdots, m$ について和をとれば

$$f(\boldsymbol{x}_{m+1}) \leq f(\boldsymbol{x}_0) - c\sum_{k=0}^{m} \frac{(\nabla f(\boldsymbol{x}_k)^{\mathrm{T}} \boldsymbol{d}_k)^2}{\|\boldsymbol{d}_k\|^2}$$

となり，関数 $f(\boldsymbol{x})$ が下に有界であることから

$$\sum_{k=0}^{m} \frac{(\nabla f(\boldsymbol{x}_k)^{\mathrm{T}} \boldsymbol{d}_k)^2}{\|\boldsymbol{d}_k\|^2} < \hat{c}$$

を満たす正定数 $\hat{c}$ が存在する．したがって無限級数が収束することが示されるので，結論を得る．■

式 (4.10) もしくは (4.11) を **Zoutendijk**（ズーテンダイク）**条件**という．また，無限級数が収束するための必要条件より

$$\lim_{k \to \infty} \frac{\nabla f(\boldsymbol{x}_k)^{\mathrm{T}} \boldsymbol{d}_k}{\|\boldsymbol{d}_k\|} = 0 \tag{4.13}$$

あるいは

$$\lim_{k\to\infty} \|\nabla f(\boldsymbol{x}_k)\| \cos\theta_k = 0 \tag{4.14}$$

が成り立つ．このことから，もし全ての k に対して $\cos\theta_k \geq \delta$ を満たす正定数 δ が存在するような降下方向を生成できるならば，式 (4.14) から

$$\lim_{k\to\infty} \|\nabla f(\boldsymbol{x}_k)\| = 0$$

を得る．これは，生成される点列の大域的収束性を示している．あるいはもう少し弱く，$\cos\theta_k \geq \delta$ を満たす部分列 $\{\boldsymbol{x}_{k_i}\}$ が存在するならば，

$$\liminf_{k\to\infty} \|\nabla f(\boldsymbol{x}_k)\| = 0$$

が成り立つ．これも降下法の（弱い意味での）大域的収束性を表している．以上の事実は，以下の節で述べる数値解法の大域的収束性を示すのに使われる．

さて探索方向 $\boldsymbol{d}_k$ の選び方として，目的関数を何らかの意味で近似したモデル関数を局所的に最小化することが考えられる．モデル関数として，1 次モデル

$$f(\boldsymbol{x}_k + \boldsymbol{d}) \approx l(\boldsymbol{d}) \equiv f(\boldsymbol{x}_k) + \nabla f(\boldsymbol{x}_k)^{\mathrm{T}} \boldsymbol{d} \tag{4.15}$$

と 2 次モデル

$$f(\boldsymbol{x}_k + \boldsymbol{d}) \approx q(\boldsymbol{d}) \equiv f(\boldsymbol{x}_k) + \nabla f(\boldsymbol{x}_k)^{\mathrm{T}} \boldsymbol{d} + \frac{1}{2} \boldsymbol{d}^{\mathrm{T}} \nabla^2 f(\boldsymbol{x}_k) \boldsymbol{d} \tag{4.16}$$

を用いるのが普通である．1 次モデルに基づいた方法として最急降下法が，また，2 次モデルに基づいた方法として共役勾配法，ニュートン (Newton) 法，準ニュートン法があげられる．これらの方法については，次節以降で説明する．

4.5　最急降下法

最急降下法 (steepest descent method) では，k 回目の反復における探索方向として，1 次モデル (4.15) を局所的に最小にする方向，すなわち，方向微係数 $\nabla f(\boldsymbol{x}_k)^{\mathrm{T}}\boldsymbol{d}$ が最も小さくなる方向が選ばれる．ベクトル $\nabla f(\boldsymbol{x}_k)$ と $\boldsymbol{d}$ のなす角を $\varphi\,(0 \leq \varphi \leq \pi)$ としたとき，$\|\boldsymbol{d}\|$ が一定であるという条件のもとで方向微係数

$$\nabla f(\boldsymbol{x}_k)^{\mathrm{T}}\boldsymbol{d} = \|\nabla f(\boldsymbol{x}_k)\|\|\boldsymbol{d}\|\cos\varphi$$

を最小にするのは $\varphi = \pi$ の場合である．よって探索方向は

$$\boldsymbol{d}_k = -\nabla f(\boldsymbol{x}_k) \tag{4.17}$$

として得られる．これを**最急降下方向** (steepest descent direction) という (図 4.9 参照)．このとき方向微係数は $\nabla f(\boldsymbol{x}_k)^{\mathrm{T}}\boldsymbol{d}_k = -\|\nabla f(\boldsymbol{x}_k)\|^2 < 0$ となるので，$\boldsymbol{d}_k$ は目的関数の降下方向になる．

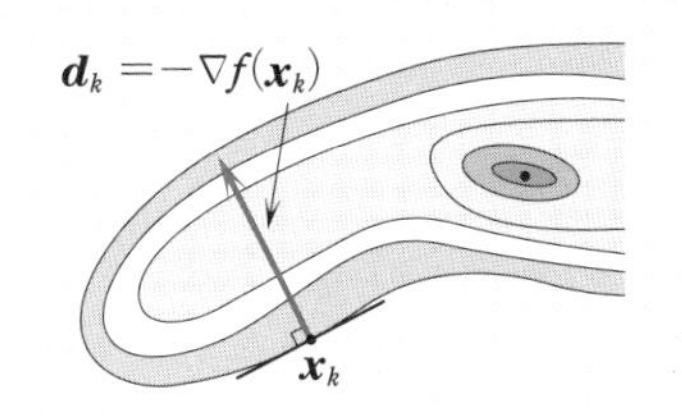

図 4.9　最急降下方向

Armijo (または Wolfe) 条件を用いた直線探索法と組合せた最急降下法のアルゴリズムは，次のように記述できる．

アルゴリズム 4.3 (最急降下法（直線探索付き）)

step0　初期点 $\boldsymbol{x}_0$ を与える．$k = 0$ とおく．

step1　停止条件が満たされていれば，$\boldsymbol{x}_k$ を解とみなして停止する．さもなければ step2 へいく．

step2　$\boldsymbol{d}_k = -\nabla f(\boldsymbol{x}_k)$ として探索方向を求める．

step3　Armijo (または Wolfe) 条件を用いた直線探索によって，$\boldsymbol{d}_k$ 方向のステップ幅 α_k を求める (アルゴリズム 4.2 参照)．

step4　$\boldsymbol{x}_{k+1} = \boldsymbol{x}_k + \alpha_k\boldsymbol{d}_k$ とおく．

step5　$k := k + 1$ とおいて step1 へいく．

最急降下法に関する大域的収束性について，次の定理があげられる．

定理 4.3（最急降下法の大域的収束性）

$f(\boldsymbol{x})$ は $\boldsymbol{R}^n$ で下に有界で，かつ，初期点 $\boldsymbol{x}_0$ における目的関数 $f(\boldsymbol{x})$ の準位集合 $\{\boldsymbol{x} \in \boldsymbol{R}^n \mid f(\boldsymbol{x}) \le f(\boldsymbol{x}_0)\}$ を含む開集合で $f(\boldsymbol{x})$ が連続的微分可能，かつ，$\nabla f(\boldsymbol{x})$ がリプシッツ連続であると仮定する．このとき，Wolfe 条件を満たす直線探索を用いた最急降下法で生成される点列 $\{\boldsymbol{x}_k\}$ は次式を満足する．

$$\lim_{k\to\infty} \|\nabla f(\boldsymbol{x}_k)\| = 0$$

［証明］ 式 (4.12) で $\boldsymbol{d}_k = -\nabla f(\boldsymbol{x}_k)$ とおけば

$$\cos\theta_k = \frac{(-\nabla f(\boldsymbol{x}_k))^{\mathrm{T}}(-\nabla f(\boldsymbol{x}_k))}{\|\nabla f(\boldsymbol{x}_k)\|\|-\nabla f(\boldsymbol{x}_k)\|} = 1$$

なので，式 (4.14) より結論を得る． ■

この定理は，解から離れた初期点を選んでも勾配ベクトルの点列 $\{\nabla f(\boldsymbol{x}_k)\}$ が零に収束することを保証している．最急降下法は大域的収束するという利点をもつ反面，収束の歩みがかなり遅いことが知られており，1 次収束する程度にすぎない．最急降下法の収束率に関して次の定理が知られている．

定理 4.4（最急降下法の収束率）

行列 $A \in \boldsymbol{R}^{n\times n}$ が正定値対称で $\boldsymbol{b} \in \boldsymbol{R}^n$ が定数ベクトルであるとき，2 次関数最小化問題

$$\text{最小化} \quad f(\boldsymbol{x}) = \frac{1}{2}\boldsymbol{x}^{\mathrm{T}} A\boldsymbol{x} + \boldsymbol{b}^{\mathrm{T}}\boldsymbol{x}$$

を考える．このとき正確な直線探索を用いた最急降下法で生成される点列 $\{\boldsymbol{x}_k\}$ は

$$\|\boldsymbol{x}_{k+1} - \boldsymbol{x}^*\|_A \le \left|\frac{\lambda_1 - \lambda_n}{\lambda_1 + \lambda_n}\right| \|\boldsymbol{x}_k - \boldsymbol{x}^*\|_A$$

を満たす．ただし $0 < \lambda_1 \le \lambda_n$ はそれぞれ行列 A の最小固有値と最大固有値であり，$\boldsymbol{x}^*$ は最小解である．また，ノルムは $\|\boldsymbol{v}\|_A = \sqrt{\boldsymbol{v}^{\mathrm{T}} A\boldsymbol{v}}$ で定義される．

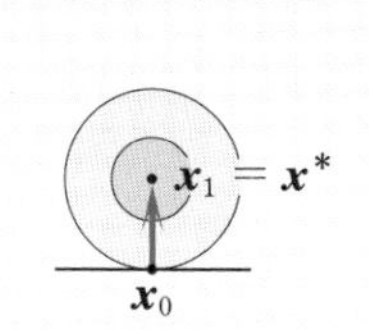

(a) 条件数が1の場合は1回で収束する（n＝2のとき）

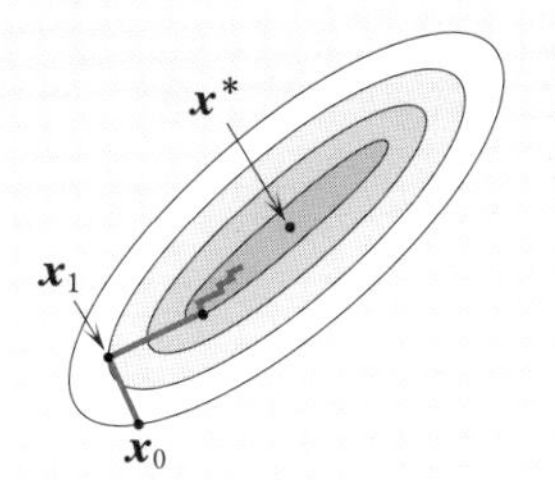

(b) 条件数が非常に大きい場合

図 4.10　最急降下法の挙動

この定理より，最小固有値に比べて最大固有値が非常に大きい場合（すなわち行列 A の条件数が非常に大きい場合）には係数 $\left|\dfrac{\lambda_1 - \lambda_n}{\lambda_1 + \lambda_n}\right| = \left|\dfrac{(\lambda_1/\lambda_n) - 1}{(\lambda_1/\lambda_n) + 1}\right|$ が 1 に近い値になるので収束が遅いことがわかる（図 4.10）．

定理 4.4 は 2 次関数に対する結果ではあるけれども，一般の目的関数の場合でも最適解の近傍では 2 次関数で近似できるので局所的な挙動は本質的に同じである．したがって，最急降下法は大域的収束はするけれども，上記の意味で解の近傍でさえ収束が非常に遅くなることがあるので必ずしも実用的ではない．

例 3　**最急降下法の 1 反復**

2 変数の目的関数 $f(x_1, x_2) = x_1^4 + x_2^4 + 2x_1^2 + x_2^2 + x_1x_2$ について考える．この最小化問題の最小解は $\boldsymbol{x}^* = \begin{bmatrix} 0 \\ 0 \end{bmatrix}$ であり，勾配ベクトルは $\nabla f(x_1, x_2) = \begin{bmatrix} 4x_1^3 + 4x_1 + x_2 \\ 4x_2^3 + 2x_2 + x_1 \end{bmatrix}$ である．最急降下法の k 回目の反復の近似解が $\boldsymbol{x}_k = \begin{bmatrix} 1 \\ -1 \end{bmatrix}$ であるとき，$f(\boldsymbol{x}_k) = 4$，$\nabla f(\boldsymbol{x}_k) = \begin{bmatrix} 7 \\ -5 \end{bmatrix}$ になるので，もしステップ幅 $\alpha_k = 1/4$ が選ばれたとすれば

$$\boldsymbol{x}_{k+1} = \begin{bmatrix} 1 \\ -1 \end{bmatrix} + \frac{1}{4}\begin{bmatrix} -7 \\ 5 \end{bmatrix} = \frac{1}{4}\begin{bmatrix} -3 \\ 1 \end{bmatrix}$$

を得る．このとき目的関数値は $f(\boldsymbol{x}_{k+1}) \approx 1.32 < 4 = f(\boldsymbol{x}_k)$ となる．　□

4.6　共役勾配法

共役勾配法 (conjugate gradient method) は，正定値対称行列を係数にもつ連立1次方程式

$$Ax = b, \quad A \in \boldsymbol{R}^{n \times n}, \quad x \in \boldsymbol{R}^n, \quad b \in \boldsymbol{R}^n$$

を解くために1952年に Hestenes–Stiefel（ヘステネス・スティーフェル）によって開発された手法である．行列 A が正定値対称行列なので，この連立1次方程式を解くことと次の狭義凸2次関数最小化問題

$$\text{最小化} \quad f(\boldsymbol{x}) = \frac{1}{2}\boldsymbol{x}^{\mathrm{T}} A \boldsymbol{x} - \boldsymbol{b}^{\mathrm{T}} \boldsymbol{x} \tag{4.18}$$

を解くことは同値になる．この事実が共役勾配法と最小化問題の接点になる．その後1964年に，Fletcher–Reeves（フレッチャー・リーブス）によって一般の非線形関数最小化問題の解法に拡張された．狭義凸2次関数最小化問題を解くための共役勾配法を**線形共役勾配法** (linear conjugate gradient method)，一般の非線形関数最小化問題を解くための共役勾配法を**非線形共役勾配法** (nonlinear conjugate gradient method) と呼んで両者を区別することがある[2)]．前者は連立1次方程式を解くための解法として盛んに研究され，行列 A が正定値でない場合や対称ですらないような場合にも適用できるような共役勾配法の拡張版が提案されている．これらの解法は**クリロフ部分空間法** (Krylov subspace method) として統一的に扱われている．

一方，非線形共役勾配法は1980年代まで共役勾配法ほどの発展はなかったが，1990年代になって大規模な非線形最適化問題を解くための数値解法として再び注目を浴びるようになった．理由としては，行列を陽に用いないのでニュートン法に関連した方法よりも有利であること，また，いくつかの有効な非線形共役勾配法が提案されたことや，大域的収束性に関する理論的な裏づけがきちんとしてきたことなどがあげられる．

以下では，まず共役勾配法を紹介し，続いて非線形共役勾配法について触れる．

---

2)　以下では線形共役勾配法を単に共役勾配法と呼ぶ．

4.6.1 共役勾配法

4.6.1.1 共役方向法の原理

2 次関数を最小化するための最も単純な解法は，順次，各座標軸方向に沿って正確な直線探索をしていく**緩和法** (relaxation method) であろう．$A = I$ および $n = 2$ のときは等高線が同心円になるので，図 4.11 (a) のように 2 回の反復で最小解（円の中心）に到達することができる．一般に，n 変数の場合には高々n 回の反復で最小解に到達する．しかしながら，目的関数の等高線の楕円の軸が座標軸に対して斜めになっている場合には，図 4.11 (b) のようになかなか最小解に近づかない．

そこで楕円の等高線を同心円に変換することが考えられる．具体的に，行列 A を $A = P^{\mathrm{T}}P$ $(P \in \boldsymbol{R}^{n\times n})$ と分解して $\hat{\boldsymbol{x}} = P\boldsymbol{x}$ と変数変換すれば，$\boldsymbol{x}^{\mathrm{T}}A\boldsymbol{x} = \hat{\boldsymbol{x}}^{\mathrm{T}}\hat{\boldsymbol{x}}$ となるので $\hat{\boldsymbol{x}}$ の空間では関数 (4.18) の等高線が同心円になる．したがって $\hat{\boldsymbol{x}}$ の空間で緩和法を利用すれば，高々n 回の反復で最小化問題 (4.18) の最小解を得ることができる．1 次変換された空間での直交性 $(P\boldsymbol{u})^{\mathrm{T}}(P\boldsymbol{v}) = 0$ は元の空間で

$$\boldsymbol{u}^{\mathrm{T}}A\boldsymbol{v} = 0 \tag{4.19}$$

を意味する（図 4.12 参照）．

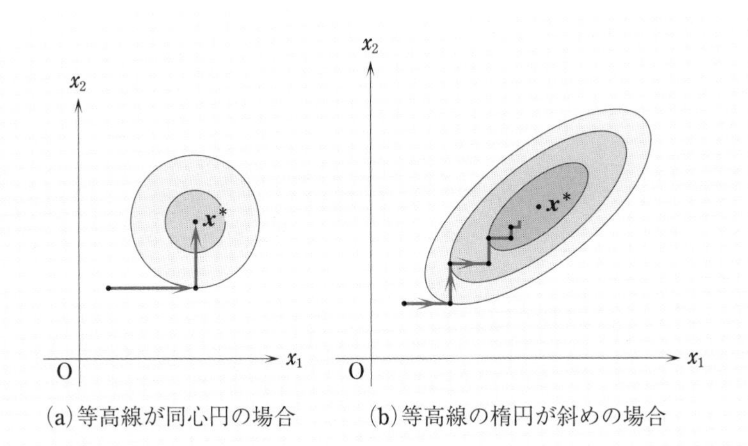

(a) 等高線が同心円の場合　(b) 等高線の楕円が斜めの場合

図 4.11　緩和法

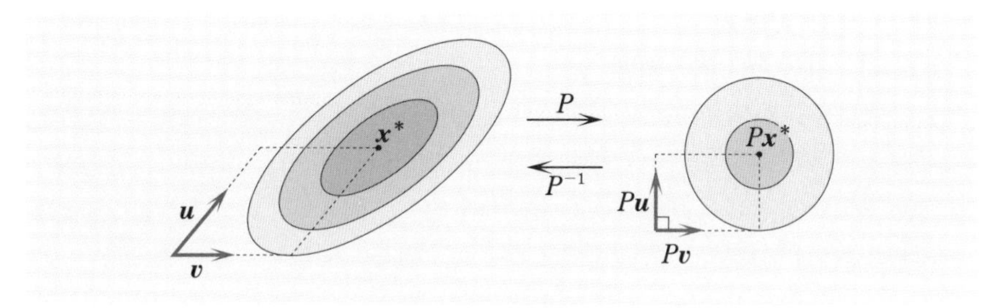

図 4.12　共役性

ベクトル $\boldsymbol{u}, \boldsymbol{v}$ が式 (4.19) を満たすとき，$\boldsymbol{u}$ と $\boldsymbol{v}$ は（A に関して）**互いに共役である**，あるいは，**$\boldsymbol{A}$–直交する**という．したがって，共役な探索方向に沿って正確な直線探索を実行していけば，有限回の反復で 2 次関数の最小解に到達することが期待される．このことをきちんと述べたのが，次の定理である．

定理 4.5（共役方向法の有限回収束性）

初期点を $\boldsymbol{x}_0 \in \boldsymbol{R}^n$ とし，ゼロベクトルでない探索方向 $\boldsymbol{d}_0, \cdots, \boldsymbol{d}_{n-1}$ は互いに共役であるとする．ステップ幅 α_k は正確な直線探索 (4.5) で求められるとする．このとき，反復式

$$\boldsymbol{x}_{k+1} = \boldsymbol{x}_k + \alpha_k \boldsymbol{d}_k$$

で生成される点列 $\{\boldsymbol{x}_k\}$ に関して次のことが成り立つ．

(1)　勾配ベクトルは次式を満たす．

$$\nabla f(\boldsymbol{x}_k)^{\mathrm{T}} \boldsymbol{d}_i = 0 \quad (i = 0, \cdots, k-1) \tag{4.20}$$

(2)　点 $\boldsymbol{x}_k$ は集合

$$S_k = \boldsymbol{x}_0 + \mathrm{span}\{\boldsymbol{d}_0, \boldsymbol{d}_1, \cdots, \boldsymbol{d}_{k-1}\}$$

上で 2 次関数 $f(\boldsymbol{x})$ の最小解になる．ただし $\mathrm{span}\{\boldsymbol{d}_0, \boldsymbol{d}_1, \cdots, \boldsymbol{d}_{k-1}\}$ は $\boldsymbol{d}_0, \boldsymbol{d}_1, \cdots, \boldsymbol{d}_{k-1}$ が張る空間を意味する．

(3)　高々 n 回の反復で最小解が得られる．

[証明]　(1)　まず勾配ベクトルについて次式が成り立つことを注意しておく．

$$\nabla f(\boldsymbol{x}_{k+1}) = A(\boldsymbol{x}_k + \alpha_k \boldsymbol{d}_k) - \boldsymbol{b} = \nabla f(\boldsymbol{x}_k) + \alpha_k A \boldsymbol{d}_k \tag{4.21}$$

帰納法で証明する．$k = 1$ のとき，正確な直線探索から $\nabla f(\boldsymbol{x}_1)^{\mathrm{T}} \boldsymbol{d}_0 = 0$ が

成り立つ．$k-1$ 回目のとき

$$\nabla f(\boldsymbol{x}_{k-1})^{\mathrm{T}}\boldsymbol{d}_i = 0 \quad (i=0,\cdots,k-2)$$

が成り立つと仮定して，k 回目で式 (4.20) が成り立つことを示す．このとき，正確な直線探索より $\nabla f(\boldsymbol{x}_k)^{\mathrm{T}}\boldsymbol{d}_{k-1} = 0$ となるので，$i = k-1$ に対して式 (4.20) が成り立つ．他方，帰納法の仮定，式 (4.21) と共役性から，$i=0,\cdots,k-2$ に対して

$$\nabla f(\boldsymbol{x}_k)^{\mathrm{T}}\boldsymbol{d}_i = \nabla f(\boldsymbol{x}_{k-1})^{\mathrm{T}}\boldsymbol{d}_i + \alpha_{k-1}\boldsymbol{d}_{k-1}^{\mathrm{T}}A\boldsymbol{d}_i = 0$$

となる．したがって式 (4.20) が成り立つことが示された．

(2) 集合 S_k に含まれる任意のベクトルは $\boldsymbol{x}_0 + \gamma_0\boldsymbol{d}_0 + \cdots + \gamma_{k-1}\boldsymbol{d}_{k-1}$ と表されるので $\phi(\boldsymbol{\gamma}) = f(\boldsymbol{x}_0 + \gamma_0\boldsymbol{d}_0 + \cdots + \gamma_{k-1}\boldsymbol{d}_{k-1})$ とおく．ただし，$\boldsymbol{\gamma} = [\gamma_0,\cdots,\gamma_{k-1}]^{\mathrm{T}}$ である．零でない共役なベクトルは線形独立なので（章末問題 5），$\phi(\boldsymbol{\gamma})$ は $\boldsymbol{\gamma}$ に関して狭義凸関数になる．よって

$$\frac{\partial}{\partial\gamma_i}\phi(\boldsymbol{\gamma}^*) = \nabla f(\boldsymbol{x}_0 + \gamma_0^*\boldsymbol{d}_0 + \cdots + \gamma_{k-1}^*\boldsymbol{d}_{k-1})^{\mathrm{T}}\boldsymbol{d}_i = 0$$
$$(i=0,1,\cdots,k-1)$$

が成り立つことは，$\boldsymbol{\gamma}^*$ が一意な最小解であるための必要十分条件になる．他方，$\boldsymbol{x}_k = \boldsymbol{x}_0 + \alpha_0\boldsymbol{d}_0 + \cdots + \alpha_{k-1}\boldsymbol{d}_{k-1}$ と表せることを考慮すれば (1) より

$$\nabla f(\boldsymbol{x}_0 + \alpha_0\boldsymbol{d}_0 + \cdots + \alpha_{k-1}\boldsymbol{d}_{k-1})^{\mathrm{T}}\boldsymbol{d}_i = 0 \quad (i=0,\cdots,k-1)$$

となるので，$\boldsymbol{x}_k$ は S_k 上での $f(\boldsymbol{x})$ の最小解になる．したがって (2) の結論が示された．

(3) 零でない共役なベクトルは線形独立なので，$S_n = \boldsymbol{R}^n$ となる．したがって点 $\boldsymbol{x}_n$ はもとの最小化問題の解になるので，共役方向を利用した数値解法は（高々）n 回の反復で最小解に到達することが証明された． ■

この定理より，生成される点列がアフィン空間

$$S_k = \boldsymbol{x}_0 + \mathrm{span}\{\boldsymbol{d}_0, \boldsymbol{d}_1, \cdots, \boldsymbol{d}_{k-1}\}$$

上で最小解になることがわかる（図 4.13 参照）．

共役な探索方向を利用した数値解法を総称して**共役方向法** (conjugate direction method) というが，特に以下に述べるような勾配ベクトルを利用した方法を**共役勾配法**という．

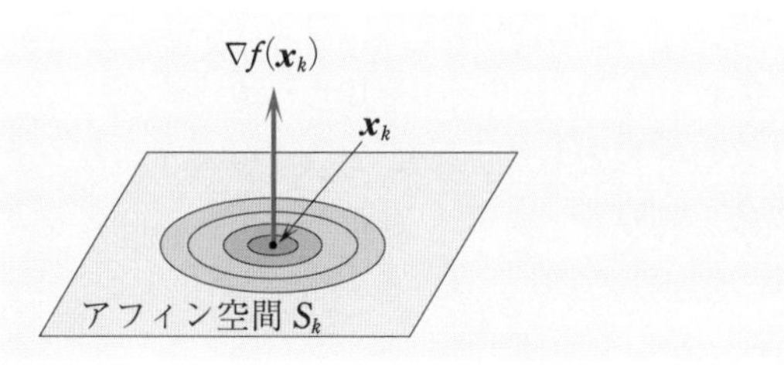

図 4.13　アフィン空間 S_k での最小解

4.6.1.2　共役方向の生成

さて，具体的に共役な探索方向を作るにはどうしたらよいだろうか．生成方法はいくつか考えられるが，ここでは Gram–Schmidt (グラム・シュミット) の直交化法を利用した方法を紹介する．そのために 2 つのベクトル $\boldsymbol{u}$ と $\boldsymbol{v}$ の内積を

$$(\boldsymbol{u}, \boldsymbol{v}) = \boldsymbol{u}^{\mathrm{T}} A \boldsymbol{v}$$

で定義する．この内積の意味で直交するベクトル，すなわち，$(\boldsymbol{u}, \boldsymbol{v}) = 0$ となるベクトルを生成すれば共役なベクトルが生成できる．n 本の線形独立なベクトル $\boldsymbol{u}_0, \boldsymbol{u}_1, \cdots, \boldsymbol{u}_{n-1}$ が与えられたとき，Gram–Schmidt の直交化法を用いれば互いに共役なベクトル $\boldsymbol{d}_0, \boldsymbol{d}_1, \cdots, \boldsymbol{d}_{n-1}$ は次の式で生成される．

$$\begin{aligned} \boldsymbol{d}_0 &= \boldsymbol{u}_0 \\ \boldsymbol{d}_k &= \boldsymbol{u}_k - \sum_{i=0}^{k-1} \frac{(\boldsymbol{u}_k, \boldsymbol{d}_i)}{(\boldsymbol{d}_i, \boldsymbol{d}_i)} \boldsymbol{d}_i \quad (k = 1, \cdots, n-1) \end{aligned}$$

ここで，各 k に対して

$$\mathrm{span}\{\boldsymbol{d}_0, \cdots, \boldsymbol{d}_k\} = \mathrm{span}\{\boldsymbol{u}_0, \cdots, \boldsymbol{u}_k\}$$

が成り立つことに注意されたい．実際は最初からベクトル $\boldsymbol{u}_0, \cdots, \boldsymbol{u}_k$ を用意しておくのではなくて，逐次 $\boldsymbol{u}_i$ を計算していくことになる．共役勾配法では $\boldsymbol{u}_i = -\nabla f(\boldsymbol{x}_i)$ が選ばれる．このとき $\mathrm{span}\{\boldsymbol{d}_0, \cdots, \boldsymbol{d}_k\} = \mathrm{span}\{\nabla f(\boldsymbol{x}_0), \cdots, \nabla f(\boldsymbol{x}_k)\}$ になることと定理 4.5 (1) より

$$\nabla f(\boldsymbol{x}_k)^{\mathrm{T}} \nabla f(\boldsymbol{x}_i) = 0 \quad (i = 0, \cdots, k-1)$$

が成り立つことがわかる（よって $\nabla f(\boldsymbol{x}_0), \cdots, \nabla f(\boldsymbol{x}_k)$ は線形独立になる）．したがって，式 (4.21) より $i = 0, \cdots, k-2$ に対して

$$\begin{aligned}(\nabla f(\boldsymbol{x}_k), \boldsymbol{d}_i) &= \nabla f(\boldsymbol{x}_k)^{\mathrm{T}} A \boldsymbol{d}_i \\ &= \frac{1}{\alpha_i} \nabla f(\boldsymbol{x}_k)^{\mathrm{T}} (\nabla f(\boldsymbol{x}_{i+1}) - \nabla f(\boldsymbol{x}_i)) = 0\end{aligned}$$

となるので，探索方向の式は簡単になり

$$\begin{aligned}\boldsymbol{d}_0 &= -\nabla f(\boldsymbol{x}_0) \\ \boldsymbol{d}_k &= -\nabla f(\boldsymbol{x}_k) + \beta_k \boldsymbol{d}_{k-1}\end{aligned}$$

で与えられる．ただし，

$$\beta_k = \frac{(\nabla f(\boldsymbol{x}_k), \boldsymbol{d}_{k-1})}{(\boldsymbol{d}_{k-1}, \boldsymbol{d}_{k-1})} = \frac{\nabla f(\boldsymbol{x}_k)^{\mathrm{T}} A \boldsymbol{d}_{k-1}}{\boldsymbol{d}_{k-1}^{\mathrm{T}} A \boldsymbol{d}_{k-1}}$$

である．ここで，k 回目の探索方向 $\boldsymbol{d}_k$ が最急降下方向 $-\nabla f(\boldsymbol{x}_k)$ と前回の探索方向 $\boldsymbol{d}_{k-1}$ だけで生成されることに注意されたい．また，$\{\nabla f(\boldsymbol{x}_k)\}$ の直交性や式 (4.20)，(4.21) によって

$$\begin{aligned}\alpha_{k-1} \nabla f(\boldsymbol{x}_k)^{\mathrm{T}} A \boldsymbol{d}_{k-1} &= \nabla f(\boldsymbol{x}_k)^{\mathrm{T}} (\nabla f(\boldsymbol{x}_k) - \nabla f(\boldsymbol{x}_{k-1})) \\ &= \nabla f(\boldsymbol{x}_k)^{\mathrm{T}} \nabla f(\boldsymbol{x}_k)\end{aligned}$$

および

$$\begin{aligned}\alpha_{k-1} \boldsymbol{d}_{k-1}^{\mathrm{T}} A \boldsymbol{d}_{k-1} &= \boldsymbol{d}_{k-1}^{\mathrm{T}} (\nabla f(\boldsymbol{x}_k) - \nabla f(\boldsymbol{x}_{k-1})) \\ &= -\boldsymbol{d}_{k-1}^{\mathrm{T}} \nabla f(\boldsymbol{x}_{k-1}) \\ &= (\nabla f(\boldsymbol{x}_{k-1}) - \beta_{k-1} \boldsymbol{d}_{k-2})^{\mathrm{T}} \nabla f(\boldsymbol{x}_{k-1}) \\ &= \nabla f(\boldsymbol{x}_{k-1})^{\mathrm{T}} \nabla f(\boldsymbol{x}_{k-1})\end{aligned}$$

と変形できるので，β_k に関する同値な表現

$$\begin{aligned}\beta_k &= \frac{\nabla f(\boldsymbol{x}_k)^{\mathrm{T}} A \boldsymbol{d}_{k-1}}{\boldsymbol{d}_{k-1}^{\mathrm{T}} A \boldsymbol{d}_{k-1}} = \frac{\nabla f(\boldsymbol{x}_k)^{\mathrm{T}} (\nabla f(\boldsymbol{x}_k) - \nabla f(\boldsymbol{x}_{k-1}))}{\boldsymbol{d}_{k-1}^{\mathrm{T}} (\nabla f(\boldsymbol{x}_k) - \nabla f(\boldsymbol{x}_{k-1}))} \\ &= \frac{\nabla f(\boldsymbol{x}_k)^{\mathrm{T}} (\nabla f(\boldsymbol{x}_k) - \nabla f(\boldsymbol{x}_{k-1}))}{\|\nabla f(\boldsymbol{x}_{k-1})\|^2} \\ &= \frac{\|\nabla f(\boldsymbol{x}_k)\|^2}{\boldsymbol{d}_{k-1}^{\mathrm{T}} (\nabla f(\boldsymbol{x}_k) - \nabla f(\boldsymbol{x}_{k-1}))} = \frac{\|\nabla f(\boldsymbol{x}_k)\|^2}{\|\nabla f(\boldsymbol{x}_{k-1})\|^2}\end{aligned}$$

が得られる．

4.6.1.3　共役勾配法のアルゴリズム

前項の結果をまとめれば，共役勾配法のアルゴリズムは次のように記述できる．

アルゴリズム 4.4（共役勾配法）

step0　初期点 $\boldsymbol{x}_0$ を与える．初期探索方向を最急降下方向 ($\boldsymbol{d}_0 = -\nabla f(\boldsymbol{x}_0)$) に選び，$k=0$ とおく．

step1　正確な直線探索 (4.5) を用いて探索方向 $\boldsymbol{d}_k$ のステップ幅 α_k を求める．

step2　$\boldsymbol{x}_{k+1} = \boldsymbol{x}_k + \alpha_k \boldsymbol{d}_k$ とおく．

step3　停止条件が満たされていれば，$\boldsymbol{x}_{k+1}$ を解とみなして停止する．さもなければ step4 へいく．

step4　次式によりパラメータ β_{k+1} を求める．

$$\beta_{k+1} = \frac{\|\nabla f(\boldsymbol{x}_{k+1})\|^2}{\|\nabla f(\boldsymbol{x}_k)\|^2}$$

step5　探索方向を $\boldsymbol{d}_{k+1} = -\nabla f(\boldsymbol{x}_{k+1}) + \beta_{k+1}\boldsymbol{d}_k$ と更新する．

step6　$k := k+1$ とおいて step1 へいく．

生成された点列が部分空間 $\mathrm{span}\{\boldsymbol{d}_0, \boldsymbol{d}_1, \cdots, \boldsymbol{d}_{k-1}\} = \mathrm{span}\{\nabla f(\boldsymbol{x}_0), \nabla f(\boldsymbol{x}_1), \cdots, \nabla f(\boldsymbol{x}_{k-1})\}$ と密接に関係することは前述したが，さらに順々に

$$\begin{aligned}
\nabla f(\boldsymbol{x}_1) &= A(\boldsymbol{x}_0 + \alpha_0 \boldsymbol{d}_0) - \boldsymbol{b} \\
&= \nabla f(\boldsymbol{x}_0) - \alpha_0 A \nabla f(\boldsymbol{x}_0) \in \mathrm{span}\{\nabla f(\boldsymbol{x}_0), A\nabla f(\boldsymbol{x}_0)\} \\
\nabla f(\boldsymbol{x}_2) &= A(\boldsymbol{x}_1 + \alpha_1 \boldsymbol{d}_1) - \boldsymbol{b} \\
&= \nabla f(\boldsymbol{x}_1) + \alpha_1 A(-\nabla f(\boldsymbol{x}_1) + \beta_1 \boldsymbol{d}_0) \\
&\qquad \in \mathrm{span}\{\nabla f(\boldsymbol{x}_0), A\nabla f(\boldsymbol{x}_0), A^2\nabla f(\boldsymbol{x}_0)\}
\end{aligned}$$

となることに注意すれば，一般に

$$\nabla f(\boldsymbol{x}_{k-1}) \in \mathrm{span}\{\nabla f(\boldsymbol{x}_0), A\nabla f(\boldsymbol{x}_0), \cdots, A^{k-1}\nabla f(\boldsymbol{x}_0)\}$$

が成り立つ．したがって定理 4.5 (2) より，点 $\boldsymbol{x}_k$ はアフィン空間

$$\boldsymbol{x}_0 + \mathrm{span}\{\nabla f(\boldsymbol{x}_0), A\nabla f(\boldsymbol{x}_0), \cdots, A^{k-1}\nabla f(\boldsymbol{x}_0)\}$$

上での $f(\boldsymbol{x})$ の最小解であるともいえる．ここで，集合 $\mathrm{span}\{\nabla f(\boldsymbol{x}_0), A\nabla f(\boldsymbol{x}_0), \cdots, A^{k-1}\nabla f(\boldsymbol{x}_0)\}$ を A と $\nabla f(\boldsymbol{x}_0)$ によって生成される**クリロフ部分空間** (Krylov subspace) という．

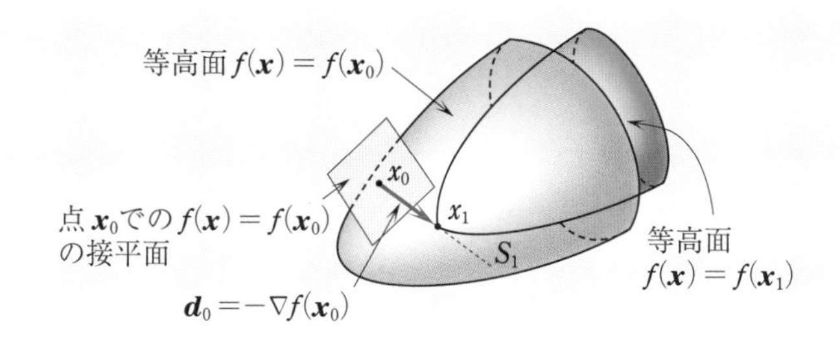

図 4.14 共役勾配法の点列の生成（その 1）

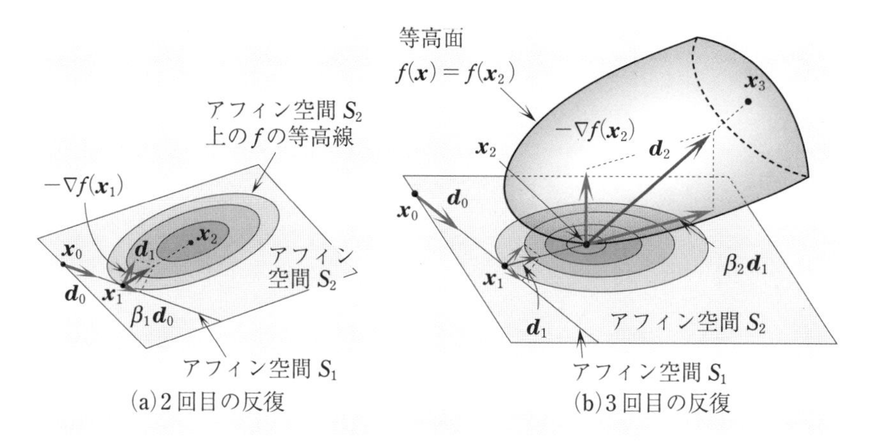

図 4.15 共役勾配法の点列の生成（その 2）

さて，共役勾配法の幾何学的解釈を示す．図 4.14 は初期点 $\boldsymbol{x}_0$ と最急降下方向 $\boldsymbol{d}_0 = -\nabla f(\boldsymbol{x}_0)$ が与えられたときのアフィン空間 $S_1 = \boldsymbol{x}_0 + \mathrm{span}\{\nabla f(\boldsymbol{x}_0)\}$ 上での目的関数 $f(\boldsymbol{x})$ の最小化を表しており，$\boldsymbol{x}_1$ が最小解である．

次に $\boldsymbol{d}_0$ 方向に適当な長さ調節をしたベクトル $\beta_1 \boldsymbol{d}_0$ と点 $\boldsymbol{x}_1$ での最急降下方向 $-\nabla f(\boldsymbol{x}_1)$ との和で作られる新しい探索方向 $\boldsymbol{d}_1$ がアフィン空間 S_2 上の最小解 $\boldsymbol{x}_2$ を向いているので，この方向で正確な直線探索を実行すれば $\boldsymbol{x}_2$ が得られる．同様にして $\boldsymbol{x}_3$ も得られる（図 4.15 参照）．

本項を終えるにあたって具体例として 例 4 を与える．

例 4 共役勾配法の反復

凸 2 次関数

$$f(x_1, x_2) = \frac{1}{2}[x_1, x_2]\begin{bmatrix} 3 & 1 \\ 1 & 2 \end{bmatrix}\begin{bmatrix} x_1 \\ x_2 \end{bmatrix} - [6,\ 7]\begin{bmatrix} x_1 \\ x_2 \end{bmatrix}$$
$$= \frac{3}{2}x_1^2 + x_1x_2 + x_2^2 - 6x_1 - 7x_2$$

を最小化する問題を考える．これは次の連立 1 次方程式を解くことと同値である．

$$\begin{bmatrix} 3 & 1 \\ 1 & 2 \end{bmatrix}\begin{bmatrix} x_1 \\ x_2 \end{bmatrix} = \begin{bmatrix} 6 \\ 7 \end{bmatrix}$$

初期点 $\boldsymbol{x}_0 = \begin{bmatrix} 2 \\ 1 \end{bmatrix}$ から出発した共役勾配法を用いてこの問題の最小解を求めてみる．

まずはじめに，行列 $A = \begin{bmatrix} 3 & 1 \\ 1 & 2 \end{bmatrix}$ が正定値対称であること，およびこの問題の最小解が $\boldsymbol{x}^* = \begin{bmatrix} 1 \\ 3 \end{bmatrix}$ であることを注意しておく．それでは実際に計算してみよう．

(i) $k = 0$ のとき：

(step0) $\nabla f(\boldsymbol{x}_0) = \begin{bmatrix} 1 \\ -3 \end{bmatrix}$ なので，$\boldsymbol{d}_0 = -\nabla f(\boldsymbol{x}_0) = \begin{bmatrix} -1 \\ 3 \end{bmatrix}$，$\|\nabla f(\boldsymbol{x}_0)\|^2 = 10$ となる．

(step1) $\boldsymbol{d}_0^{\mathrm{T}}\nabla f(\boldsymbol{x}_0) = -10$，$\boldsymbol{d}_0^{\mathrm{T}}A\boldsymbol{d}_0 = 15$ なので，ステップ幅は $\alpha_0 = \dfrac{2}{3}$ となる．

(step2) 次の点を得る．

$$\boldsymbol{x}_1 = \begin{bmatrix} 2 \\ 1 \end{bmatrix} + \frac{2}{3}\begin{bmatrix} -1 \\ 3 \end{bmatrix} = \begin{bmatrix} 4/3 \\ 3 \end{bmatrix}$$

(step3) $\nabla f(\boldsymbol{x}_1) = \begin{bmatrix} 1 \\ 1/3 \end{bmatrix}$，$\|\nabla f(\boldsymbol{x}_1)\|^2 = \dfrac{10}{9}$ となる．ここで $\|\nabla f(\boldsymbol{x}_1)\| \neq 0$ なので計算を続行する（$\nabla f(\boldsymbol{x}_1)^{\mathrm{T}}\nabla f(\boldsymbol{x}_0) = 0$ なので，$\nabla f(\boldsymbol{x}_1)$ と $\nabla f(\boldsymbol{x}_0)$ がお互いに直交することに注意せよ）．

(step4) $\beta_1 = \dfrac{\|\nabla f(\boldsymbol{x}_1)\|^2}{\|\nabla f(\boldsymbol{x}_0)\|^2} = \dfrac{1}{9}$ を得る．

(step5) 探索方向を更新する．

$$\boldsymbol{d}_1 = \begin{bmatrix} -1 \\ -1/3 \end{bmatrix} + \frac{1}{9}\begin{bmatrix} -1 \\ 3 \end{bmatrix} = \begin{bmatrix} -10/9 \\ 0 \end{bmatrix}$$

($\boldsymbol{d}_1^{\mathrm{T}} A \boldsymbol{d}_0 = 0$ なので $\boldsymbol{d}_1$ と $\boldsymbol{d}_0$ が A に関してお互いに共役であることに注意せよ)

(ii) $k = 1$ のとき：

(step1) $\boldsymbol{d}_1^{\mathrm{T}} \nabla f(\boldsymbol{x}_1) = -\dfrac{10}{9}$，$\boldsymbol{d}_1^{\mathrm{T}} A \boldsymbol{d}_1 = \dfrac{100}{27}$ なので，ステップ幅は $\alpha_1 = \dfrac{3}{10}$ となる．

(step2) 次の点を得る．

$$\boldsymbol{x}_2 = \begin{bmatrix} 4/3 \\ 3 \end{bmatrix} + \frac{3}{10}\begin{bmatrix} -10/9 \\ 0 \end{bmatrix} = \begin{bmatrix} 1 \\ 3 \end{bmatrix}$$

(step3) $\nabla f(\boldsymbol{x}_2) = \begin{bmatrix} 0 \\ 0 \end{bmatrix}$ なので計算を終了する（2 回の反復で最小解に到達したことに注意せよ）． □

4.6.2 非線形共役勾配法

前項で述べた共役勾配法を一般の非線形最小化問題に適用するためには，行列 A を陽に使うことができないのでステップ幅 α_k とパラメータ β_k の選び方に気をつけなければならない．ステップ幅については 4.3 節で紹介した直線探索を利用すればよい．また線形共役勾配法の場合には，前述したように β_k に関する同値な表現がいくつかあったが，非線形共役勾配法の場合にはどの表現を使うかによって数値的な振る舞いが全く異なる．それぞれの表現に対して次の公式が知られている．

$$\beta_k^{\mathrm{FR}} = \frac{\|\nabla f(\boldsymbol{x}_k)\|^2}{\|\nabla f(\boldsymbol{x}_{k-1})\|^2} \tag{4.22}$$

$$\beta_k^{\mathrm{PR}} = \frac{\nabla f(\boldsymbol{x}_k)^{\mathrm{T}} \boldsymbol{y}_{k-1}}{\|\nabla f(\boldsymbol{x}_{k-1})\|^2} \tag{4.23}$$

$$\beta_k^{\mathrm{HS}} = \frac{\nabla f(\boldsymbol{x}_k)^{\mathrm{T}} \boldsymbol{y}_{k-1}}{\boldsymbol{d}_{k-1}^{\mathrm{T}} \boldsymbol{y}_{k-1}} \tag{4.24}$$

$$\beta_k^{\mathrm{DY}} = \frac{\|\nabla f(\boldsymbol{x}_k)\|^2}{\boldsymbol{d}_{k-1}^{\mathrm{T}} \boldsymbol{y}_{k-1}} \tag{4.25}$$

ただし $\boldsymbol{y}_{k-1} = \nabla f(\boldsymbol{x}_k) - \nabla f(\boldsymbol{x}_{k-1})$ である．これらの公式は上から順に **Fletcher–Reeves** 公式，**Polak–Ribière** 公式，**Hestenes–Stiefel** 公式，**Dai–Yuan** 公式と呼ばれている．

Armijo（または Wolfe）条件を用いた直線探索法と組合せた非線形共役勾配法のアルゴリズムは，次のように記述できる．

アルゴリズム 4.5（非線形共役勾配法（直線探索付き））

step0 初期点 $\boldsymbol{x}_0$ を与える．初期探索方向を最急降下方向 ($\boldsymbol{d}_0 = -\nabla f(\boldsymbol{x}_0)$) に選び，$k = 0$ とおく．

step1 Armijo（または Wolfe）条件を用いた直線探索によって，$\boldsymbol{d}_k$ 方向のステップ幅 α_k を求める（アルゴリズム 4.2 参照）．

step2 $\boldsymbol{x}_{k+1} = \boldsymbol{x}_k + \alpha_k \boldsymbol{d}_k$ とおく．

step3 停止条件が満たされていれば，$\boldsymbol{x}_{k+1}$ を解とみなして停止する．さもなければ step4 へいく．

step4 パラメータ β_{k+1} を計算する．

step5 探索方向を $\boldsymbol{d}_{k+1} = -\nabla f(\boldsymbol{x}_{k+1}) + \beta_{k+1}\boldsymbol{d}_k$ と更新する．

step6 $k := k + 1$ とおいて step1 へいく．

大域的収束性に関していろいろな研究がなされているが，一例として Dai–Yuan 公式を用いた非線形共役勾配法の収束性を示しておく．これは定理 4.2 を利用して証明することができる．

定理 4.6（非線形共役勾配法の大域的収束性）

目的関数 $f(\boldsymbol{x})$ は下に有界で，初期点 $\boldsymbol{x}_0$ における目的関数の準位集合 $\mathcal{L} = \{\boldsymbol{x} \mid f(\boldsymbol{x}) \le f(\boldsymbol{x}_0)\}$ の近傍 $\mathcal{N}$ において $f(\boldsymbol{x})$ は連続的微分可能であるとし，かつ，勾配ベクトル $\nabla f(\boldsymbol{x})$ は集合 $\mathcal{N}$ でリプシッツ連続であるとする．また，ステップ幅 α_k は Wolfe 条件を満たすとする．このとき，Dai–Yuan 公式を用いたアルゴリズム 4.5 で生成される点列 $\{\boldsymbol{x}_k\}$ は有限回の反復で停留点に到達するか，あるいは

$$\liminf_{k\to\infty} \|\nabla f(\boldsymbol{x}_k)\| = 0$$

の意味で大域的収束する．

4.7 ニュートン法

ニュートン法は 2 次モデル (4.16) の最小化に基づいた解法である．定理 4.1 より，$q(\boldsymbol{d})$ を最小化するためには $\nabla q(\boldsymbol{d}) = \boldsymbol{0}$ を満たすベクトル $\boldsymbol{d}$ を求めればよいことがわかる．したがって，関数 $q(\boldsymbol{d})$ をベクトル $\boldsymbol{d}$ で微分すれば，

$$\nabla q(\boldsymbol{d}) = \nabla f(\boldsymbol{x}_k) + \nabla^2 f(\boldsymbol{x}_k)\boldsymbol{d}$$

となるので，探索方向を求めるためには連立 1 次方程式

$$\nabla^2 f(\boldsymbol{x}_k)\boldsymbol{d} = -\nabla f(\boldsymbol{x}_k) \tag{4.26}$$

を解けばよい．この方程式を**ニュートン方程式** (Newton equation)，その解 $\boldsymbol{d}_k$ を**ニュートン方向** (Newton direction) という．もし $\nabla^2 f(\boldsymbol{x}_k)$ が正定値ならば方向微係数は

$$\nabla f(\boldsymbol{x}_k)^{\mathrm{T}}\boldsymbol{d}_k = -\nabla f(\boldsymbol{x}_k)^{\mathrm{T}}\nabla^2 f(\boldsymbol{x}_k)^{-1}\nabla f(\boldsymbol{x}_k) < 0$$

となるので，ニュートン方向は目的関数の降下方向になる．幾何学的に解釈すれば，点 $\boldsymbol{x}_k$ において目的関数の等高線の接線と曲率を共有するような楕円 (体) を描いて，$\boldsymbol{x}_k$ から楕円の中心へ向かうベクトル $\boldsymbol{d}_k$ を求めれば，それがニュートン方向になる (図 4.16 参照)．

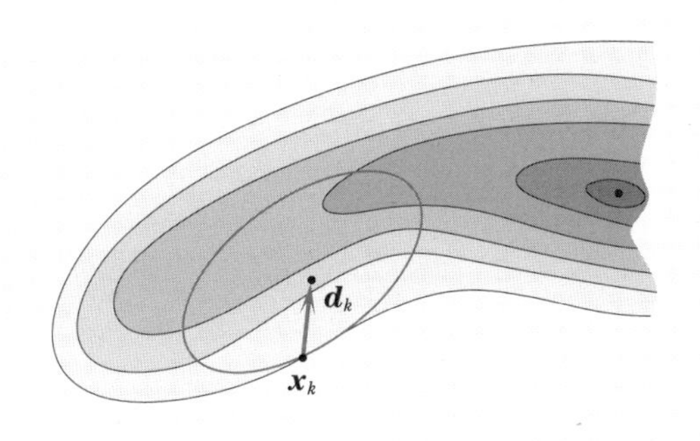

図 4.16 ニュートン方向

ニュートン法のアルゴリズムは次の通りである．

アルゴリズム 4.6（ニュートン法）

step0 初期点 $\boldsymbol{x}_0$ を与える．$k=0$ とおく．

step1 停止条件が満たされていれば，$\boldsymbol{x}_k$ を解とみなして停止する．さもなければ step2 へいく．

step2 ニュートン方程式 (4.26) を解いて，探索方向 $\boldsymbol{d}_k$ を求める．

step3 $\boldsymbol{x}_{k+1} = \boldsymbol{x}_k + \boldsymbol{d}_k$ とおく．

step4 $k := k+1$ とおいて step1 へいく．

ニュートン法の局所的収束性について，次の定理が知られている．

定理 4.7（ニュートン法の局所的 2 次収束性）

目的関数 $f(\boldsymbol{x})$ は局所的最小解 $\boldsymbol{x}^*$ の開凸近傍 D で 2 回連続的微分可能とし，$\nabla^2 f(\boldsymbol{x}^*)$ は正定値であるとする．また，ヘッセ行列 $\nabla^2 f(\boldsymbol{x})$ が D においてリプシッツ連続であるとする．すなわち，任意のベクトル $\boldsymbol{x}, \boldsymbol{y} \in D$ に対して $\|\nabla^2 f(\boldsymbol{x}) - \nabla^2 f(\boldsymbol{y})\| \leq \gamma \|\boldsymbol{x} - \boldsymbol{y}\|$ が成り立つとする．ただし γ は正の定数である．このとき，初期点 $\boldsymbol{x}_0$ を $\boldsymbol{x}^*$ の十分近くに選べば，アルゴリズム 4.6 で生成される点列 $\{\boldsymbol{x}_k\}$ は解 $\boldsymbol{x}^*$ に収束し，かつ

$$\|\boldsymbol{x}_{k+1} - \boldsymbol{x}^*\| \leq \nu \|\boldsymbol{x}_k - \boldsymbol{x}^*\|^2 \tag{4.27}$$

が成り立つ．ただし ν は正定数である．

［証明］ 次の条件

$$\mathcal{N}(\boldsymbol{x}^*; \varepsilon) = \{\boldsymbol{x} \in \boldsymbol{R}^n \mid \|\boldsymbol{x} - \boldsymbol{x}^*\| < \varepsilon\} \subset D, \quad \|\nabla^2 f(\boldsymbol{x}^*)^{-1}\| \gamma \varepsilon < \frac{1}{2}$$

を満足するような非常に小さい正の数 ε を選び，初期点を $\boldsymbol{x}_0 \in \mathcal{N}(\boldsymbol{x}^*; \varepsilon)$ となるように選ぶ（以下では，全ての $k \geq 0$ に対して $\boldsymbol{x}_k \neq \boldsymbol{x}^*$ と仮定する）．

以下，数学的帰納法で証明するために k 回目の反復で $\boldsymbol{x}_k \in \mathcal{N}(\boldsymbol{x}^*; \varepsilon)$ が成り立っていると仮定する．ヘッセ行列のリプシッツ連続性と ε の選び方から

$$\begin{aligned}
\|\nabla^2 f(\boldsymbol{x}^*)^{-1}(\nabla^2 f(\boldsymbol{x}_k) - \nabla^2 f(\boldsymbol{x}^*))\| &\leq \|\nabla^2 f(\boldsymbol{x}^*)^{-1}\| \gamma \|\boldsymbol{x}_k - \boldsymbol{x}^*\| \\
&< \|\nabla^2 f(\boldsymbol{x}^*)^{-1}\| \gamma \varepsilon \\
&< \frac{1}{2} < 1
\end{aligned}$$

が成り立つので，Banach(バナッハ)の摂動定理（章末問題6参照）より $\nabla^2 f(\boldsymbol{x}_k)$ は正則となり，かつ

$$\begin{aligned}\|\nabla^2 f(\boldsymbol{x}_k)^{-1}\| &\leq \frac{\|\nabla^2 f(\boldsymbol{x}^*)^{-1}\|}{1 - \|\nabla^2 f(\boldsymbol{x}^*)^{-1}(\nabla^2 f(\boldsymbol{x}_k) - \nabla^2 f(\boldsymbol{x}^*))\|} \\ &< 2\|\nabla^2 f(\boldsymbol{x}^*)^{-1}\|\end{aligned}$$

が成り立つ．したがって，ニュートン法の反復式から

$$\begin{aligned}\|\boldsymbol{x}_{k+1} - \boldsymbol{x}^*\| &= \|(\boldsymbol{x}_k - \boldsymbol{x}^*) - \nabla^2 f(\boldsymbol{x}_k)^{-1}\nabla f(\boldsymbol{x}_k)\| \\ &\leq \|\nabla^2 f(\boldsymbol{x}_k)^{-1}\|\|\nabla f(\boldsymbol{x}_k) - \nabla f(\boldsymbol{x}^*) \\ &\quad -\nabla^2 f(\boldsymbol{x}_k)(\boldsymbol{x}_k - \boldsymbol{x}^*)\| \\ &< 2\|\nabla^2 f(\boldsymbol{x}^*)^{-1}\|\|\nabla f(\boldsymbol{x}_k) - \nabla f(\boldsymbol{x}^*) \\ &\quad -\nabla^2 f(\boldsymbol{x}_k)(\boldsymbol{x}_k - \boldsymbol{x}^*)\| \end{aligned} \tag{4.28}$$

を得る．ここで $\nabla f(\boldsymbol{x}^*) = \boldsymbol{0}$ を用いたことに注意せよ．このとき，平均値定理とヘッセ行列のリプシッツ連続性より次式を得る．

$$\begin{aligned}&\|\nabla f(\boldsymbol{x}_k) - \nabla f(\boldsymbol{x}^*) - \nabla^2 f(\boldsymbol{x}_k)(\boldsymbol{x}_k - \boldsymbol{x}^*)\| \\ &= \left\| \int_0^1 \nabla^2 f(\boldsymbol{x}^* + t(\boldsymbol{x}_k - \boldsymbol{x}^*))(\boldsymbol{x}_k - \boldsymbol{x}^*)dt - \nabla^2 f(\boldsymbol{x}_k)(\boldsymbol{x}_k - \boldsymbol{x}^*) \right\| \\ &= \left\| \int_0^1 (\nabla^2 f(\boldsymbol{x}^* + t(\boldsymbol{x}_k - \boldsymbol{x}^*)) - \nabla^2 f(\boldsymbol{x}_k))(\boldsymbol{x}_k - \boldsymbol{x}^*)dt \right\| \\ &\leq \int_0^1 \|\nabla^2 f(\boldsymbol{x}^* + t(\boldsymbol{x}_k - \boldsymbol{x}^*)) - \nabla^2 f(\boldsymbol{x}_k)\|\|\boldsymbol{x}_k - \boldsymbol{x}^*\|dt \\ &\leq \gamma\|\boldsymbol{x}_k - \boldsymbol{x}^*\|^2 \int_0^1 (1-t)dt \\ &= \frac{1}{2}\gamma\|\boldsymbol{x}_k - \boldsymbol{x}^*\|^2\end{aligned}$$

よって，式 (4.28) より

$$\|\boldsymbol{x}_{k+1} - \boldsymbol{x}^*\| < \gamma\|\nabla^2 f(\boldsymbol{x}^*)^{-1}\|\|\boldsymbol{x}_k - \boldsymbol{x}^*\|^2 \tag{4.29}$$

$$\begin{aligned}&< \gamma\varepsilon\|\nabla^2 f(\boldsymbol{x}^*)^{-1}\|\|\boldsymbol{x}_k - \boldsymbol{x}^*\| \\ &< \frac{1}{2}\|\boldsymbol{x}_k - \boldsymbol{x}^*\| \end{aligned} \tag{4.30}$$

$$< \varepsilon$$

となるので，式 (4.29) で $\nu = \gamma \|\nabla^2 f(\boldsymbol{x}^*)^{-1}\|$ とおけば式 (4.27) が成り立つこと，および $\boldsymbol{x}_{k+1} \in \mathcal{N}(\boldsymbol{x}^*; \varepsilon)$ であることが示された．また式 (4.30) より

$$\|\boldsymbol{x}_k - \boldsymbol{x}^*\| < \left(\frac{1}{2}\right)^k \|\boldsymbol{x}_0 - \boldsymbol{x}^*\|$$

が成り立つので，$k \to \infty$ のとき $\boldsymbol{x}_k$ が $\boldsymbol{x}^*$ に収束することがわかる．以上より定理が証明された． ■

式 (4.27) はニュートン法の2次収束性を示すものである．これは，2階微分の情報を取り込んでいることに起因する．また，直線探索をした場合，2次収束するためには解の十分近くでステップ幅 $\alpha_k = 1$ が採用されることが重要である．

以下はニュートン法の1反復の例である．

例5　**例3** と同様に2変数の目的関数

$$f(x_1, x_2) = x_1^4 + x_2^4 + 2x_1^2 + x_2^2 + x_1 x_2$$

について考える．この関数の勾配ベクトルとヘッセ行列はそれぞれ

$$\nabla f(\boldsymbol{x}) = \begin{bmatrix} 4x_1^3 + 4x_1 + x_2 \\ 4x_2^3 + 2x_2 + x_1 \end{bmatrix}$$

$$\nabla^2 f(\boldsymbol{x}) = \begin{bmatrix} 12x_1^2 + 4 & 1 \\ 1 & 12x_2^2 + 2 \end{bmatrix}$$

である．ニュートン法の k 回目の反復の近似解が $\boldsymbol{x}_k = \begin{bmatrix} 1 \\ -1 \end{bmatrix}$ であるとき，

$$f(\boldsymbol{x}_k) = 4, \quad \nabla f(\boldsymbol{x}_k) = \begin{bmatrix} 7 \\ -5 \end{bmatrix}, \quad \nabla^2 f(\boldsymbol{x}_k) = \begin{bmatrix} 16 & 1 \\ 1 & 14 \end{bmatrix}$$

になる．連立1次方程式

$$\nabla^2 f(\boldsymbol{x}_k) \boldsymbol{d}_k = -\nabla f(\boldsymbol{x}_k)$$

を解けば，探索方向

$$\boldsymbol{d}_k = \frac{1}{223} \begin{bmatrix} -103 \\ 87 \end{bmatrix}$$

が得られるので

$$
\begin{aligned}
\boldsymbol{x}_{k+1} &= \begin{bmatrix} 1 \\ -1 \end{bmatrix} + \frac{1}{223}\begin{bmatrix} -103 \\ 87 \end{bmatrix} \\
&= \frac{1}{223}\begin{bmatrix} 120 \\ -136 \end{bmatrix}
\end{aligned}
$$

となる．このとき目的関数値は $f(\boldsymbol{x}_{k+1}) \approx 0.845 < 4 = f(\boldsymbol{x}_k)$ である． □

ニュートン法は局所的に 2 次収束するという実用的に速い収束率をもつが，一般にはヘッセ行列が正定値である保証がないので，探索方向が $f(\boldsymbol{x})$ の降下方向になるとは限らない．したがって，直線探索法をそのまま利用することはできない．こうした欠点を補うための修正法として，次の 3 つが知られている．

(1) ヘッセ行列に適当な正定値対称行列 E_k を付け加えて，

$$\nabla^2 f(\boldsymbol{x}_k) + E_k$$

が正定値になるように修正する．そして連立 1 次方程式

$$(\nabla^2 f(\boldsymbol{x}_k) + E_k)\boldsymbol{d} = -\nabla f(\boldsymbol{x}_k)$$

を解いて探索方向 $\boldsymbol{d}_k$ を求めてから直線探索法を用いる．この方法を**修正ニュートン法** (modified Newton's method) という．また，行列 E_k として，正の数 λ を単位行列にかけた行列 λI が用いられることが多い．この場合は，ニュートン方程式に対する **Levenberg–Marquardt** (レベンバーグ・マルカート) **の修正**に対応する．

(2) ヘッセ行列 $\nabla^2 f(\boldsymbol{x}_k)$ を適当な正定値対称行列で近似する．この方法は準ニュートン法と呼ばれるもので，これについては次節で述べる．

(3) 降下方向が得られるとは限らないので，1 つの方向で直線探索をすることをやめて，現在の点 $\boldsymbol{x}_k$ の近傍で 2 次モデルを最小化することを実行する．これを信頼領域法という．信頼領域法については 4.10 節で説明する．

4.8 準ニュートン法

最急降下法の「大域的収束性」とニュートン法の「局所的に速い収束性」というそれぞれの長所をあわせもつような解法が研究されており，ここで紹介する**準ニュートン法** (quasi–Newton method) もその 1 つである．

4.8.1 ヘッセ行列を近似する準ニュートン法

ニュートン法の拠り所は，式 (4.16) で定義された 2 次モデル $q(\boldsymbol{d})$ のヘッセ行列 $\nabla^2 f(\boldsymbol{x}_k)$ が正定値のとき，連立 1 次方程式 (4.26) を解けば $q(\boldsymbol{d})$ を最小にする点が得られることであった．しかし，いつもヘッセ行列が正定値である保証はないので，ニュートン方向が $f(\boldsymbol{x})$ の降下方向になるとは限らない．そこで，ヘッセ行列を適当な正定値対称行列 B_k で近似した新しい 2 次モデル

$$Q(\boldsymbol{d}) = f(\boldsymbol{x}_k) + \nabla f(\boldsymbol{x}_k)^{\mathrm{T}}\boldsymbol{d} + \frac{1}{2}\boldsymbol{d}^{\mathrm{T}}B_k\boldsymbol{d} \tag{4.31}$$

を考えて，連立 1 次方程式 $B_k\boldsymbol{d} = -\nabla f(\boldsymbol{x}_k)$ の解として探索方向 $\boldsymbol{d}_k$ を求めるのが準ニュートン法である．こうすることによってヘッセ行列の計算が不要になる．さらに，$f(\boldsymbol{x})$ の点 $\boldsymbol{x}_k$ における $\boldsymbol{d}_k$ 方向の方向微係数は

$$\nabla f(\boldsymbol{x}_k)^{\mathrm{T}}\boldsymbol{d}_k = -\nabla f(\boldsymbol{x}_k)^{\mathrm{T}}B_k^{-1}\nabla f(\boldsymbol{x}_k) < 0$$

となるので，探索方向 $\boldsymbol{d}_k$ は目的関数の降下方向になる．

さて，ヘッセ行列の情報を近似行列に取り込むための条件について説明する．近似解と勾配の変化量について

$$\boldsymbol{s}_k = \boldsymbol{x}_{k+1} - \boldsymbol{x}_k, \quad \boldsymbol{y}_k = \nabla f(\boldsymbol{x}_{k+1}) - \nabla f(\boldsymbol{x}_k) \tag{4.32}$$

とおいたとき，$\nabla f(\boldsymbol{x})$ のテイラー展開

$$\nabla f(\boldsymbol{x}_k) = \nabla f(\boldsymbol{x}_{k+1}) + \nabla^2 f(\boldsymbol{x}_{k+1})(\boldsymbol{x}_k - \boldsymbol{x}_{k+1}) + \cdots$$

を $(\boldsymbol{x}_k - \boldsymbol{x}_{k+1})$ の項で打ち切ると $\nabla^2 f(\boldsymbol{x}_{k+1})\boldsymbol{s}_k \approx \boldsymbol{y}_k$ となる．そこで，近似行列 B_{k+1} が次式を満たすことが要請される．

$$B_{k+1}\boldsymbol{s}_k = \boldsymbol{y}_k \tag{4.33}$$

これは B_{k+1} が $\boldsymbol{s}_k$ 方向で $\nabla^2 f(\boldsymbol{x}_{k+1})$ を近似することを課すもので，**セカント条件** (secant condition) と呼ばれている．準ニュートン法では，セカント条件

(4.33) を満足するように B_k を更新して B_{k+1} が作られる[3)].

直線探索法と組合せた準ニュートン法のアルゴリズムは，次のように記述される．

アルゴリズム 4.7 (準ニュートン法)

step0 初期設定をする（初期点 $\boldsymbol{x}_0$ や正定値対称な初期行列 B_0 を与える．$k = 0$ とおく）．

step1 停止条件が満たされていれば，$\boldsymbol{x}_k$ を解とみなして停止する．さもなければ，step2 へいく．

step2 連立 1 次方程式

$$B_k \boldsymbol{d} = -\nabla f(\boldsymbol{x}_k) \tag{4.34}$$

を解いて探索方向 $\boldsymbol{d}_k$ を求める．

step3 $\boldsymbol{d}_k$ 方向でのステップ幅 α_k を求める（直線探索）．

step4 $\boldsymbol{x}_{k+1} = \boldsymbol{x}_k + \alpha_k \boldsymbol{d}_k$ とおく．

step5 B_k を更新して B_{k+1} を生成する．$k := k+1$ とおいて step1 へいく．

セカント条件を満足する B_{k+1} は無数に存在するので，いろいろな種類の更新公式が考えられている．次の 2 つの公式が代表的である．

(i) 1960 年代前半に Davidon (ディビドン) と Fletcher–Powell (フレッチャー・パウエル) によって提案された **DFP 公式**：

$$\begin{aligned} B_{k+1} &= B_k + \frac{(\boldsymbol{y}_k - B_k \boldsymbol{s}_k)\boldsymbol{y}_k^{\mathrm{T}} + \boldsymbol{y}_k(\boldsymbol{y}_k - B_k \boldsymbol{s}_k)^{\mathrm{T}}}{\boldsymbol{s}_k^{\mathrm{T}} \boldsymbol{y}_k} \\ &\quad - \frac{\boldsymbol{s}_k^{\mathrm{T}}(\boldsymbol{y}_k - B_k \boldsymbol{s}_k)}{(\boldsymbol{s}_k^{\mathrm{T}} \boldsymbol{y}_k)^2} \boldsymbol{y}_k \boldsymbol{y}_k^{\mathrm{T}} \\ &= B_k - \frac{B_k \boldsymbol{s}_k \boldsymbol{y}_k^{\mathrm{T}} + \boldsymbol{y}_k (B_k \boldsymbol{s}_k)^{\mathrm{T}}}{\boldsymbol{s}_k^{\mathrm{T}} \boldsymbol{y}_k} \\ &\quad + \left(1 + \frac{\boldsymbol{s}_k^{\mathrm{T}} B_k \boldsymbol{s}_k}{\boldsymbol{s}_k^{\mathrm{T}} \boldsymbol{y}_k}\right) \frac{\boldsymbol{y}_k \boldsymbol{y}_k^{\mathrm{T}}}{\boldsymbol{s}_k^{\mathrm{T}} \boldsymbol{y}_k} \end{aligned} \tag{4.35}$$

3) 準ニュートン法は課される条件に応じていくつかの別名が付けられている．セカント条件が課されることから**セカント法** (secant method) とも呼ばれる．また，正定値性を課す場合には**可変計量法** (variable metric method) と呼ばれることもある．

(ii) 1970年にBroyden(ブロイデン), Fletcher(フレッチャー), Goldfarb (ゴールドファルブ), Shanno(シャノ) によってそれぞれ独立に提案された**BFGS公式**：

$$B_{k+1} = B_k - \frac{B_k \boldsymbol{s}_k (B_k \boldsymbol{s}_k)^{\mathrm{T}}}{\boldsymbol{s}_k^{\mathrm{T}} B_k \boldsymbol{s}_k} + \frac{\boldsymbol{y}_k \boldsymbol{y}_k^{\mathrm{T}}}{\boldsymbol{s}_k^{\mathrm{T}} \boldsymbol{y}_k} \tag{4.36}$$

歴史的には，DFP公式の登場が最適化問題に対する準ニュートン法の研究のはじまりであるが，その後，いろいろな更新公式が発明された．現在ではBFGS公式が最も有効であることが広く認められている．

以下に，BFGS公式 (4.36) と Armijo (または Wolfe) 条件を用いた準ニュートン法のアルゴリズムを記述する．

アルゴリズム 4.8 (準ニュートン法（BFGS公式))

step0 初期点 $\boldsymbol{x}_0$，初期行列 B_0 (通常は単位行列が選ばれる) を与える．$k = 0$ とおく．

step1 連立1次方程式 (4.34) を解いて，探索方向 $\boldsymbol{d}_k$ を求める．

step2 Armijo (または Wolfe) 条件を用いた直線探索によって，$\boldsymbol{d}_k$ 方向のステップ幅 α_k を求める（アルゴリズム 4.2 参照)．

step3 $\boldsymbol{x}_{k+1} = \boldsymbol{x}_k + \alpha_k \boldsymbol{d}_k$ とおく．

step4 停止条件が満たされていれば，$\boldsymbol{x}_{k+1}$ を解とみなして停止する．さもなければ step5 へいく．

step5 $\boldsymbol{s}_k$ と $\boldsymbol{y}_k$ を式 (4.32) から計算する．

step6 BFGS公式 (4.36) を用いて行列を更新する．

step7 $k := k + 1$ とおいて step1 へいく．

注意1 初期行列 B_0 が与えられたとき，step6 で**初期サイジング**を用いるのも効果的である．具体的には，$k = 0$ のとき直接 B_0 を更新するのではなくて，サイジングをした行列 $\dfrac{\boldsymbol{s}_0^{\mathrm{T}} \boldsymbol{y}_0}{\boldsymbol{s}_0^{\mathrm{T}} B_0 \boldsymbol{s}_0} B_0$ または $\dfrac{\boldsymbol{y}_0^{\mathrm{T}} B_0^{-1} \boldsymbol{y}_0}{\boldsymbol{s}_0^{\mathrm{T}} \boldsymbol{y}_0} B_0$ を step6 で更新することが考えられている．ただし，係数が正でない場合には B_0 そのものを更新する． □

更新の様子を次の例でながめてみよう．

例 6 2変数関数最小化問題

$$\text{最小化} \quad f(x_1, x_2) = \frac{1}{2}(x_1 - x_2^2)^2 + \frac{1}{2}(x_2 - 2)^2$$

を考える．このとき，最小解は $\boldsymbol{x}^* = [4, 2]^{\mathrm{T}}$ であり，勾配ベクトルは

$$\nabla f(x) = \begin{bmatrix} x_1 - x_2^2 \\ -2x_2(x_1 - x_2^2) + x_2 - 2 \end{bmatrix}$$

である．k 回目の反復での近似解と近似行列をそれぞれ $\boldsymbol{x}_k = \begin{bmatrix} 0 \\ 0 \end{bmatrix}$，$B_k = \begin{bmatrix} 1 & -2 \\ -2 & 6 \end{bmatrix}$ とするならば，$\nabla f(\boldsymbol{x}_k) = \begin{bmatrix} 0 \\ -2 \end{bmatrix}$ なので，探索方向 $\boldsymbol{d}_k = \begin{bmatrix} 2 \\ 1 \end{bmatrix}$ を得る．ステップ幅を $\alpha_k = 1$ とすれば $\boldsymbol{x}_{k+1} = \begin{bmatrix} 2 \\ 1 \end{bmatrix}$，$f(\boldsymbol{x}_{k+1}) = 1 < 2 = f(\boldsymbol{x}_k)$，$\nabla f(\boldsymbol{x}_{k+1}) = \begin{bmatrix} 1 \\ -3 \end{bmatrix}$ となる．このとき，更新に必要なベクトルやスカラーが

$$\boldsymbol{s}_k = \boldsymbol{x}_{k+1} - \boldsymbol{x}_k = \begin{bmatrix} 2 \\ 1 \end{bmatrix}, \quad \boldsymbol{y}_k = \nabla f(\boldsymbol{x}_{k+1}) - \nabla f(\boldsymbol{x}_k) = \begin{bmatrix} 1 \\ -1 \end{bmatrix}$$

$$B_k \boldsymbol{s}_k = \begin{bmatrix} 0 \\ 2 \end{bmatrix}, \quad \boldsymbol{s}_k^{\mathrm{T}} \boldsymbol{y}_k = 1, \quad \boldsymbol{s}_k^{\mathrm{T}} B_k \boldsymbol{s}_k = 2$$

として得られる．したがって近似行列を BFGS 公式で更新すれば

$$B_{k+1} = \begin{bmatrix} 1 & -2 \\ -2 & 6 \end{bmatrix} - \frac{1}{2}\begin{bmatrix} 0 \\ 2 \end{bmatrix}[0,\ 2] + \begin{bmatrix} 1 \\ -1 \end{bmatrix}[1,\ -1] = \begin{bmatrix} 2 & -3 \\ -3 & 5 \end{bmatrix}$$

となる． □

例 6 をみればわかるように，ベクトル $\boldsymbol{s}_k, \boldsymbol{y}_k, B_k \boldsymbol{s}_k$ を用意しておけば，$\mathcal{O}(n^2)$ の計算量で更新することができる．

次の定理は BFGS 公式を用いた準ニュートン法の性質をまとめたものである．ほかのいくつかの更新公式でも類似の性質が示されている．

定理 4.8 (BFGS 公式を用いた準ニュートン法の性質)

BFGS 公式を用いた準ニュートン法で生成される点列 $\{\boldsymbol{x}_k\}$ と行列の列 $\{B_k\}$ について次の性質が成り立つ．ここで $\boldsymbol{x}^*$ は $\nabla f(\boldsymbol{x}^*) = \boldsymbol{0}$ を満たす点とする．

(1) 行列 $\{B_k\}$ はセカント条件 (4.33) を満足する．

(2) B_k が対称ならば，B_{k+1} も対称になる．

(3) B_k が正定値対称で，かつ $\boldsymbol{s}_k$ と $\boldsymbol{y}_k$ が $\boldsymbol{s}_k^{\mathrm{T}}\boldsymbol{y}_k > 0$ を満たすとき，B_{k+1} は正定値対称になる．

(4) D を $\boldsymbol{x}^*$ を含む開凸集合とし，点 $\boldsymbol{x}^*$ におけるヘッセ行列 $\nabla^2 f(\boldsymbol{x}^*)$ が正定値で，かつ，$\nabla^2 f(\boldsymbol{x})$ が D でリプシッツ連続であるとする．このとき，$\boldsymbol{x}_{k+1} = \boldsymbol{x}_k - B_k^{-1}\nabla f(\boldsymbol{x}_k)$ で生成される点列 $\{\boldsymbol{x}_k\}$ は $\boldsymbol{x}^*$ に局所的に超1次収束する（ニュートン法の場合と同様に，速い収束を達成するためには $\alpha_k = 1$ が採用されることが重要である）．

(5) f は2回連続的微分可能な凸関数で，下に有界であるとする．初期点 $\boldsymbol{x}_0$ における $f(\boldsymbol{x})$ の準位集合を $\Lambda = \{\boldsymbol{x} \in \boldsymbol{R}^n \mid f(\boldsymbol{x}) \leq f(\boldsymbol{x}_0)\}$ としたとき，$\nabla^2 f(\boldsymbol{x})$ は Λ 上で有界であるとする．また，初期行列 B_0 は任意の正定値対称行列とする．このとき，Wolfe 条件を用いた直線探索法で生成される点列 $\{\boldsymbol{x}_k\}$ に対して，

$$\liminf_{k\to\infty} \|\nabla f(\boldsymbol{x}_k)\| = 0$$

が成り立つ．さらに，ある正定数 ν_1, ν_2 が存在して $\nabla^2 f(\boldsymbol{x})$ が

$$\nu_1\|\boldsymbol{v}\|^2 \leq \boldsymbol{v}^{\mathrm{T}}\nabla^2 f(\boldsymbol{x})\boldsymbol{v} \leq \nu_2\|\boldsymbol{v}\|^2 \quad (\forall \boldsymbol{v} \in \boldsymbol{R}^n, \quad \forall \boldsymbol{x} \in \Lambda)$$

を満足するならば

$$\lim_{k\to\infty} \boldsymbol{x}_k = \boldsymbol{x}^*$$

が成り立つ．

(6) 狭義凸2次関数

$$f(\boldsymbol{x}) = \frac{1}{2}\boldsymbol{x}^{\mathrm{T}}A\boldsymbol{x} - \boldsymbol{b}^{\mathrm{T}}\boldsymbol{x} \quad (\boldsymbol{x}, \boldsymbol{b} \in \boldsymbol{R}^n,\ A \in \boldsymbol{R}^{n\times n} \text{は正定値対称})$$

の最小化問題において $B_0 = I$ と選び正確な直線探索を行えば，生成される探索方向は行列 A に関して互いに共役になる[4]．そして，高々 n 回の反復で最適解 $\boldsymbol{x}^* = A^{-1}\boldsymbol{b}$ が得られ，$B_n = A$ となる（**共役勾配法**と同じ点列を生成する）．

4） 共役性については 4.6 節を参照せよ．

注意2 上記の性質 (3) より，近似行列が正定値性を保存するためには $\boldsymbol{s}_k^{\mathrm{T}}\boldsymbol{y}_k > 0$ を満たすことが本質的であることがわかる．この条件は Wolfe 条件 (4.8) を満たすステップ幅に対して成り立つことに注意されたい (章末問題 7, 8 を参照)．

また別の更新公式として，必ずしも正定値性を保存する保証はないが，次の**対称ランクワン公式** (symmetric rank one update) も知られている．

$$B_{k+1} = B_k + \frac{(\boldsymbol{y}_k - B_k\boldsymbol{s}_k)(\boldsymbol{y}_k - B_k\boldsymbol{s}_k)^{\mathrm{T}}}{\boldsymbol{s}_k^{\mathrm{T}}(\boldsymbol{y}_k - B_k\boldsymbol{s}_k)} \tag{4.37}$$

4.8.2 ヘッセ行列の逆行列を近似する準ニュートン法

4.8.1 項ではヘッセ行列 $\nabla^2 f(\boldsymbol{x}_k)$ を行列 B_k で近似する立場で議論したが，ヘッセ行列の逆行列 $\nabla^2 f(\boldsymbol{x}_k)^{-1}$ を行列 H_k で近似することも考えられる．このとき $H_k = B_k^{-1}$ の関係があるので，探索方向は連立 1 次方程式を解くことなく，直接

$$\boldsymbol{d}_k = -H_k\nabla f(\boldsymbol{x}_k) \tag{4.38}$$

として求まる．H_k の更新公式は，BFGS 公式 (4.36) の逆行列を計算することによって得られる．具体的に，Sherman–Morrison (シャーマン・モリソン) 公式[5] を B_{k+1} に適用すれば

$$B_{k+1}^{-1} = \left(B_k + \frac{\boldsymbol{y}_k\boldsymbol{y}_k^{\mathrm{T}}}{\boldsymbol{s}_k^{\mathrm{T}}\boldsymbol{y}_k}\right)^{-1} + \frac{\left(B_k + \frac{\boldsymbol{y}_k\boldsymbol{y}_k^{\mathrm{T}}}{\boldsymbol{s}_k^{\mathrm{T}}\boldsymbol{y}_k}\right)^{-1} \frac{B_k\boldsymbol{s}_k(B_k\boldsymbol{s}_k)^{\mathrm{T}}}{\boldsymbol{s}_k^{\mathrm{T}}B_k\boldsymbol{s}_k} \left(B_k + \frac{\boldsymbol{y}_k\boldsymbol{y}_k^{\mathrm{T}}}{\boldsymbol{s}_k^{\mathrm{T}}\boldsymbol{y}_k}\right)^{-1}}{1 - \frac{1}{\boldsymbol{s}_k^{\mathrm{T}}B_k\boldsymbol{s}_k}(B_k\boldsymbol{s}_k)^{\mathrm{T}}\left(B_k + \frac{\boldsymbol{y}_k\boldsymbol{y}_k^{\mathrm{T}}}{\boldsymbol{s}_k^{\mathrm{T}}\boldsymbol{y}_k}\right)^{-1} B_k\boldsymbol{s}_k}$$

となる．ここで，再び Sherman–Morrison 公式を用いれば

$$\left(B_k + \frac{\boldsymbol{y}_k\boldsymbol{y}_k^{\mathrm{T}}}{\boldsymbol{s}_k^{\mathrm{T}}\boldsymbol{y}_k}\right)^{-1} = B_k^{-1} - \frac{B_k^{-1}\frac{\boldsymbol{y}_k\boldsymbol{y}_k^{\mathrm{T}}}{\boldsymbol{s}_k^{\mathrm{T}}\boldsymbol{y}_k}B_k^{-1}}{1 + \frac{1}{\boldsymbol{s}_k^{\mathrm{T}}\boldsymbol{y}_k}\boldsymbol{y}_k^{\mathrm{T}}B_k^{-1}\boldsymbol{y}_k}$$

となるので，これを上式に代入して $H_k = B_k^{-1}$ と置き直せば

5) 章末問題 9 を参照されたい．

$$H_{k+1} = H_k - \frac{H_k \boldsymbol{y}_k \boldsymbol{s}_k^{\mathrm{T}} + \boldsymbol{s}_k (H_k \boldsymbol{y}_k)^{\mathrm{T}}}{\boldsymbol{s}_k^{\mathrm{T}} \boldsymbol{y}_k} + \left(1 + \frac{\boldsymbol{y}_k^{\mathrm{T}} H_k \boldsymbol{y}_k}{\boldsymbol{s}_k^{\mathrm{T}} \boldsymbol{y}_k}\right) \frac{\boldsymbol{s}_k \boldsymbol{s}_k^{\mathrm{T}}}{\boldsymbol{s}_k^{\mathrm{T}} \boldsymbol{y}_k} \tag{4.39}$$

を得る．これを H 公式の BFGS 公式と呼ぶ（これに対して式 (4.36) を B 公式の BFGS 公式と呼ぶこともある）．

アルゴリズム 4.8 において方程式 (4.34) を式 (4.38) で，公式 (4.36) を公式 (4.39) でそれぞれ置き換えれば，H_k を用いた準ニュートン法が得られる．H 公式を用いた準ニュートン法のアルゴリズムは次の通りである．

アルゴリズム 4.9（準ニュートン法（H 公式の BFGS 公式））

step0　初期点 $\boldsymbol{x}_0$，初期行列 H_0(通常は単位行列が選ばれる) を与える．$k = 0$ とおく．

step1　探索方向 $\boldsymbol{d}_k = -H_k \nabla f(\boldsymbol{x}_k)$ を求める．

step2　Armijo (または Wolfe) 条件を用いた直線探索によって，$\boldsymbol{d}_k$ 方向のステップ幅 α_k を求める（アルゴリズム 4.2 参照）．

step3　$\boldsymbol{x}_{k+1} = \boldsymbol{x}_k + \alpha_k \boldsymbol{d}_k$ とおく．

step4　停止条件が満たされていれば，$\boldsymbol{x}_{k+1}$ を解とみなして停止する．さもなければ step5 へいく．

step5　$\boldsymbol{s}_k$ と $\boldsymbol{y}_k$ を式 (4.32) から計算する．

step6　H 公式の BFGS 公式 (4.39) を用いて行列を更新する．

step7　$k := k + 1$ とおいて step1 へいく．

注意3　アルゴリズム 4.8 の場合と同様に，step6 で**初期サイジング**を用いるのも効果的である．具体的には，$k = 0$ のとき直接 H_0 を更新するのではなくて，サイジングをした行列 $\dfrac{\boldsymbol{s}_0^{\mathrm{T}} H_0^{-1} \boldsymbol{s}_0}{\boldsymbol{s}_0^{\mathrm{T}} \boldsymbol{y}_0} H_0$ または $\dfrac{\boldsymbol{s}_0^{\mathrm{T}} \boldsymbol{y}_0}{\boldsymbol{y}_0^{\mathrm{T}} H_0 \boldsymbol{y}_0} H_0$ を step6 で更新する．ただし，係数が正でない場合には H_0 そのものを更新する．　□

連立 1 次方程式を解く必要がないという点では H_k を用いた準ニュートン法は有利だが，実際の数値計算では，B_k を用いた場合でも同程度の計算量で探索方向を求めることができるよう工夫されている．実際，B_k の Cholesky（コレスキー，チョレスキー）分解から B_{k+1} の Cholesky 分解を $\mathcal{O}(n^2)$ の計算量で直接求めるアルゴリズムが考案されている．このとき連立 1 次方程式 $B_k\boldsymbol{d}_k = -\nabla f(\boldsymbol{x}_k)$ も $\mathcal{O}(n^2)$ の計算量で解くことができる．B 公式と H 公式のいずれがよいかは場合による．ヘッセ行列が特別な構造をもっている場合には，近似行列にもそうした情報を組み込むことが考えられるので B_k を用いるほうが自然である．また，第 5 章で紹介する制約付き最小化問題の解法では B 公式の BFGS 公式（の修正版）がよく利用されている．

なお，BFGS 公式と DFP 公式には特別な関係があって，B 公式の DFP 公式 (4.35) で $B_k, \boldsymbol{s}_k, \boldsymbol{y}_k$ を $H_k, \boldsymbol{y}_k, \boldsymbol{s}_k$ で置き換えれば H 公式の BFGS 公式 (4.39) が得られ，また，B 公式の BFGS 公式 (4.36) で同じ置き換えをすれば H 公式の DFP 公式が得られる（$B_{k+1}H_{k+1} = I$ になることを確かめてみよ）．他方，対称ランクワン公式 (4.37) の逆行列は

$$H_{k+1} = H_k + \frac{(\boldsymbol{s}_k - H_k\boldsymbol{y}_k)(\boldsymbol{s}_k - H_k\boldsymbol{y}_k)^{\mathrm{T}}}{\boldsymbol{y}_k^{\mathrm{T}}(\boldsymbol{s}_k - H_k\boldsymbol{y}_k)} \tag{4.40}$$

となり，上記の置き換えをすれば自分自身に対応する（章末問題 10 参照）．

この節を終えるにあたって，準ニュートン法（BFGS 公式）を凸 2 次関数最小化問題に適用した例を示す（定理 4.8 (6) を参照）．

例 7 **例 4** と同様に凸 2 次関数

$$\begin{aligned} f(x_1, x_2) &= \frac{1}{2}[x_1, x_2]\begin{bmatrix} 3 & 1 \\ 1 & 2 \end{bmatrix}\begin{bmatrix} x_1 \\ x_2 \end{bmatrix} - [6,\ 7]\begin{bmatrix} x_1 \\ x_2 \end{bmatrix} \\ &= \frac{3}{2}x_1^2 + x_1x_2 + x_2^2 - 6x_1 - 7x_2 \end{aligned}$$

を最小化する問題を考える．初期点を $\boldsymbol{x}_0 = \begin{bmatrix} 2 \\ 1 \end{bmatrix}$，初期行列を $H_0 = \begin{bmatrix} 1 & 0 \\ 0 & 1 \end{bmatrix}$ として BFGS 公式 (H 公式) を用いた準ニュートン法でこの問題の最適解を求めてみよう．ただし，正確な直線探索 (4.5) を用いる（**例 4** と同じ点列を生成することに注意）．

(i) $k = 0$ のとき：

$\nabla f(\boldsymbol{x}_0) = \begin{bmatrix} 1 \\ -3 \end{bmatrix}$ なので，$\boldsymbol{d}_0 = -H_0\nabla f(\boldsymbol{x}_0) = \begin{bmatrix} -1 \\ 3 \end{bmatrix}$ となる．ここで $\boldsymbol{d}_0^{\mathrm{T}}\nabla f(\boldsymbol{x}_0) = -10$，$\boldsymbol{d}_0^{\mathrm{T}}A\boldsymbol{d}_0 = 15$ なので，ステップ幅は $\alpha_0 = 2/3$ となり，次

の点を得る．

$$\boldsymbol{x}_1 = \begin{bmatrix} 2 \\ 1 \end{bmatrix} + \frac{2}{3}\begin{bmatrix} -1 \\ 3 \end{bmatrix} = \begin{bmatrix} 4/3 \\ 3 \end{bmatrix}$$

このとき $\nabla f(\boldsymbol{x}_1) = \begin{bmatrix} 1 \\ 1/3 \end{bmatrix}$ である．

次にベクトル

$$\boldsymbol{s}_0 = \boldsymbol{x}_1 - \boldsymbol{x}_0 = \begin{bmatrix} -2/3 \\ 2 \end{bmatrix}, \quad \boldsymbol{y}_0 = \nabla f(\boldsymbol{x}_1) - \nabla f(\boldsymbol{x}_0) = \begin{bmatrix} 0 \\ 10/3 \end{bmatrix}$$

を計算すれば，$\boldsymbol{s}_0^{\mathrm{T}}\boldsymbol{y}_0 = 20/3$，$\boldsymbol{y}_0^{\mathrm{T}}H_0\boldsymbol{y}_0 = 100/9$ となる．よって

$$\frac{H_0\boldsymbol{y}_0\boldsymbol{s}_0^{\mathrm{T}} + \boldsymbol{s}_0\boldsymbol{y}_0^{\mathrm{T}}H_0}{\boldsymbol{s}_0^{\mathrm{T}}\boldsymbol{y}_0} = \frac{1}{3}\begin{bmatrix} 0 & -1 \\ -1 & 6 \end{bmatrix}$$

$$\left(1 + \frac{\boldsymbol{y}_0^{\mathrm{T}}H_0\boldsymbol{y}_0}{\boldsymbol{s}_0^{\mathrm{T}}\boldsymbol{y}_0}\right)\frac{\boldsymbol{s}_0\boldsymbol{s}_0^{\mathrm{T}}}{\boldsymbol{s}_0^{\mathrm{T}}\boldsymbol{y}_0} = \frac{8}{45}\begin{bmatrix} 1 & -3 \\ -3 & 9 \end{bmatrix}$$

なので，BFGS 公式 (H 公式) を用いて近似行列を更新すれば

$$H_1 = \begin{bmatrix} 1 & 0 \\ 0 & 1 \end{bmatrix} - \frac{1}{3}\begin{bmatrix} 0 & -1 \\ -1 & 6 \end{bmatrix} + \frac{8}{45}\begin{bmatrix} 1 & -3 \\ -3 & 9 \end{bmatrix} = \frac{1}{45}\begin{bmatrix} 53 & -9 \\ -9 & 27 \end{bmatrix}$$

を得る．

(ii)　$k = 1$ のとき：

探索方向を計算する．

$$\boldsymbol{d}_1 = -H_1\nabla f(\boldsymbol{x}_1) = -\frac{10}{9}\begin{bmatrix} 1 \\ 0 \end{bmatrix}$$

ステップ幅は $\alpha_1 = \dfrac{3}{10}$ となるので，次の点を得る．

$$\boldsymbol{x}_2 = \boldsymbol{x}_1 + \alpha_1\boldsymbol{d}_1 = \begin{bmatrix} 1 \\ 3 \end{bmatrix}$$

このとき $\nabla f(\boldsymbol{x}_2) = \begin{bmatrix} 0 \\ 0 \end{bmatrix}$ となるので，2 回の反復で最適解に到達したことになる．実際はこれで計算を終了するが，以下では新しい行列 H_2 が行列 A の逆行列になることを確認する．

ベクトル $\boldsymbol{s}_1$，$\boldsymbol{y}_1$，$H_1\boldsymbol{y}_1$：

$$\boldsymbol{s}_1 = \boldsymbol{x}_2 - \boldsymbol{x}_1 = -\frac{1}{3}\begin{bmatrix} 1 \\ 0 \end{bmatrix}, \quad \boldsymbol{y}_1 = \nabla f(\boldsymbol{x}_2) - \nabla f(\boldsymbol{x}_1) = -\frac{1}{3}\begin{bmatrix} 3 \\ 1 \end{bmatrix},$$

$$H_1\boldsymbol{y}_1 = -\frac{10}{9}\begin{bmatrix} 1 \\ 0 \end{bmatrix}$$

を計算すれば，$\boldsymbol{s}_1^{\mathrm{T}}\boldsymbol{y}_1 = \dfrac{1}{3}$，$\boldsymbol{y}_1^{\mathrm{T}}H_1\boldsymbol{y}_1 = \dfrac{10}{9}$ となる．

$$\frac{H_1\boldsymbol{y}_1\boldsymbol{s}_1^{\mathrm{T}} + \boldsymbol{s}_1\boldsymbol{y}_1^{\mathrm{T}}H_1}{\boldsymbol{s}_1^{\mathrm{T}}\boldsymbol{y}_1} = \frac{20}{9}\begin{bmatrix} 1 & 0 \\ 0 & 0 \end{bmatrix}$$

$$\left(1 + \frac{\boldsymbol{y}_1^{\mathrm{T}}H_1\boldsymbol{y}_1}{\boldsymbol{s}_1^{\mathrm{T}}\boldsymbol{y}_1}\right)\frac{\boldsymbol{s}_1\boldsymbol{s}_1^{\mathrm{T}}}{\boldsymbol{s}_1^{\mathrm{T}}\boldsymbol{y}_1} = \frac{13}{9}\begin{bmatrix} 1 & 0 \\ 0 & 0 \end{bmatrix}$$

なので，BFGS 公式 (H 公式) を用いて近似行列を更新すれば

$$\begin{aligned} H_2 &= \frac{1}{45}\begin{bmatrix} 53 & -9 \\ -9 & 27 \end{bmatrix} - \frac{20}{9}\begin{bmatrix} 1 & 0 \\ 0 & 0 \end{bmatrix} + \frac{13}{9}\begin{bmatrix} 1 & 0 \\ 0 & 0 \end{bmatrix} \\ &= \frac{1}{5}\begin{bmatrix} 2 & -1 \\ -1 & 3 \end{bmatrix} \end{aligned}$$

を得る．ここで $H_2 = A^{-1}$ であることに注意されたい． □

4.9 記憶制限準ニュートン法

変数の数が非常に大きい問題，いわゆる大規模問題に対する数値解法として，ヘッセ行列の疎（スパース）構造を利用した非厳密ニュートン法や行列を用いない共役勾配法などがよく知られている．一方，準ニュートン法は，そうした解法に比べて近似行列（ほとんどの成分が非零である密行列になることに注意）を保存する点において不利である．そこで，近似行列の更新公式を行列の形ではなく数本のベクトルを用いて保存することによって計算機の記憶容量を大幅に削減した準ニュートン法が考えられている．これが，本節で述べる**記憶制限準ニュートン法** (limited memory quasi–Newton method) である．この解法は，大規模な無制約最小化問題を解くことを目的として 1980 年に Nocedal(ノーセダル) によって提案された．

本質的な考え方は，ヘッセ行列の逆行列 $\nabla^2 f(\boldsymbol{x}_k)^{-1}$ を近似するのに H 公式の BFGS 公式 (4.39) を用いることである．k 回目の反復における BFGS 公式は

$$\begin{aligned} H_k &= H_{k-1} - \frac{H_{k-1}\boldsymbol{y}_{k-1}\boldsymbol{s}_{k-1}^{\mathrm{T}} + \boldsymbol{s}_{k-1}\boldsymbol{y}_{k-1}^{\mathrm{T}}H_{k-1}}{\boldsymbol{s}_{k-1}^{\mathrm{T}}\boldsymbol{y}_{k-1}} \\ &\quad + \left(1 + \frac{\boldsymbol{y}_{k-1}^{\mathrm{T}}H_{k-1}\boldsymbol{y}_{k-1}}{\boldsymbol{s}_{k-1}^{\mathrm{T}}\boldsymbol{y}_{k-1}}\right)\frac{\boldsymbol{s}_{k-1}\boldsymbol{s}_{k-1}^{\mathrm{T}}}{\boldsymbol{s}_{k-1}^{\mathrm{T}}\boldsymbol{y}_{k-1}} \\ &= \left(I - \frac{\boldsymbol{y}_{k-1}\boldsymbol{s}_{k-1}^{\mathrm{T}}}{\boldsymbol{s}_{k-1}^{\mathrm{T}}\boldsymbol{y}_{k-1}}\right)^{\mathrm{T}} H_{k-1}\left(I - \frac{\boldsymbol{y}_{k-1}\boldsymbol{s}_{k-1}^{\mathrm{T}}}{\boldsymbol{s}_{k-1}^{\mathrm{T}}\boldsymbol{y}_{k-1}}\right) + \frac{\boldsymbol{s}_{k-1}\boldsymbol{s}_{k-1}^{\mathrm{T}}}{\boldsymbol{s}_{k-1}^{\mathrm{T}}\boldsymbol{y}_{k-1}} \end{aligned}$$

と書けるので，

$$V_i = I - \frac{\boldsymbol{y}_i\boldsymbol{s}_i^{\mathrm{T}}}{\boldsymbol{s}_i^{\mathrm{T}}\boldsymbol{y}_i}$$

とおけば

$$H_k = V_{k-1}^{\mathrm{T}}H_{k-1}V_{k-1} + \frac{\boldsymbol{s}_{k-1}\boldsymbol{s}_{k-1}^{\mathrm{T}}}{\boldsymbol{s}_{k-1}^{\mathrm{T}}\boldsymbol{y}_{k-1}}$$

を得る．このとき $k-1$ 回目の BFGS 公式

$$H_{k-1} = V_{k-2}^{\mathrm{T}}H_{k-2}V_{k-2} + \frac{\boldsymbol{s}_{k-2}\boldsymbol{s}_{k-2}^{\mathrm{T}}}{\boldsymbol{s}_{k-2}^{\mathrm{T}}\boldsymbol{y}_{k-2}}$$

を上式に代入すれば

$$H_k = V_{k-1}^{\mathrm{T}} V_{k-2}^{\mathrm{T}} H_{k-2} V_{k-2} V_{k-1} + V_{k-1}^{\mathrm{T}} \frac{\boldsymbol{s}_{k-2}\boldsymbol{s}_{k-2}^{\mathrm{T}}}{\boldsymbol{s}_{k-2}^{\mathrm{T}}\boldsymbol{y}_{k-2}} V_{k-1} + \frac{\boldsymbol{s}_{k-1}\boldsymbol{s}_{k-1}^{\mathrm{T}}}{\boldsymbol{s}_{k-1}^{\mathrm{T}}\boldsymbol{y}_{k-1}}$$

となる．この操作を順々に繰り返して番号を遡っていけば，結局，

$$\begin{aligned} H_k = & (V_0 V_1 \cdots V_{k-2} V_{k-1})^{\mathrm{T}} H_0 (V_0 V_1 \cdots V_{k-2} V_{k-1}) \\ & + (V_1 V_2 \cdots V_{k-2} V_{k-1})^{\mathrm{T}} \frac{\boldsymbol{s}_0 \boldsymbol{s}_0^{\mathrm{T}}}{\boldsymbol{s}_0^{\mathrm{T}} \boldsymbol{y}_0} (V_1 V_2 \cdots V_{k-2} V_{k-1}) + \cdots \\ & + (V_{k-2} V_{k-1})^{\mathrm{T}} \frac{\boldsymbol{s}_{k-3}\boldsymbol{s}_{k-3}^{\mathrm{T}}}{\boldsymbol{s}_{k-3}^{\mathrm{T}}\boldsymbol{y}_{k-3}} (V_{k-2} V_{k-1}) \\ & + V_{k-1}^{\mathrm{T}} \frac{\boldsymbol{s}_{k-2}\boldsymbol{s}_{k-2}^{\mathrm{T}}}{\boldsymbol{s}_{k-2}^{\mathrm{T}}\boldsymbol{y}_{k-2}} V_{k-1} + \frac{\boldsymbol{s}_{k-1}\boldsymbol{s}_{k-1}^{\mathrm{T}}}{\boldsymbol{s}_{k-1}^{\mathrm{T}}\boldsymbol{y}_{k-1}} \end{aligned} \tag{4.41}$$

を得る．ただし，H_0 は正定値対称な初期行列である．このままでは通常の準ニュートン法と変わらないが，Nocedal は $V_0, V_1, \cdots, V_{k-1}$ を全て保存するのではなくて，k 回目の反復で過去 t 個分だけを保存して行列を更新することを提案した．すなわち，

$$\begin{aligned} H_k = & (V_{k-t} V_{k-t+1} \cdots V_{k-2} V_{k-1})^{\mathrm{T}} H_k^0 \\ & \times (V_{k-t} V_{k-t+1} \cdots V_{k-2} V_{k-1}) \\ & + (V_{k-t+1} V_{k-t+2} \cdots V_{k-2} V_{k-1})^{\mathrm{T}} \frac{\boldsymbol{s}_{k-t}\boldsymbol{s}_{k-t}^{\mathrm{T}}}{\boldsymbol{s}_{k-t}^{\mathrm{T}}\boldsymbol{y}_{k-t}} \\ & \times (V_{k-t+1} V_{k-t+2} \cdots V_{k-2} V_{k-1}) \\ & + \cdots + (V_{k-2} V_{k-1})^{\mathrm{T}} \frac{\boldsymbol{s}_{k-3}\boldsymbol{s}_{k-3}^{\mathrm{T}}}{\boldsymbol{s}_{k-3}^{\mathrm{T}}\boldsymbol{y}_{k-3}} (V_{k-2} V_{k-1}) \\ & + V_{k-1}^{\mathrm{T}} \frac{\boldsymbol{s}_{k-2}\boldsymbol{s}_{k-2}^{\mathrm{T}}}{\boldsymbol{s}_{k-2}^{\mathrm{T}}\boldsymbol{y}_{k-2}} V_{k-1} + \frac{\boldsymbol{s}_{k-1}\boldsymbol{s}_{k-1}^{\mathrm{T}}}{\boldsymbol{s}_{k-1}^{\mathrm{T}}\boldsymbol{y}_{k-1}} \end{aligned} \tag{4.42}$$

として行列を更新する．ただし，$k \leq t$ のときは式 (4.41) を用いる．また，H_k^0 は与えられた正定値対称な対角行列である．過去の記録を制限して保存するという意味で，こうした方法を総称して**記憶制限準ニュートン法**と呼び，特に，上記の方法を**記憶制限 BFGS 法** (limited memory BFGS method) という．

この公式では行列の形式を用いるのではなくて，ベクトル $\boldsymbol{s}_i$，$\boldsymbol{y}_i$ $(i = k - t, \cdots, k-1)$ を保存しておけばよく，必要なときに随時ベクトルの内積計算を

実行して探索方向 $\boldsymbol{d}_k$ を求めることができる．具体的に行列 V_i とベクトル $\boldsymbol{v}$ の積は

$$V_i\boldsymbol{v} = \left(I - \frac{\boldsymbol{y}_i\boldsymbol{s}_i^{\mathrm{T}}}{\boldsymbol{s}_i^{\mathrm{T}}\boldsymbol{y}_i}\right)\boldsymbol{v} = \boldsymbol{v} - \frac{\boldsymbol{s}_i^{\mathrm{T}}\boldsymbol{v}}{\boldsymbol{s}_i^{\mathrm{T}}\boldsymbol{y}_i}\boldsymbol{y}_i$$

のように内積計算の手間だけで求まり，行列の演算は不要である．このことによって，大規模な最小化問題に準ニュートン法を適用することが可能になる．実際の計算では過去の履歴の個数 t はせいぜい10程度に設定されるので，記憶容量と計算量の大幅な節約が実現できるのである．

探索方向の計算手順をまとめれば次のアルゴリズムを得る．

アルゴリズム 4.10（記憶制限 BFGS 法の探索方向の計算手順（$\boldsymbol{k}$ 回目の反復））

step0　$\boldsymbol{p} \leftarrow \nabla f(\boldsymbol{x}_k)$ とおく．

step1　$i = k-1, k-2, \cdots, k-t$ に対して以下の計算を繰り返す:

$$\gamma_i \leftarrow \tau_i \boldsymbol{s}_i^{\mathrm{T}}\boldsymbol{p}$$

$$\boldsymbol{p} \leftarrow \boldsymbol{p} - \gamma_i \boldsymbol{y}_i$$

ただし $\tau_i = \dfrac{1}{\boldsymbol{s}_i^{\mathrm{T}}\boldsymbol{y}_i}$ である．

step2　$\boldsymbol{q} \leftarrow H_k^0\boldsymbol{p}$ とおく．

step3　$i = k-t, k-t+1, \cdots, k-1$ に対して以下の計算を繰り返す:

$$\beta \leftarrow \tau_i \boldsymbol{y}_i^{\mathrm{T}}\boldsymbol{q}$$

$$\boldsymbol{q} \leftarrow \boldsymbol{q} + (\gamma_i - \beta)\boldsymbol{s}_i$$

step4　最終的に探索方向は $\boldsymbol{d}_k = -\boldsymbol{q}$ として得られる．

注意4　行列 H_k^0 が正定値対称，過去 t 個分のベクトル $\boldsymbol{s}_i$ が線形独立で $\boldsymbol{s}_i^{\mathrm{T}}\boldsymbol{y}_i > 0$ を満たすならば，式 (4.42) で定義される行列 H_k はセカント条件を満足し，かつ，正定値対称になることが示される． □

以下に，記憶制限 BFGS 法のアルゴリズムを与える．

アルゴリズム 4.11（記憶制限 BFGS 法（直線探索付き））

step0 初期点 $\boldsymbol{x}_0$，初期対角行列 H_0（通常は単位行列が選ばれる）を与える．$k=0$ とおく．

step1 アルゴリズム 4.10 を利用して，探索方向

$$\boldsymbol{d}_k = -H_k \nabla f(\boldsymbol{x}_k)$$

を求める．

step2 Armijo（または Wolfe）条件を用いた直線探索によって，$\boldsymbol{d}_k$ 方向のステップ幅 α_k を求める（アルゴリズム 4.2 参照）．

step3 $\boldsymbol{x}_{k+1} = \boldsymbol{x}_k + \alpha_k \boldsymbol{d}_k$ とおく．

step4 停止条件が満たされていれば，$\boldsymbol{x}_{k+1}$ を解とみなして停止する．さもなければ step5 へいく．

step5 $\boldsymbol{s}_k$ と $\boldsymbol{y}_k$ を計算して保存する．

step6 $k := k+1$ とおいて step1 へいく．

特に $t=1$ のとき，

$$H_k^0 = I$$

とおいて正確な直線探索を実行すれば，これは共役勾配法に帰着される．実際，式 (4.42) より

$$\begin{aligned} H_k &= V_{k-1}^{\mathrm{T}} V_{k-1} + \frac{\boldsymbol{s}_{k-1}\boldsymbol{s}_{k-1}^{\mathrm{T}}}{\boldsymbol{s}_{k-1}^{\mathrm{T}}\boldsymbol{y}_{k-1}} \\ &= \left(I - \frac{\boldsymbol{s}_{k-1}\boldsymbol{y}_{k-1}^{\mathrm{T}}}{\boldsymbol{s}_{k-1}^{\mathrm{T}}\boldsymbol{y}_{k-1}} \right) \left(I - \frac{\boldsymbol{y}_{k-1}\boldsymbol{s}_{k-1}^{\mathrm{T}}}{\boldsymbol{s}_{k-1}^{\mathrm{T}}\boldsymbol{y}_{k-1}} \right) + \frac{\boldsymbol{s}_{k-1}\boldsymbol{s}_{k-1}^{\mathrm{T}}}{\boldsymbol{s}_{k-1}^{\mathrm{T}}\boldsymbol{y}_{k-1}} \end{aligned}$$

なので，探索方向は

$$\begin{aligned} \boldsymbol{d}_k &= -H_k \nabla f(\boldsymbol{x}_k) \\ &= -\nabla f(\boldsymbol{x}_k) + \frac{\boldsymbol{s}_{k-1}^{\mathrm{T}} \nabla f(\boldsymbol{x}_k)}{\boldsymbol{s}_{k-1}^{\mathrm{T}}\boldsymbol{y}_{k-1}} \boldsymbol{y}_{k-1} \\ &\quad + \frac{1}{\boldsymbol{s}_{k-1}^{\mathrm{T}}\boldsymbol{y}_{k-1}} \Biggl(\boldsymbol{y}_{k-1}^{\mathrm{T}} \nabla f(\boldsymbol{x}_k) - \boldsymbol{s}_{k-1}^{\mathrm{T}} \nabla f(\boldsymbol{x}_k) \\ &\qquad - \frac{(\boldsymbol{s}_{k-1}^{\mathrm{T}} \nabla f(\boldsymbol{x}_k))(\boldsymbol{y}_{k-1}^{\mathrm{T}}\boldsymbol{y}_{k-1})}{\boldsymbol{s}_{k-1}^{\mathrm{T}}\boldsymbol{y}_{k-1}} \Biggr) \boldsymbol{s}_{k-1} \end{aligned} \tag{4.43}$$

となる．ここで正確な直線探索を実行すれば，点 $\boldsymbol{x}_k$ が $\boldsymbol{d}_{k-1}$ 方向での目的関数の最小点（極小点）になるので

$$\boldsymbol{d}_{k-1}^{\mathrm{T}} \nabla f(\boldsymbol{x}_k) = 0$$

が成り立つ．よって，

$$\boldsymbol{s}_{k-1} = \alpha_{k-1} \boldsymbol{d}_{k-1}$$

であることを考慮すれば，探索方向は

$$\boldsymbol{d}_k = -\nabla f(\boldsymbol{x}_k) + \frac{\boldsymbol{y}_{k-1}^{\mathrm{T}} \nabla f(\boldsymbol{x}_k)}{\boldsymbol{d}_{k-1}^{\mathrm{T}} \boldsymbol{y}_{k-1}} \boldsymbol{d}_{k-1}$$

で与えられる．これは，Hestenes–Stiefel の共役勾配法（式 (4.24) 参照）の探索方向にほかならない．したがって，$t = 1$ の場合が共役勾配法，$t = k$ の場合が BFGS 公式を用いた準ニュートン法に対応するので，記憶制限準ニュートン法は共役勾配法と準ニュートン法の中間的な解法であると解釈することができる．

注意5　本節では大規模な最適化問題に対する記憶制限準ニュートン法を紹介したが，これとは別のアプローチとして**メモリーレス準ニュートン法** (memoryless quasi–Newton method) がある．この方法は，Shanno (1978) の研究に端を発しており，共役勾配法とも関連している．その考え方はシンプルなものであり，従来の準ニュートン法の更新公式でひとつ前の近似行列を単位行列に置き換えるものである．例えば，BFGS 公式（H 公式）では，

$$H_k = I - \frac{\boldsymbol{y}_{k-1} \boldsymbol{s}_{k-1}^{\mathrm{T}} + \boldsymbol{s}_{k-1} \boldsymbol{y}_{k-1}^{\mathrm{T}}}{\boldsymbol{s}_{k-1}^{\mathrm{T}} \boldsymbol{y}_{k-1}} + \left(1 + \frac{\boldsymbol{y}_{k-1}^{\mathrm{T}} \boldsymbol{y}_{k-1}}{\boldsymbol{s}_{k-1}^{\mathrm{T}} \boldsymbol{y}_{k-1}}\right) \frac{\boldsymbol{s}_{k-1} \boldsymbol{s}_{k-1}^{\mathrm{T}}}{\boldsymbol{s}_{k-1}^{\mathrm{T}} \boldsymbol{y}_{k-1}}$$

となる．このとき，探索方向 $\boldsymbol{d}_k = -H_k \nabla f(\boldsymbol{x}_k)$ は式 (4.43) として与えられるので，行列を保存する必要がない．このことが「メモリーレス」と呼ばれる所以である．これだけを見れば記憶制限準ニュートン法の記憶が 1 ($t = 1$) の場合と同じであるが，記憶制限準ニュートン法が BFGS 公式に特化した方法であるのに対して，メモリーレス準ニュートン法は BFGS 公式以外のいろいろな更新公式に対しても適用できることが利点である．近年，収束性などの理論面と実用面の両方でメモリーレス準ニュートン法が活発に研究されている．　□

4.10 信頼領域法

4.7 節で述べたように，ニュートン法は局所的に収束が速いという長所をもつが，降下方向を生成するとは限らないのでそのままでは直線探索法が利用できない．そこで考案されたのが**信頼領域法** (trust region method) である．目的関数の 2 次モデルを最小化するという点では直線探索法と同じだが，本質的な違いは，直線探索法が降下方向を与えてからステップ幅を決定しているのに対して，信頼領域法は 2 次モデルが妥当であると思われる領域（これを**信頼領域** (trust region) という）の大きさ（これを**信頼半径** (trust region radius) という）を暫定的に与えてから探索方向を決定することにある．

k 回目の反復における信頼半径を Δ_k としたとき，探索方向 $\boldsymbol{s}_k$ は次の部分問題の解として得られる (図 4.17 は B_k が正定値の場合の図である).

$$\begin{cases} \text{最 小 化} & q_k(\boldsymbol{s}) = f(\boldsymbol{x}_k) + \nabla f(\boldsymbol{x}_k)^{\mathrm{T}}\boldsymbol{s} + \frac{1}{2}\boldsymbol{s}^{\mathrm{T}}B_k\boldsymbol{s} \\ \text{制約条件} & \|\boldsymbol{s}\| \leq \Delta_k \end{cases} \tag{4.44}$$

ここで，B_k はヘッセ行列 $\nabla^2 f(\boldsymbol{x}_k)$ もしくはその近似行列である．

信頼領域が有界閉集合なので，B_k が正定値行列であるかどうかに関わりなく部分問題 (4.44) は最小解をもつ．したがって，直線探索法では降下方向を生成するために B_k に正定値性を課したのに対して，信頼領域法ではその必要がない．ヘッセ行列の近似行列として B_k を準ニュートン公式で更新することも

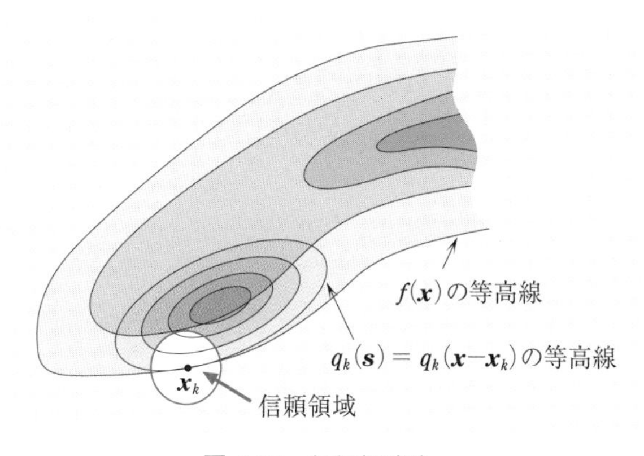

図 4.17　信頼領域法

考えられるが，BFGS公式やDFP公式など正定値性を保存する準ニュートン法の場合には直線探索法を利用するのが普通である[6]．直線探索法に比べて信頼領域法のほうが適用範囲が広くて数値的に頑健である．しかしながら，もとの問題が無制約最小化問題であるにも関わらず部分問題として制約付き最小化問題 (4.44) を解かなければならないので，信頼領域法のほうが直線探索法よりもアルゴリズムが複雑になる．

信頼領域法では，モデル関数の減少量

$$\Delta q_k = q_k(\mathbf{0}) - q_k(\boldsymbol{s}_k) = -\nabla f(\boldsymbol{x}_k)^{\mathrm{T}}\boldsymbol{s}_k - \frac{1}{2}\boldsymbol{s}_k^{\mathrm{T}} B_k \boldsymbol{s}_k$$

と目的関数の減少量

$$\Delta f_k = f(\boldsymbol{x}_k) - f(\boldsymbol{x}_k + \boldsymbol{s}_k)$$

とを比較して，近似解を更新したり $(\boldsymbol{x}_{k+1} = \boldsymbol{x}_k + \boldsymbol{s}_k)$ 更新しなかったり $(\boldsymbol{x}_{k+1} = \boldsymbol{x}_k)$ する．さらに，状況に応じて信頼半径 Δ_k を大きくしたり小さくしたりする．

以上の考えに基づいて，信頼領域法のアルゴリズムは次のように記述される．

アルゴリズム 4.12（信頼領域法）

step0 初期点 $\boldsymbol{x}_0$，初期行列 B_0，初期信頼半径 Δ_0 を与える．$0 < \eta_1 \le \eta_2 < 1, 0 < \gamma_1 \le \gamma_2 < 1 < \gamma_3$ を満たす定数 $\eta_1, \eta_2, \gamma_1, \gamma_2, \gamma_3$ を与える．$k = 0$ とおく．

step1 停止条件が満たされていれば $\boldsymbol{x}_k$ を解とみなして停止する．

step2 部分問題 (4.44) を解いて $\boldsymbol{s}_k$ を求める．

step3 もし $\dfrac{\Delta f_k}{\Delta q_k} \ge \eta_1$ ならば以下の手順を実行する．さもなければ，$\boldsymbol{x}_{k+1} = \boldsymbol{x}_k$（現在の点をそのまま採用），$\Delta_{k+1} \in [\gamma_1 \Delta_k, \gamma_2 \Delta_k]$（信頼領域を縮小）とおいて step4 へいく．

step3.1 $\boldsymbol{x}_{k+1} = \boldsymbol{x}_k + \boldsymbol{s}_k$（新しい点に更新）とおく．

step3.2 もし $\dfrac{\Delta f_k}{\Delta q_k} \ge \eta_2$ ならば $\Delta_{k+1} \in [\Delta_k, \gamma_3 \Delta_k]$（信頼領域を拡大）とし，さもなければ $\Delta_{k+1} \in [\gamma_2 \Delta_k, \Delta_k]$（信頼領域は現状維持）とする．

step4 行列 B_{k+1} を生成する．

step5 $k := k + 1$ とおいて，step1 へいく．

6）正定値性を保存する保証のない対称ランクワン公式の場合には信頼領域法が有効である．

アルゴリズム 4.12 の大域的収束性と局所的な収束率に関して，次の定理が知られている．

定理 4.9（信頼領域法の収束性）

f は 2 回連続的微分可能とし，かつ，下に有界であるとする．初期点 $\boldsymbol{x}_0 \in \boldsymbol{R}^n$ が与えられたとき，$f(\boldsymbol{x}) \leq f(\boldsymbol{x}_0)$ を満たす全ての x に対して $\nabla^2 f(\boldsymbol{x})$ が一様連続で，かつ，$\|\nabla^2 f(\boldsymbol{x})\| \leq \beta_1$ が成り立つとする．ただし，$\beta_1 > 0$ は適当な定数である．また，部分問題 (4.44) の解を $\boldsymbol{s}_k$ とする．$\Delta q_k \geq c_1 \|\nabla f(\boldsymbol{x}_k)\| \min\left\{\Delta_k, \dfrac{c_2\|\nabla f(\boldsymbol{x}_k)\|}{\|B_k\|}\right\}$ を満たす定数 $c_1, c_2 > 0$ が存在すると仮定する．このとき次のことが成り立つ．

(1)　**大域的収束性**

B_k は $\nabla^2 f(\boldsymbol{x}_k)$ もしくは任意の対称な近似行列であるとし，適当な定数 $\beta_2 > 0$ に対して毎回 $\|B_k\| \leq \beta_2$ が成り立つとする．このとき，アルゴリズム 4.12 によって生成される点列 $\{\boldsymbol{x}_k\}$ は

$$\lim_{k\to\infty} \|\nabla f(\boldsymbol{x}_k)\| = 0$$

を満足する．

(2)　**最適性の 2 次の必要条件**

$B_k = \nabla^2 f(\boldsymbol{x}_k)$ とし，$\Delta q_k \geq c_3(-\lambda_1(\nabla^2 f(\boldsymbol{x}_k)))\Delta_k^2$ を満たす定数 $c_3 > 0$ が存在すると仮定する．ただし，$\lambda_1(\nabla^2 f(\boldsymbol{x}_k))$ は $\nabla^2 f(\boldsymbol{x}_k)$ の最小固有値である．このとき，点列 $\{\boldsymbol{x}_k\}$ に，$\nabla^2 f(\boldsymbol{x}^*)$ が半正定値になるような集積点 $\boldsymbol{x}^*$ が存在する．

(3)　**2 次収束性**

$B_k = \nabla^2 f(\boldsymbol{x}_k)$ とする．ある定数 $c_4 \in (0,1]$ が存在して，$\nabla^2 f(\boldsymbol{x}_k)$ が正定値で，かつ，$\|\nabla^2 f(\boldsymbol{x}_k)^{-1}\nabla f(\boldsymbol{x}_k)\| \leq c_4\Delta_k$ ならば $\boldsymbol{s}_k = -\nabla^2 f(\boldsymbol{x}_k)^{-1}\ \nabla f(\boldsymbol{x}_k)$ が採用されると仮定する．もし $\{\boldsymbol{x}_k\}$ が $\boldsymbol{x}^*$ に収束して，$\nabla^2 f(\boldsymbol{x}^*)$ が正定値で $\nabla^2 f(\boldsymbol{x})$ が $\boldsymbol{x}^*$ の近傍でリプシッツ連続ならば，点列 $\{\boldsymbol{x}_k\}$ は $\boldsymbol{x}^*$ に 2 次収束する．

上記のように理論的に優れた収束性をもっている反面，実用的にはアルゴリズムの step2 でいかに効率よく部分問題 (4.44) を解くかが本質的な課題になる．一般にこの部分問題を正確に解くことはできないので，これを近似的に解

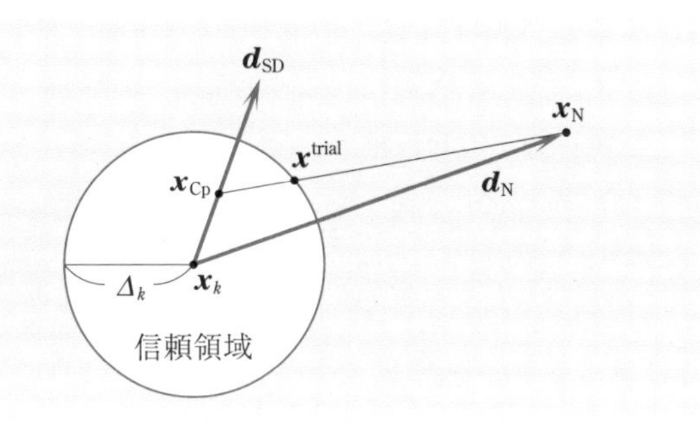

図 4.18　ドッグレッグ法

くための解法が提案されている．代表的な解法として**ドッグレッグ法** (dogleg method) が知られている．これは，最急降下方向 $\boldsymbol{d}_{\rm SD} = -\nabla f(\boldsymbol{x}_k)$ とニュートン方向 $\boldsymbol{d}_{\rm N} = -\nabla^2 f(\boldsymbol{x}_k)^{-1}\nabla f(\boldsymbol{x}_k)$（あるいは $\boldsymbol{d}_{\rm N} = -B_k^{-1}\nabla f(\boldsymbol{x}_k)$）の2つの方向をうまく組合せた方法である．ニュートン法で得られる点を $\boldsymbol{x}_{\rm N} = \boldsymbol{x}_k + \boldsymbol{d}_{\rm N}$ とおき，一方，信頼領域の中で点 $\boldsymbol{x}_k$ から最急降下方向 $\boldsymbol{d}_{\rm SD}$ に沿って移動したときの2次モデル $q_k(\boldsymbol{s})$ の最小点を $\boldsymbol{x}_{\rm Cp}$ とおく．この $\boldsymbol{x}_{\rm Cp}$ を **Cauchy**（コーシー）**点** (Cauchy point) と呼ぶ．このとき，$\boldsymbol{x}_{\rm N}$ が信頼領域の内部にあるならば（すなわち $\|\boldsymbol{d}_{\rm N}\| \leq \Delta_k$ ならば）$\boldsymbol{x}^{\rm trial} = \boldsymbol{x}_{\rm N}$ とし，そうでない場合には，$\boldsymbol{x}_k$，$\boldsymbol{x}_{\rm Cp}$，$\boldsymbol{x}_{\rm N}$ を結ぶ区分的線形な曲線上の点でかつ $\boldsymbol{x}_k$ からの距離が Δ_k であるような点を $\boldsymbol{x}^{\rm trial}$ に選ぶ (図 4.18 参照)．本質的には，信頼半径が小さいときには最急降下方向の点が，信頼半径が十分に大きいときにはニュートン方向の点が，いずれの場合でもないときには Cauchy 点 $\boldsymbol{x}_{\rm Cp}$ と点 $\boldsymbol{x}_{\rm N}$ の線形結合上の点が $\boldsymbol{x}^{\rm trial}$ として採用される．そしてアルゴリズム 4.12 の step3 で関数の減少量 Δf_k と2次モデル関数の減少量 Δq_k とを比較して，新しい点を更新 $(\boldsymbol{x}_{k+1} = \boldsymbol{x}^{\rm trial})$ するか，あるいは現状維持 $(\boldsymbol{x}_{k+1} = \boldsymbol{x}_k)$ するかを判断する．その際に信頼半径 Δ_k の調整も行う．

注意6　部分問題 (4.44) を解くことは，ある適当な非負の数 λ_k に対して次の連立1次方程式

$$(B_k + \lambda_k I)\boldsymbol{s}_k = -\nabla f(\boldsymbol{x}_k)$$

を解くことに関係する（第5章の章末問題4を参照)．ただし，λ_k は $B_k + \lambda_k I$ が正定値になるように選ばれる．これはニュートン方程式に対する **Levenberg–Marquardt の修正**に対応する．□

4 章の問題

□**1** 次の関数の極値を求めよ．

(1) $f(x_1, x_2) = x_1^3 + x_2^3 - 3x_1x_2$

(2) $f(x_1, x_2) = x_1x_2(2 - x_1 - x_2)$

□**2** 関数 $f : \boldsymbol{R}^n \to \boldsymbol{R}$ が凸関数であるとき，$\nabla f(\boldsymbol{x}^*) = \boldsymbol{0}$ を満たす点 $\boldsymbol{x}^*$ は大域的最小解になることを示せ．

□**3** $x_0 = 2$ を初期値とする次の各反復式で生成される数列 $\{x_k\}$ は $\sqrt[3]{3}$ に収束する．それぞれ 1 次収束，2 次収束，3 次収束することを数値計算して確かめよ．ただし最大反復回数は 50 回とする．

(1) $x_{k+1} = \dfrac{-x_k^3 + 12x_k + 3}{12}$

(2) $x_{k+1} = \dfrac{2x_k^3 + 3}{3x_k^2}$

(3) $x_{k+1} = \dfrac{x_k^4 + 6x_k}{2x_k^3 + 3}$

□**4** ある正の数 c が存在して各 k で $\|B_k\|\|B_k^{-1}\| \leq c$ を満たす正定値対称行列 B_k に対して，$B_k\boldsymbol{d}_k = -\nabla f(\boldsymbol{x}_k)$ を解いて探索方向 $\boldsymbol{d}_k$ を求めるとする．このとき，Wolfe 条件を満たす直線探索法を用いたアルゴリズム 4.1 で生成される点列 $\{\boldsymbol{x}_k\}$ が $\lim_{k\to\infty} \|\nabla f(\boldsymbol{x}_k)\| = 0$ の意味で大域的収束することを証明せよ．

ヒント：Zoutendijk 条件を利用する．

□**5** n 次正定値対称行列 A に関して互いに共役なベクトル $\boldsymbol{u}_1, \boldsymbol{u}_2, \cdots, \boldsymbol{u}_n$（ただしゼロベクトルは除く）は線形独立であることを示せ．

□**6** 行列 $A \in \boldsymbol{R}^{n\times n}$ が正則で $\|A^{-1}(B - A)\| < 1$ が成り立つならば，行列 $B \in \boldsymbol{R}^{n\times n}$ も正則になり，その逆行列が次式を満たすことを証明せよ（**Banach の摂動定理**）．

$$\|B^{-1}\| \leq \frac{\|A^{-1}\|}{1 - \|A^{-1}(B - A)\|}$$

□**7** $\nabla f(\boldsymbol{x}_k)^{\mathrm{T}}\boldsymbol{d}_k < 0$ かつ Wolfe 条件が満たされるならば，準ニュートン法において $\boldsymbol{s}_k^{\mathrm{T}}\boldsymbol{y}_k > 0$ が成り立つことを示せ．

□**8** B_k が正定値対称で，かつ $\boldsymbol{s}_k$ と $\boldsymbol{y}_k$ が $\boldsymbol{s}_k^{\mathrm{T}}\boldsymbol{y}_k > 0$ を満たすとき，BFGS 公式で生成される B_{k+1} は正定値対称になることを示せ．

□**9** $\boldsymbol{u}, \boldsymbol{v} \in \boldsymbol{R}^n$ に対して $1 + \boldsymbol{v}^{\mathrm{T}}\boldsymbol{u} \neq 0$ のとき，$(I + \boldsymbol{u}\boldsymbol{v}^{\mathrm{T}})^{-1} = I + \tau\boldsymbol{u}\boldsymbol{v}^{\mathrm{T}}$ となるスカラー τ を求めよ．さらにこのことを利用して，正則行列 $M \in \boldsymbol{R}^{n\times n}$ に対して，もし $1 + \boldsymbol{v}^{\mathrm{T}}M^{-1}\boldsymbol{u} \neq 0$ ならば

$$(M + \boldsymbol{u}\boldsymbol{v}^{\mathrm{T}})^{-1} = M^{-1} - \frac{M^{-1}\boldsymbol{u}\boldsymbol{v}^{\mathrm{T}}M^{-1}}{1 + \boldsymbol{v}^{\mathrm{T}}M^{-1}\boldsymbol{u}} \quad \text{(Sherman–Morrison の公式)}$$

が成り立つことを示せ．

□**10** 対称ランクワン公式 (4.37) の行列 B_{k+1} が正則になるための条件を求めよ．また，そのとき Sherman–Morrison 公式を利用して逆行列が (4.40) で表されることを示せ．

□**11** H 公式の対称ランクワン公式 (4.40) を用いた準ニュートン法で **例 4** の最小化問題を解け．ただしステップ幅は $\alpha_k = 1$ とし，初期行列は $H_0 = I$ とする．このとき $H_2 = A^{-1}$ となり，3 回の反復で最小解が得られることを確かめよ (**例 7** と比較せよ)．

注意：一般に凸 2 次関数最小化問題に対して，H_0 を正則な対称行列とする対称ランクワン公式を用いた準ニュートン法は，ステップ幅が $\alpha_k = 1$ のとき高々 $n+1$ 回の反復で最小解に到達することが知られている．

□**12** アルゴリズム 4.10 において $t = 3$ の場合で探索方向を計算せよ．ただし，$H_k^0 = I$ とする．

5 非線形計画法II（制約付き最小化問題）

本章では等式制約あるいは不等式制約のついた最小化問題を考える．まずはじめに最適解であるための条件として **Fritz John** の定理と **Kuhn–Tucker** の定理を紹介する．特に後者の定理から導かれる **Karush–Kuhn–Tucker(KKT)** 条件は，数値解法においても重要な役割を演ずる．続いて非線形計画法の双対定理について学習する．さらに線形計画問題の拡張として，**2** 次計画問題，線形相補性問題，**2** 次錐計画問題，半正定値計画問題についても触れる．最後に非線形計画問題の代表的な数値解法としてペナルティ関数法，乗数法，逐次 **2** 次計画法，主双対内点法を紹介する．

5章で学ぶ概念・キーワード

- 最適性条件：Fritz John の定理，Kuhn–Tucker の定理，KKT 条件，制約想定
- 双対定理：弱双対定理，双対定理，線形計画問題の双対性，2 次計画問題の双対性
- 線形相補性問題，2 次錐計画問題，半正定値計画問題
- ペナルティ関数法：バリア関数法，外点ペナルティ関数法，正確なペナルティ関数法
- 乗数法：拡張ラグランジュ関数法
- 逐次 2 次計画法：2 次計画部分問題，準ニュートン法，Powell の修正 BFGS 公式
- 主双対内点法：中心化 KKT 条件，バリア・パラメータ，ログバリア・ペナルティ関数

本章では，制約条件のついた非線形最小化問題を扱う．

制約付き問題

$f : \boldsymbol{R}^n \to \boldsymbol{R}$, $g_i : \boldsymbol{R}^n \to \boldsymbol{R}$ $(i = 1, \cdots, m\ (m < n))$, $h_j : \boldsymbol{R}^n \to \boldsymbol{R}$ $(j = 1, \cdots, l)$ に対して，次の最小化問題を解け．

$$\begin{cases} \text{最 小 化} & f(\boldsymbol{x}) \\ \text{制約条件} & g_i(\boldsymbol{x}) = 0 \quad (i = 1, \cdots, m) \quad \text{：等式制約} \\ & h_j(\boldsymbol{x}) \leq 0 \quad (j = 1, \cdots, l) \quad \text{：不等式制約} \end{cases}$$

以下では，まず最適解の定義を述べ，最適解であるための条件（最適性条件）と双対定理を与える．続いて，制約付き問題の代表的な数値解法を紹介する．

それでは，制約付き問題の最適解の定義を述べよう．

定義 5.1（実行可能解と最小解）

(1) 制約付き問題において，制約条件を満たす点を**実行可能解** (feasible solution) または**許容解**といい，そうした点の集合

$$\mathcal{F} = \{\boldsymbol{x} \in \boldsymbol{R}^n \mid g_i(\boldsymbol{x}) = 0, \quad i = 1, \cdots, m, \\ h_j(\boldsymbol{x}) \leq 0, \quad j = 1, \cdots, l\}$$

を**実行可能領域** (feasible region) または**許容領域**という．

(2) 実行可能解 $\boldsymbol{x}^* \in \mathcal{F}$ が**大域的最小解** (global minimizer) であるとは，任意の点 $\boldsymbol{x} \in \mathcal{F}$ に対して，

$$f(\boldsymbol{x}^*) \leq f(\boldsymbol{x})$$

が成り立つことである．

(3) 実行可能解 $\boldsymbol{x}^* \in \mathcal{F}$ が**局所的最小解** (local minimizer) であるとは，$\boldsymbol{x}^*$ の近傍

$$\mathcal{N}(\boldsymbol{x}^*, \varepsilon) = \{\boldsymbol{x} \in \boldsymbol{R}^n \mid \|\boldsymbol{x} - \boldsymbol{x}^*\| < \varepsilon\}$$

が存在して，任意の点 $\boldsymbol{x} \in \mathcal{F} \cap \mathcal{N}(\boldsymbol{x}^*, \varepsilon)$ に対して

$$f(\boldsymbol{x}^*) \leq f(\boldsymbol{x})$$

が成り立つことである（図 5.1 参照）．

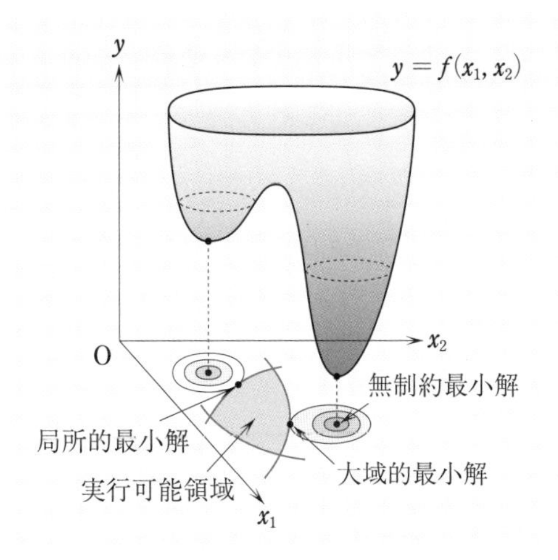

図 5.1　実行可能領域と最適解

以下では,

$$
\begin{aligned}
\boldsymbol{g}(\boldsymbol{x}) &= [g_1(\boldsymbol{x}), \cdots, g_m(\boldsymbol{x})]^{\mathrm{T}} \in \boldsymbol{R}^m \\
\boldsymbol{h}(\boldsymbol{x}) &= [h_1(\boldsymbol{x}), \cdots, h_l(\boldsymbol{x})]^{\mathrm{T}} \in \boldsymbol{R}^l \\
\nabla \boldsymbol{g}(\boldsymbol{x}) &= [\nabla g_1(\boldsymbol{x}), \cdots, \nabla g_m(\boldsymbol{x})] \in \boldsymbol{R}^{n \times m} \\
\nabla \boldsymbol{h}(\boldsymbol{x}) &= [\nabla h_1(\boldsymbol{x}), \cdots, \nabla h_l(\boldsymbol{x})] \in \boldsymbol{R}^{n \times l}
\end{aligned}
$$

と定義する.

5.1 最適性条件

本節では，等式制約付き最小化問題，不等式制約付き最小化問題，一般の制約付き最小化問題のそれぞれに対して最適解であるための条件を述べる．

5.1.1 等式制約付き最小化問題の最適性条件

まず等式制約がついた問題を考えよう．

等式制約付き問題

$f : \boldsymbol{R}^n \to \boldsymbol{R},\ g_i : \boldsymbol{R}^n \to \boldsymbol{R}\ (i = 1, \cdots, m)$ に対して，

$$\begin{cases} \text{最 小 化} & f(\boldsymbol{x}) \\ \text{制約条件} & g_i(\boldsymbol{x}) = 0 \quad (i = 1, \cdots, m) \end{cases}$$

この問題に対して，次の関数を定義する．

$$L(\boldsymbol{x}, \boldsymbol{y}) = f(\boldsymbol{x}) + \boldsymbol{y}^{\mathrm{T}} \boldsymbol{g}(\boldsymbol{x}) \quad \left(= f(\boldsymbol{x}) + \sum_{i=1}^{m} y_i g_i(\boldsymbol{x}) \right) \tag{5.1}$$

これを**ラグランジュ関数** (Lagrangian function) と呼ぶ．ただし，

$$\boldsymbol{y} = [y_1, \cdots, y_m]^{\mathrm{T}}$$

とし，y_i を等式制約 $g_i(\boldsymbol{x}) = 0$ に対する**ラグランジュ乗数** (Lagrange multiplier)，$\boldsymbol{y}$ を**ラグランジュ乗数ベクトル**と呼ぶ[1]．ラグランジュ関数の停留点，すなわち，ラグランジュ関数の勾配ベクトルを零にする点は等式制約付き問題の最適解と密接な関係がある．このことに関して，次の定理が知られている．

定理 5.1（等式制約付き問題の最適性条件：1 次の必要条件）

$f, g_i\ (i = 1, \cdots, m)$ が微分可能で，かつ，$\boldsymbol{x}^*$ が等式制約付き問題の局所的最小解とする．このとき $\nabla g_1(\boldsymbol{x}^*), \cdots, \nabla g_m(\boldsymbol{x}^*)$ が線形独立ならば，m 次元ベクトル $\boldsymbol{y}^* = [y_1^*, \cdots, y_m^*]^{\mathrm{T}}$ が存在して，

$$\nabla_{\boldsymbol{x}} L(\boldsymbol{x}^*, \boldsymbol{y}^*) = \nabla f(\boldsymbol{x}^*) + \sum_{i=1}^{m} y_i^* \nabla g_i(\boldsymbol{x}^*) = \boldsymbol{0} \tag{5.2}$$

1） 等式制約の場合には $f(\boldsymbol{x}) - \boldsymbol{y}^{\mathrm{T}} \boldsymbol{g}(\boldsymbol{x})$ をラグランジュ関数の定義にしてもよいが，ここでは $f(\boldsymbol{x}) + \boldsymbol{y}^{\mathrm{T}} \boldsymbol{g}(\boldsymbol{x})$ としてラグランジュ関数を定義した．等式制約を $\boldsymbol{g}(\boldsymbol{x}) = \boldsymbol{0}$ とするか，$-\boldsymbol{g}(\boldsymbol{x}) = \boldsymbol{0}$ とするかの違いだけである．

$$\nabla_{\boldsymbol{y}} L(\boldsymbol{x}^*, \boldsymbol{y}^*) = \boldsymbol{g}(\boldsymbol{x}^*) = \boldsymbol{0} \tag{5.3}$$

が成り立つ．ただし，$\nabla_{\boldsymbol{x}} L$, $\nabla_{\boldsymbol{y}} L$ はそれぞれ $\boldsymbol{x}, \boldsymbol{y}$ に関する L の勾配ベクトルを表す．

条件 (5.3) は $\boldsymbol{x}^*$ が実行可能解であることを意味し，条件 (5.2) は，最適解において目的関数の勾配ベクトル $\nabla f(\boldsymbol{x}^*)$ と制約関数の勾配ベクトル $\nabla g_i(\boldsymbol{x}^*)$ とが

$$-\nabla f(\boldsymbol{x}^*) = \sum_{i=1}^{m} y_i^* \nabla g_i(\boldsymbol{x}^*)$$

の意味でつり合っていることを意味する．上記の定理は最適解であるための必要条件だが，関数や実行可能領域の凸性を仮定すれば十分条件も得られる（定理 5.6 を参照）．したがって，等式制約付き問題を解くことはラグランジュ関数の停留点を求めること，すなわち，式 (5.2), (5.3) を満足する点 $(\boldsymbol{x}^*, \boldsymbol{y}^*)$ を見つけることに帰着される．

例 1　$x_1 + x_2 = 1$ のもとで $f(x_1, x_2) = 2x_1^2 + 3x_2^2$ を最小化することを考える．$g(x_1, x_2) = x_1 + x_2 - 1$ とおけば，ラグランジュ関数は

$$L(x_1, x_2, y) = 2x_1^2 + 3x_2^2 + y(x_1 + x_2 - 1)$$

となるので，式 (5.2), (5.3) は

$$\frac{\partial L}{\partial x_1} = 4x_1 + y = 0, \quad \frac{\partial L}{\partial x_2} = 6x_2 + y = 0, \quad x_1 + x_2 = 1$$

で表される．ただし

$$\nabla f(x_1, x_2) = \begin{bmatrix} 4x_1 \\ 6x_2 \end{bmatrix}, \qquad \nabla g(x_1, x_2) = \begin{bmatrix} 1 \\ 1 \end{bmatrix}$$

である．これを解けば，$x_1^* = 3/5$, $x_2^* = 2/5$, $y^* = -12/5$ を得る．このとき

$$-\nabla f(x_1^*, x_2^*) = \begin{bmatrix} -12/5 \\ -12/5 \end{bmatrix} = y^* \nabla g(x_1^*, x_2^*)$$

が成り立つ（図 5.2 参照）．□

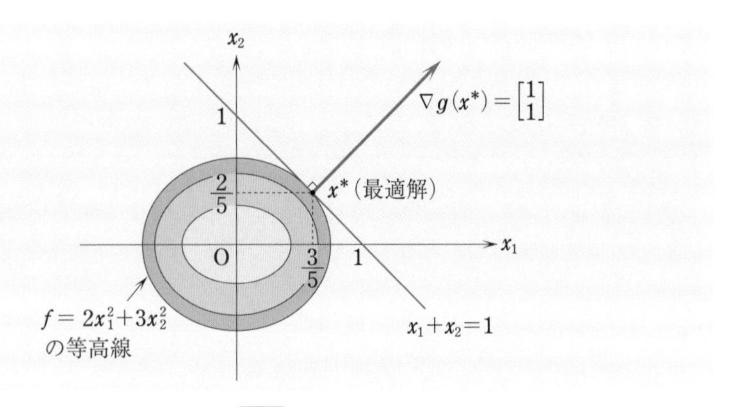

図 5.2　例 1 の最適性条件

例 2　**等式制約付き 2 次計画問題**

$Q \in \boldsymbol{R}^{n \times n}$ は正定値対称行列，$A \in \boldsymbol{R}^{m \times n}$ $(m < n)$ は rank $A = m$ である行列，$\boldsymbol{b} \in \boldsymbol{R}^m$ と $\boldsymbol{c} \in \boldsymbol{R}^n$ は定数ベクトルであるとしたとき，変数ベクトル $\boldsymbol{x} \in \boldsymbol{R}^n$ に関する次の 2 次計画問題を考える．

$$\begin{cases} \text{最 小 化} & \dfrac{1}{2}\boldsymbol{x}^{\mathrm{T}}Q\boldsymbol{x} + \boldsymbol{c}^{\mathrm{T}}\boldsymbol{x} \\ \text{制約条件} & A\boldsymbol{x} = \boldsymbol{b} \end{cases}$$

等式制約を $\boldsymbol{b} - A\boldsymbol{x} = \boldsymbol{0}$ と書き直せば，ラグランジュ関数は

$$L(\boldsymbol{x}, \boldsymbol{y}) = \frac{1}{2}\boldsymbol{x}^{\mathrm{T}}Q\boldsymbol{x} + \boldsymbol{c}^{\mathrm{T}}\boldsymbol{x} + \boldsymbol{y}^{\mathrm{T}}(\boldsymbol{b} - A\boldsymbol{x})$$

で定義されるので，1 次の必要条件は

$$Q\boldsymbol{x} + \boldsymbol{c} - A^{\mathrm{T}}\boldsymbol{y} = \boldsymbol{0}, \quad A\boldsymbol{x} = \boldsymbol{b}$$

となる．1 番目の式から

$$\boldsymbol{x} = -Q^{-1}(\boldsymbol{c} - A^{\mathrm{T}}\boldsymbol{y}) \tag{5.4}$$

が得られるので，これを 2 番目の式に代入すれば

$$A\boldsymbol{x} = -AQ^{-1}(\boldsymbol{c} - A^{\mathrm{T}}\boldsymbol{y}) = \boldsymbol{b}$$

となる．仮定より行列 $AQ^{-1}A^{\mathrm{T}}$ は正則になるので，上式を $\boldsymbol{y}$ について解けば

$$\boldsymbol{y} = (AQ^{-1}A^{\mathrm{T}})^{-1}(\boldsymbol{b} + AQ^{-1}\boldsymbol{c})$$

を得る．これを式 (5.4) に代入すれば，

$$
\begin{aligned}
\boldsymbol{x} &= -Q^{-1}[\boldsymbol{c} - A^{\mathrm{T}}(AQ^{-1}A^{\mathrm{T}})^{-1}(\boldsymbol{b} + AQ^{-1}\boldsymbol{c})] \\
&= (I - Q^{-1}A^{\mathrm{T}}(AQ^{-1}A^{\mathrm{T}})^{-1}A)(-Q^{-1}\boldsymbol{c}) + Q^{-1}A^{\mathrm{T}}(AQ^{-1}A^{\mathrm{T}})^{-1}\boldsymbol{b}
\end{aligned}
$$

が得られる．ここで，$A(I - Q^{-1}A^{\mathrm{T}}\ (AQ^{-1}A^{\mathrm{T}})^{-1}A) = O$ および $A(Q^{-1}A^{\mathrm{T}}(AQ^{-1}A^{\mathrm{T}})^{-1}) = I$ となることに注意されたい． □

5.1.2 不等式制約付き最小化問題の最適性条件

ここでは次のような不等式制約付き最小化問題を考える．

不等式制約付き問題

$f : \boldsymbol{R}^n \to \boldsymbol{R},\ h_i : \boldsymbol{R}^n \to \boldsymbol{R}\ (i = 1, \cdots, l)$ に対して，

$$
\begin{cases}
\text{最 小 化} & f(\boldsymbol{x}) \\
\text{制約条件} & h_i(\boldsymbol{x}) \leq 0 \quad (i = 1, \cdots, l)
\end{cases}
$$

以下では最適解であるための条件（必要条件，十分条件）について議論するが，そのための準備として次の用語を定義する．

定義 5.2（有効制約式）

実行可能解 $\boldsymbol{x}^0$ に対して $h_i(\boldsymbol{x}^0) = 0$ が成り立つとき，この制約式は点 $\boldsymbol{x}^0$ で**効いている** (active) といい，この制約式を $\boldsymbol{x}^0$ での**有効制約式** (active constraint) という．また $h_i(\boldsymbol{x}^0) < 0$ のとき，この制約式は点 $\boldsymbol{x}^0$ で**効いていない** (inactive) という．

図 5.3 は，最適解 $\boldsymbol{x}^*$ において制約条件が効いているかどうかの様子を示し

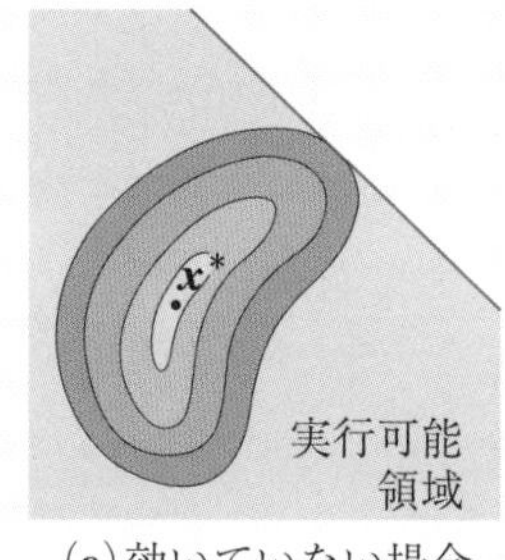

(a)効いていない場合

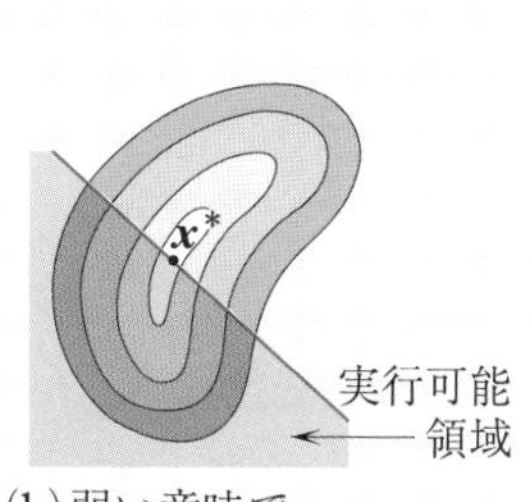

(b)弱い意味で効いている場合

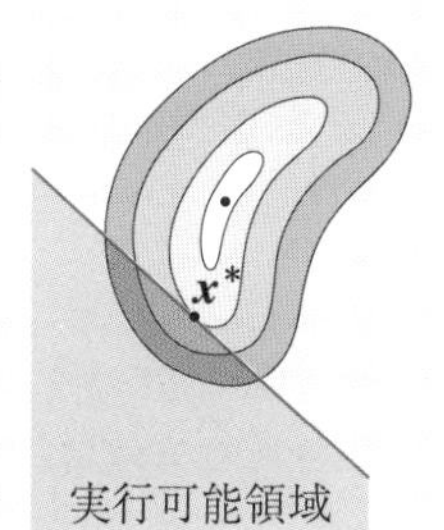

(c)効いている場合

図 5.3 効いている制約条件と効いていない制約条件

たものである．図5.3 (a) は効いていない場合であり，この制約式を無視しても最適解 $\boldsymbol{x}^*$ には影響を与えない．他方，図5.3 (b),(c) は効いている場合である．ただし，図5.3 (b) の場合にはこの制約式を無視しても $\boldsymbol{x}^*$ に影響は与えないので，制約式は**弱い意味で効いている** (weakly active) という．

以下に，最適解であるための条件を与える．そのために，$\boldsymbol{x}^*$ において効いている制約条件の添字集合を次のように定義する．

$$I(\boldsymbol{x}^*) = \{i \mid h_i(\boldsymbol{x}^*) = 0,\ i = 1, \cdots, l\}$$

最初に紹介する定理はFritz John（フリッツ・ジョン）によって示されたものである．二者択一定理（3.11節参照）を利用して証明することができる．

定理 5.2（Fritz John の定理）

不等式制約付き問題の局所的最小解 $\boldsymbol{x}^*$ において f, h_i $(i = 1, \cdots, l)$ が微分可能ならば，$(z_0^*, \boldsymbol{z}^*) \neq (0, \boldsymbol{0})$ となる実数 z_0^* と l 次元ベクトル $\boldsymbol{z}^* = [z_1^*, \cdots, z_l^*]^{\mathrm{T}}$ が存在して，次式が成り立つ．

$$z_0^* \nabla f(\boldsymbol{x}^*) + \sum_{i=1}^{l} z_i^* \nabla h_i(\boldsymbol{x}^*) = \boldsymbol{0}$$

$$\boldsymbol{h}(\boldsymbol{x}^*) \leq \boldsymbol{0}, \quad z_i^* \geq 0 \quad (i = 0, 1, \cdots, l), \quad z_i^* h_i(\boldsymbol{x}^*) = 0 \quad (i = 1, \cdots, l)$$

ここで z_i^* $(i = 0, \cdots, l)$ を**ラグランジュ乗数**という．また，条件 $z_i^* h_i(\boldsymbol{x}^*) = 0$ $(i = 1, \cdots, l)$ を**相補性条件** (complementarity condition) という．この条件より，効いていない制約条件 $h_i(\boldsymbol{x}^*) < 0$ に対して $z_i^* = 0$ となることに注意されたい（図5.3(a)）．$h_i(\boldsymbol{x}^*) = 0$ の場合には $z_i^* > 0$ または $z_i^* = 0$ が成り立つ（図5.3(b)，(c)）．ここで特に $h_i(\boldsymbol{x}^*) = 0$ と $z_i^* = 0$ が両立しない場合，条件 (5.9) を**狭義相補性条件** (strict complementarity condition) という．

定理5.2において，$z_0^* = 0$ の場合には目的関数の勾配に関する情報が含まれないことになる．そこで $z_0^* > 0$ が成り立つような条件を付加したのが，次の**Kuhn–Tucker（キューン・タッカー）の定理**である．$z_0^* > 0$ を保証するために課された条件は総称して**制約想定** (constraint qualification) と呼ばれており，いろいろな種類の制約想定が考えられている．Kuhn–Tucker の定理を述べるために，不等式制約付き最小化問題に対するラグランジュ関数と乗数ベクトルをそれぞれ

$$L(\boldsymbol{x}, \boldsymbol{z}) = f(\boldsymbol{x}) + \boldsymbol{z}^{\mathrm{T}}\boldsymbol{h}(\boldsymbol{x}) \quad \left(= f(\boldsymbol{x}) + \sum_{i=1}^{l} z_i h_i(\boldsymbol{x}) \right) \tag{5.5}$$

$$\boldsymbol{z} = [z_1, \cdots, z_l]^{\mathrm{T}}$$

と定義する．

定理 5.3（Kuhn–Tucker の定理：最適性の 1 次の必要条件）

不等式制約付き問題の局所的最小解 $\boldsymbol{x}^*$ において f，h_i $(i = 1, \cdots, l)$ が微分可能で，かつ，$i \in I(\boldsymbol{x}^*)$ を満たす全ての i に対して $\nabla h_i(\boldsymbol{x}^*)$ が線形独立ならば（これを**線形独立制約想定**という[2]），適当な l 次元ベクトル $\boldsymbol{z}^* = [z_1^*, \cdots, z_l^*]^{\mathrm{T}}$ が存在して，$(\boldsymbol{x}^*, \boldsymbol{z}^*)$ が次の条件を満足する．

$$\nabla_{\boldsymbol{x}} L(\boldsymbol{x}^*, \boldsymbol{z}^*) = \nabla f(\boldsymbol{x}^*) + \sum_{i=1}^{l} z_i^* \nabla h_i(\boldsymbol{x}^*) = \boldsymbol{0} \tag{5.6}$$

$$\nabla_{\boldsymbol{z}} L(\boldsymbol{x}^*, \boldsymbol{z}^*) = \boldsymbol{h}(\boldsymbol{x}^*) \leq \boldsymbol{0} \tag{5.7}$$

$$z_i^* \geq 0 \quad (i = 1, \cdots, l) \tag{5.8}$$

$$z_i^* h_i(\boldsymbol{x}^*) = 0 \quad (i = 1, \cdots, l) \tag{5.9}$$

［証明］　定理 5.2 より

$$\hat{z}_0 \nabla f(\boldsymbol{x}^*) + \sum_{i=1}^{l} \hat{z}_i \nabla h_i(\boldsymbol{x}^*) = \boldsymbol{0} \tag{5.10}$$

を満たし，かつ，$(\hat{z}_0, \hat{\boldsymbol{z}}) \neq (0, \boldsymbol{0})$ となる実数 $\hat{z}_0 \geq 0$ とベクトル $\hat{\boldsymbol{z}} \geq \boldsymbol{0}$ が存在する．相補性条件より $i \notin I(\boldsymbol{x}^*)$ なる任意の i に対して $\hat{z}_i = 0$ となるので，上式は次のように書ける．

$$\hat{z}_0 \nabla f(\boldsymbol{x}^*) + \sum_{i \in I(\boldsymbol{x}^*)} \hat{z}_i \nabla h_i(\boldsymbol{x}^*) = \boldsymbol{0}$$

実数 $\hat{z}_0$ が $\hat{z}_0 > 0$ を満たすことを示すために，$\hat{z}_0 = 0$ と仮定して矛盾を導く．このとき

$$\sum_{i \in I(\boldsymbol{x}^*)} \hat{z}_i \nabla h_i(\boldsymbol{x}^*) = \boldsymbol{0}$$

2）　もっとゆるい制約想定も考えられている．

となるので，線形独立制約想定より $\hat{z}_i = 0,\ i \in I(\boldsymbol{x}^*)$ となる．したがって $(\hat{z}_0, \hat{\boldsymbol{z}}) \neq (0, \boldsymbol{0})$ であることに矛盾する．よって $\hat{z}_0 > 0$ であることが示された．ここで式 (5.10) の両辺を $\hat{z}_0$ で割って $z_i^* = \hat{z}_i / \hat{z}_0\ (i = 1, \cdots, l)$ とおけば結論を得る． ■

条件 (5.6)～(5.9) を **Karush–Kuhn–Tucker (カルーシュ・キューン・タッカー) 条件**といい，略して **KKT 条件**という．

定理 5.3 をみればわかるように，不等式制約付き問題の最適性条件は等式制約付き問題のように単純ではない．最適解における目的関数の勾配ベクトル $\nabla f(\boldsymbol{x}^*)$ と制約関数の勾配ベクトル $\nabla h_i(\boldsymbol{x}^*)$ とのつり合い方がもっと複雑になり，式 (5.2)，(5.3) に対応する条件につけ加えてラグランジュ乗数の非負性と相補性条件が課される．

次の定理は最適性の 2 次の必要条件を与えるものである．

定理 5.4（不等式制約付き問題の最適性条件：2 次の必要条件）

不等式制約付き問題の局所的最小解 $\boldsymbol{x}^*$ において $f, h_i\ (i = 1, \cdots, l)$ が 2 回微分可能で式 (5.6)～(5.9) を満足する $\boldsymbol{z}^*$ が存在するとする．さらに，全ての $i \in I(\boldsymbol{x}^*)$ に対して $\nabla h_i(\boldsymbol{x}^*)^{\mathrm{T}} \boldsymbol{v} = 0$ となる零でない任意の $\boldsymbol{v} \in \boldsymbol{R}^n$ に対して，適当な正の数 c と連続なベクトル値関数 $\phi : [0, c) \to \boldsymbol{R}^n$ が存在して，$\phi(0) = \boldsymbol{x}^*$，$h_i(\phi(\tau)) = 0\ (\forall i \in I(\boldsymbol{x}^*), \forall \tau \in (0, c))$，$\lim_{\tau \to 0} \dfrac{\phi(\tau) - \phi(0)}{\tau} = \beta \boldsymbol{v}$ が成り立つとする (これを **2 次の制約想定**という)．ただし，β は正の数である．このとき，$\nabla h_i(\boldsymbol{x}^*)^{\mathrm{T}} \boldsymbol{v} = 0\ (\forall i \in I(\boldsymbol{x}^*))$ を満たす任意の $\boldsymbol{v} \in \boldsymbol{R}^n$ に対して，

$$\boldsymbol{v}^{\mathrm{T}} \nabla_{\boldsymbol{x}}^2 L(\boldsymbol{x}^*, \boldsymbol{z}^*) \boldsymbol{v} \geq 0$$

となる．ただし $\nabla_{\boldsymbol{x}}^2 L(\boldsymbol{x}, \boldsymbol{z})$ はラグランジュ関数の $\boldsymbol{x}$ についての 2 階偏導関数行列であり，

$$\nabla_{\boldsymbol{x}}^2 L(\boldsymbol{x}, \boldsymbol{z}) = \nabla^2 f(\boldsymbol{x}) + \sum_{i=1}^{l} z_i \nabla^2 h_i(\boldsymbol{x})$$

で表される．

最小解であるための 2 次の十分条件を述べるにあたって，次の集合を定義しておく．

$$I_+(\boldsymbol{x}^*) = \{i \mid z_i^* > 0\}$$

$$V(\boldsymbol{x}^*) = \{\boldsymbol{v} \in \boldsymbol{R}^n \mid \nabla h_i(\boldsymbol{x}^*)^{\mathrm{T}}\boldsymbol{v} = 0,\ i \in I_+(\boldsymbol{x}^*),$$
$$\nabla h_i(\boldsymbol{x}^*)^{\mathrm{T}}\boldsymbol{v} \leq 0,\ i \in I(\boldsymbol{x}^*)\backslash I_+(\boldsymbol{x}^*)\}$$

定理 5.5（不等式制約付き問題の最適性条件：2 次の十分条件）

$\boldsymbol{x}^*$ において $f, h_i\ (i = 1, \cdots, l)$ が 2 回微分可能で，かつ，KKT 条件 (5.6)～(5.9) を満足する $\boldsymbol{z}^*$ が存在すると仮定し，零でない任意の $\boldsymbol{v} \in V(\boldsymbol{x}^*)$ に対して

$$\boldsymbol{v}^{\mathrm{T}}\nabla_{\boldsymbol{x}}^2 L(\boldsymbol{x}^*, \boldsymbol{z}^*)\boldsymbol{v} > 0$$

が成り立つとする．このとき，$\boldsymbol{x}^*$ は不等式制約付き問題の局所的最小解になり，しかも $\boldsymbol{x}^*$ の近傍では $\boldsymbol{x}^*$ が唯一の局所的最小解になる．

最適性の 1 次の必要条件を理解するために，**例 3** を与える．

例 3 次の 2 次計画問題を考える．

$$\begin{cases} \text{最 小 化} & \dfrac{1}{2}\{(x_1-8)^2+(x_2-6)^2\} \\ \text{制約条件} & 3x_1 + \ \ x_2 \leq 15 \\ & \ \ x_1 + 2x_2 \leq 10 \\ & \ \ x_1 + \ \ x_2 \geq 3 \\ & x_1 \geq 0, \quad x_2 \geq 0 \end{cases}$$

この問題の実行可能領域と目的関数の等高線は図 5.4 に示す通りである．

この問題のラグランジュ関数は

$$\begin{aligned} L(x_1, x_2, z_1, z_2, z_3, z_4, z_5) = & \frac{1}{2}\left\{(x_1-8)^2+(x_2-6)^2\right\} \\ & + z_1(3x_1+x_2-15) + z_2(x_1+2x_2-10) \\ & + z_3(3-x_1-x_2) - z_4x_1 - z_5x_2 \end{aligned}$$

となるので，KKT 条件は次式で表される．

$$\begin{aligned} & \begin{bmatrix} x_1-8 \\ x_2-6 \end{bmatrix} + z_1\begin{bmatrix} 3 \\ 1 \end{bmatrix} + z_2\begin{bmatrix} 1 \\ 2 \end{bmatrix} \\ & \quad + z_3\begin{bmatrix} -1 \\ -1 \end{bmatrix} + z_4\begin{bmatrix} -1 \\ 0 \end{bmatrix} + z_5\begin{bmatrix} 0 \\ -1 \end{bmatrix} = \begin{bmatrix} 0 \\ 0 \end{bmatrix} \end{aligned} \tag{5.11}$$

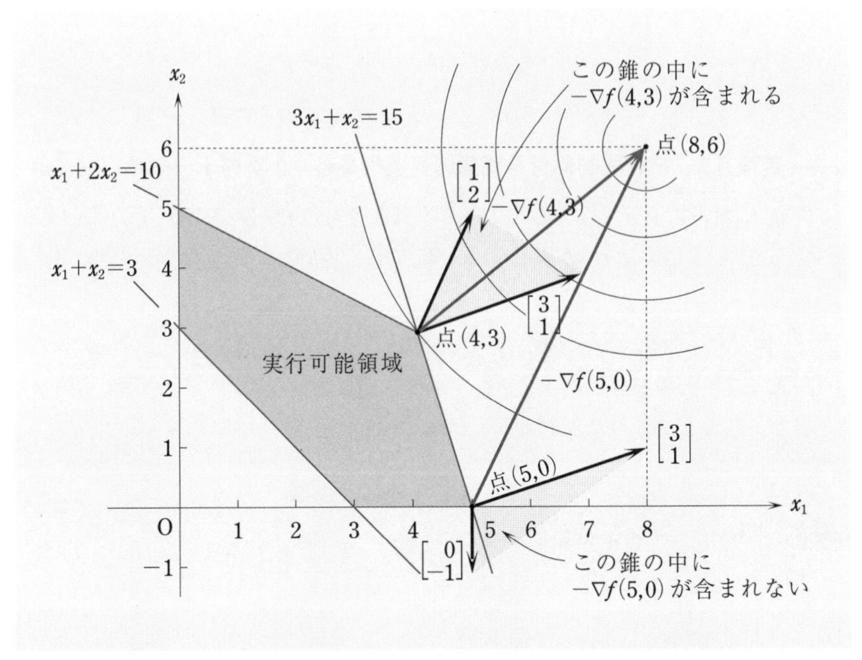

図 5.4　例 3 の目的関数の等高線と実行可能領域

$$3x_1 + x_2 - 15 \leq 0, \quad z_1 \geq 0, \quad z_1(3x_1 + x_2 - 15) = 0,$$
$$x_1 + 2x_2 - 10 \leq 0, \quad z_2 \geq 0, \quad z_2(x_1 + 2x_2 - 10) = 0,$$
$$3 - x_1 - x_2 \leq 0, \quad z_3 \geq 0, \quad z_3(3 - x_1 - x_2) = 0,$$
$$-x_1 \leq 0, \quad z_4 \geq 0, \quad z_4 x_1 = 0,$$
$$-x_2 \leq 0, \quad z_5 \geq 0, \quad z_5 x_2 = 0$$

2 つの実行可能解 $(4,3)$, $(5,0)$ において KKT 条件が成り立つかどうかを吟味してみよう．図 5.4 より明らかに点 $(4,3)$ が最適解になる．

(i)　最適解 $(4,3)$ において：

相補性条件より

$$0 \cdot z_1 = 0, \quad 0 \cdot z_2 = 0, \quad -4z_3 = 0, \quad 4z_4 = 0, \quad 3z_5 = 0$$

なので，$z_3 = z_4 = z_5 = 0$ となる（これらに対応する制約式は効いていない）．よって式 (5.11) より

$$z_1 \begin{bmatrix} 3 \\ 1 \end{bmatrix} + z_2 \begin{bmatrix} 1 \\ 2 \end{bmatrix} = -\nabla f(4,3) = \begin{bmatrix} 4 \\ 3 \end{bmatrix}$$

なので，$z_1 = 1 > 0$, $z_2 = 1 > 0$ を得る（線形独立制約想定が成り立っていることに注意）．したがって最適解 $(4,3)$ において KKT 条件が成り立つ．

(ii)　点 $(5,0)$ において：

相補性条件より $z_2 = z_3 = z_4 = 0$ なので，式 (5.11) より

$$z_1 \begin{bmatrix} 3 \\ 1 \end{bmatrix} + z_5 \begin{bmatrix} 0 \\ -1 \end{bmatrix} = \begin{bmatrix} 3 \\ 6 \end{bmatrix}$$

となる（線形独立制約想定は成り立っている）．これより $z_1 = 1 > 0$, $z_5 = -5 < 0$ を得るので，点 $(5,0)$ では KKT 条件が成り立たない．　□

KKT 条件 (5.6)〜(5.9) は制約想定を仮定しなければ，そのままでは最適解であるための必要条件になるとは限らないことを注意しておく．**例 4** をみてみよう．

例 4　次の最小化問題を考える．

$$\begin{cases} \text{最 小 化} & -x_1 \\ \text{制約条件} & x_2 \leq (1-x_1)^3, \quad x_2 \geq 0 \end{cases}$$

実行可能領域は図 5.5 で表される．これより，点 $(x_1^*, x_2^*) = (1,0)$ が最適解になることは明らかである．$f(x_1,x_2) = -x_1$, $h_1(x_1,x_2) = x_2 - (1-x_1)^3$,

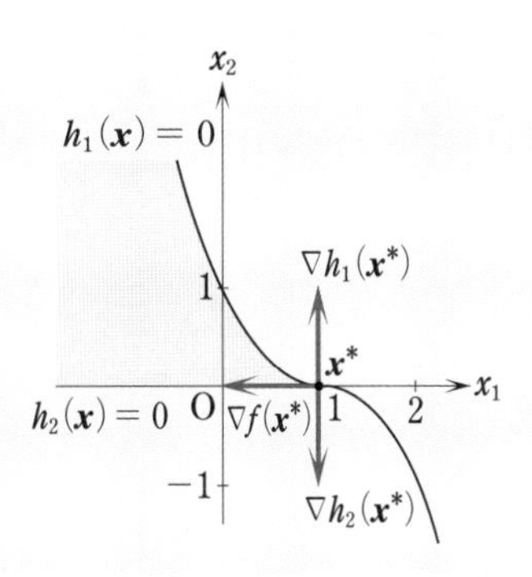

図 5.5　**例 4** の実行可能領域

$h_2(x_1, x_2) = -x_2$ とおくと

$$\nabla f(x_1, x_2) = \begin{bmatrix} -1 \\ 0 \end{bmatrix},$$

$$\nabla h_1(x_1, x_2) = \begin{bmatrix} 3(1 - x_1)^2 \\ 1 \end{bmatrix}, \quad \nabla h_2(x_1, x_2) = \begin{bmatrix} 0 \\ -1 \end{bmatrix}$$

となる．しかしながら，解 (x_1^*, x_2^*) において

$$\nabla f(x_1^*, x_2^*) + z_1 \nabla h_1(x_1^*, x_2^*) + z_2 \nabla h_2(x_1^*, x_2^*) = \mathbf{0}$$

すなわち

$$\begin{bmatrix} -1 \\ 0 \end{bmatrix} + z_1 \begin{bmatrix} 0 \\ 1 \end{bmatrix} + z_2 \begin{bmatrix} 0 \\ -1 \end{bmatrix} = \begin{bmatrix} 0 \\ 0 \end{bmatrix}$$

を満たす非負の数 z_1, z_2 は存在しない．したがって KKT 条件は満たされない．このとき，制約条件の勾配ベクトル $\nabla h_1(x_1^*, x_2^*) = [0, 1]^{\mathrm{T}}$ と $\nabla h_2(x_1^*, x_2^*) = [0, -1]^{\mathrm{T}}$ が線形独立でない（すなわち線形独立制約想定が成り立たない）ことが最適解において KKT 条件が成り立たない原因になっている[3)]．他方，Fritz John の条件

$$z_0 \begin{bmatrix} -1 \\ 0 \end{bmatrix} + z_1 \begin{bmatrix} 0 \\ 1 \end{bmatrix} + z_2 \begin{bmatrix} 0 \\ -1 \end{bmatrix} = \begin{bmatrix} 0 \\ 0 \end{bmatrix}$$

は $z_0 = 0$, $z_1 = z_2 = 1$ として成り立っている． □

5.1.3 一般の制約付き問題に対する最適性条件

等式制約付き問題と不等式制約付き問題のそれぞれの最適性条件をまとめると，一般の制約付き問題に対する最適性条件が得られる．すなわち，ラグランジュ関数を

$$\begin{aligned} L(\boldsymbol{x}, \boldsymbol{y}, \boldsymbol{z}) &= f(\boldsymbol{x}) + \boldsymbol{y}^{\mathrm{T}} \boldsymbol{g}(\boldsymbol{x}) + \boldsymbol{z}^{\mathrm{T}} \boldsymbol{h}(\boldsymbol{x}) \\ &= f(\boldsymbol{x}) + \sum_{i=1}^{m} y_i g_i(\boldsymbol{x}) + \sum_{j=1}^{l} z_j h_j(\boldsymbol{x}) \end{aligned} \tag{5.12}$$

3) ただし，線形独立制約想定が満たされなくても，もっとゆるい制約想定が成り立っていれば KKT 条件が最適性の必要条件になる．

と定義したとき，制約付き問題を解くことは次の 5 つの条件を満足する点 $(\boldsymbol{x}^*, \boldsymbol{y}^*, \boldsymbol{z}^*)$ を見つけることに帰着される．

$$\nabla_{\boldsymbol{x}} L(\boldsymbol{x}, \boldsymbol{y}, \boldsymbol{z}) = \nabla f(\boldsymbol{x}) + \sum_{i=1}^{m} y_i \nabla g_i(\boldsymbol{x}) + \sum_{j=1}^{l} z_j \nabla h_j(\boldsymbol{x}) = \boldsymbol{0} \tag{5.13}$$

$$\nabla_{\boldsymbol{y}} L(\boldsymbol{x}, \boldsymbol{y}, \boldsymbol{z}) = \boldsymbol{g}(\boldsymbol{x}) = \boldsymbol{0} \tag{5.14}$$

$$\nabla_{\boldsymbol{z}} L(\boldsymbol{x}, \boldsymbol{y}, \boldsymbol{z}) = \boldsymbol{h}(\boldsymbol{x}) \leq \boldsymbol{0} \tag{5.15}$$

$$z_i \geq 0 \ (i = 1, \cdots, l) \tag{5.16}$$

$$z_i h_i(\boldsymbol{x}) = 0 \ (i = 1, \cdots, l) \tag{5.17}$$

以上の 5 つの条件を改めて **Karush–Kuhn–Tucker 条件**（**KKT 条件**）と呼び，KKT 条件を満足する点 $(\boldsymbol{x}^*, \boldsymbol{y}^*, \boldsymbol{z}^*)$ を **KKT 点**と呼ぶ．一般の制約付き問題の場合も，前述したような 1 次の必要条件，2 次の必要条件，2 次の十分条件に関する定理が成り立つが省略する．ここでは簡単のために次の定理（十分条件）を与えるだけにする．

定理 5.6（凸計画問題の KKT 条件）

点 $(\boldsymbol{x}^*, \boldsymbol{y}^*, \boldsymbol{z}^*)$ を制約付き問題の KKT 点とする．$f(\boldsymbol{x}), h_i(\boldsymbol{x})$ $(i = 1, \cdots, l)$ が $\boldsymbol{x}^*$ で微分可能な凸関数で $g_i(\boldsymbol{x})$ $(i = 1, \cdots, m)$ が全て 1 次式ならば，点 $\boldsymbol{x}^*$ は制約付き問題の最適解になる．

[証明] まず実行可能領域が凸集合になることを注意しておく．$\boldsymbol{x}$ を任意の実行可能解とする．仮定より $g_i(\boldsymbol{x}) = \boldsymbol{a}_i^{\mathrm{T}} \boldsymbol{x} - b_i$ $(\boldsymbol{a}_i \in \boldsymbol{R}^n)$ と表されるので，$\boldsymbol{a}_i^{\mathrm{T}}(\boldsymbol{x} - \boldsymbol{x}^*) = b_i - b_i = 0$ が成り立つ．関数 $f(\boldsymbol{x})$ の凸性と条件 (5.13) より

$$\begin{aligned}
f(\boldsymbol{x}) &\geq f(\boldsymbol{x}^*) + \nabla f(\boldsymbol{x}^*)^{\mathrm{T}}(\boldsymbol{x} - \boldsymbol{x}^*) \\
&= f(\boldsymbol{x}^*) - \left(\sum_{i=1}^{m} y_i^* \boldsymbol{a}_i + \sum_{j=1}^{l} z_j^* \nabla h_j(\boldsymbol{x}^*) \right)^{\mathrm{T}} (\boldsymbol{x} - \boldsymbol{x}^*) \\
&= f(\boldsymbol{x}^*) - \sum_{i=1}^{m} y_i^* \boldsymbol{a}_i^{\mathrm{T}}(\boldsymbol{x} - \boldsymbol{x}^*) - \sum_{j=1}^{l} z_j^* \nabla h_j(\boldsymbol{x}^*)^{\mathrm{T}}(\boldsymbol{x} - \boldsymbol{x}^*) \\
&= f(\boldsymbol{x}^*) - \sum_{j=1}^{l} z_j^* \nabla h_j(\boldsymbol{x}^*)^{\mathrm{T}}(\boldsymbol{x} - \boldsymbol{x}^*)
\end{aligned}$$

が成り立つ．一方，$h_i(\boldsymbol{x})$ $(i=1,\cdots,l)$ の凸性より

$$h_i(\boldsymbol{x}) \geq h_i(\boldsymbol{x}^*) + \nabla h_i(\boldsymbol{x}^*)^{\mathrm{T}}(\boldsymbol{x}-\boldsymbol{x}^*)$$

なので，KKT 条件より

$$\begin{aligned}\sum_{i=1}^{l} z_i^* \nabla h_i(\boldsymbol{x}^*)^{\mathrm{T}}(\boldsymbol{x}-\boldsymbol{x}^*) &\leq \sum_{i=1}^{l} z_i^*(h_i(\boldsymbol{x}) - h_i(\boldsymbol{x}^*)) \\ &= \sum_{i=1}^{l} z_i^* h_i(\boldsymbol{x}) \\ &\leq 0\end{aligned}$$

となる．したがって $f(\boldsymbol{x}) \geq f(\boldsymbol{x}^*)$ が成り立つので，定理が証明された． ■

一般に，目的関数が凸関数で実行可能領域が凸集合であるような最適化問題を**凸計画問題** (convex programming problem) という．したがって，この定理の仮定を満足するような制約付き問題は凸計画問題になる．代表的な凸計画問題として線形計画問題と凸 2 次計画問題があげられるが，これらに関する KKT 条件の例を**例 5**，**例 6**で与える．

例 5　線形計画問題の KKT 条件

$A \in \boldsymbol{R}^{m\times n}, \boldsymbol{b} \in \boldsymbol{R}^m, \boldsymbol{c} \in \boldsymbol{R}^n$ が与えられたとき，$\boldsymbol{x} \in \boldsymbol{R}^n$ に関する線形計画問題

$$\begin{cases} \text{最 小 化} \quad \boldsymbol{c}^{\mathrm{T}}\boldsymbol{x} \\ \text{制約条件} \quad A\boldsymbol{x} = \boldsymbol{b} \quad (\boldsymbol{x} \geq \boldsymbol{0}) \end{cases}$$

を考える．$\boldsymbol{g}(\boldsymbol{x}) = \boldsymbol{b} - A\boldsymbol{x}$, $\boldsymbol{h}(\boldsymbol{x}) = -\boldsymbol{x}$ とおくと，ラグランジュ関数は

$$L(\boldsymbol{x},\boldsymbol{y},\boldsymbol{z}) = \boldsymbol{c}^{\mathrm{T}}\boldsymbol{x} + \boldsymbol{y}^{\mathrm{T}}(\boldsymbol{b} - A\boldsymbol{x}) - \boldsymbol{z}^{\mathrm{T}}\boldsymbol{x}$$

で定義される．また，KKT 条件は次式で与えられる．

$$\boldsymbol{c} - A^{\mathrm{T}}\boldsymbol{y} - \boldsymbol{z} = \boldsymbol{0}, \quad A\boldsymbol{x} = \boldsymbol{b}$$

$$\boldsymbol{x} \geq \boldsymbol{0}, \quad \boldsymbol{z} \geq \boldsymbol{0}, \quad z_i x_i = 0 \quad (i=1,\cdots,n)$$

これらの条件式は 3.8 節の定理 3.7 で述べた最適性条件にほかならない． □

例 6　凸 2 次計画問題の KKT 条件

$Q \in \boldsymbol{R}^{n\times n}, A \in \boldsymbol{R}^{m\times n}, \boldsymbol{b} \in \boldsymbol{R}^m, \boldsymbol{c} \in \boldsymbol{R}^n$ が与えられたとき，$\boldsymbol{x} \in \boldsymbol{R}^n$ に関する 2 次計画問題

$$\begin{cases} \text{最 小 化} & \frac{1}{2}\boldsymbol{x}^{\mathrm{T}}Q\boldsymbol{x}+\boldsymbol{c}^{\mathrm{T}}\boldsymbol{x} \\ \text{制約条件} & A\boldsymbol{x}=\boldsymbol{b} \quad (\boldsymbol{x}\geq\boldsymbol{0}) \end{cases}$$

を考える．ただし，Q は半正定値対称行列である．線形計画問題の場合と同様に，ラグランジュ関数は

$$L(\boldsymbol{x},\boldsymbol{y},\boldsymbol{z})=\frac{1}{2}\boldsymbol{x}^{\mathrm{T}}Q\boldsymbol{x}+\boldsymbol{c}^{\mathrm{T}}\boldsymbol{x}+\boldsymbol{y}^{\mathrm{T}}(\boldsymbol{b}-A\boldsymbol{x})-\boldsymbol{z}^{\mathrm{T}}\boldsymbol{x}$$

で定義され，KKT 条件は次式で与えられる．

$$Q\boldsymbol{x}+\boldsymbol{c}-A^{\mathrm{T}}\boldsymbol{y}-\boldsymbol{z}=\boldsymbol{0}, \quad A\boldsymbol{x}=\boldsymbol{b}$$

$$\boldsymbol{x}\geq\boldsymbol{0}, \quad \boldsymbol{z}\geq\boldsymbol{0}, \quad z_ix_i=0 \quad (i=1,\cdots,n)$$

□

以上で述べた定理の裏付けのもとで，既存の数値解法の大半が KKT 条件を満足する点を求めることを目指している（5.4 節参照）．

5.1.4　線形相補性問題

線形計画問題や 2 次計画問題の最適性条件をみればわかるように，これらに共通することは，何らかの線形等式制約を満足する非負ベクトルの中で相補性条件を満たすベクトルを見つけることである．このことを一般化すれば，次のように記述できる．こうした問題を**線形相補性問題** (**LCP**: Linear Complementarity Problem) という．

線形相補性問題

行列 M とベクトル $\boldsymbol{q}$ が与えられたとき，$\boldsymbol{z}=M\boldsymbol{x}+\boldsymbol{q}$, $\boldsymbol{x}^{\mathrm{T}}\boldsymbol{z}=0$ を満たす非負ベクトル $(\boldsymbol{x},\boldsymbol{z})$ を求めよ．

この問題は最小化問題

$$\begin{cases} \text{最 小 化} & \boldsymbol{x}^{\mathrm{T}}\boldsymbol{z} \quad ((\boldsymbol{x},\boldsymbol{z})\text{について}) \\ \text{制約条件} & M\boldsymbol{x}-\boldsymbol{z}=-\boldsymbol{q} \quad (\boldsymbol{x}\geq\boldsymbol{0}, \quad \boldsymbol{z}\geq\boldsymbol{0}) \end{cases}$$

としても定式化できる．

例 7　**線形計画問題，2 次計画問題の線形相補性問題への変換**

次の 2 次計画問題を考えよう．

$$\begin{cases} \text{最 小 化} & \frac{1}{2}\boldsymbol{x}^{\mathrm{T}}Q\boldsymbol{x}+\boldsymbol{c}^{\mathrm{T}}\boldsymbol{x} \\ \text{制約条件} & A\boldsymbol{x}\geq\boldsymbol{b} \quad (\boldsymbol{x}\geq\boldsymbol{0}) \end{cases}$$

スラック変数 $\boldsymbol{s}$ を導入すれば，制約条件は $A\boldsymbol{x} - \boldsymbol{s} = \boldsymbol{b}$, $\boldsymbol{x} \geq \boldsymbol{0}$, $\boldsymbol{s} \geq \boldsymbol{0}$ と書ける．ラグランジュ関数は

$$L(\boldsymbol{x}, \boldsymbol{y}, \boldsymbol{z}, \boldsymbol{s}, \boldsymbol{t}) = \frac{1}{2}\boldsymbol{x}^{\mathrm{T}} Q \boldsymbol{x} + \boldsymbol{c}^{\mathrm{T}}\boldsymbol{x} + \boldsymbol{y}^{\mathrm{T}}(\boldsymbol{b} - A\boldsymbol{x} + \boldsymbol{s}) - \boldsymbol{z}^{\mathrm{T}}\boldsymbol{x} - \boldsymbol{t}^{\mathrm{T}}\boldsymbol{s}$$

で与えられるので，KKT 条件は次のようになる．

$$\begin{aligned}
&\nabla_{\boldsymbol{x}} L = Q\boldsymbol{x} + \boldsymbol{c} - A^{\mathrm{T}}\boldsymbol{y} - \boldsymbol{z} = \boldsymbol{0} \\
&\nabla_{\boldsymbol{y}} L = \boldsymbol{b} - A\boldsymbol{x} + \boldsymbol{s} = \boldsymbol{0} \\
&\nabla_{\boldsymbol{s}} L = \boldsymbol{y} - \boldsymbol{t} = \boldsymbol{0} \\
&\boldsymbol{z}^{\mathrm{T}}\boldsymbol{x} = 0, \quad \boldsymbol{t}^{\mathrm{T}}\boldsymbol{s} = 0 \\
&\boldsymbol{x} \geq \boldsymbol{0}, \quad \boldsymbol{z} \geq \boldsymbol{0}, \quad \boldsymbol{s} \geq \boldsymbol{0}, \quad \boldsymbol{t} \geq \boldsymbol{0}
\end{aligned}$$

3 番目の式から $\boldsymbol{t} = \boldsymbol{y}$ となるので，結局，KKT 条件は次の線形相補性問題に帰着される．

> 条件 $\begin{bmatrix} \boldsymbol{z} \\ \boldsymbol{s} \end{bmatrix} = \begin{bmatrix} Q & -A^{\mathrm{T}} \\ A & O \end{bmatrix} \begin{bmatrix} \boldsymbol{x} \\ \boldsymbol{y} \end{bmatrix} + \begin{bmatrix} \boldsymbol{c} \\ -\boldsymbol{b} \end{bmatrix}$, $\begin{bmatrix} \boldsymbol{x} \\ \boldsymbol{y} \end{bmatrix} \geq \boldsymbol{0}$, $\begin{bmatrix} \boldsymbol{z} \\ \boldsymbol{s} \end{bmatrix} \geq \boldsymbol{0}$
>
> を満たすベクトルの中で $\begin{bmatrix} \boldsymbol{x} \\ \boldsymbol{y} \end{bmatrix}^{\mathrm{T}} \begin{bmatrix} \boldsymbol{z} \\ \boldsymbol{s} \end{bmatrix} = 0$ を満たす $(\boldsymbol{x}, \boldsymbol{y}, \boldsymbol{z}, \boldsymbol{s})$ を求めよ．

特に $Q = O$ とおいた場合，線形計画問題に対応する線形相補性問題になる．

□

5.2 非線形計画法の双対定理

線形計画法の双対定理は 3.8 節で述べたが，ここでは非線形計画法の双対定理について触れる．双対定理にはいくつかの種類があるが，ここでは **Wolfe (ウルフ) の双対定理**を中心に紹介する．

微分可能な関数 $f(\boldsymbol{x}), h_i(\boldsymbol{x})$ $(i = 1, \cdots, l)$ が与えられたとき，次の不等式制約付き最小化問題

$$
\text{(P)} \quad \begin{cases} \text{最 小 化} \quad f(\boldsymbol{x}) \quad (\boldsymbol{x} \in \boldsymbol{R}^n \text{について}) \\ \text{制約条件} \quad \boldsymbol{h}(\boldsymbol{x}) \leq \boldsymbol{0} \end{cases} \tag{5.18}
$$

を考える．この問題を主問題としたとき，ラグランジュ関数

$$
L(\boldsymbol{x}, \boldsymbol{z}) = f(\boldsymbol{x}) + \boldsymbol{z}^{\mathrm{T}} \boldsymbol{h}(\boldsymbol{x})
$$

とラグランジュ乗数 $\boldsymbol{z} \in \boldsymbol{R}^l$ に対して，双対問題は次のように表される．

$$
\text{(D)} \quad \begin{cases} \text{最 大 化} \quad L(\boldsymbol{x}, \boldsymbol{z}) \quad ((\boldsymbol{x}, \boldsymbol{z}) \in \boldsymbol{R}^n \times \boldsymbol{R}^l \text{について}) \\ \text{制約条件} \quad \nabla_{\boldsymbol{x}} L(\boldsymbol{x}, \boldsymbol{z}) = \boldsymbol{0} \quad (\boldsymbol{z} \geq \boldsymbol{0}) \end{cases} \tag{5.19}
$$

これを双対問題とみなす正当性が，次の弱双対定理，双対定理で保証される．まず弱双対定理を示す．

定理 5.7（弱双対定理）

$f(\boldsymbol{x}), h_i(\boldsymbol{x})$ $(i = 1, \cdots, l)$ が凸関数であるとする．このとき，$\hat{\boldsymbol{x}} \in \boldsymbol{R}^n$ が主問題 (P) の実行可能解，$(\boldsymbol{x}, \boldsymbol{z}) \in \boldsymbol{R}^n \times \boldsymbol{R}^l$ が双対問題 (D) の実行可能解ならば次が成り立つ．

$$
f(\hat{\boldsymbol{x}}) \geq L(\boldsymbol{x}, \boldsymbol{z})
$$

[証明] 関数が凸で，かつ，$\nabla_{\boldsymbol{x}} L(\boldsymbol{x}, \boldsymbol{z}) = \nabla f(\boldsymbol{x}) + \sum_{i=1}^{l} z_i \nabla h_i(\boldsymbol{x}) = \boldsymbol{0}$ が成り立つので，定理 2.2 より次式を得る．

$$
\begin{aligned}
f(\hat{\boldsymbol{x}}) &\geq f(\boldsymbol{x}) + \nabla f(\boldsymbol{x})^{\mathrm{T}} (\hat{\boldsymbol{x}} - \boldsymbol{x}) \\
&= f(\boldsymbol{x}) + \left(- \sum_{i=1}^{l} z_i \nabla h_i(\boldsymbol{x}) \right)^{\mathrm{T}} (\hat{\boldsymbol{x}} - \boldsymbol{x})
\end{aligned}
$$

$$
\begin{aligned}
&= f(\boldsymbol{x}) - \sum_{i=1}^{l} z_i \nabla h_i(\boldsymbol{x})^{\mathrm{T}}(\hat{\boldsymbol{x}} - \boldsymbol{x}) \\
&\geq f(\boldsymbol{x}) + \sum_{i=1}^{l} z_i (h_i(\boldsymbol{x}) - h_i(\hat{\boldsymbol{x}})) \\
&\geq f(\boldsymbol{x}) + \sum_{i=1}^{l} z_i h_i(\boldsymbol{x}) \\
&= L(\boldsymbol{x}, \boldsymbol{z})
\end{aligned}
$$

最後から2番目の不等式は，$z_i \geq 0$，$h_i(\hat{\boldsymbol{x}}) \leq 0$ という事実から導かれた．したがって，結論を得る． ■

次に，非線形計画法の双対定理を与える．

定理 5.8（双対定理）

$f(\boldsymbol{x}), h_i(\boldsymbol{x})$ $(i = 1, \cdots, l)$ が凸関数であるとし，$\boldsymbol{x}^* \in \boldsymbol{R}^n$ が主問題 (P) の最適解とする．また，不等式制約関数 $\boldsymbol{h}(\boldsymbol{x})$ について，主問題の実行可能領域 $\{\boldsymbol{x} \mid \boldsymbol{h}(\boldsymbol{x}) \leq \boldsymbol{0}\}$ が内点をもつ（これを **Slater**（スレータ）**の制約想定**という[4)]）か，あるいは，$h_i(\boldsymbol{x})$ が全て1次式である（これを**線形制約想定**という）とする．このとき，$(\boldsymbol{x}^*, \boldsymbol{z}^*)$ が双対問題 (D) の最適解で

$$
f(\boldsymbol{x}^*) = L(\boldsymbol{x}^*, \boldsymbol{z}^*)
$$

を満たすような $\boldsymbol{z}^* \in \boldsymbol{R}^l$ が存在する．

主問題の目的関数値と双対問題の目的関数値の差をとれば，双対ギャップは

$$
f(\boldsymbol{x}) - L(\boldsymbol{x}, \boldsymbol{z}) = \sum_{i=1}^{l} z_i(-h_i(\boldsymbol{x})) \geq 0
$$

となる．$z_i \geq 0, h_i(\boldsymbol{x}) \leq 0$ であることから，双対ギャップが零になるのは相補性条件 $z_i h_i(\boldsymbol{x}) = 0$ $(i = 1, \cdots, l)$ が成り立つときに限られる．したがって上記の双対定理が示唆していることは，

(1)　主問題の実行可能性 $(\boldsymbol{h}(\boldsymbol{x}) \leq \boldsymbol{0})$

(2)　双対問題の実行可能性 $(\nabla_{\boldsymbol{x}} L(\boldsymbol{x}, \boldsymbol{z}) = \boldsymbol{0},\ \boldsymbol{z} \geq \boldsymbol{0})$

(3)　相補性条件 $(z_i h_i(\boldsymbol{x}) = 0,\ i = 1, \cdots, l)$

4）Slater の制約想定は凸計画問題のときに意味をもつ．

が満たされることが最適解であるための必要十分条件になることである．これらの条件はKKT条件(5.6)～(5.9)そのものである．

本節を終えるにあたって，線形計画問題の双対問題 例8 と2次計画問題の双対問題 例9 を考えてみよう．

例8 線形計画問題の双対問題

次の標準形を考える．

$$(\mathrm{P_{LP}})\quad \begin{cases} \text{最 小 化} & \boldsymbol{c}^{\mathrm{T}}\boldsymbol{x} \quad (\boldsymbol{x}\text{について}) \\ \text{制約条件} & A\boldsymbol{x}=\boldsymbol{b} \quad (\boldsymbol{x}\geq \boldsymbol{0}) \end{cases}$$

ただし，$\boldsymbol{x}\in \boldsymbol{R}^n, A\in \boldsymbol{R}^{m\times n}, \boldsymbol{b}\in \boldsymbol{R}^m, \boldsymbol{c}\in \boldsymbol{R}^n$ である．このとき等式制約条件は $\boldsymbol{b}-A\boldsymbol{x}\leq \boldsymbol{0}$, $A\boldsymbol{x}-\boldsymbol{b}\leq \boldsymbol{0}$ という2つの不等式制約で記述できるから，ラグランジュ関数は

$$L(\boldsymbol{x},\boldsymbol{y}_1,\boldsymbol{y}_2,\boldsymbol{z})=\boldsymbol{c}^{\mathrm{T}}\boldsymbol{x}+\boldsymbol{y}_1^{\mathrm{T}}(\boldsymbol{b}-A\boldsymbol{x})+\boldsymbol{y}_2^{\mathrm{T}}(A\boldsymbol{x}-\boldsymbol{b})-\boldsymbol{z}^{\mathrm{T}}\boldsymbol{x}$$

で定義される．ただし，$\boldsymbol{y}_1\in \boldsymbol{R}^m$, $\boldsymbol{y}_2\in \boldsymbol{R}^m$, $\boldsymbol{z}\in \boldsymbol{R}^n$ はそれぞれ $\boldsymbol{b}-A\boldsymbol{x}\leq \boldsymbol{0}$, $A\boldsymbol{x}-\boldsymbol{b}\leq \boldsymbol{0}$, $\boldsymbol{x}\geq \boldsymbol{0}$ に対応するラグランジュ乗数である．ここで

$$\nabla_{\boldsymbol{x}}L(\boldsymbol{x},\boldsymbol{y}_1,\boldsymbol{y}_2,\boldsymbol{z})=\boldsymbol{c}-A^{\mathrm{T}}\boldsymbol{y}_1+A^{\mathrm{T}}\boldsymbol{y}_2-\boldsymbol{z}$$

なので，双対問題は次のように与えられる．

$$\begin{cases} \text{最 大 化} & \boldsymbol{c}^{\mathrm{T}}\boldsymbol{x}+\boldsymbol{y}_1^{\mathrm{T}}(\boldsymbol{b}-A\boldsymbol{x})+\boldsymbol{y}_2^{\mathrm{T}}(A\boldsymbol{x}-\boldsymbol{b})-\boldsymbol{z}^{\mathrm{T}}\boldsymbol{x} \\ \text{制約条件} & \boldsymbol{c}-A^{\mathrm{T}}\boldsymbol{y}_1+A^{\mathrm{T}}\boldsymbol{y}_2-\boldsymbol{z}=\boldsymbol{0} \quad (\boldsymbol{y}_1\geq \boldsymbol{0},\ \boldsymbol{y}_2\geq \boldsymbol{0},\ \boldsymbol{z}\geq \boldsymbol{0}) \end{cases}$$

改めて，$\boldsymbol{y}=\boldsymbol{y}_1-\boldsymbol{y}_2$ とおけば，双対問題の等式条件より

$$\boldsymbol{c}=A^{\mathrm{T}}\boldsymbol{y}+\boldsymbol{z}$$

となるので，これを双対問題の目的関数に代入すれば

$$(A^{\mathrm{T}}\boldsymbol{y}+\boldsymbol{z})^{\mathrm{T}}\boldsymbol{x}+\boldsymbol{y}^{\mathrm{T}}(\boldsymbol{b}-A\boldsymbol{x})-\boldsymbol{z}^{\mathrm{T}}\boldsymbol{x}=\boldsymbol{b}^{\mathrm{T}}\boldsymbol{y}$$

を得る．したがって，最終的に双対問題は

$$(\mathrm{D_{LP}})\quad \begin{cases} \text{最 大 化} & \boldsymbol{b}^{\mathrm{T}}\boldsymbol{y} \quad ((\boldsymbol{y},\boldsymbol{z})\text{について}) \\ \text{制約条件} & A^{\mathrm{T}}\boldsymbol{y}+\boldsymbol{z}=\boldsymbol{c} \quad (\boldsymbol{z}\geq \boldsymbol{0}) \end{cases}$$

で表される．これは3.8節で扱った線形計画問題の双対問題にほかならない．□

例9 2次計画問題の双対問題

次の2次計画問題を考える．

$$
(\mathrm{P_{QP}}) \quad \begin{cases} \text{最 小 化} & \dfrac{1}{2}\boldsymbol{x}^{\mathrm{T}}Q\boldsymbol{x} + \boldsymbol{c}^{\mathrm{T}}\boldsymbol{x} \quad (\boldsymbol{x}\text{ について}) \\ \text{制約条件} & A\boldsymbol{x} = \boldsymbol{b} \quad (\boldsymbol{x} \geq \boldsymbol{0}) \end{cases}
$$

ただし，$Q \in \boldsymbol{R}^{n\times n}$（$Q$ は半正定値対称行列），$A \in \boldsymbol{R}^{m\times n}, \boldsymbol{b} \in \boldsymbol{R}^{m}, \boldsymbol{c} \in \boldsymbol{R}^{n}$ である．このとき 例 8 と同様に，ラグランジュ関数は

$$
L(\boldsymbol{x}, \boldsymbol{y}_1, \boldsymbol{y}_2, \boldsymbol{z}) = \frac{1}{2}\boldsymbol{x}^{\mathrm{T}}Q\boldsymbol{x} + \boldsymbol{c}^{\mathrm{T}}\boldsymbol{x} + \boldsymbol{y}_1^{\mathrm{T}}(\boldsymbol{b} - A\boldsymbol{x}) + \boldsymbol{y}_2^{\mathrm{T}}(A\boldsymbol{x} - \boldsymbol{b}) - \boldsymbol{z}^{\mathrm{T}}\boldsymbol{x}
$$

で定義される．ただし，$\boldsymbol{y}_1 \in \boldsymbol{R}^{m}$, $\boldsymbol{y}_2 \in \boldsymbol{R}^{m}$, $\boldsymbol{z} \in \boldsymbol{R}^{n}$ はそれぞれ $\boldsymbol{b} - A\boldsymbol{x} \leq \boldsymbol{0}$, $A\boldsymbol{x} - \boldsymbol{b} \leq \boldsymbol{0}$, $\boldsymbol{x} \geq \boldsymbol{0}$ に対応するラグランジュ乗数である．ここで

$$
\nabla_{\boldsymbol{x}} L(\boldsymbol{x}, \boldsymbol{y}_1, \boldsymbol{y}_2, \boldsymbol{z}) = Q\boldsymbol{x} + \boldsymbol{c} - A^{\mathrm{T}}\boldsymbol{y}_1 + A^{\mathrm{T}}\boldsymbol{y}_2 - \boldsymbol{z}
$$

なので，双対問題は次のように与えられる．

$$
\begin{cases} \text{最 大 化} & \dfrac{1}{2}\boldsymbol{x}^{\mathrm{T}}Q\boldsymbol{x} + \boldsymbol{c}^{\mathrm{T}}\boldsymbol{x} + \boldsymbol{y}_1^{\mathrm{T}}(\boldsymbol{b} - A\boldsymbol{x}) + \boldsymbol{y}_2^{\mathrm{T}}(A\boldsymbol{x} - \boldsymbol{b}) - \boldsymbol{z}^{\mathrm{T}}\boldsymbol{x} \\ \text{制約条件} & Q\boldsymbol{x} + \boldsymbol{c} - A^{\mathrm{T}}\boldsymbol{y}_1 + A^{\mathrm{T}}\boldsymbol{y}_2 - \boldsymbol{z} = \boldsymbol{0}\ (\boldsymbol{y}_1 \geq \boldsymbol{0},\ \boldsymbol{y}_2 \geq \boldsymbol{0},\ \boldsymbol{z} \geq \boldsymbol{0}) \end{cases}
$$

改めて，$\boldsymbol{y} = \boldsymbol{y}_1 - \boldsymbol{y}_2$ とおけば，双対問題の等式条件より

$$
\boldsymbol{c} = -Q\boldsymbol{x} + A^{\mathrm{T}}\boldsymbol{y} + \boldsymbol{z}
$$

となるので，これを双対問題の目的関数に代入すれば

$$
\frac{1}{2}\boldsymbol{x}^{\mathrm{T}}Q\boldsymbol{x} + (-Q\boldsymbol{x} + A^{\mathrm{T}}\boldsymbol{y} + \boldsymbol{z})^{\mathrm{T}}\boldsymbol{x} + \boldsymbol{y}^{\mathrm{T}}(\boldsymbol{b} - A\boldsymbol{x}) - \boldsymbol{z}^{\mathrm{T}}\boldsymbol{x} = -\frac{1}{2}\boldsymbol{x}^{\mathrm{T}}Q\boldsymbol{x} + \boldsymbol{b}^{\mathrm{T}}\boldsymbol{y}
$$

を得る．したがって，最終的に双対問題は

$$
(\mathrm{D_{QP}}) \quad \begin{cases} \text{最 大 化} & -\dfrac{1}{2}\boldsymbol{x}^{\mathrm{T}}Q\boldsymbol{x} + \boldsymbol{b}^{\mathrm{T}}\boldsymbol{y} \quad ((\boldsymbol{x}, \boldsymbol{y}, \boldsymbol{z})\text{ について}) \\ \text{制約条件} & -Q\boldsymbol{x} + A^{\mathrm{T}}\boldsymbol{y} + \boldsymbol{z} = \boldsymbol{c} \quad (\boldsymbol{z} \geq \boldsymbol{0}) \end{cases}
$$

で表される．

特に Q が正定値ならば，$\boldsymbol{x} = Q^{-1}(A^{\mathrm{T}}\boldsymbol{y} + \boldsymbol{z} - \boldsymbol{c})$ なので双対問題 $(\mathrm{D_{QP}})$ は次のように書ける．

$$
(\mathrm{D_{QP}})' \quad \begin{cases} \text{最 大 化} & -\dfrac{1}{2}(A^{\mathrm{T}}\boldsymbol{y} + \boldsymbol{z} - \boldsymbol{c})^{\mathrm{T}}Q^{-1}(A^{\mathrm{T}}\boldsymbol{y} + \boldsymbol{z} - \boldsymbol{c}) + \boldsymbol{b}^{\mathrm{T}}\boldsymbol{y} \\ & \qquad\qquad ((\boldsymbol{y}, \boldsymbol{z})\text{ について}) \\ \text{制約条件} & \boldsymbol{z} \geq \boldsymbol{0} \end{cases}
$$

□

5.3　線形計画問題の拡張：2 次錐計画問題と半正定値計画問題

本節では線形計画問題の拡張について簡単に述べる．線形関数を 2 次関数に拡張したという意味では 2 次計画問題も線形計画問題の拡張の 1 つではあるが，ここでは問題の構造そのものを拡張した 2 次錐計画問題と半正定値計画問題を紹介する．これらは凸計画問題に属するクラスの問題であり，多様な応用問題を含んでいる．2 次錐計画問題や半正定値計画問題を総称して**錐計画問題** (cone programming problem) という．

5.3.1　2 次錐計画問題

線形計画問題の標準形の制約条件のうち，非負制約 $x_i \geq 0\ (i = 1, \cdots, n)$ に注目する．集合 $C_i = \{x_i \in \boldsymbol{R} \,|\, x_i \geq 0\}$ を定義すれば，非負制約を満たす点の集合は直積集合 $C_1 \times C_2 \times \cdots \times C_n$ として表されるので，標準形は

$$\begin{cases} \text{最 小 化} \quad \boldsymbol{c}^{\mathrm{T}}\boldsymbol{x} \quad (\boldsymbol{x} \in \boldsymbol{R}^n \text{について}) \\ \text{制約条件} \quad A\boldsymbol{x} = \boldsymbol{b}\ (\boldsymbol{x} \in C_1 \times C_2 \times \cdots \times C_n) \end{cases} \tag{5.20}$$

と書くことができる．ただし，$A \in \boldsymbol{R}^{m \times n}, \boldsymbol{b} \in \boldsymbol{R}^m, \boldsymbol{c} \in \boldsymbol{R}^n$ である．ここで集合 C_i がそれぞれ凸錐になることに注意すれば，この問題を一般の凸錐 $\mathcal{K}^{(n_i)} \subset \boldsymbol{R}^{n_i}$ に拡張して，次の問題を定義することができる．

$$\begin{cases} \text{最 小 化} \quad \boldsymbol{c}^{\mathrm{T}}\boldsymbol{x} \quad (\boldsymbol{x} \in \boldsymbol{R}^n \text{について}) \\ \text{制約条件} \quad A\boldsymbol{x} = \boldsymbol{b}\ (\boldsymbol{x} \in \mathcal{K} \equiv \mathcal{K}^{(n_1)} \times \mathcal{K}^{(n_2)} \times \cdots \times \mathcal{K}^{(n_p)}) \end{cases} \tag{5.21}$$

ただし，$n_1 + \cdots + n_p = n$ である．ここで $\boldsymbol{x} = [\boldsymbol{x}^{(1)}, \cdots, \boldsymbol{x}^{(p)}]^{\mathrm{T}}$ に対して $\boldsymbol{x} \in \mathcal{K}$ は $\boldsymbol{x}^{(i)} \in \mathcal{K}^{(n_i)}\ (i = 1, \cdots, p)$ を意味し，$\boldsymbol{x} \in \mathcal{K}, \boldsymbol{x}^{(i)} \in \mathcal{K}^{(n_i)}$ をそれぞれ $\boldsymbol{x} \succeq \boldsymbol{0}, \boldsymbol{x}^{(i)} \succeq \boldsymbol{0}$ と表すことにする．

錐の定義に応じていろいろな問題が考えられるが，ここでは 2 次錐に話を限定する．$\boldsymbol{u} = [u_0, u_1, \cdots, u_{k-1}]^{\mathrm{T}} \in \boldsymbol{R}^k$ としたとき，k 次元の **2 次錐** (second order cone) は

$$\mathcal{K}^{(k)} = \left\{ \boldsymbol{u} \in \boldsymbol{R}^k \;\middle|\; u_0 \geq \sqrt{\sum_{j=1}^{k-1} |u_j|^2} \right\}$$

で定義される．あるいはベクトル

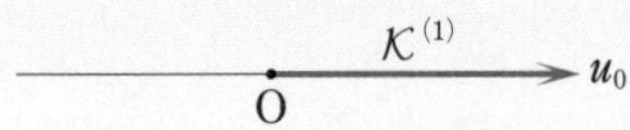

図 5.6　$k = 1$ の 2 次錐

$$\boldsymbol{u} = \begin{bmatrix} u_0 \\ \bar{\boldsymbol{u}} \end{bmatrix} \in \boldsymbol{R}^k, \quad \bar{\boldsymbol{u}} = \begin{bmatrix} u_1 \\ \vdots \\ u_{k-1} \end{bmatrix} \in \boldsymbol{R}^{k-1}$$

で表現すれば，k 次元の 2 次錐は

$$\mathcal{K}^{(k)} = \{\boldsymbol{u} \in \boldsymbol{R}^k \mid u_0 \geq \|\bar{\boldsymbol{u}}\|\}$$

とも書ける．このとき (5.21) を **2 次錐計画問題** (Second Order Cone Programming (**SOCP**) problem) という．特に $k = 1$ のときには $\mathcal{K}^{(1)} = \{u_0 \in \boldsymbol{R} \mid u_0 \geq 0\}$ なので，図 5.6 に示すように非負実数部分の半直線を表している．したがって，$n_1 = n_2 = \cdots = n_n = 1$ ($p = n$ の場合) のときには 2 次錐計画問題 (5.21) は線形計画問題 (5.20) に帰着される．$k = 2$ と $k = 3$ の場合にはそれぞれ

$$\mathcal{K}^{(2)} = \{(u_0, u_1) \in \boldsymbol{R}^2 \mid u_0 \geq |u_1|\}$$

$$\mathcal{K}^{(3)} = \{(u_0, u_1, u_2) \in \boldsymbol{R}^3 \mid u_0 \geq \sqrt{|u_1|^2 + |u_2|^2}\}$$

で定義されるので，図 5.7，図 5.8 のような集合を表す．

2 次錐計画法では，2 次錐 $\mathcal{K}^{(k)}$ の選び方によって（すなわち次元 n_i の選び方によって）さまざまな集合 $\mathcal{K}$ を考えることができる．このことによって，2 次錐計画問題に変換できるようないろいろな応用例が考えられる．例えば，2 次計画問題が 2 次錐計画問題として定式化されることが，**例 10** からわかる．

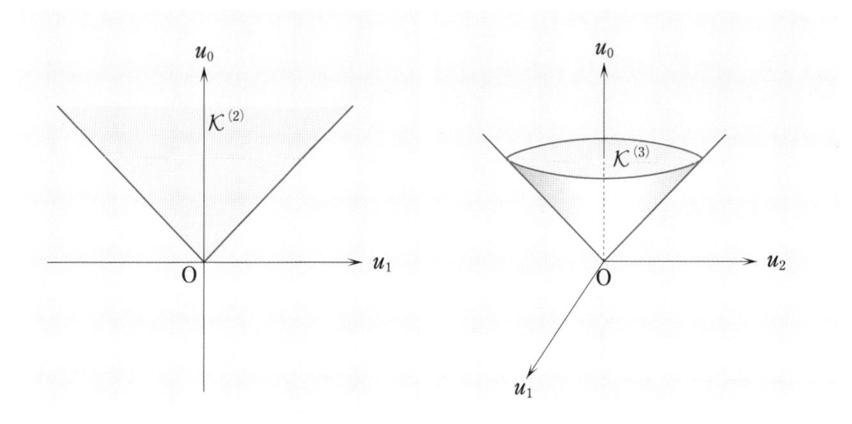

図 5.7　$k = 2$ の 2 次錐　　図 5.8　$k = 3$ の 2 次錐

例 10　2 次計画問題

(1)　次の 2 次計画問題を考える．

$$\begin{cases} \text{最 小 化} & \dfrac{1}{2}\boldsymbol{x}^{\mathrm{T}}Q\boldsymbol{x} + \boldsymbol{c}^{\mathrm{T}}\boldsymbol{x} \\ \text{制約条件} & A\boldsymbol{x} = \boldsymbol{b} \quad (\boldsymbol{x} \geq \boldsymbol{0}) \end{cases}$$

ただし，行列 Q は n 次正定値対称行列とする．このとき $Q = LL^{\mathrm{T}}$ となる正則行列 $L \in \boldsymbol{R}^{n\times n}$ が存在するので

$$\bar{\boldsymbol{u}} = \frac{1}{\sqrt{2}}(L^{\mathrm{T}}\boldsymbol{x} + L^{-1}\boldsymbol{c}) \tag{5.22}$$

とおけば，目的関数は

$$\frac{1}{2}\boldsymbol{x}^{\mathrm{T}}Q\boldsymbol{x} + \boldsymbol{c}^{\mathrm{T}}\boldsymbol{x} = \|\bar{\boldsymbol{u}}\|^2 - \frac{1}{2}\boldsymbol{c}^{\mathrm{T}}Q^{-1}\boldsymbol{c}$$

と書くことができる．ここで $\dfrac{1}{2}\boldsymbol{c}^{\mathrm{T}}Q^{-1}\boldsymbol{c}$ が定数であることに注意すれば，$\|\bar{\boldsymbol{u}}\|$ を最小化すればよいことがわかる．さらに $u_0 \geq \|\bar{\boldsymbol{u}}\|$ となる変数 u_0 を導入すれば，上記の問題は次のようになる．

$$\begin{cases} \text{最 小 化} & u_0 \quad ((\boldsymbol{x}, u_0, \bar{\boldsymbol{u}}) \text{ について}) \\ \text{制約条件} & \bar{\boldsymbol{u}} = \dfrac{1}{\sqrt{2}}(L^{\mathrm{T}}\boldsymbol{x} + L^{-1}\boldsymbol{c}), \quad A\boldsymbol{x} = \boldsymbol{b}, \quad \boldsymbol{x} \geq \boldsymbol{0}, \quad u_0 \geq \|\bar{\boldsymbol{u}}\| \end{cases}$$

不等式制約 $\boldsymbol{x} \geq \boldsymbol{0}, u_0 \geq \|\bar{\boldsymbol{u}}\|$ は2次錐制約そのものなので，結局，2次計画問題は2次錐計画問題に帰着された．

(2) 2次不等式制約のついた2次計画問題を考える．

$$\begin{cases} \text{最 小 化} & \dfrac{1}{2}\boldsymbol{x}^{\mathrm{T}}Q\boldsymbol{x} + \boldsymbol{c}^{\mathrm{T}}\boldsymbol{x} \quad (\boldsymbol{x}\text{ について}) \\ \text{制約条件} & \boldsymbol{x}^{\mathrm{T}}B_i\boldsymbol{x} + \boldsymbol{b}_i^{\mathrm{T}}\boldsymbol{x} + \beta_i \leq 0 \quad (i = 1, \cdots, l) \end{cases}$$

ただし，各行列 B_i は半正定値対称行列であり，$\mathrm{rank}\, B_i = k_i$ とする．このとき，$B_i = M_iM_i^{\mathrm{T}}$ となる行列 $M_i \in \boldsymbol{R}^{n\times k_i}$ が存在するので，

$$v_{i0} = \frac{1 - \boldsymbol{b}_i^{\mathrm{T}}\boldsymbol{x} - \beta_i}{2}, \quad \bar{\boldsymbol{v}}_i = \begin{bmatrix} M_i^{\mathrm{T}}\boldsymbol{x} \\ \dfrac{\boldsymbol{b}_i^{\mathrm{T}}\boldsymbol{x} + \beta_i + 1}{2} \end{bmatrix} \tag{5.23}$$

で定義されるベクトルを導入すれば，2次制約式は2次錐制約 $v_{i0} \geq \|\bar{\boldsymbol{v}}_i\|$ で書き表すことができる．したがって (1) の場合と同様に，2次不等式制約のついた2次計画問題も2次錐計画問題として定式化することができる． □

上述した定式化において，変換式 (5.22), (5.23) は一意に決まるものではないことに注意しよう．したがって，2次錐計画問題として定式化するにはどのように変数変換をしなければならないかを考えなければならない．

次に，2次錐計画法の重要な概念として双対定理を紹介しておく．次の問題を主問題とする．

$$(\mathrm{P_{SOCP}}) \quad \begin{cases} \text{最 小 化} & \boldsymbol{c}^{\mathrm{T}}\boldsymbol{x} \quad (\boldsymbol{x}\text{ について}) \\ \text{制約条件} & A\boldsymbol{x} = \boldsymbol{b} \quad (\boldsymbol{x} \in \mathcal{K}) \end{cases}$$

この問題に対する双対問題は次のような形で与えられる[5]．

$$(\mathrm{D_{SOCP}}) \quad \begin{cases} \text{最 大 化} & \boldsymbol{b}^{\mathrm{T}}\boldsymbol{y} \quad ((\boldsymbol{y}, \boldsymbol{z})\text{ について}) \\ \text{制約条件} & A^{\mathrm{T}}\boldsymbol{y} + \boldsymbol{z} = \boldsymbol{c} \quad (\boldsymbol{z} \in \mathcal{K}) \end{cases}$$

これは線形計画問題の双対問題に対応している．ただし，$\boldsymbol{z} = [\boldsymbol{z}^{(1)}, \cdots, \boldsymbol{z}^{(p)}]^{\mathrm{T}}$ である．このとき次の定理を得る．

5) 実際は**閉双対錐** $\mathcal{K}^* = \{\boldsymbol{v} \in \boldsymbol{R}^n | \boldsymbol{u}^{\mathrm{T}}\boldsymbol{v} \geq 0, \forall \boldsymbol{u} \in \mathcal{K}\}$ に対して $\boldsymbol{z} \in \mathcal{K}^*$ という条件になるが，この場合には $\mathcal{K}^* = \mathcal{K}$ が成り立つので $\mathcal{K}$ が**自己双対錐**になる．したがって $\boldsymbol{z} \in \mathcal{K}$ という条件でよい．

定理 5.9（弱双対定理）

主問題 ($\mathrm{P_{SOCP}}$) の実行可能解 $\boldsymbol{x}$ と双対問題 ($\mathrm{D_{SOCP}}$) の実行可能解 $(\boldsymbol{y}, \boldsymbol{z})$ に対して $\boldsymbol{c}^{\mathrm{T}}\boldsymbol{x} \geq \boldsymbol{b}^{\mathrm{T}}\boldsymbol{y}$ が成り立つ．

［証明］ 式変形をすれば次式を得る．

$$\begin{aligned}\boldsymbol{c}^{\mathrm{T}}\boldsymbol{x} - \boldsymbol{b}^{\mathrm{T}}\boldsymbol{y} &= (A^{\mathrm{T}}\boldsymbol{y} + \boldsymbol{z})^{\mathrm{T}}\boldsymbol{x} - \boldsymbol{b}^{\mathrm{T}}\boldsymbol{y} = \boldsymbol{y}^{\mathrm{T}}A\boldsymbol{x} + \boldsymbol{z}^{\mathrm{T}}\boldsymbol{x} - \boldsymbol{b}^{\mathrm{T}}\boldsymbol{y} \\ &= \boldsymbol{x}^{\mathrm{T}}\boldsymbol{z} = \sum_{i=1}^{p}(\boldsymbol{x}^{(i)})^{\mathrm{T}}\boldsymbol{z}^{(i)}\end{aligned}$$

ここで，$\boldsymbol{x}^{(i)} \in \mathcal{K}^{(n_i)}$，かつ，$\boldsymbol{z}^{(i)} \in (\mathcal{K}^{(n_i)})^* = \mathcal{K}^{(n_i)}$ なので $(\boldsymbol{x}^{(i)})^{\mathrm{T}}\boldsymbol{z}^{(i)} \geq 0$ となる（2 次錐の定義から

$$(\boldsymbol{x}^{(i)})^{\mathrm{T}}(\boldsymbol{z}^{(i)}) = x_0^{(i)}z_0^{(i)} + (\bar{\boldsymbol{x}}^{(i)})^{\mathrm{T}}\bar{\boldsymbol{z}}^{(i)} \geq x_0^{(i)}z_0^{(i)} - \|\bar{\boldsymbol{x}}^{(i)}\| \cdot \|\bar{\boldsymbol{z}}^{(i)}\| \geq 0$$

を示すこともできる）．よって定理が証明された． ■

定理 5.10（双対定理）

主問題 ($\mathrm{P_{SOCP}}$) に集合 $\mathcal{K}$ の内点[6] であるような実行可能解 $\boldsymbol{x}$ が存在し，かつ，双対問題 ($\mathrm{D_{SOCP}}$) に $\boldsymbol{z}$ が集合 $\mathcal{K}$ の内点であるような実行可能解 $(\boldsymbol{y}, \boldsymbol{z})$ が存在するならば，主問題 ($\mathrm{P_{SOCP}}$) と双対問題 ($\mathrm{D_{SOCP}}$) にそれぞれ最適解 $\boldsymbol{x}^*$, $(\boldsymbol{y}^*, \boldsymbol{z}^*)$ が存在して，$\boldsymbol{c}^{\mathrm{T}}\boldsymbol{x}^* = \boldsymbol{b}^{\mathrm{T}}\boldsymbol{y}^*$ が成り立つ．

以上の定理より，双対ギャップが

$$\boldsymbol{c}^{\mathrm{T}}\boldsymbol{x} - \boldsymbol{b}^{\mathrm{T}}\boldsymbol{y} = \boldsymbol{x}^{\mathrm{T}}\boldsymbol{z} \geq 0$$

であることがわかる．また，2 次錐計画問題に対する最適性条件は次式で与えられる（線形計画問題の KKT 条件と比較してみよ）．

$$\begin{aligned}&A\boldsymbol{x} = \boldsymbol{b} \quad (\boldsymbol{x} \succeq \boldsymbol{0}) \quad \text{（主問題の実行可能性）} \\ &A^{\mathrm{T}}\boldsymbol{y} + \boldsymbol{z} = \boldsymbol{c} \quad (\boldsymbol{z} \succeq \boldsymbol{0}) \quad \text{（双対問題の実行可能性）} \\ &\boldsymbol{x}^{(i)} \circ \boldsymbol{z}^{(i)} = \boldsymbol{0} \quad (i = 1, \cdots, p) \quad \text{（相補性条件）}\end{aligned}$$

ただし $\boldsymbol{x}^{(i)} \circ \boldsymbol{z}^{(i)}$ は **Jordan 積**と呼ばれるもので，

---

6) $\boldsymbol{x}$ が $\mathcal{K}$ の内点であるとは，各 i に対して $\boldsymbol{x}^{(i)}$ が $x_0^{(i)} > \|\bar{\boldsymbol{x}}^{(i)}\|$ を満たすことを意味する．この条件は Slater の制約想定に対応している．

$$\boldsymbol{x}^{(i)} = \begin{bmatrix} x_0^{(i)} \\ \bar{\boldsymbol{x}}^{(i)} \end{bmatrix}, \quad \boldsymbol{z}^{(i)} = \begin{bmatrix} z_0^{(i)} \\ \bar{\boldsymbol{z}}^{(i)} \end{bmatrix}$$

に対して

$$\boldsymbol{x}^{(i)} \circ \boldsymbol{z}^{(i)} = \begin{bmatrix} (\boldsymbol{x}^{(i)})^{\mathrm{T}} \boldsymbol{z}^{(i)} \\ x_0^{(i)} \bar{\boldsymbol{z}}^{(i)} + z_0^{(i)} \bar{\boldsymbol{x}}^{(i)} \end{bmatrix}$$

として定義されるベクトルである．ここで $\boldsymbol{x}^{\mathrm{T}}\boldsymbol{z} = 0$ と $\boldsymbol{x}^{(i)} \circ \boldsymbol{z}^{(i)} = \boldsymbol{0}$ $(i = 1, \cdots, p)$ が同値であることに注意されたい（章末問題7参照）．

5.3.2　半正定値計画問題

線形計画問題は n 次元実ベクトル空間上で定義された問題であったが，これを n 次実対称行列の空間 $\boldsymbol{S}^n$ へ拡張することを考える．具体的には，ベクトル $\boldsymbol{u}, \boldsymbol{v} \in \boldsymbol{R}^n$ の内積 $\boldsymbol{u}^{\mathrm{T}}\boldsymbol{v} = \sum_{j=1}^{n} u_j v_j$ に対して，行列 $U, V \in \boldsymbol{S}^n$ の内積を $U \bullet V = \mathrm{Trace}(UV) = \sum_{i=1}^{n} \sum_{j=1}^{n} U_{ij} V_{ij}$ で定義する．ただし Trace は行列のトレース（対角成分の和）を表す．行列 U, V を列ベクトルの並んだもの

$$U = [\boldsymbol{u}_1, \boldsymbol{u}_2, \cdots, \boldsymbol{u}_n], \quad V = [\boldsymbol{v}_1, \boldsymbol{v}_2, \cdots, \boldsymbol{v}_n],$$

$$\boldsymbol{u}_j = \begin{bmatrix} u_{1j} \\ \vdots \\ u_{nj} \end{bmatrix} \in \boldsymbol{R}^n, \quad \boldsymbol{v}_j = \begin{bmatrix} v_{1j} \\ \vdots \\ v_{nj} \end{bmatrix} \in \boldsymbol{R}^n$$

とみなして，改めて $\boldsymbol{u}_1, \boldsymbol{u}_2, \cdots, \boldsymbol{u}_n$ と $\boldsymbol{v}_1, \boldsymbol{v}_2, \cdots, \boldsymbol{v}_n$ を縦に並べて作った n^2 次元ベクトル

$$\tilde{\boldsymbol{u}} = \begin{bmatrix} \boldsymbol{u}_1 \\ \vdots \\ \boldsymbol{u}_n \end{bmatrix} \in \boldsymbol{R}^{n^2}, \qquad \tilde{\boldsymbol{v}} = \begin{bmatrix} \boldsymbol{v}_1 \\ \vdots \\ \boldsymbol{v}_n \end{bmatrix} \in \boldsymbol{R}^{n^2}$$

を定義すれば，行列 U, V の内積はベクトル $\tilde{\boldsymbol{u}}, \tilde{\boldsymbol{v}}$ の内積に相当する．すなわち，

$$U \bullet V = \tilde{\boldsymbol{u}}^{\mathrm{T}} \tilde{\boldsymbol{v}}$$

以上の内積を用いれば，線形計画問題の目的関数 $\boldsymbol{c}^{\mathrm{T}}\boldsymbol{x}$ と等式制約 $\boldsymbol{a}_i^{\mathrm{T}}\boldsymbol{x} = b_i$ $(i = 1, \cdots, m)$ は，それぞれ $C \bullet X$ および $A_i \bullet X = b_i$ $(i = 1, \cdots, m)$ で置き換わる．ただし，$\boldsymbol{c} \in \boldsymbol{R}^n, \boldsymbol{a}_i \in \boldsymbol{R}^n, b_i \in \boldsymbol{R}, A_i \in \boldsymbol{S}^n$ $(i = 1, \cdots, m), C \in \boldsymbol{S}^n, X \in \boldsymbol{S}^n$ である．さらに非負制約 $\boldsymbol{x} \geq \boldsymbol{0}$ を，行列 X が半正定値であると

いう条件で置き換える．この条件を $X \succeq O$ と表せば，結局，拡張された問題は次のようになる．

$$\begin{cases} \text{最 小 化} & C \bullet X \quad (X \in \boldsymbol{S}^n \text{ について}) \\ \text{制約条件} & A_i \bullet X = b_i \quad (i = 1, \cdots, m) \ (X \succeq O) \end{cases} \tag{5.24}$$

この問題を**半正定値計画問題** (SemiDefinite Programming (**SDP**) problem) という．特に，ベクトル $\boldsymbol{c}, \boldsymbol{x}, \boldsymbol{a}_i$ $(i = 1, \cdots, m)$ の成分を対角に並べて作られる対角行列をそれぞれ $C, X, A_i (i = 1, \cdots, m)$ とすれば

$$C \bullet X = \boldsymbol{c}^{\mathrm{T}} \boldsymbol{x}, \quad A_i \bullet X = \boldsymbol{a}_i^{\mathrm{T}} \boldsymbol{x}, \quad X \succeq O \quad \Leftrightarrow \quad \boldsymbol{x} \geq \boldsymbol{0}$$

となるので, このとき半正定値計画問題 (5.24) は線形計画問題に帰着される. したがって, 半正定値計画問題は線形計画問題を拡張した問題であることがわかる. なお，5.3.1 項で紹介した 2 次錐計画問題は半正定値計画問題の特別な場合である．

例 11 と 例 12 に半正定値計画問題として定式化される問題の例を示しておく．

例 11　2 次計画問題

次の 2 次計画問題を考える．

$$\begin{cases} \text{最 小 化} & \dfrac{1}{2} \boldsymbol{x}^{\mathrm{T}} Q \boldsymbol{x} + \boldsymbol{c}^{\mathrm{T}} \boldsymbol{x} \\ \text{制約条件} & \boldsymbol{x}^{\mathrm{T}} B_i \boldsymbol{x} + \boldsymbol{b}_i^{\mathrm{T}} \boldsymbol{x} + \beta_i \leq 0 \quad (i = 1, \cdots, l) \end{cases}$$

ただし，行列 Q, B_i $(i = 1, \cdots, l)$ は半正定値対称行列である．このとき，$B_i = M_i M_i^{\mathrm{T}}$ となる行列 $M_i \in \boldsymbol{R}^{n \times n}$ が存在することに注意すれば，2 次不等式 $\boldsymbol{x}^{\mathrm{T}} B_i \boldsymbol{x} + \boldsymbol{b}_i^{\mathrm{T}} \boldsymbol{x} + \beta_i \leq 0$ は次の行列の半正定値性として書き直すことができる．

$$\begin{bmatrix} I & M_i^{\mathrm{T}} \boldsymbol{x} \\ \boldsymbol{x}^{\mathrm{T}} M_i & -\boldsymbol{b}_i^{\mathrm{T}} \boldsymbol{x} - \beta_i \end{bmatrix} \succeq O \tag{5.25}$$

実際，この行列の両側から次のように正則行列をかければ

$$\begin{bmatrix} I & -M_i^{\mathrm{T}} \boldsymbol{x} \\ \boldsymbol{0}^{\mathrm{T}} & 1 \end{bmatrix}^{\mathrm{T}} \begin{bmatrix} I & M_i^{\mathrm{T}} \boldsymbol{x} \\ \boldsymbol{x}^{\mathrm{T}} M_i & -\boldsymbol{b}_i^{\mathrm{T}} \boldsymbol{x} - \beta_i \end{bmatrix} \begin{bmatrix} I & -M_i^{\mathrm{T}} \boldsymbol{x} \\ \boldsymbol{0}^{\mathrm{T}} & 1 \end{bmatrix}$$
$$= \begin{bmatrix} I & \boldsymbol{0} \\ \boldsymbol{0}^{\mathrm{T}} & -\boldsymbol{x}^{\mathrm{T}} M_i M_i^{\mathrm{T}} \boldsymbol{x} - \boldsymbol{b}_i^{\mathrm{T}} \boldsymbol{x} - \beta_i \end{bmatrix}$$

が成り立つので，行列 $\begin{bmatrix} I & M_i^{\mathrm{T}}\boldsymbol{x} \\ \boldsymbol{x}^{\mathrm{T}}M_i & -\boldsymbol{b}_i^{\mathrm{T}}\boldsymbol{x}-\beta_i \end{bmatrix}$ の半正定値性と行列 $\begin{bmatrix} I & \boldsymbol{0} \\ \boldsymbol{0}^{\mathrm{T}} & -\boldsymbol{x}^{\mathrm{T}}M_iM_i^{\mathrm{T}}\boldsymbol{x}-\boldsymbol{b}_i^{\mathrm{T}}\boldsymbol{x}-\beta_i \end{bmatrix}$ の半正定値性が同値になる．しかも後者の行列の半正定値性は $-\boldsymbol{x}^{\mathrm{T}}M_iM_i^{\mathrm{T}}\boldsymbol{x}-\boldsymbol{b}_i^{\mathrm{T}}\boldsymbol{x}-\beta_i \geq 0$ を意味しているので，$\boldsymbol{x}^{\mathrm{T}}B_i\boldsymbol{x}+\boldsymbol{b}_i^{\mathrm{T}}\boldsymbol{x}+\beta_i \leq 0$ と式 (5.25) が同値であることがわかる．他方，目的関数に対して

$$\frac{1}{2}\boldsymbol{x}^{\mathrm{T}}Q\boldsymbol{x}+\boldsymbol{c}^{\mathrm{T}}\boldsymbol{x} \leq t$$

となるパラメータ t を導入すれば，上述と同様にこの 2 次不等式は

$$\begin{bmatrix} I & \frac{1}{\sqrt{2}}L^{\mathrm{T}}\boldsymbol{x} \\ \frac{1}{\sqrt{2}}\boldsymbol{x}^{\mathrm{T}}L & -\boldsymbol{c}^{\mathrm{T}}\boldsymbol{x}+t \end{bmatrix} \succeq O$$

と書き換えることができる．ただし，$L \in \boldsymbol{R}^{n\times n}$ は $Q=LL^{\mathrm{T}}$ となる行列である．したがって，上記の 2 次計画問題は次のような半正定値計画問題として定式化することができる．

$$\begin{cases} \text{最 小 化} \quad t \quad ((\boldsymbol{x},t) \text{ について}) \\ \text{制約条件} \quad \begin{bmatrix} I & \frac{1}{\sqrt{2}}L^{\mathrm{T}}\boldsymbol{x} \\ \frac{1}{\sqrt{2}}\boldsymbol{x}^{\mathrm{T}}L & -\boldsymbol{c}^{\mathrm{T}}\boldsymbol{x}+t \end{bmatrix} \succeq O \\ \qquad\qquad\quad \begin{bmatrix} I & M_i^{\mathrm{T}}\boldsymbol{x} \\ \boldsymbol{x}^{\mathrm{T}}M_i & -\boldsymbol{b}_i^{\mathrm{T}}\boldsymbol{x}-\beta_i \end{bmatrix} \succeq O \quad (i=1,\cdots,l) \end{cases}$$

□

例 12　**最大固有値最小化問題**

行列の固有値，最大固有値，最小固有値をそれぞれ $\lambda(\cdot)$，$\lambda_{\max}(\cdot)$，$\lambda_{\min}(\cdot)$ と表したとき，実パラメータ t を成分に含む n 次実対称行列 $A(t)$ の最大固有値 $\lambda_{\max}(A(t))$ をパラメータ t について最小化する問題を考える．こうした問題は微分方程式の安定性に関連して発生するものである．ここで $\lambda_{\max}(A(t)) \leq \xi$ となる実数 ξ を導入すれば，この問題は ξ を最小化する問題になる．一方，$A(t)-\xi I$ の固有値が $\lambda(A(t))-\xi$ になることに注意すれば，$\lambda_{\max}(A(t)) \leq \xi$ と $\lambda_{\max}(A(t)-\xi I) \leq 0$ は同値になる．言い換えれば $\lambda_{\min}(\xi I-A(t)) \geq 0$ で

あることと同値になる．したがって，最大固有値 $\lambda_{\max}(A(t))$ を最小化する問題は次のような半正定値計画問題として定式化することができる．

$$\begin{cases} \text{最 小 化} & \xi \\ \text{制約条件} & \xi I - A(t) \succeq 0 \end{cases}$$

□

次に，半正定値計画問題の双対問題を考えてみよう．そのために，線形計画問題の双対問題をもう一度ながめてみる．

$$(\mathrm{P_{LP}}) \quad \begin{cases} \text{最 小 化} & \boldsymbol{c}^{\mathrm{T}}\boldsymbol{x} \quad (\boldsymbol{x} \in \boldsymbol{R}^n \text{について}) \\ \text{制約条件} & \boldsymbol{a}_i^{\mathrm{T}}\boldsymbol{x} = b_i \quad (i = 1, \cdots, m) \quad (\boldsymbol{x} \geq \boldsymbol{0}) \end{cases}$$

$$(\mathrm{D_{LP}}) \quad \begin{cases} \text{最 大 化} & \displaystyle\sum_{i=1}^{m} b_i y_i \quad ((\boldsymbol{y}, \boldsymbol{z}) \in \boldsymbol{R}^m \times \boldsymbol{R}^n \text{について}) \\ \text{制約条件} & \displaystyle\sum_{j=1}^{m} y_j \boldsymbol{a}_j + \boldsymbol{z} = \boldsymbol{c} \quad (\boldsymbol{z} \geq \boldsymbol{0}) \end{cases}$$

ベクトルの内積と行列の内積の対応を考慮すれば，半正定値計画問題の主問題と双対問題は次のようになる．

$$(\mathrm{P_{SDP}}) \quad \begin{cases} \text{最 小 化} & C \bullet X \quad (X \in \boldsymbol{S}^n \text{について}) \\ \text{制約条件} & A_i \bullet X = b_i \ (i = 1, \cdots, m) \quad (X \succeq O) \end{cases}$$

$$(\mathrm{D_{SDP}}) \quad \begin{cases} \text{最 大 化} & \displaystyle\sum_{i=1}^{m} b_i y_i \quad (\boldsymbol{y} \in \boldsymbol{R}^m,\ Z \in \boldsymbol{S}^n \text{について}) \\ \text{制約条件} & \displaystyle\sum_{j=1}^{m} y_j A_j + Z = C \quad (Z \succeq O) \end{cases}$$

これらの問題に対して，次の弱双対定理と双対定理を得る．

定理 5.11（弱双対定理）

主問題 $(\mathrm{P_{SDP}})$ の実行可能解 X と双対問題 $(\mathrm{D_{SDP}})$ の実行可能解 $(\boldsymbol{y}, Z)$ に対して

$$C \bullet X \geq \boldsymbol{b}^{\mathrm{T}}\boldsymbol{y}$$

が成り立つ．

［証明］　行列のトレースの性質を利用して式を変形すれば

$$\begin{aligned} C \bullet X - \boldsymbol{b}^{\mathrm{T}}\boldsymbol{y} &= \left(\sum_{i=1}^{m} y_i A_i + Z\right) \bullet X - \boldsymbol{b}^{\mathrm{T}}\boldsymbol{y} \\ &= \sum_{i=1}^{m} (A_i \bullet X) y_i + Z \bullet X - \boldsymbol{b}^{\mathrm{T}}\boldsymbol{y} \\ &= \sum_{i=1}^{m} b_i y_i + Z \bullet X - \boldsymbol{b}^{\mathrm{T}}\boldsymbol{y} \\ &= Z \bullet X \end{aligned}$$

となる．行列 X は半正定値なので $X = (X^{\frac{1}{2}})^2$ となる対称行列 $X^{\frac{1}{2}}$ が存在する．したがって

$$\begin{aligned} Z \bullet X &= \mathrm{Trace}(ZX) \\ &= \mathrm{Trace}(X^{\frac{1}{2}} Z X^{\frac{1}{2}}) \geq 0 \end{aligned}$$

が成り立つ．ただし最後の不等式は，$X^{\frac{1}{2}} Z X^{\frac{1}{2}}$ が半正定値行列であることによる． ■

定理 5.12（双対定理）

主問題 ($\mathrm{P_{SDP}}$) と双対問題 ($\mathrm{D_{SDP}}$) のそれぞれに，X と Z が正定値であるような実行可能解 $X, (\boldsymbol{y}, Z)$ が存在すると仮定する[7]．このとき，それぞれの問題に最適解が存在して，主問題 ($\mathrm{P_{SDP}}$) と双対問題 ($\mathrm{D_{SDP}}$) の最適値が等しくなる．

以上の定理より，双対ギャップが

$$C \bullet X - \boldsymbol{b}^{\mathrm{T}}\boldsymbol{y} = X \bullet Z \geq 0$$

であることがわかるので，半正定値計画問題の最適性条件は次式で与えられる．

$$\begin{aligned} A_i \bullet X = b_i \quad (i = 1, \cdots, m), \quad X \succeq O &\quad \text{（主問題の実行可能性）} \\ \sum_{i=1}^{m} y_i A_i + Z = C, \quad Z \succeq O &\quad \text{（双対問題の実行可能性）} \\ XZ = O &\quad \text{（相補性条件）} \end{aligned}$$

ここで $X \bullet Z = 0$ と $XZ = O$ が同値であることに注意されたい．

7）X と Z が正定値であるとは，X と Z が半正定値制約 $X \succeq O, Z \succeq O$ に対する内点であることを意味する．この条件は Slater の制約想定に対応する．

5.4　制約付き最小化問題の数値解法

本節では制約付き最小化問題を解くための代表的な数値解法として，ペナルティ関数法，乗数法（拡張ラグランジュ関数法），逐次 2 次計画法，主双対内点法を紹介する．

5.4.1　ペナルティ関数法

本項で紹介する解法の基本的な考え方は，目的関数と制約関数を組み込んだ関数 (これを**拡張関数**という) を無制約最小化することである．こうした解法は Fiacco–McCormick (1968) が開発した **SUMT** (サムト：Sequential Unconstrained Minimization Technique) の出現以来，脚光を浴びるようになった．

(i)　内点ペナルティ関数法（バリア関数法）

まず最初に，不等式制約付き最小化問題を考えよう．

$$\begin{cases} \text{最 小 化} & f(\boldsymbol{x}) \\ \text{制約条件} & \boldsymbol{h}(\boldsymbol{x}) \leq \boldsymbol{0} \end{cases}$$

この問題に対する**内点ペナルティ関数法** (interior penalty function method) では，実行可能領域内での関数値が，領域の境界に近づくにつれて大きくなり，境界上では無限大になるように目的関数 $f(\boldsymbol{x})$ を拡張する．こうした拡張関数を作る際に目的関数に付加される関数を**バリア関数** (barrier function) といい，この拡張関数を**内点ペナルティ関数**という．次の形が代表的である．ただし，μ は正の**バリア・パラメータ** (barrier parameter) である．

$$P(\boldsymbol{x};\mu) = f(\boldsymbol{x}) - \mu \sum_{i=1}^{l} \frac{1}{h_i(\boldsymbol{x})}$$

$$P(\boldsymbol{x};\mu) = f(\boldsymbol{x}) + \mu \sum_{i=1}^{l} \frac{1}{h_i(\boldsymbol{x})^2}$$

$$P(\boldsymbol{x};\mu) = f(\boldsymbol{x}) - \mu \sum_{i=1}^{l} \log(-h_i(\boldsymbol{x})) \tag{5.26}$$

特に (5.26) で $\sum_{i=1}^{l} \log(-h_i(\boldsymbol{x}))$ を**ログバリア関数** (log–barrier function) という．

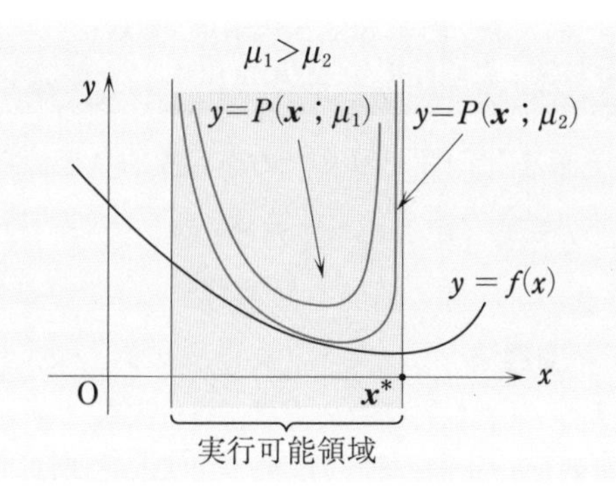

図 5.9　内点ペナルティ関数

例 13　ログバリア関数

非負制約に対するログバリア関数を利用した内点ペナルティ関数は

$$P(\boldsymbol{x};\mu) = f(\boldsymbol{x}) - \mu \sum_{i=1}^{n} \log x_i$$

となる．特に線形計画問題の場合には

$$P(\boldsymbol{x};\mu) = \boldsymbol{c}^{\mathrm{T}}\boldsymbol{x} - \mu \sum_{i=1}^{n} \log x_i$$

になる．これらは線形計画問題や非線形計画問題に対する内点法で重要な役割を果たしている（5.4.4 項参照）． □

内点ペナルティ関数法は，与えられた μ に対して逐次，無制約最小化問題を解きながら最終的に $\mu \to 0$ としていく解法である（図 5.9）．内点ペナルティ関数法は**バリア関数法** (barrier function method) または**内点法** (interior point method) とも呼ばれている．アルゴリズムをまとめれば以下の通りである．

アルゴリズム 5.1（内点ペナルティ関数法（不等式制約付き問題））

step0　初期点として実行可能領域の内点 $\boldsymbol{x}_0$ ($\boldsymbol{h}(\boldsymbol{x}_0) < \boldsymbol{0}$) を選ぶ．初期のバリア・パラメータ $\mu_0 > 0$ を与える．$k = 0$ とする．

step1　内点ペナルティ関数 $P(\boldsymbol{x};\mu_k)$ を $\boldsymbol{x}$ について無制約最小化して，その最小解を $\boldsymbol{x}_k$ とする（第4章で紹介した無制約最適化法を利用することができる．その際，初期点として前回の近似解 $\boldsymbol{x}_{k-1}$ を用いることが考えられる).

step2 バリア・パラメータ μ_k が十分に小さければ $\boldsymbol{x}_k$ を解とみなして終了する.

step3 バリア・パラメータを減少させて, $0 < \mu_{k+1} < \mu_k$ となる μ_{k+1} を選ぶ.

step4 $k := k + 1$ とおいて, step1 へいく.

上記のアルゴリズムで生成される点列 $\{\boldsymbol{x}_k\}$ に対して, 適当な仮定のもとで

$$\lim_{k\to\infty} P(\boldsymbol{x}_k; \mu_k) = f(\boldsymbol{x}^*), \quad \lim_{k\to\infty} f(\boldsymbol{x}_k) = f(\boldsymbol{x}^*)$$

が成り立つ. 実際の問題では, 最適解を求めることもさることながら, よりよい実行可能解を得ることが当面の目的である場合が多い. その意味では, 内点ペナルティ関数法はいつ停止しても初期点よりもよい実行可能解が得られている, という利点をもっている. しかしその反面, 制約条件を満たす初期点を必要とすることや, 実行可能領域の境界に近づくにつれて無制約最適化法が数値的に不安定になること, などの問題点も抱えている.

(ii) **外点ペナルティ関数法**

次に一般の制約付き最小化問題を考えよう.

$$\begin{cases} \text{最 小 化} & f(\boldsymbol{x}) \\ \text{制約条件} & \boldsymbol{g}(\boldsymbol{x}) = \boldsymbol{0}, \quad \boldsymbol{h}(\boldsymbol{x}) \leq \boldsymbol{0} \end{cases}$$

この問題に対する**外点ペナルティ関数法** (exterior penalty function method) は, 初期点として必ずしも内点を求めなくてもよいという利点がある. 外点ペナルティ関数は $\boldsymbol{x}$ の全域で定義され, 実行可能領域内では目的関数 $f(\boldsymbol{x})$ そのものとなり, 実行可能領域の外側では境界から離れるに従って, 関数値が無限大に発散するように構成されている. 外点ペナルティ関数の例として

$$P(\boldsymbol{x}; \rho) = f(\boldsymbol{x}) + \rho \left\{ \sum_{i=1}^{m} |g_i(\boldsymbol{x})|^{\alpha} + \sum_{j=1}^{l} (\max(0,\ h_j(\boldsymbol{x})))^{\beta} \right\}$$

がある. ここに, $\alpha, \beta \geq 1$ であり, ρ は正の数で**ペナルティ・パラメータ** (penalty parameter) と呼ばれる. この方法では, 与えられた ρ に対して逐次, 無制約最小化問題を解きながら最終的に $\rho \to \infty$ としていく (図 5.10).

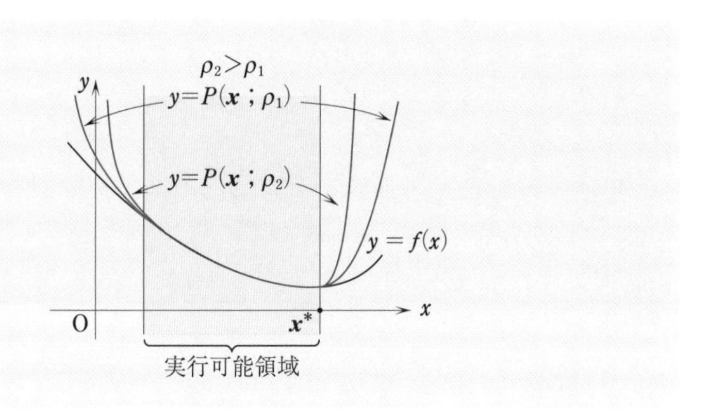

図 5.10　外点ペナルティ関数

(iii)　**混合ペナルティ関数法**

不等式制約に対しては内点ペナルティ関数の性質をもち，等式制約に対しては外点ペナルティ関数の性質をもつ**混合ペナルティ関数** (mixed penalty function) を作ることもできる．例えば，次の関数がある．

$$P(\boldsymbol{x};\mu,\rho) = f(\boldsymbol{x}) - \mu\sum_{i=1}^{l}\log(-h_i(\boldsymbol{x})) + \frac{\rho}{2}\sum_{j=1}^{m} g_j(\boldsymbol{x})^2$$

$$P(\boldsymbol{x};\mu,\rho) = f(\boldsymbol{x}) - \mu\sum_{i=1}^{l}\frac{1}{h_i(\boldsymbol{x})} + \frac{\rho}{2}\sum_{j=1}^{m} g_j(\boldsymbol{x})^2$$

(iv)　**正確なペナルティ関数法**

上述のペナルティ法では，バリア・パラメータを $\mu \to 0$，ペナルティ・パラメータを $\rho \to \infty$ としながら無制約最小化問題を何回も解かなければならないので，反復が進行するにつれて解くべき無制約最小化問題は不安定になるという欠点をもっている．この問題点を解決するために，ペナルティ・パラメータを変更することなく，変換された無制約最小化問題を 1 回解くだけで，もとの問題の解が得られるような手法が考えられている．これは**正確なペナルティ関数法** (exact penalty function method) と呼ばれる解法である．正確なペナルティ関数として次の関数が知られている．この関数では等式制約に対して l_1 ノルムが使われているので，これを特に **l_1 型正確なペナルティ関数**という．

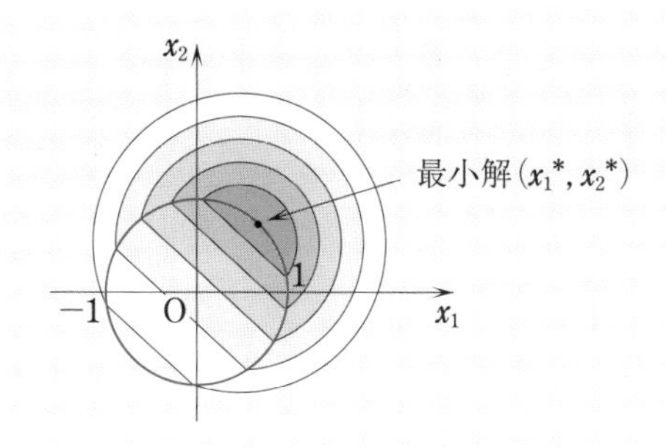

図 5.11　max 型関数の等高線

$$P(\boldsymbol{x};\rho) = f(\boldsymbol{x}) + \rho\left(\sum_{i=1}^{m}|g_i(\boldsymbol{x})| + \sum_{j=1}^{l}\max(0,\ h_j(\boldsymbol{x}))\right) \tag{5.27}$$

この関数は，max 型関数と絶対値を含んでいるので，一般に微分可能ではない．図 5.11 には max 型関数

$$P(x_1, x_2; \rho) = -x_1 - x_2 + \max(0,\ x_1^2 + x_2^2 - 1)$$

の等高線を示してある．青い円周上の点で微分不可になる．

以上で紹介したペナルティ関数のいくつかは，後述する逐次 2 次計画法や内点法の直線探索で用いられる**評価関数**（**メリット関数** (merit function) という）としても利用されている．

5.4.2　乗数法（拡張ラグランジュ関数法）

ペナルティ関数法が，ペナルティ・パラメータが無限大に近づくにつれて数値的に不安定になるという問題点をもっていることを 5.4.1 項で述べたが，この欠点を回避する方法として**乗数法** (multiplier method) がある．

等式制約付き最小化問題

$$\begin{cases} \text{最 小 化} & f(\boldsymbol{x}) \\ \text{制約条件} & \boldsymbol{g}(\boldsymbol{x}) = \boldsymbol{0} \end{cases}$$

について説明しよう．ラグランジュ関数を

$$L(\boldsymbol{x}, \boldsymbol{y}) = f(\boldsymbol{x}) + \boldsymbol{y}^{\mathrm{T}}\boldsymbol{g}(\boldsymbol{x}) \tag{5.28}$$

としたとき，最適性条件は

$$\begin{aligned}\nabla_{\boldsymbol{x}} L(\boldsymbol{x},\boldsymbol{y}) &= \nabla f(\boldsymbol{x}) + \nabla \boldsymbol{g}(\boldsymbol{x})\boldsymbol{y} = \boldsymbol{0},\\ \nabla_{\boldsymbol{y}} L(\boldsymbol{x},\boldsymbol{y}) &= \boldsymbol{g}(\boldsymbol{x}) = \boldsymbol{0}\end{aligned} \tag{5.29}$$

となる．一般に $\nabla_{\boldsymbol{x}}^2 L$ は正定値行列ではないので，$L(\boldsymbol{x},\boldsymbol{y})$ を $\boldsymbol{x}$ について最小化することには問題がある．そこで Hestenes (1969) は，等式制約付き問題のラグランジュ関数 (5.28) にペナルティ項を付加することによって関数が局所的に凸になるように工夫した．この関数を**拡張ラグランジュ関数** (augmented Lagrangian function) と呼び，次式で定義する．

$$\begin{aligned}Q(\boldsymbol{x},\boldsymbol{y};\rho) &= L(\boldsymbol{x},\boldsymbol{y}) + \frac{1}{2}\rho\|\boldsymbol{g}(\boldsymbol{x})\|^2\\ &= f(\boldsymbol{x}) + \sum_{i=1}^{m} y_i g_i(\boldsymbol{x}) + \frac{1}{2}\rho\sum_{j=1}^{m} g_j(\boldsymbol{x})^2\end{aligned} \tag{5.30}$$

ただし，ρ はペナルティ・パラメータである．こうした理由から乗数法は**拡張ラグランジュ関数法** (augmented Lagrangian function method) とも呼ばれている．ここで，拡張ラグランジュ関数の ($\boldsymbol{x}$ に関する) ヘッセ行列は

$$\nabla_{\boldsymbol{x}}^2 Q(\boldsymbol{x},\boldsymbol{y};\rho) = \nabla_{\boldsymbol{x}}^2 L(\boldsymbol{x},\boldsymbol{y}) + \rho\left(\nabla \boldsymbol{g}(\boldsymbol{x})\nabla \boldsymbol{g}(\boldsymbol{x})^{\mathrm{T}} + \sum_{i=1}^{m} g_i(\boldsymbol{x})\nabla^2 g_i(\boldsymbol{x})\right)$$

となる．拡張ラグランジュ関数が局所的に凸になることが次の定理で保証されており，このことは無制約最小化法で拡張ラグランジュ関数を最小化することの正当性を示している．

定理 5.13（拡張ラグランジュ関数の局所凸化）

関数 f, $g_i(\boldsymbol{x})$ $(i=1,\cdots,m)$ が 2 回連続的微分可能であるとし，等式制約付き最小化問題の局所的最小解 $\boldsymbol{x}^* \in \boldsymbol{R}^n$ とそれに対応するラグランジュ乗数 $\boldsymbol{y}^* \in \boldsymbol{R}^m$ が 2 次の十分条件を満足すると仮定する．すなわち，ラグランジュ関数 (5.28) に対して

$$\nabla_{\boldsymbol{x}} L(\boldsymbol{x}^*,\boldsymbol{y}^*) = \boldsymbol{0},\quad \boldsymbol{g}(\boldsymbol{x}^*) = \boldsymbol{0},\quad \boldsymbol{v}^{\mathrm{T}}\nabla_{\boldsymbol{x}}^2 L(\boldsymbol{x}^*,\boldsymbol{y}^*)\boldsymbol{v} > 0,$$

$$\forall \boldsymbol{v} \in \{\boldsymbol{v} \in \boldsymbol{R}^n \mid \nabla g_i(\boldsymbol{x}^*)^{\mathrm{T}}\boldsymbol{v} = 0,\quad i=1,\cdots,m,\quad \boldsymbol{v} \neq \boldsymbol{0}\}$$

が成り立つと仮定する．また，$\nabla g_i(\boldsymbol{x}^*)$ $(i=1,\cdots,m)$ が線形独立であると仮定する．このとき十分に大きな正の数 ρ^* が存在して，$\rho > \rho^*$ に対して $\nabla_{\boldsymbol{x}}^2 Q(\boldsymbol{x}^*,\boldsymbol{y}^*;\rho)$ は正定値行列になる．

［証明］　KKT 点 $(\boldsymbol{x}^*, \boldsymbol{y}^*)$ において

$$\nabla_{\boldsymbol{x}}^2 Q(\boldsymbol{x}^*, \boldsymbol{y}^*; \rho) = \nabla_{\boldsymbol{x}}^2 L(\boldsymbol{x}^*, \boldsymbol{y}^*) + \rho \nabla \boldsymbol{g}(\boldsymbol{x}^*) \nabla \boldsymbol{g}(\boldsymbol{x}^*)^{\mathrm{T}}$$

が成り立つので，零でないベクトル $\boldsymbol{v} \in \boldsymbol{R}^n$ についての 2 次形式は

$$\boldsymbol{v}^{\mathrm{T}} \nabla_{\boldsymbol{x}}^2 Q(\boldsymbol{x}^*, \boldsymbol{y}^*; \rho) \boldsymbol{v} = \boldsymbol{v}^{\mathrm{T}} \nabla_{\boldsymbol{x}}^2 L(\boldsymbol{x}^*, \boldsymbol{y}^*) \boldsymbol{v} + \rho \| \nabla \boldsymbol{g}(\boldsymbol{x}^*)^{\mathrm{T}} \boldsymbol{v} \|^2$$

となる．このとき，$\nabla \boldsymbol{g}(\boldsymbol{x}^*)^{\mathrm{T}} \boldsymbol{v} \neq \boldsymbol{0}$ となる任意のベクトル $\boldsymbol{v}$ に対して ρ を十分に大きな正の数に選べば $\boldsymbol{v}^{\mathrm{T}} \nabla_{\boldsymbol{x}}^2 Q(\boldsymbol{x}^*, \boldsymbol{y}^*; \rho) \boldsymbol{v} > 0$ が成り立つ．他方，$\nabla \boldsymbol{g}(\boldsymbol{x}^*)^{\mathrm{T}} \boldsymbol{v} = \boldsymbol{0}$ となる任意のベクトル $\boldsymbol{v}$ に対しては 2 次の十分条件より $\boldsymbol{v}^{\mathrm{T}} \nabla_{\boldsymbol{x}}^2 Q(\boldsymbol{x}^*, \boldsymbol{y}^*; \rho) \boldsymbol{v} = \boldsymbol{v}^{\mathrm{T}} \nabla_{\boldsymbol{x}}^2 L(\boldsymbol{x}^*, \boldsymbol{y}^*) \boldsymbol{v} > 0$ が成り立つ．したがって結論を得る．■

乗数法の重要な利点の 1 つは，ペナルティ・パラメータ ρ が有限の値でよいということである．次の定理がその拠り所になる．

定理 5.14（拡張ラグランジュ関数の最小解）

関数 f, $g_i(\boldsymbol{x})$ $(i = 1, \cdots, m)$ が 2 回連続的微分可能であるとし，等式制約付き最小化問題の局所的最小解 $\boldsymbol{x}^* \in \boldsymbol{R}^n$ とそれに対応するラグランジュ乗数 $\boldsymbol{y}^* \in \boldsymbol{R}^m$ が 2 次の十分条件を満足すると仮定する．このとき次のことが成り立つ．

(i)　ある正数 ρ^* が存在して，$\rho \geq \rho^*$ なる任意の ρ に対して $\boldsymbol{x}^*$ は $Q(\boldsymbol{x}, \boldsymbol{y}^*; \rho)$ の局所的最小解になる．

(ii)　ある $\hat{\boldsymbol{y}}$, $\hat{\rho}$ に対する $Q(\boldsymbol{x}, \hat{\boldsymbol{y}}; \hat{\rho})$ の局所的最小解 $\hat{\boldsymbol{x}}(\hat{\boldsymbol{y}}, \hat{\rho})$ が $\boldsymbol{g}(\hat{\boldsymbol{x}}(\hat{\boldsymbol{y}}, \hat{\rho})) = \boldsymbol{0}$ を満足するならば，$\hat{\boldsymbol{x}}(\hat{\boldsymbol{y}}, \hat{\rho})$ は等式制約付き最小化問題の局所的最小解になる．

定理 5.14 (i) は，拡張ラグランジュ関数 $Q(\boldsymbol{x}, \boldsymbol{y}^*; \rho)$ を $\boldsymbol{x}$ について無制約最小化すればよいことを示している．しかしながら，実際には $\boldsymbol{y}^*$ があらかじめわかっているわけではないので $\boldsymbol{y}^*$ の近似ベクトルを用いることになる．k 回目の反復における乗数 $\boldsymbol{y}^*$ の近似ベクトル $\boldsymbol{y}_k$ について，次の 2 つの更新式が使われる（章末問題 8 を参照）．

$$\boldsymbol{y}_{k+1} = \boldsymbol{y}_k + \rho \boldsymbol{g}(\boldsymbol{x}_k) \tag{5.31}$$

または

$$\boldsymbol{y}_{k+1} = \boldsymbol{y}_k + (\nabla \boldsymbol{g}(\boldsymbol{x}_k)^{\mathrm{T}} \nabla_{\boldsymbol{x}}^2 Q(\boldsymbol{x}_k, \boldsymbol{y}_k; \rho)^{-1} \nabla \boldsymbol{g}(\boldsymbol{x}_k))^{-1} \boldsymbol{g}(\boldsymbol{x}_k) \tag{5.32}$$

以上のことをまとめると，乗数法のアルゴリズムは次のようになる．ただし，理論上は ρ の値は十分に大きな正の数に固定されているが，実際の計算ではパラメータ ρ を更新して必要に応じて増加させる必要がある．

アルゴリズム 5.2（乗数法（等式制約付き問題））

step0 初期点 $\boldsymbol{x}_{-1} \in \boldsymbol{R}^n$，ラグランジュ乗数の初期推定 $\boldsymbol{y}_0 \in \boldsymbol{R}^m$，十分大きな正の数 ρ を与える．$k = 0$ とする．

step1 拡張ラグランジュ関数 $Q(\boldsymbol{x}, \boldsymbol{y}_k; \rho)$ を $\boldsymbol{x}$ について無制約最小化して，その最小解を $\boldsymbol{x}_k$ とする（無制約最適化法として第4章で紹介した数値解法が用いられる．また，その際の初期点として前回の近似解 $\boldsymbol{x}_{k-1}$ が利用できる）．

step2 $(\boldsymbol{x}_k, \boldsymbol{y}_k)$ が等式制約付き最小化問題のKKT条件を満たすならば停止する．

step3 ラグランジュ乗数の推定 $\boldsymbol{y}_k$ を式(5.31)または式(5.32)を用いて更新して $\boldsymbol{y}_{k+1}$ を求める．

step4 $k := k + 1$ とおいて，step1へいく．

不等式制約

$$h_i(\boldsymbol{x}) \leq 0$$

がある場合には，スラック変数を導入して等式制約に変換してから上述の手順を適用することが考えられている．

5.4.3 逐次2次計画法

これから紹介する逐次2次計画法は，**準ニュートン法**の考え方に基づいた方法である．

まず次の等式制約付き問題を扱う．

$$\begin{cases} \text{最 小 化} & f(\boldsymbol{x}) \\ \text{制約条件} & \boldsymbol{g}(\boldsymbol{x}) = \boldsymbol{0} \end{cases}$$

この問題のラグランジュ関数は式(5.28)で定義され，KKT条件は式(5.29)で与えられる．このKKT条件を $(\boldsymbol{x}, \boldsymbol{y})$ に関する連立非線形方程式とみなして，これをニュートン法で解くことを考える[8)].

k 回目の反復における KKT 点の近似点 $(\boldsymbol{x}_k, \boldsymbol{y}_k)$ の補正ベクトルを $(\Delta\boldsymbol{x}, \Delta\boldsymbol{y})$ としたとき，$\nabla_{\boldsymbol{x}} L(\boldsymbol{x}_k + \Delta\boldsymbol{x}, \boldsymbol{y}_k + \Delta\boldsymbol{y})$ と $\nabla_{\boldsymbol{y}} L(\boldsymbol{x}_k + \Delta\boldsymbol{x}, \boldsymbol{y}_k + \Delta\boldsymbol{y})$ をテイラー展開して，1 次の項で打ち切った式を零とおけば

$$\nabla_{\boldsymbol{x}} L(\boldsymbol{x}_k, \boldsymbol{y}_k) + \nabla^2_{\boldsymbol{x}} L(\boldsymbol{x}_k, \boldsymbol{y}_k)\Delta\boldsymbol{x} + \nabla_{\boldsymbol{xy}} L(\boldsymbol{x}_k, \boldsymbol{y}_k)\Delta\boldsymbol{y} = \boldsymbol{0}$$
$$\nabla_{\boldsymbol{y}} L(\boldsymbol{x}_k, \boldsymbol{y}_k) + \nabla_{\boldsymbol{yx}} L(\boldsymbol{x}_k, \boldsymbol{y}_k)\Delta\boldsymbol{x} + \nabla^2_{\boldsymbol{y}} L(\boldsymbol{x}_k, \boldsymbol{y}_k)\Delta\boldsymbol{y} = \boldsymbol{0}$$

となる．ここで，$\nabla_{\boldsymbol{xy}} L(\boldsymbol{x}, \boldsymbol{y}) = \nabla \boldsymbol{g}(\boldsymbol{x}), \nabla_{\boldsymbol{yx}} L(\boldsymbol{x}, \boldsymbol{y}) = \nabla \boldsymbol{g}(\boldsymbol{x})^{\mathrm{T}}, \nabla^2_{\boldsymbol{y}} L(\boldsymbol{x}, \boldsymbol{y}) = O$ であることに注意すれば，上式は $(\Delta\boldsymbol{x}, \Delta\boldsymbol{y})$ に関する連立 1 次方程式

$$\nabla^2_{\boldsymbol{x}} L(\boldsymbol{x}_k, \boldsymbol{y}_k)\Delta\boldsymbol{x} + \nabla \boldsymbol{g}(\boldsymbol{x}_k)\Delta\boldsymbol{y} = -(\nabla f(\boldsymbol{x}_k) + \nabla \boldsymbol{g}(\boldsymbol{x}_k)\boldsymbol{y}_k)$$
$$\nabla \boldsymbol{g}(\boldsymbol{x}_k)^{\mathrm{T}} \Delta\boldsymbol{x} = -\boldsymbol{g}(\boldsymbol{x}_k)$$

として表せる．この連立 1 次方程式を解いて補正ベクトル $(\Delta\boldsymbol{x}_k, \Delta\boldsymbol{y}_k)$ を求めて，反復式

$$\boldsymbol{x}_{k+1} = \boldsymbol{x}_k + \Delta\boldsymbol{x}_k, \quad \boldsymbol{y}_{k+1} = \boldsymbol{y}_k + \Delta\boldsymbol{y}_k$$

によって新しい近似解を得るのが，(非線形方程式を解くための) **ニュートン法**である．

さてここで，無制約最小化問題に対する準ニュートン法の考え方を用いてヘッセ行列 $\nabla^2_{\boldsymbol{x}} L(\boldsymbol{x}_k, \boldsymbol{y}_k)$ を近似行列 B_k で置き換えて，さらに $\boldsymbol{y}_{k+1} = \boldsymbol{y}_k + \Delta\boldsymbol{y}_k$ とおけば，上式は次の方程式に帰着される．

$$B_k \Delta\boldsymbol{x}_k + \nabla f(\boldsymbol{x}_k) + \nabla \boldsymbol{g}(\boldsymbol{x}_k)\boldsymbol{y}_{k+1} = \boldsymbol{0} \tag{5.33}$$
$$\boldsymbol{g}(\boldsymbol{x}_k) + \nabla \boldsymbol{g}(\boldsymbol{x}_k)^{\mathrm{T}} \Delta\boldsymbol{x}_k = \boldsymbol{0} \tag{5.34}$$

この式は，次の 2 次計画問題の KKT 条件に相当することが簡単に確かめられる．ただし，$\boldsymbol{y}_{k+1}$ は等式制約に対するラグランジュ乗数に対応する．

$$\begin{cases} \text{最 小 化} & \dfrac{1}{2}\Delta\boldsymbol{x}^{\mathrm{T}} B_k \Delta\boldsymbol{x} + \nabla f(\boldsymbol{x}_k)^{\mathrm{T}} \Delta\boldsymbol{x} \quad (\Delta\boldsymbol{x} \in \boldsymbol{R}^n \text{について}) \\ \text{制約条件} & \boldsymbol{g}(\boldsymbol{x}_k) + \nabla \boldsymbol{g}(\boldsymbol{x}_k)^{\mathrm{T}} \Delta\boldsymbol{x} = \boldsymbol{0} \end{cases}$$

---

8) $\boldsymbol{F} : \boldsymbol{R}^n \to \boldsymbol{R}^n$ としたとき，非線形方程式 $\boldsymbol{F}(\boldsymbol{x}) = \boldsymbol{0}$ を解くためのニュートン法の反復式は $J(\boldsymbol{x}_k)\Delta\boldsymbol{x}_k = -\boldsymbol{F}(\boldsymbol{x}_k)$, $\boldsymbol{x}_{k+1} = \boldsymbol{x}_k + \Delta\boldsymbol{x}_k$ で与えられる．ただし，$J(\boldsymbol{x})$ は $\boldsymbol{F}(\boldsymbol{x})$ のヤコビ行列であり，$\Delta\boldsymbol{x}_k$ は補正ベクトルである．

行列 B_k が正定値対称行列ならば，これは狭義凸2次計画問題になるので $\boldsymbol{\Delta x}_k$ と $\boldsymbol{y}_{k+1}$ は一意に定まる．したがって，連立1次方程式 (5.33)，(5.34) を解くかわりに，この2次計画問題を解いて探索方向 $\boldsymbol{\Delta x}_k$ を求めることが考えられる．特に $\boldsymbol{\Delta x}_k = \boldsymbol{0}$ のときには，この問題のKKT条件は

$$\nabla f(\boldsymbol{x}_k) + \nabla \boldsymbol{g}(\boldsymbol{x}_k)\boldsymbol{y}_{k+1} = \boldsymbol{0}, \quad \boldsymbol{g}(\boldsymbol{x}_k) = \boldsymbol{0}$$

となるので，$(\boldsymbol{x}_k, \boldsymbol{y}_{k+1})$ はもとの等式制約付き問題のKKT点になる．

等式制約の場合には，連立1次方程式 (5.33)，(5.34) のかわりにあえて2次計画問題を扱う積極的な理由はないが，2次計画問題を解くという考え方が不等式制約の場合でも利用できることに意義がある．すなわち，一般の制約付き問題

$$\begin{cases} \text{最 小 化} & f(\boldsymbol{x}) \\ \text{制約条件} & \boldsymbol{g}(\boldsymbol{x}) = \boldsymbol{0}, \quad \boldsymbol{h}(\boldsymbol{x}) \leq \boldsymbol{0} \end{cases}$$

に対して，次の2次計画問題が得られる．

$$\begin{cases} \text{最 小 化} & \dfrac{1}{2}\boldsymbol{\Delta x}^{\mathrm{T}} B_k \boldsymbol{\Delta x} + \nabla f(\boldsymbol{x}_k)^{\mathrm{T}} \boldsymbol{\Delta x} \quad (\boldsymbol{\Delta x} \in \boldsymbol{R}^n \text{について}) \\ \text{制約条件} & \boldsymbol{g}(\boldsymbol{x}_k) + \nabla \boldsymbol{g}(\boldsymbol{x}_k)^{\mathrm{T}} \boldsymbol{\Delta x} = \boldsymbol{0} \\ & \boldsymbol{h}(\boldsymbol{x}_k) + \nabla \boldsymbol{h}(\boldsymbol{x}_k)^{\mathrm{T}} \boldsymbol{\Delta x} \leq \boldsymbol{0} \end{cases} \tag{5.35}$$

ここで，B_k はラグランジュ関数

$$L(\boldsymbol{x}, \boldsymbol{y}, \boldsymbol{z}) = f(\boldsymbol{x}) + \boldsymbol{y}^{\mathrm{T}} \boldsymbol{g}(\boldsymbol{x}) + \boldsymbol{z}^{\mathrm{T}} \boldsymbol{h}(\boldsymbol{x})$$

のヘッセ行列

$$\nabla^2_{\boldsymbol{x}} L(\boldsymbol{x}, \boldsymbol{y}, \boldsymbol{z}) = \nabla^2 f(\boldsymbol{x}) + \sum_{i=1}^{m} y_i \nabla^2 g_i(\boldsymbol{x}) + \sum_{j=1}^{l} z_j \nabla^2 h_j(\boldsymbol{x})$$

の近似行列である．問題 (5.35) の線形制約条件に対するラグランジュ乗数をそれぞれ $\boldsymbol{y}_{k+1}, \boldsymbol{z}_{k+1}$ とすれば，問題 (5.35) のKKT条件は

$$\begin{cases} B_k \boldsymbol{\Delta x}_k + \nabla f(\boldsymbol{x}_k) + \nabla \boldsymbol{g}(\boldsymbol{x}_k)\boldsymbol{y}_{k+1} + \nabla \boldsymbol{h}(\boldsymbol{x}_k)\boldsymbol{z}_{k+1} = \boldsymbol{0} \\ \boldsymbol{g}(\boldsymbol{x}_k) + \nabla \boldsymbol{g}(\boldsymbol{x}_k)^{\mathrm{T}} \boldsymbol{\Delta x}_k = \boldsymbol{0} \\ \boldsymbol{h}(\boldsymbol{x}_k) + \nabla \boldsymbol{h}(\boldsymbol{x}_k)^{\mathrm{T}} \boldsymbol{\Delta x}_k \leq \boldsymbol{0} \end{cases} \tag{5.36}$$

$$(\boldsymbol{z}_{k+1})_i \geq 0, \quad (\boldsymbol{z}_{k+1})_i (h_i(\boldsymbol{x}_k) + \nabla h_i(\boldsymbol{x}_k)^{\mathrm{T}} \boldsymbol{\Delta x}_k) = 0 \quad (i = 1, \cdots, l)$$

となる（章末問題 9 を参照）．特に，$\boldsymbol{\Delta x}_k = \mathbf{0}$ のとき $(\boldsymbol{x}_k, \boldsymbol{y}_{k+1}, \boldsymbol{z}_{k+1})$ がもとの最適化問題の KKT 条件 (5.13)〜(5.17) を満足することに注意されたい．

以上の方法は，各反復で 2 次計画問題を解いて探索方向 $\boldsymbol{\Delta x}_k$ を決定していくことから**逐次 2 次計画法** (Sequential Quadratic Programming method, 略して **SQP 法**) と呼ばれている．この方法では無制約問題の準ニュートン法と同様に，B_k の更新公式をどう選ぶかが重要な課題になる．無制約問題の場合にならって

$$\begin{aligned} \boldsymbol{s}_k &= \boldsymbol{x}_{k+1} - \boldsymbol{x}_k, \\ \boldsymbol{q}_k &= \nabla_{\boldsymbol{x}} L(\boldsymbol{x}_{k+1}, \boldsymbol{y}_{k+1}, \boldsymbol{z}_{k+1}) - \nabla_{\boldsymbol{x}} L(\boldsymbol{x}_k, \boldsymbol{y}_{k+1}, \boldsymbol{z}_{k+1}) \end{aligned} \tag{5.37}$$

とおけば，セカント条件 $B_{k+1}\boldsymbol{s}_k = \boldsymbol{q}_k$ を満足する BFGS 公式が考えられるが $\boldsymbol{s}_k^{\mathrm{T}}\boldsymbol{q}_k > 0$ が必ずしも成り立つとは限らない．そこで，Powell (1978) によって提案された**修正 BFGS 公式**

$$B_{k+1} = B_k - \frac{B_k\boldsymbol{s}_k(B_k\boldsymbol{s}_k)^{\mathrm{T}}}{\boldsymbol{s}_k^{\mathrm{T}}B_k\boldsymbol{s}_k} + \frac{\hat{\boldsymbol{q}}_k\hat{\boldsymbol{q}}_k^{\mathrm{T}}}{\boldsymbol{s}_k^{\mathrm{T}}\hat{\boldsymbol{q}}_k} \tag{5.38}$$

がよく用いられる．ただし，

$$\hat{\boldsymbol{q}}_k = \psi_k\boldsymbol{q}_k + (1-\psi_k)B_k\boldsymbol{s}_k$$

$$\psi_k = \begin{cases} \boldsymbol{s}_k^{\mathrm{T}}\boldsymbol{q}_k \geq 0.2\boldsymbol{s}_k^{\mathrm{T}}B_k\boldsymbol{s}_k \text{ のとき} & 1 \\ \text{そうでないとき} & \dfrac{0.8\boldsymbol{s}_k^{\mathrm{T}}B_k\boldsymbol{s}_k}{\boldsymbol{s}_k^{\mathrm{T}}(B_k\boldsymbol{s}_k - \boldsymbol{q}_k)} \end{cases}$$

である．この公式は，セカント条件を緩和した条件

$$B_{k+1}\boldsymbol{s}_k = \hat{\boldsymbol{q}}_k$$

を満足する．常に $\boldsymbol{s}_k^{\mathrm{T}}\hat{\boldsymbol{q}}_k > 0$ が成り立つので，修正 BFGS 公式 (5.38) は正定値性を保存する（章末問題 10 を参照）．特に $\psi_k = 1$ が採用された場合には，本来のセカント条件を満たす BFGS 公式になる．

逐次 2 次計画法において，探索方向 $\boldsymbol{\Delta x}_k$ に関する直線探索のメリット関数として，正確なペナルティ関数 (5.27) がよく使われる．以上をまとめれば，アルゴリズムは次のように記述される．

アルゴリズム 5.3（逐次 2 次計画（SQP）法）

step0　初期点 $\boldsymbol{x}_0 \in \boldsymbol{R}^n$，正定値対称な初期行列 $B_0 \in \boldsymbol{R}^{n\times n}$ およびパラメータ $\rho > 0,\ \xi \in (0,1)$ を与える．$k = 0$ とおく．

step1　2 次計画部分問題 (5.35) を解いて，探索方向 $\Delta\boldsymbol{x}_k$ とそれに対応するラグランジュ乗数 $\boldsymbol{y}_{k+1}, \boldsymbol{z}_{k+1}$ を求める．

step2　$(\boldsymbol{x}_k, \boldsymbol{y}_{k+1}, \boldsymbol{z}_{k+1})$ が制約付き問題の KKT 条件を満たせば停止する．さもなければ step3 へいく．

step3　メリット関数 (5.27) に対して，Armijo 条件

$$P(\boldsymbol{x}_k + \alpha\Delta\boldsymbol{x}_k;\rho) \leq P(\boldsymbol{x}_k;\rho) + \xi\alpha\Delta P(\boldsymbol{x}_k, \Delta\boldsymbol{x}_k)$$

を満足するステップ幅 α_k を求める（直線探索法のアルゴリズム 4.2 を参照）．ただし $\Delta P(\boldsymbol{x}_k, \Delta\boldsymbol{x}_k)$ の定義は後述する．

step4　$\boldsymbol{x}_{k+1} = \boldsymbol{x}_k + \alpha_k\Delta\boldsymbol{x}_k$ とする．

step5　Powell の修正 BFGS 公式 (5.38) を用いて，B_k を更新して B_{k+1} を生成する．

step6　$k := k + 1$ とおいて step1 へいく．

アルゴリズム 5.3 の step3 において $\Delta P(\boldsymbol{x}_k, \Delta\boldsymbol{x}_k)$ は方向微係数に相当するもので，

$$\Delta P(\boldsymbol{x}_k, \Delta\boldsymbol{x}_k) = P_l(\boldsymbol{x}_k, \Delta\boldsymbol{x}_k;\rho) - P(\boldsymbol{x}_k;\rho) \tag{5.39}$$

で定義される．ただし，P_l は P の 1 次近似で

$$\begin{aligned} P_l(\boldsymbol{x}_k, \Delta\boldsymbol{x}_k;\rho) = {} & f(\boldsymbol{x}_k) + \nabla f(\boldsymbol{x}_k)^{\mathrm{T}}\Delta\boldsymbol{x}_k \\ & + \rho\left(\sum_{i=1}^{m} |g_i(\boldsymbol{x}_k) + \nabla g_i(\boldsymbol{x}_k)^{\mathrm{T}}\Delta\boldsymbol{x}_k|\right. \\ & \qquad \left. + \sum_{j=1}^{l} \max(0, h_j(\boldsymbol{x}_k) + \nabla h_j(\boldsymbol{x}_k)^{\mathrm{T}}\Delta\boldsymbol{x}_k)\right) \end{aligned}$$

である．次の定理によって，2 次計画部分問題を解いて得られる探索方向がメリット関数の降下方向になることが保証される．

定理 5.15（メリット関数の降下方向）

2 次計画部分問題 (5.35) の解 $\Delta \boldsymbol{x}_k$ は次式を満足する．

$$\Delta P(\boldsymbol{x}_k, \Delta \boldsymbol{x}_k) \leq -\Delta \boldsymbol{x}_k^{\mathrm{T}} B_k \Delta \boldsymbol{x}_k - (\rho - \|\boldsymbol{y}_{k+1}\|_\infty) \sum_{i=1}^{m} |g_i(\boldsymbol{x}_k)|$$
$$- (\rho - \|\boldsymbol{z}_{k+1}\|_\infty) \sum_{j=1}^{l} \max(0, h_j(\boldsymbol{x}_k))$$

特に行列 B_k が正定値で，かつ，各反復で $\rho > \|\boldsymbol{y}_{k+1}\|_\infty$, $\rho > \|\boldsymbol{z}_{k+1}\|_\infty$ が成り立つならば，探索方向 $\Delta \boldsymbol{x}_k$ はメリット関数 (5.27) の降下方向になる．

［証明］ 章末問題 11 を参照のこと． ■

収束性に関しては，KKT 点への大域的収束性や局所的超 1 次収束性が証明されている．逐次 2 次計画法はニュートン法の考え方に基づいた数値解法なので，局所的に速い収束を達成するためには，最終的に解の近くでステップ幅 $\alpha_k = 1$ が選ばれることが望ましい．他方，大域的収束性を保証するためにはメリット関数の減少を課さなければならず，そのために解の近傍にいても $\alpha_k = 1$ が採用されないことが起こり得る．この現象は **Maratos 効果** (Maratos effect) と呼ばれている．例 14 はその例である．

例 14　Maratos 効果

次の等式制約付き最小化問題を考える．

$$\begin{cases} \text{最 小 化} & -x_1 + 10(x_1^2 + x_2^2 - 1) \quad (\boldsymbol{x} = (x_1, x_2) \text{ について}) \\ \text{制約条件} & x_1^2 + x_2^2 = 1 \end{cases}$$

この問題の最適解は $\boldsymbol{x}^* = (1, 0)$ である．k 回目の反復における近似解と近似行列を $\boldsymbol{x}_k = [\cos\theta, \sin\theta]^{\mathrm{T}}$，$B_k = \nabla_{\boldsymbol{x}}^2 L(\boldsymbol{x}^*, y^*) = I$ とする．ここで，$\boldsymbol{x}_k$ は実行可能解であり，近似行列 B_k は最適解におけるラグランジュ関数のヘッセ行列に一致する．$\Delta \boldsymbol{x} = [d_1, d_2]^{\mathrm{T}}$ としたとき，2 次計画部分問題は

$$\begin{cases} \text{最 小 化} & \dfrac{1}{2}(d_1^2 + d_2^2) + d_1(-1 + 20\cos\theta) + 20 d_2 \sin\theta \\ & ((d_1, d_2) \text{ について}) \\ \text{制約条件} & d_1 \cos\theta + d_2 \sin\theta = 0 \end{cases}$$

となる．これを解いて得られる探索方向 $\boldsymbol{\Delta x}_k$ と $\boldsymbol{x}_k + \boldsymbol{\Delta x}_k$ は

$$\boldsymbol{\Delta x}_k = \begin{bmatrix} \sin^2\theta \\ -\sin\theta\cos\theta \end{bmatrix}, \quad \boldsymbol{x}_k + \boldsymbol{\Delta x}_k = \begin{bmatrix} \cos\theta + \sin^2\theta \\ \sin\theta - \sin\theta\cos\theta \end{bmatrix}$$

なので，それぞれのメリット関数値は

$$P(\boldsymbol{x}_k;\rho) = -\cos\theta$$

$$P(\boldsymbol{x}_k + \boldsymbol{\Delta x}_k;\rho) = -\cos\theta + (9+\rho)\sin^2\theta$$

となる．ペナルティ・パラメータ ρ は正なので，$\sin\theta = 0$ でない限り

$$P(\boldsymbol{x}_k + \boldsymbol{\Delta x}_k;\rho) > P(\boldsymbol{x}_k;\rho)$$

が成り立ち，$\boldsymbol{x}_k$ が最適解に十分近くても $\alpha_k = 1$ が採用されない．したがって，その結果として超1次収束性が保証されない．　□

現在では大域的収束性を保持し，かつ，Maratos 効果を避けるための解法が考案されている．

5.4.4　主双対内点法

3.12 節で述べたように，線形計画問題に対する内点法が理論的にも実用的にも非常に活発に研究されており，中でも**主双対内点法**が有望視されている．そうした状況の中で，非線形最適化問題に対する内点法もかなり研究されている．これは，古典的な内点ペナルティ法(5.4.1 項参照) の欠点を解消し，かつ，線形計画問題で成功した内点法のアイデアを盛り込んだ研究である．本項では，非線形最適化問題に対する主双対内点法を紹介する．

次の制約付き最適化問題を扱う．

制約付き問題

$f : \boldsymbol{R}^n \to \boldsymbol{R}$, $\boldsymbol{g} : \boldsymbol{R}^n \to \boldsymbol{R}^m$ に対して，

$$\begin{cases} \text{最 小 化} & f(\boldsymbol{x}) \\ \text{制約条件} & \boldsymbol{g}(\boldsymbol{x}) = \boldsymbol{0} \quad (\boldsymbol{x} \geq \boldsymbol{0}) \end{cases}$$

不等式制約 $\boldsymbol{h}(\boldsymbol{x}) \leq \boldsymbol{0}$ は，スラック変数 $\boldsymbol{s} \in \boldsymbol{R}^l$ を導入すれば等式制約 $\boldsymbol{h}(\boldsymbol{x}) + \boldsymbol{s} = \boldsymbol{0}$ および非負制約 $\boldsymbol{s} \geq \boldsymbol{0}$ として書けるので，上記の形の問題は一般的な問題であることに注意しよう．$\boldsymbol{y} \in \boldsymbol{R}^m$, $\boldsymbol{z} \in \boldsymbol{R}^n$ をそれぞれ等式制約，非負制約に対するラグランジュ乗数とし，

$$\boldsymbol{w} = [\boldsymbol{x}, \boldsymbol{y}, \boldsymbol{z}]^{\mathrm{T}} \in \boldsymbol{R}^n \times \boldsymbol{R}^m \times \boldsymbol{R}^n, \quad \boldsymbol{e} = [1, 1, \cdots, 1]^{\mathrm{T}} \in \boldsymbol{R}^n,$$
$$X = \mathrm{diag}(x_1, x_2, \cdots, x_n) \in \boldsymbol{R}^{n \times n}, \quad Z = \mathrm{diag}(z_1, z_2, \cdots, z_n) \in \boldsymbol{R}^{n \times n}$$

とおく．また，$\boldsymbol{x} > \boldsymbol{0}, \boldsymbol{z} > \boldsymbol{0}$ を満たす点 $\boldsymbol{w} = (\boldsymbol{x}, \boldsymbol{y}, \boldsymbol{z})$ を**内点** (interior point) と呼ぶことにする．ただし，$\mathrm{diag}(v_1, v_2, \cdots, v_n)$ は v_i を対角成分に並べた対角行列である．

上記の問題のラグランジュ関数は

$$L(\boldsymbol{w}) = f(\boldsymbol{x}) + \boldsymbol{y}^{\mathrm{T}} \boldsymbol{g}(\boldsymbol{x}) - \boldsymbol{z}^{\mathrm{T}} \boldsymbol{x}$$

となり，KKT 条件は次式で与えられる．

$$\boldsymbol{r}_0(\boldsymbol{w}) \equiv \begin{bmatrix} \nabla_{\boldsymbol{x}} L(\boldsymbol{w}) \\ \boldsymbol{g}(\boldsymbol{x}) \\ XZ\boldsymbol{e} \end{bmatrix} = \begin{bmatrix} \boldsymbol{0} \\ \boldsymbol{0} \\ \boldsymbol{0} \end{bmatrix}, \quad \boldsymbol{x} \geq \boldsymbol{0}, \quad \boldsymbol{z} \geq \boldsymbol{0} \tag{5.40}$$

(i)　**中心化 KKT 条件**

線形計画法の場合と同様に，正のパラメータ μ (これを**バリア・パラメータ** (barrier parameter) という) を導入して，相補性条件 $XZ\boldsymbol{e} = \boldsymbol{0}$ を $XZ\boldsymbol{e} = \mu\boldsymbol{e}$ で置き換えた次の式を考える．

$$\boldsymbol{r}(\boldsymbol{w}; \mu) \equiv \begin{bmatrix} \nabla_{\boldsymbol{x}} L(\boldsymbol{w}) \\ \boldsymbol{g}(\boldsymbol{x}) \\ XZ\boldsymbol{e} - \mu\boldsymbol{e} \end{bmatrix} = \begin{bmatrix} \boldsymbol{0} \\ \boldsymbol{0} \\ \boldsymbol{0} \end{bmatrix} \tag{5.41}$$
$$\boldsymbol{x} > \boldsymbol{0}, \quad \boldsymbol{z} > \boldsymbol{0} \quad (\boldsymbol{x}, \boldsymbol{z} \text{ が正であることに注意})$$

この条件を**中心化 KKT 条件**と呼び，この条件を満たす点 $\boldsymbol{w}(\mu) = (\boldsymbol{x}(\mu), \boldsymbol{y}(\mu), \boldsymbol{z}(\mu))$ を μ に対する**中心**または **μ–センター** (μ–center) という．また，μ を正の値から零に近づけたときに生成される μ–センターの軌跡を**中心パス** (center path) という．特別に $\mu = 0$ とおくと，中心化 KKT 条件 (5.41) がもとの最適化問題の KKT 条件 (5.40) になることに注意されたい．

中心化 KKT 条件 (5.41) は，次のような考え方からも導かれる．もとの問題の近似解を得るために，5.4.1 項で紹介したログバリア・ペナルティ関数

$$F_B(\boldsymbol{x}; \mu) = f(\boldsymbol{x}) - \mu \sum_{i=1}^{n} \log x_i$$

を導入して，次の最小化問題を考える．

$$\begin{cases} \text{最 小 化} & F_B(\boldsymbol{x};\mu) = f(\boldsymbol{x}) - \mu \displaystyle\sum_{i=1}^{n} \log x_i \quad (\boldsymbol{x} > \boldsymbol{0}\text{ について}) \\ \text{制約条件} & \boldsymbol{g}(\boldsymbol{x}) = \boldsymbol{0} \end{cases}$$

この問題に対するラグランジュ関数は

$$L_B(\boldsymbol{x},\boldsymbol{y};\mu) = f(\boldsymbol{x}) - \mu \sum_{i=1}^{n} \log x_i + \sum_{i=1}^{m} y_i g_i(\boldsymbol{x})$$

である．ただし，$\boldsymbol{y} \in \boldsymbol{R}^m$ は等式制約に対するラグランジュ乗数である．このとき最適性の1次の必要条件は

$$\frac{\partial}{\partial x_j} L_B = \frac{\partial}{\partial x_j} f(\boldsymbol{x}) - \mu \frac{1}{x_j} + \sum_{i=1}^{m} y_i \frac{\partial}{\partial x_j} g_i(\boldsymbol{x}) = 0 \quad (j = 1, \cdots, n)$$

$$\frac{\partial}{\partial y_j} L_B = g_j(\boldsymbol{x}) = 0 \quad (j = 1, \cdots, m)$$

で表される．あるいはベクトル表現すれば

$$\nabla f(\boldsymbol{x}) - \mu X^{-1}\boldsymbol{e} + \nabla \boldsymbol{g}(\boldsymbol{x})\boldsymbol{y} = \boldsymbol{0}, \quad \boldsymbol{g}(\boldsymbol{x}) = \boldsymbol{0}$$

となる．ここで

$$\boldsymbol{z} = \mu X^{-1}\boldsymbol{e} \in \boldsymbol{R}^n$$

とおいて，$X\boldsymbol{z} = XZ\boldsymbol{e}$ となることに注意すれば

$$\nabla f(\boldsymbol{x}) + \nabla \boldsymbol{g}(\boldsymbol{x})\boldsymbol{y} - \boldsymbol{z} = \boldsymbol{0}, \quad \boldsymbol{g}(\boldsymbol{x}) = \boldsymbol{0}, \quad XZ\boldsymbol{e} = \mu\boldsymbol{e}$$

と書ける．よって，この最適性条件は中心化 KKT 条件 (5.41) に帰着される．

(ii) 主双対内点法のアルゴリズム（外部反復と内部反復）

主双対内点法の基本的な考え方は，正の数 μ が与えられたときに，μ–センターの近似解を求めていき，$\mu \to 0$ として最終的に KKT 点を求めていくことである．このことをまとめたのが次のアルゴリズムである．

アルゴリズム 5.4（主双対内点法（外部反復））

step0 定数 $M_c > 0$ と $0 < \tau < 1$ を与える．バリア・パラメータ $\mu > 0$ を初期設定する．

step1 $\|\boldsymbol{r}(\boldsymbol{w};\mu)\| \le M_c\mu$ を満たす $\boldsymbol{w}$ を見つける．

step2 もし μ の値が十分に小さいならば，求まった $\boldsymbol{w}$ を解とみなして終了する．さもなければ，$\mu := \tau\mu$ とおいて step1 へいく．

$\mu \to 0$ のとき，step1 で得られる $\boldsymbol{w}$ が KKT 点に近づいていくことは明らかである．そこで問題になるのが，こうした点 $\boldsymbol{w}$ をいかに効率よく見つけるかである．具体的には非線形方程式 (5.41) にニュートン法を適用して速い収束性を実現する．その際に，変数 $(\boldsymbol{x}_k, \boldsymbol{z}_k)$ が非負制約に関して内点になるようにステップ幅を調整する．すなわち内部反復の k 回目で，次のニュートン方程式

$$\begin{bmatrix} \nabla_{\boldsymbol{x}}^2 L(\boldsymbol{w}_k) & \nabla \boldsymbol{g}(\boldsymbol{x}_k) & -I \\ \nabla \boldsymbol{g}(\boldsymbol{x}_k)^{\mathrm{T}} & O & O \\ Z_k & O & X_k \end{bmatrix} \begin{bmatrix} \Delta \boldsymbol{x} \\ \Delta \boldsymbol{y} \\ \Delta \boldsymbol{z} \end{bmatrix} = - \begin{bmatrix} \nabla_{\boldsymbol{x}} L(\boldsymbol{w}_k) \\ \boldsymbol{g}(\boldsymbol{x}_k) \\ X_k Z_k \boldsymbol{e} - \mu \boldsymbol{e} \end{bmatrix}$$

を解いて探索方向 $\Delta \boldsymbol{w}_k = [\Delta \boldsymbol{x}_k, \Delta \boldsymbol{y}_k, \Delta \boldsymbol{z}_k]^{\mathrm{T}}$ を求め，新しい近似解が

$$\boldsymbol{x}_{k+1} = \boldsymbol{x}_k + \alpha_{xk} \Delta \boldsymbol{x}_k > \boldsymbol{0}$$

$$\boldsymbol{z}_{k+1} = \boldsymbol{z}_k + \alpha_{zk} \Delta \boldsymbol{z}_k > \boldsymbol{0}$$

を満たすようにステップ幅 α_{xk}, α_{zk} を調整するのである．また，準ニュートン法のようにラグランジュ関数のヘッセ行列 $\nabla_{\boldsymbol{x}}^2 L(\boldsymbol{w}_k)$ を行列 B_k で近似すれば，

$$J_k = \begin{bmatrix} B_k & \nabla \boldsymbol{g}(\boldsymbol{x}_k) & -I \\ \nabla \boldsymbol{g}(\boldsymbol{x}_k)^{\mathrm{T}} & O & O \\ Z_k & O & X_k \end{bmatrix} \tag{5.42}$$

を係数行列にもつ連立 1 次方程式

$$J_k \Delta \boldsymbol{w} = -\boldsymbol{r}(\boldsymbol{w}_k; \mu) \tag{5.43}$$

を解いて探索方向 $\Delta \boldsymbol{w}_k = [\Delta \boldsymbol{x}_k, \Delta \boldsymbol{y}_k, \Delta \boldsymbol{z}_k]^{\mathrm{T}}$ を求める解法も得られる．ここで $B_k = \nabla_{\boldsymbol{x}}^2 L(\boldsymbol{w}_k)$ の場合がニュートン法に基づく主双対内点法，B_k をヘッセ行列の近似行列にとった場合が準ニュートン法に基づく主双対内点法になる．

例 15　**線形計画問題，2 次計画問題の主双対内点法**

(1)　線形計画問題

$$\begin{cases} \text{最 小 化} & \boldsymbol{c}^{\mathrm{T}} \boldsymbol{x} \quad (\boldsymbol{x} \in \boldsymbol{R}^n \text{について}) \\ \text{制約条件} & A\boldsymbol{x} = \boldsymbol{b}, \quad \boldsymbol{x} \geq \boldsymbol{0} \ (A \in \boldsymbol{R}^{m \times n},\ \boldsymbol{b} \in \boldsymbol{R}^m,\ \boldsymbol{c} \in \boldsymbol{R}^n) \end{cases}$$

の場合，$f(\boldsymbol{x}) = \boldsymbol{c}^{\mathrm{T}} \boldsymbol{x}$，$\boldsymbol{g}(\boldsymbol{x}) = \boldsymbol{b} - A\boldsymbol{x}$ とおくとニュートン方程式は

$$\begin{bmatrix} O & -A^{\mathrm{T}} & -I \\ -A & O & O \\ Z_k & O & X_k \end{bmatrix} \begin{bmatrix} \Delta \boldsymbol{x} \\ \Delta \boldsymbol{y} \\ \Delta \boldsymbol{z} \end{bmatrix} = - \begin{bmatrix} \boldsymbol{c} - A^{\mathrm{T}} \boldsymbol{y}_k - \boldsymbol{z}_k \\ \boldsymbol{b} - A\boldsymbol{x}_k \\ X_k Z_k \boldsymbol{e} - \mu \boldsymbol{e} \end{bmatrix}$$

となる．これは連立1次方程式 (3.35) に相当する．

(2)　2次計画問題

$$\begin{cases} \text{最 小 化} & \dfrac{1}{2}\boldsymbol{x}^{\mathrm{T}}Q\boldsymbol{x} + \boldsymbol{c}^{\mathrm{T}}\boldsymbol{x} \quad (\boldsymbol{x} \in \boldsymbol{R}^n \text{について}) \\ \text{制約条件} & A\boldsymbol{x} = \boldsymbol{b}, \quad \boldsymbol{x} \geq \boldsymbol{0} \\ & (Q \in \boldsymbol{R}^{n\times n},\ A \in \boldsymbol{R}^{m\times n},\ \boldsymbol{b} \in \boldsymbol{R}^m,\ \boldsymbol{c} \in \boldsymbol{R}^n) \end{cases}$$

の場合，(1) と同様にニュートン方程式は次のようになる．

$$\begin{bmatrix} Q & -A^{\mathrm{T}} & -I \\ -A & O & O \\ Z_k & O & X_k \end{bmatrix} \begin{bmatrix} \Delta\boldsymbol{x} \\ \Delta\boldsymbol{y} \\ \Delta\boldsymbol{z} \end{bmatrix} = - \begin{bmatrix} Q\boldsymbol{x}_k + \boldsymbol{c} - A^{\mathrm{T}}\boldsymbol{y}_k - \boldsymbol{z}_k \\ \boldsymbol{b} - A\boldsymbol{x}_k \\ X_k Z_k \boldsymbol{e} - \mu\boldsymbol{e} \end{bmatrix}. \quad \square$$

探索方向に対するステップ幅は，$(\boldsymbol{x}_k, \boldsymbol{z}_k)$ が内点になり，かつ，適当なメリット関数の値が下がるように選ばれる．代表的なメリット関数として，ログバリア関数と l_1 型正確なペナルティ関数を組合せた次の関数が知られている．

$$P(\boldsymbol{x}; \mu, \rho) = f(\boldsymbol{x}) - \mu \sum_{i=1}^{n} \log x_i + \rho \sum_{j=1}^{m} |g_j(\boldsymbol{x})|. \tag{5.44}$$

ここで第2項は非負制約に対するログバリア関数（**例 13** 参照）で，第3項は等式制約 $\boldsymbol{g}(\boldsymbol{x}) = \boldsymbol{0}$ に対する l_1 型ペナルティ関数（式 (5.27) 参照）である．関数 (5.44) をメリット関数に用いる正当性は，十分に大きな ρ に対してこの関数を最小化する問題の最適性の1次の必要条件が中心化 KKT 条件になることによる．また，ステップ幅を決定する直線探索では Armijo 条件が使われる．具体的には，$P(\boldsymbol{x} + \Delta\boldsymbol{x}; \mu, \rho)$ の1次近似

$$P_l(\boldsymbol{x}, \Delta\boldsymbol{x}; \mu, \rho) = f(\boldsymbol{x}) + \nabla f(\boldsymbol{x})^{\mathrm{T}}\Delta\boldsymbol{x} - \mu \sum_{i=1}^{n} \left(\log x_i + \frac{\Delta x_i}{x_i} \right) + \rho \sum_{j=1}^{m} |g_j(\boldsymbol{x}) + \nabla g_j(\boldsymbol{x})^{\mathrm{T}}\Delta\boldsymbol{x}|$$

に対して方向微係数に相当する量

$$\Delta P(\boldsymbol{x}, \Delta\boldsymbol{x}) = P_l(\boldsymbol{x}, \Delta\boldsymbol{x}; \mu, \rho) - P(\boldsymbol{x}; \mu, \rho)$$

を定義したとき，Armijo 条件は

$$
\begin{aligned}
&P(\boldsymbol{x}_k + \alpha_{xk}\boldsymbol{\Delta x}_k; \mu, \rho) \\
&\leq P(\boldsymbol{x}_k; \mu, \rho) + \xi\alpha_{xk}\Delta P(\boldsymbol{x}_k, \boldsymbol{\Delta x}_k)
\end{aligned} \tag{5.45}
$$

となる．ただし，α_{xk} は $\boldsymbol{\Delta x}_k$ 方向のステップ幅，ξ は $0 < \xi < 1$ となる定数である．また，$\boldsymbol{z}_k + \alpha_{zk}\boldsymbol{\Delta z}_k$ については箱形制約

$$
c_{Lki} \leq (\boldsymbol{x}_k + \alpha_{xk}\boldsymbol{\Delta x}_k)_i(\boldsymbol{z}_k + \alpha_{zk}\boldsymbol{\Delta z}_k)_i \leq c_{Uki} \quad (i = 1, \cdots, n) \tag{5.46}
$$

が課される．ただし，$(\boldsymbol{v}_k)_i$ はベクトル $\boldsymbol{v}_k$ の第 i 成分を表し，c_{Lki}，c_{Uki} は $0 < c_{Lki} < \mu < c_{Uki}$ を満たす下限と上限である．

以上のことをまとめると，アルゴリズム 5.4 の step1 に対応する内部反復を組み込んだ主双対内点法のアルゴリズムは次のように記述することができる．

アルゴリズム 5.5（主双対内点法）

step0　定数 $M_c > 0$ と $0 < \tau < 1$ を与える．バリア・パラメータ $\mu > 0$ を初期設定する．

step1　以下の内部反復によって，$\|\boldsymbol{r}(\boldsymbol{w}; \mu)\| \leq M_c\mu$ を満たす $\boldsymbol{w}$ を見つける．

step1.0　初期内点 $\boldsymbol{w}_0$ と初期行列 B_0 を与える．$k = 0$ とおく（通常は前回の外部反復で得られた点 $\boldsymbol{w}$ を $\boldsymbol{w}_0$ に選ぶ）．

step1.1　連立 1 次方程式 (5.43) を解いて探索方向 $\boldsymbol{\Delta w}_k$ を求める．

step1.2　$\boldsymbol{x}_k + \alpha_{xk}\boldsymbol{\Delta x}_k > \boldsymbol{0}$，$\boldsymbol{z}_k + \alpha_{zk}\boldsymbol{\Delta z}_k > \boldsymbol{0}$ となり，かつ，(5.45)，(5.46) を満足するステップ幅 α_{xk}, α_{zk} を求める．

step1.3　$\boldsymbol{x}_{k+1} = \boldsymbol{x}_k + \alpha_{xk}\boldsymbol{\Delta x}_k$，$\boldsymbol{y}_{k+1} = \boldsymbol{y}_k + \boldsymbol{\Delta y}_k$，$\boldsymbol{z}_{k+1} = \boldsymbol{z}_k + \alpha_{zk}\boldsymbol{\Delta z}_k$ とおく．

step1.4　行列 B_{k+1} を求める（準ニュートン法の場合には修正 BFGS 公式 (5.38) が使われる）．

step1.5　$k := k + 1$ とおいて内部反復の step1.1 へいく．

step2　もし μ の値が十分に小さいならば，求まった $\boldsymbol{w}$ を解とみなして終了する．さもなければ，$\mu := \tau\mu$ とおいて外部反復の step1 へいく．

主双対内点法で生成される点列 $\{\boldsymbol{w}_k\}$ の収束性に関しては，上記のアルゴリ

ズムの大域的収束性が示されている．次の定理がその拠り所であり，探索方向がメリット関数の降下方向になることが保証される．

定理 5.16（メリット関数の降下方向）

内部反復において，$\Delta \boldsymbol{w}_k$ がニュートン方程式 (5.43) の解ならば

$$\begin{aligned}&\Delta P(\boldsymbol{x}_k, \Delta \boldsymbol{x}_k)\\ &\leq -\Delta \boldsymbol{x}_k^{\mathrm{T}}(B_k + X_k^{-1} Z_k)\Delta \boldsymbol{x}_k - (\rho - \|\boldsymbol{y}_{k+1}\|_\infty)\sum_{j=1}^{m}|g_j(\boldsymbol{x}_k)|\end{aligned}$$

が成り立つ．

特に行列 $B_k + X_k^{-1} Z_k$ が正定値で，かつ，各反復で $\rho > \|\boldsymbol{y}_{k+1}\|_\infty$ が成り立つならば，探索方向 $\Delta \boldsymbol{x}_k$ はメリット関数 (5.44) の降下方向になる．

［証明］　章末問題 13 を参照のこと．　■

局所的収束性については，ニュートン法に基づく主双対内点法の 2 次収束性と準ニュートン法に基づく主双対内点法の超 1 次収束性が示されている．こうした速い収束性を得るためには，KKT 条件 (5.40) で定義されたベクトル値関数 $\boldsymbol{r}_0(\boldsymbol{w})$ のヤコビ行列

$$\boldsymbol{r}_0'(\boldsymbol{w}) = \begin{bmatrix} \nabla_{\boldsymbol{x}}^2 L(\boldsymbol{w}) & \nabla \boldsymbol{g}(\boldsymbol{x}) & -I \\ \nabla \boldsymbol{g}(\boldsymbol{x})^{\mathrm{T}} & O & O \\ Z & O & X \end{bmatrix}$$

が KKT 点 $\boldsymbol{w}^* = (\boldsymbol{x}^*, \boldsymbol{y}^*, \boldsymbol{z}^*)$ において正則になることが要請される．そのために，通常は KKT 点 $\boldsymbol{w}^*$ において次の 3 つの条件が成り立つことが仮定される．

(1)　2 次の十分条件

(2)　線形独立制約想定

(3)　狭義相補性条件

本項では直線探索法を用いた主双対内点法を紹介したが，アルゴリズム 5.5 の内部反復で信頼領域法を用いることも考えられる．この場合にはヘッセ行列 $\nabla_{\boldsymbol{x}}^2 L(\boldsymbol{w})$ が使えるので，そのスパース構造を利用して大規模問題を解くことが可能になる．

5章の問題

□**1**　次の等式制約付き最小化問題の解を求めよ．

$$\begin{cases} \text{最 小 化} & x_1^2 + x_2^2 \\ \text{制約条件} & x_1^3 - 6x_1x_2 + x_2^3 = 0 \end{cases}$$

□**2**　$A \in \boldsymbol{R}^{n\times n}$ と $B \in \boldsymbol{R}^{n\times n}$ が正定値対称行列であるとき，次の等式制約付き最小化問題の解を求めよ．

$$\begin{cases} \text{最 小 化} & \boldsymbol{x}^{\mathrm{T}} A\boldsymbol{x} \quad (\boldsymbol{x} \in \boldsymbol{R}^n \text{について}) \\ \text{制約条件} & \boldsymbol{x}^{\mathrm{T}} B\boldsymbol{x} = 1 \end{cases}$$

□**3**　次の不等式制約付き最小化問題を考える．

$$\begin{cases} \text{最 小 化} & (x_1 - 3)^2 + (x_2 - 2)^2 \\ \text{制約条件} & x_1^2 + x_2^2 \leq 5 \\ & x_1 + 2x_2 \leq 4 \\ & x_1 \geq 0 \\ & x_2 \geq 0 \end{cases}$$

(1)　この問題の実行可能領域と目的関数の等高線を図示して，点 $(2, 1)$ が最適解になることを確かめよ．

(2)　最適解 $(2, 1)$ で KKT 条件が成り立つことを確かめよ．

□**4**　4.10 節で紹介した信頼領域法の部分問題 (4.44) で扱う最小化問題

$$\begin{cases} \text{最 小 化} & q_k(\boldsymbol{s}) = f(\boldsymbol{x}_k) + \nabla f(\boldsymbol{x}_k)^{\mathrm{T}}\boldsymbol{s} + \dfrac{1}{2}\boldsymbol{s}^{\mathrm{T}} B_k \boldsymbol{s} \\ \text{制約条件} & \|\boldsymbol{s}\|^2 \leq \Delta_k^2 \end{cases}$$

の KKT 条件を求めて，部分問題をどのように解いたらよいかを考察せよ．

□**5**　次の 2 次計画問題を考える．

$$\begin{cases} \text{最 小 化} & \dfrac{1}{2}[\boldsymbol{x}_{(1)}^{\mathrm{T}} \quad \boldsymbol{x}_{(2)}^{\mathrm{T}}] \begin{bmatrix} Q_{11} & Q_{12} \\ Q_{12}^{\mathrm{T}} & Q_{22} \end{bmatrix} \begin{bmatrix} \boldsymbol{x}_{(1)} \\ \boldsymbol{x}_{(2)} \end{bmatrix} + [\boldsymbol{c}_{(1)}^{\mathrm{T}} \quad \boldsymbol{c}_{(2)}^{\mathrm{T}}] \begin{bmatrix} \boldsymbol{x}_{(1)} \\ \boldsymbol{x}_{(2)} \end{bmatrix} \\ \text{制約条件} & A_{11}\boldsymbol{x}_{(1)} + A_{12}\boldsymbol{x}_{(2)} \geq \boldsymbol{b}_{(1)} \\ & A_{21}\boldsymbol{x}_{(1)} + A_{22}\boldsymbol{x}_{(2)} = \boldsymbol{b}_{(2)} \\ & \boldsymbol{x}_{(1)} \geq \boldsymbol{0} \end{cases}$$

ただし，$Q_{11} \in \boldsymbol{R}^{n_1\times n_1}$（対称行列），$Q_{12} \in \boldsymbol{R}^{n_1\times n_2}$，$Q_{22} \in \boldsymbol{R}^{n_2\times n_2}$（対称行列），$A_{11} \in \boldsymbol{R}^{m_1\times n_1}$，$A_{12} \in \boldsymbol{R}^{m_1\times n_2}$，$A_{21} \in \boldsymbol{R}^{m_2\times n_1}$，$A_{22} \in \boldsymbol{R}^{m_2\times n_2}$，$\boldsymbol{x}_{(1)} \in \boldsymbol{R}^{n_1}$，$\boldsymbol{x}_{(2)} \in \boldsymbol{R}^{n_2}$，$\boldsymbol{c}_{(1)} \in \boldsymbol{R}^{n_1}$，$\boldsymbol{c}_{(2)} \in \boldsymbol{R}^{n_2}$，$\boldsymbol{b}_{(1)} \in \boldsymbol{R}^{m_1}$，$\boldsymbol{b}_{(2)} \in \boldsymbol{R}^{m_2}$ である．この問題を主問題としたとき，双対問題を求めよ．

□**6**　2次錐計画問題において，$\mathcal{K}^{(k)} = \{\boldsymbol{u} \in \boldsymbol{R}^k \mid u_0 \geq \|\bar{\boldsymbol{u}}\|\}$ が閉凸錐になることを示せ．

□**7**　2次錐計画問題において $\boldsymbol{x} \in \mathcal{K}, \boldsymbol{z} \in \mathcal{K}$ のとき，$\boldsymbol{x}^{\mathrm{T}}\boldsymbol{z} = 0$ と $\boldsymbol{x}^{(i)} \circ \boldsymbol{z}^{(i)} = \boldsymbol{0}$ $(i = 1, \cdots, p)$ が同値であることを示せ．

□**8**　乗数法においてラグランジュ乗数の近似ベクトル $\boldsymbol{y}_k$ を式 (5.31) または式 (5.32) で更新することの妥当性を示せ（どのような理由からこれらの更新式が得られるのか？）．

□**9**　逐次2次計画法において，式 (5.36) が2次計画問題 (5.35) の KKT 条件になっていることを示せ．

□**10**　B_k が正定値対称行列のとき，修正 BFGS 公式 (5.38) で常に $\boldsymbol{s}_k^{\mathrm{T}}\hat{\boldsymbol{q}}_k > 0$ が成り立つことを示せ（第4章の章末問題8も参照すること）．

□**11**　逐次2次計画法の探索方向に関する定理 5.15 を証明せよ．

□**12**　主双対内点法のニュートン方程式 (5.43) を考える．$\nabla \boldsymbol{g}(\boldsymbol{x}_k)^{\mathrm{T}}\boldsymbol{u} = \boldsymbol{0}$ を満たす任意の非零ベクトル $\boldsymbol{u}$ に対して $\boldsymbol{u}^{\mathrm{T}}B_k\boldsymbol{u} > 0$ となり，$\mathrm{rank}\,\nabla \boldsymbol{g}(\boldsymbol{x}_k) = m$ が成り立つと仮定する．このとき，X_k と Z_k が正定値ならば行列 (5.42) が正則になることを示せ（したがって，ニュートン方程式から探索方向 $\Delta\boldsymbol{w}_k$ が一意に求まる）．

□**13**　主双対内点法の探索方向に関する定理 5.16 を証明せよ．

□**14**　2次錐計画問題や半正定値計画問題に主双対内点法を適用した場合，最適性条件（KKT 条件）を利用してそれぞれの問題に対するニュートン方程式を作れ．

6 機械学習と最適化

データサイエンス・**AI**の分野では機械学習が非常に重要な役割を担っている．そして，機械学習では統計学を用いたデータ解析が不可欠であると同時に最適化理論や最適化法も重要視されている．機械学習分野はニューラルネットワークに関連した深層学習・強化学習，アンサンブル学習，スパース学習，サポートベクターマシンなど多岐に亘っており，新しい概念や解法が生まれつつある分野である．本章では，そのうち連続最適化に関連するものとして，サポートベクターマシンとスパース学習を中心に入門的な内容を紹介する．今までの章で扱った最急降下法などの無制約最適化法や等式制約付き最小化問題に対する乗数法などの数値解法に加えて双対定理などの最適化理論がかなり利用されていることが理解できるであろう．

6章で学ぶ概念・キーワード

- 2値クラス分類：線形分離可能，線形分離不可能，ハードマージン，ソフトマージン
- サポートベクターマシン：ソフトマージン最適化，2次計画問題とその双対問題，カーネル関数
- スパース学習：スパース正則化，近接勾配法，Nesterovの加速法，Lasso，ISTA，FISTA
- 交互方向乗数法：拡張ラグランジュ関数法

6.1 サポートベクターマシン

6.1.1 線形分離可能な場合（ハードマージン最適化）

文字認識や音声認識などパターン認識が必要とされる分野ではいろいろなパターン認識手法が考案されている．こうした中で，**サポートベクターマシン** (**SVM**: Support Vector Machine) と呼ばれる手法が注目されている．これは 1960 年代の Vapnik（バプニック）らの研究を起源とし，1990 年代にカーネル学習法と組合わせた非線形識別手法へと拡張されたものである．

n 個の属性をもった p 個のデータ（訓練サンプル）が与えられているとする．ただし，データ数 p は属性の数 n に比べて非常に大きい．それぞれの訓練サンプルを n 次元ベクトル空間の点と考えて $\boldsymbol{a}_i \in \boldsymbol{R}^n$, $i = 1, \cdots, p$ と表し，各点 $\boldsymbol{a}_i$ には 2 値のラベル $t_i \in \{-1, +1\}$ が与えられているものとする．このとき，ラベルの値に従ってデータを分類する **2 値クラス分類** (binary classification) を考える．例えば図 6.1 では，○印がクラス $t = +1$，□印がクラス $t = -1$ を意味している．このとき，**線形識別関数**

$$f(\boldsymbol{a}) = \boldsymbol{x}^{\mathrm{T}}\boldsymbol{a} - h \tag{6.1}$$

を利用して 2 つのクラスに分けることを考える．すなわち，$f(\boldsymbol{a}_i)$ の符号がラベル t_i の符号にできるだけ一致するように重みベクトル $\boldsymbol{x} \in \boldsymbol{R}^n$ としきい値 h を決定したい．そして，新しいデータ $\hat{\boldsymbol{a}}$ が入力されたときに，$f(\hat{\boldsymbol{a}})$ の符号を調べてこのデータがクラス $t = +1$ に属するのかクラス $t = -1$ に属するのかを判別するのである．まず図 6.1 のように**線形分離可能**な場合について考える．

超平面（この図では直線）を用いて訓練サンプルの集合を 2 つのクラスに分けることはできるが，一般にそのような分離超平面は一意には定まらない．そこで，汎化能力を高めるために，分離超平面と最も近い訓練サンプルとの距離が最大になるような重みベクトルとしきい値を求めることが考えられる．この訓練サンプルとの距離を**マージン** (margin) と呼ぶ．訓練サンプルの集合が線形分離可能ならば，2 つの超平面

$$H_{+1} : \boldsymbol{x}^{\mathrm{T}}\boldsymbol{a} - h = +1, \qquad H_{-1} : \boldsymbol{x}^{\mathrm{T}}\boldsymbol{a} - h = -1$$

で訓練サンプルが完全に分離され，それらの間にはサンプルが 1 つも存在しないようにすることができる．すなわち，

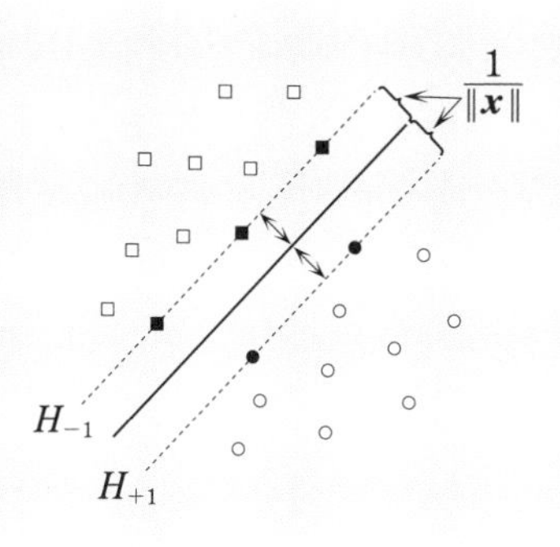

図 6.1　線形分離可能な訓練サンプル集合
(■や●はサポートベクター)

$$t_i(\boldsymbol{x}^{\mathrm{T}}\boldsymbol{a}_i - h) \geq 1 \quad (i = 1, \cdots, p)$$

を満たす $\boldsymbol{x}, h$ が存在する．また，超平面 H_{+1}, H_{-1} と訓練サンプル集合を分離する超平面 $(H_0 : \boldsymbol{x}^{\mathrm{T}}\boldsymbol{a} - h = 0)$ との距離（マージンの大きさ）は $1/\|\boldsymbol{x}\|$ となる．したがって，マージンを最大（あるいはマージンの逆数を最小）にする $\boldsymbol{x}, h$ を求める問題は次の 2 次計画問題として定式化できる．

$$\begin{cases} \text{最小化} & \frac{1}{2}\|\boldsymbol{x}\|^2 = \frac{1}{2}\boldsymbol{x}^{\mathrm{T}}\boldsymbol{x} \\ \text{制約条件} & t_i(\boldsymbol{x}^{\mathrm{T}}\boldsymbol{a}_i - h) \geq 1 \quad (i = 1, \cdots, p) \end{cases} \tag{6.2}$$

図 6.1 はこの最適化問題を解いて得られた分離超平面を図示したもので，2 つの超平面 H_{+1}, H_{-1} のどちらかに乗っている訓練サンプル $\boldsymbol{a}_i$ を**サポートベクター** (support vector) と呼ぶ．これが，サポートベクターマシンの名前の由来である．一般にサポートベクターの個数はもとの訓練サンプル数に比べてかなり少ない．したがってこの方法は，大量の訓練サンプルから少数のサポートベクターを選び出して重み $\boldsymbol{x}$ としきい値 h を決定する方法であると解釈される．

6.1.2　線形分離可能でない場合（ソフトマージン最適化）

次に図 6.2 のように線形分離可能でない場合を考える．

この場合には多少の識別の誤りを許すような**ソフトマージン** (soft margin) と呼ばれる手法が用いられる．前項では線形分離可能な場合の**ハードマージン** (hard margin) 最適化について説明したが，本項ではソフトマージン最適化の手法につ

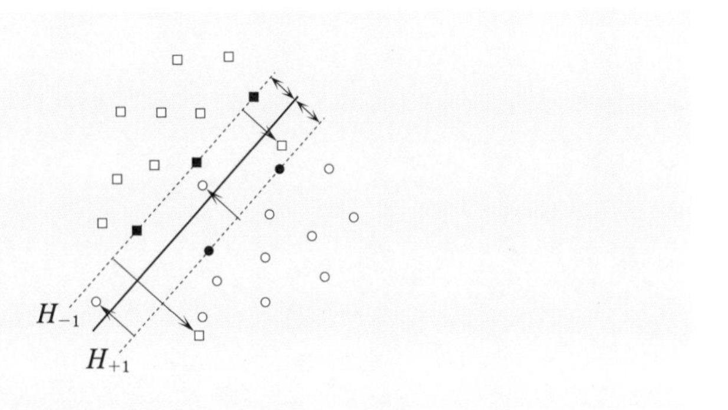

図 6.2　線形分離可能でない場合のソフトマージン

いて紹介する．実用的には線形分離不可能な場合が多いので，ソフトマージン最適化に基づく SVM を考える．SVM の線形分類境界は $f(\boldsymbol{a})=+1$, $f(\boldsymbol{a})=-1$ で表されることは前述した通りである．線形分離不可能な場合は境界をはみ出した程度をできるだけ小さく抑える必要があり，何らかの損失関数 $\ell(u)$ を用いて，次のような最適化問題として定式化される．

$$\text{最小化}\quad \frac{1}{2}\|\boldsymbol{x}\|^2 + C\sum_{i=1}^{p}\ell(t_i f(\boldsymbol{a}_i)) \tag{6.3}$$

最適化問題 (6.3) の第 1 項目は (6.2) と同じでマージンをできるだけ大きくとるための働きをするものである．この項を**正則化項** (regularizer) と呼び，過剰に適合することを防ぐ役割をする．第 2 項目は損失項を表し，誤分類に対する罰金項を意味している．そしてパラメータ $C>0$ は，正則化項と罰金項のバランスを制御するためのハイパーパラメータで**正則化パラメータ** (regularization parameter) と呼ばれている．

それでは**損失関数** (loss function) について考えてみよう．与えられたデータ $\boldsymbol{a}_i$ の識別関数の符号とラベル t_i の符号が一致してほしいので，できるだけ $t_i f(\boldsymbol{a}_i)>0$ となるように識別関数を構築したい．最も単純な損失関数は，分類が正しいときには 0 の値をとり，誤分類の場合には 1 の値をとるような 0–1 損失関数

$$\ell(u)=\begin{cases}1 & (u<0)\\ 0 & (u\geq 0)\end{cases}$$

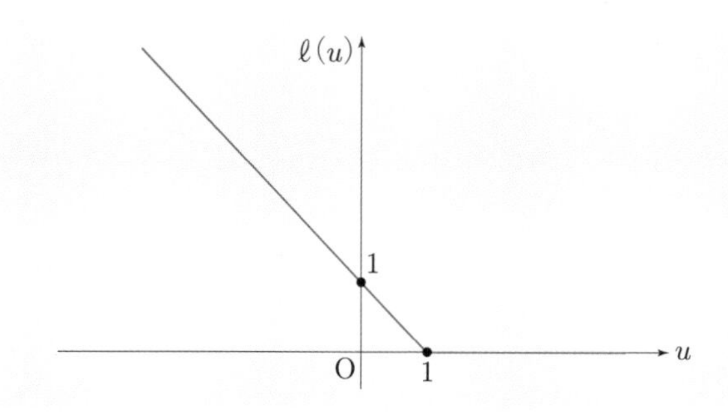

図 6.3 ヒンジ損失関数のグラフ

である．しかしながら，この関数は不連続な非凸関数であり，取り扱いが難しい．そこで，その代用品として使われるのが次の**ヒンジ損失** (hinge loss) である（図 6.3 参照）．

$$\ell(u) = \max\{0, 1-u\} = \begin{cases} 1-u & (u < 1) \\ 0 & (u \geq 1) \end{cases}$$

この関数は連続な凸関数なので 0–1 損失関数よりは扱いやすい利点はあるものの，$u = 1$ で微分不可であるので勾配法のような解法が使えない．そこで，微分可能な関数（滑らかな関数）で近似した関数を損失関数として利用するアプローチが考えられている．代表的な関数として次の 3 つの損失関数があげられる．

(1) 2 乗ヒンジ損失 (squared hinge loss)

$$\ell(u) = (\max\{0, 1-u\})^2$$

(2) フーバーヒンジ損失 (Huber hinge loss)

$$\ell(u) = \begin{cases} 1-u-\dfrac{\gamma}{2} & (u < 1-\gamma) \\ \dfrac{1}{2\gamma}(1-u)^2 & (1-\gamma \leq u \leq 1) \\ 0 & (u > 1) \end{cases}$$

ここで，$\gamma > 0$ はパラメータである．

(3) ロジスティック回帰 (logistic regression) で使われる損失関数

$$\ell(u) = \log(1 + \exp(-u))$$

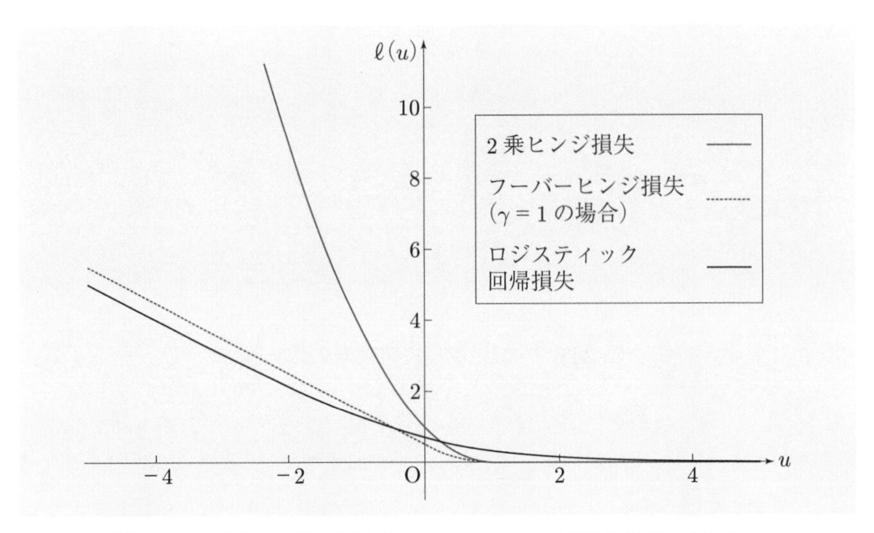

図 6.4　2乗ヒンジ損失関数，フーバーヒンジ損失関数，ロジスティック回帰損失関数のグラフ

以上の損失関数を図示したのが図 6.4 である．

以上はヒンジ損失関数最小化問題を滑らかな関数で近似して最小化問題を効率よく解くアプローチであったが，別のアプローチとして制約条件付き最小化問題に置き換えて解く考え方がある．ヒンジ損失関数が $\ell(u) = \max\{0, 1-u\}$ で定義されることを考慮して，

$$\max\{0, 1 - t_i f(\boldsymbol{a}_i)\} = \xi_i$$

となる変数 ξ_i を導入する．このとき，$\xi_i \geq 0, \xi_i \geq 1 - t_i f(\boldsymbol{a}_i)$ であることに注意すると，無制約最適化問題

$$\text{最小化} \quad \frac{1}{2}\|\boldsymbol{x}\|^2 + C\sum_{i=1}^{p} \max\{0, 1 - t_i f(\boldsymbol{a}_i)\}$$

は次の2次計画問題として定式化される．

$$\begin{cases} \text{最小化} & \dfrac{1}{2}\|\boldsymbol{x}\|^2 + C\displaystyle\sum_{i=1}^{p} \xi_i \\ \text{制約条件} & t_i(\boldsymbol{x}^{\mathrm{T}}\boldsymbol{a}_i - h) \geq 1 - \xi_i, \quad \xi_i \geq 0 \quad (i = 1, \cdots, p) \end{cases} \tag{6.4}$$

ここで $\xi_i = 0$ とおくと線形分離可能な場合の2次計画問題 (6.2) に帰着される．

この最適化問題を直接解くことも考えられるが，実際にはその双対問題が扱われることが多い．そこで (6.4) の双対問題を導出することを考える．ラグランジュ関数は次式で表される．

$$L(\boldsymbol{x}, \boldsymbol{\xi}, h, \boldsymbol{y}, \boldsymbol{z}) = \frac{1}{2}\|\boldsymbol{x}\|^2 + C\sum_{i=1}^{p}\xi_i + \sum_{i=1}^{p} y_i\{1 - \xi_i - t_i(\boldsymbol{x}^{\mathrm{T}}\boldsymbol{a}_i - h)\} - \sum_{i=1}^{p} z_i\xi_i$$

ただし，$\boldsymbol{\xi} = [\xi_1, \cdots, \xi_p]^{\mathrm{T}}$ であり，$\boldsymbol{y} = [y_1, \cdots, y_p]^{\mathrm{T}}$ と $\boldsymbol{z} = [z_1, \cdots, z_p]^{\mathrm{T}}$ はラグランジュ乗数（双対変数）である．このとき5.2節より，双対問題は次のように与えられる．

$$\begin{cases} \text{最大化} & L(\boldsymbol{x}, \boldsymbol{\xi}, h, \boldsymbol{y}, \boldsymbol{z}) \\ \text{制約条件} & \nabla_{\boldsymbol{x}} L = \boldsymbol{0}, \quad \dfrac{\partial L}{\partial \xi_k} = 0 \quad (k = 1, \cdots, p), \quad \dfrac{\partial L}{\partial h} = 0 \\ & (\boldsymbol{y} \geq \boldsymbol{0}, \quad \boldsymbol{z} \geq \boldsymbol{0}) \end{cases} \tag{6.5}$$

このとき

$$\nabla_{\boldsymbol{x}} L = \boldsymbol{x} - \sum_{i=1}^{p} t_i y_i \boldsymbol{a}_i = \boldsymbol{0}$$
$$\frac{\partial L}{\partial \xi_k} = C - y_k - z_k = 0 \quad (k = 1, \cdots, p)$$
$$\frac{\partial L}{\partial h} = \sum_{i=1}^{p} t_i y_i = 0$$

より

$$\boldsymbol{x} = \sum_{i=1}^{p} t_i y_i \boldsymbol{a}_i, \quad y_k + z_k = C \quad (k = 1, \cdots, p)$$

となるので，これらを (6.5) に代入して主変数を消去すれば，双対問題は次の2次計画問題として定式化される．

$$\begin{cases} \text{最大化} & -\dfrac{1}{2}\displaystyle\sum_{i=1}^{p}\sum_{j=1}^{p} t_i t_j (\boldsymbol{a}_i^{\mathrm{T}}\boldsymbol{a}_j) y_i y_j + \sum_{i=1}^{p} y_i \\ \text{制約条件} & \displaystyle\sum_{i=1}^{p} t_i y_i = 0, \quad 0 \leq y_i \leq C \quad (i = 1, \cdots, p) \end{cases} \tag{6.6}$$

ここで，t_i を (i,i) 成分にもつ対角行列を $T \in \boldsymbol{R}^{p\times p}$ とおき

$$A = [\boldsymbol{a}_1\ \boldsymbol{a}_2\ \cdots\ \boldsymbol{a}_p] \in \boldsymbol{R}^{n\times p}$$

とおくと，

$$\sum_{i=1}^{p}\sum_{j=1}^{p} t_i t_j (\boldsymbol{a}_i^{\mathrm{T}}\boldsymbol{a}_j) y_i y_j = (T\boldsymbol{y})^{\mathrm{T}}(A^{\mathrm{T}}A)(T\boldsymbol{y})$$

と表される．したがって，$A^{\mathrm{T}}A$ が半正定値行列なので $(T\boldsymbol{y})^{\mathrm{T}}(A^{\mathrm{T}}A)(T\boldsymbol{y})$ は凸 2 次関数になることに注意されたい（$A^{\mathrm{T}}A$ は**グラム行列**と呼ばれている）．

ここまでは線形識別関数 (6.1) を考えてきたが，さらに複雑な状況では非線形識別関数が考えられている．すなわち入力データ $\boldsymbol{a}$ をより高次元な**特徴空間** (feature space) $\mathcal{F}$ へ写像する非線形関数 $\phi : \boldsymbol{R}^n \to \mathcal{F}$ を導入して，この $\phi(\boldsymbol{a})$ を新たな特徴ベクトルとして線形識別関数を考えると

$$f(\boldsymbol{a}) = \boldsymbol{x}^{\mathrm{T}}\phi(\boldsymbol{a}) - h$$

となる．このとき，図 6.5 に示すようにもとの空間 $\boldsymbol{R}^n$ ではデータ $\boldsymbol{a}_1, \cdots, \boldsymbol{a}_p$ は線形分離可能ではないとしても，特徴空間 $\mathcal{F}$ で $\phi(\boldsymbol{a}_1), \cdots, \phi(\boldsymbol{a}_p)$ が上記の識別関数で線形分離可能になるように ϕ を選べば，前述の双対問題 (6.6) に対応する最適化問題

$$\begin{cases} \text{最大化} & -\dfrac{1}{2}\displaystyle\sum_{i=1}^{p}\sum_{j=1}^{p} t_i t_j (\phi(\boldsymbol{a}_i)^{\mathrm{T}}\phi(\boldsymbol{a}_j)) y_i y_j + \sum_{i=1}^{p} y_i \\ \text{制約条件} & \displaystyle\sum_{i=1}^{p} t_i y_i = 0, \quad 0 \leq y_i \leq C \quad (i = 1, \cdots, p) \end{cases} \tag{6.7}$$

が得られる．すなわち，もとの特徴空間 $\boldsymbol{R}^n$ では非線形分類に対応する（図 6.5 参照）．

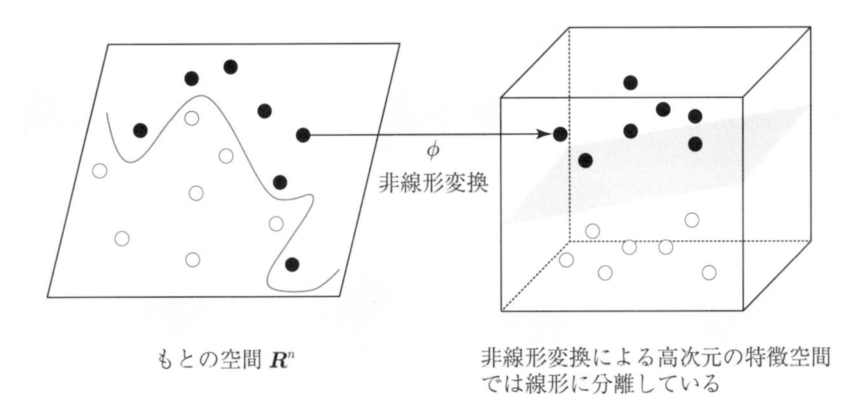

図 6.5 特徴空間の拡張

一般には非線形変換 ϕ をどのように決めるかは難しいが，2 次計画問題 (6.7) において $\phi(\boldsymbol{a})$ が内積 $\phi(\boldsymbol{a}_i)^{\mathrm{T}}\phi(\boldsymbol{a}_j)$ の形式で現れることに注意すれば，SVM を用いて学習をする場合には $\phi(\boldsymbol{a})$ を直接計算する必要がなくその内積が与えられればよいことがわかる．そこで，内積を次のような**カーネル関数** (kernel function)

$$K(\boldsymbol{a}_i, \boldsymbol{a}_j) = \phi(\boldsymbol{a}_i)^{\mathrm{T}}\phi(\boldsymbol{a}_j)$$

で定義して，次の 2 次計画問題を解くことを考える．

$$\begin{cases} \text{最大化} & -\dfrac{1}{2}\displaystyle\sum_{i=1}^{p}\sum_{j=1}^{p} t_i t_j K(\boldsymbol{a}_i, \boldsymbol{a}_j) y_i y_j + \sum_{i=1}^{p} y_i \\ \text{制約条件} & \displaystyle\sum_{i=1}^{p} t_i y_i = 0, \quad 0 \leq y_i \leq C \quad (i = 1, \cdots, p) \end{cases} \tag{6.8}$$

実際には，$\phi(\boldsymbol{a}_i)$ や $\phi(\boldsymbol{a}_j)$ を陽に計算することなく，直接，$K(\boldsymbol{a}_i, \boldsymbol{a}_j)$ を与えて問題 (6.8) を解くことが考えられる．こうした SVM を**カーネル SVM** と呼び，このテクニックを**カーネルトリック**と呼んでいる．カーネル関数としていくつか提案されているが，次のカーネルが代表的である．

(1)　d 次多項式カーネル

$$K(\boldsymbol{a}_i, \boldsymbol{a}_j) = (\boldsymbol{a}_i^{\mathrm{T}} \boldsymbol{a}_j)^d$$

(2)　ガウスカーネル (Gaussian kernel)

$$K(\boldsymbol{a}_i, \boldsymbol{a}_j) = \exp\left(-\frac{\|\boldsymbol{a}_i - \boldsymbol{a}_j\|^2}{2\sigma^2}\right)$$

ここで，σ は正の数である．このカーネルは **RBF** (Radial Basis Function) **カーネル**とも呼ばれている．

(3)　シグモイドカーネル (sigmoid kernel)

$$K(\boldsymbol{a}_i, \boldsymbol{a}_j) = \tanh(\tau(\boldsymbol{a}_i^{\mathrm{T}} \boldsymbol{a}_j) + \theta)$$

ここで，τ と θ は任意の実数である．

最適化問題 (6.6) のときと同様に，カーネル関数 $K(\boldsymbol{a}_i, \boldsymbol{a}_j)$ を (i, j) 成分にもつ行列が半正定値行列になることが望ましい．こうした性質をもつカーネルを**マーセルカーネル** (Mercer kernel) といい，このとき解くべき 2 次計画問題は凸最適化問題になる．しかしながら，上述したシグモイドカーネルはマーセルカーネルになるとは限らないことを注意しておく．

データの数 p が多い場合には，前述したカーネル SVM で扱われる 2 次計画問題 (6.8) は，非常に変数の数が多い問題になる．こうした問題を解くための解法として**逐次最小最適化アルゴリズム** (SMO algorithm: Sequential Minimal Optimization algorithm) が知られている．このアルゴリズムは全ての変数を同時に扱うのではなくて，そのうち 2 つの変数だけを選んで残りの変数を固定した状態で 2 次計画問題を解く解法である．その際に等式制約条件を考慮して一方の変数を消去すれば，2 次計画問題は 1 変数の 2 次関数最小化問題になるので簡単に解くことができる．そしてこの操作を変数を選び直して繰り返していくのである．

6.2　損失関数と正則化項の和で表される最適化問題

6.2.1　スパース学習

データが高次元であっても，本質的に必要な情報は低次元の部分空間にうずもれている場合が多い．ここで紹介するスパースモデリングは，高次元データに内在する低次元の本質的な情報を利用してデータ解析を行い，不要なノイズを除去する学習方法である．こうした手法は統計学ではよく研究されてきており，モデル選択を行う規準として**赤池情報量規準** (**AIC**: Akaike's Information Criterion) や**ベイズ情報量規準** (**BIC**: Bayes Information Criterion) などが提案されてきた．AIC に対応する最適化問題には次元に関するペナルティ項が含まれており，変数の非零要素の個数をできるだけ小さくする問題に相当する．具体的には，正則化項に非零成分の個数を表す L_0 ノルム $\|\boldsymbol{x}\|_0$ が用いられる（L_0 ノルムという名称で呼ばれているが，ノルムの定義は満たさないことに注意せよ）．しかしながら，非零成分の組合せを考慮しなければならないため，この最適化問題を解くことは非常に難しい．そこで，L_0 ノルムに代わるもっと解きやすい最適化問題として，正則化項に 1 ノルム（L_1 ノルム）を用いる以下のような最適化問題が考えられている．

$$\text{最小化} \quad f(\boldsymbol{x}) + \lambda\|\boldsymbol{x}\|_1 \tag{6.9}$$

ここで，$f(\boldsymbol{x})$ は損失関数であり，λ は損失関数と正則化項のバランスを調整する正則化パラメータである．これを $\boldsymbol{L_1}$ **正則化** (L_1–regularization) と呼んでいる．L_1 正則化を利用することで変数ベクトル $\boldsymbol{x}$ の非零成分を減らすこと（言い換えれば零成分を増やすこと）が実現できることから，この手法は**スパースモデリング** (sparse modeling)，**スパース正則化** (sparse regularization) などと呼ばれている．そして，こうしたモデルを用いた機械学習を**スパース学習**と言ったりする．

L_1 正則化でスパースな解（零成分が多い解）が得られる解釈として，次の制約付き最適化問題を考えてみる．

$$\begin{cases} \text{最小化} & f(\boldsymbol{x}) \\ \text{制約条件} & \|\boldsymbol{x}\|_1 \le \hat{\lambda} \end{cases} \tag{6.10}$$

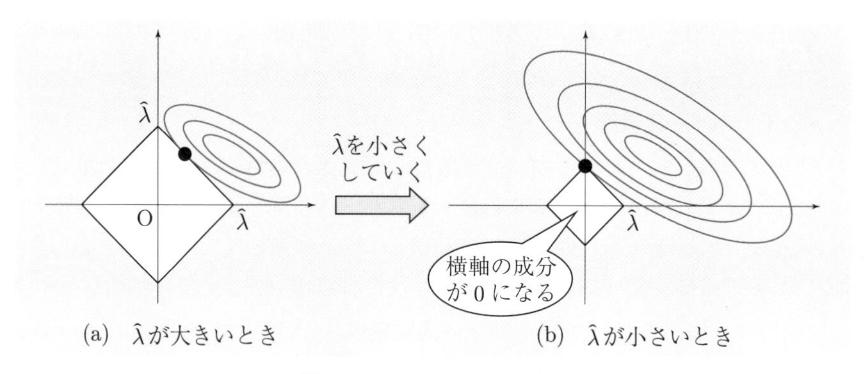

図 6.6　L_1 正則化の場合

ただし，$\hat{\lambda}$ は目的関数とノルム $\|\boldsymbol{x}\|_1$ のバランスを調整する正のパラメータであり，正則化パラメータ λ の値を大きくすることは $\hat{\lambda}$ の値を小さくすることに対応する．この最適化問題を図示したのが図 6.6 (a)（$f(\boldsymbol{x})$ の等高線と実行可能領域）であり，通常は実行可能領域の境界線上（$\|\boldsymbol{x}\|_1 = \hat{\lambda}$ を満たす点）で最適解をもつ．このとき，パラメータ $\hat{\lambda}$（すなわち λ）を調整していくと，図 6.6 (b) で表されるように軸上の点で最適になることがわかる．したがって，$\boldsymbol{x}$ の成分の中に零成分が現れる．このことがスパースモデルと呼ばれる所以であり，この場合，スパース学習が達成される可能性が高くなる．

次にスパースモデルの例を紹介する．

(1)　Lasso

2 乗損失と L_1 正則化を組合わせた機械学習を回帰に適用したスパースな回帰モデルを **Lasso** (Least Absolute Shrinkage and Selection Operator) と呼ぶ．このとき扱われる最適化問題は以下の通りである．

$$\text{最小化} \quad \sum_{i=1}^{p} (b_i - \boldsymbol{a}_i^{\mathrm{T}} \boldsymbol{x})^2 + \lambda \|\boldsymbol{x}\|_1$$

ただし，$b_i \in \boldsymbol{R}, \boldsymbol{a}_i \in \boldsymbol{R}^n$ $(i = 1, \cdots, p)$ は与えられたデータである．ここで

$$A^{\mathrm{T}} = [\boldsymbol{a}_1, \cdots, \boldsymbol{a}_p] \in \boldsymbol{R}^{n \times p}, \quad \boldsymbol{b} = [b_1, \cdots, b_p]^{\mathrm{T}} \in \boldsymbol{R}^p$$

とおくと，上記の問題は次のように表される．

$$\text{最小化} \quad \|\boldsymbol{b} - A\boldsymbol{x}\|^2 + \lambda \|\boldsymbol{x}\|_1$$

(2)　L_1 正則化ロジスティック回帰

このとき扱われる問題は，ロジスティック損失と L_1 正則化を組合わせたスパースな判別モデル

$$\text{最小化} \quad \sum_{i=1}^{p} \log(1+\exp(-t_i \boldsymbol{a}_i^{\mathrm{T}} \boldsymbol{x})) + \lambda \|\boldsymbol{x}\|_1$$

として与えられる．ただし，$\boldsymbol{a}_i \in \boldsymbol{R}^n$，$t_i \in \boldsymbol{R}$ $(i=1,\cdots,p)$ はそれぞれデータとラベルである．

他方，スパースモデルではないが，以下のモデルもよく使われている．

(3)　リッジ回帰 (ridge regression)

Lasso とは別に，2 乗損失と 2 ノルムの 2 乗で与えられる正則化項を組合わせたモデル

$$\text{最小化} \quad \|\boldsymbol{b}-A\boldsymbol{x}\|^2 + \lambda\|\boldsymbol{x}\|^2 \tag{6.11}$$

を**リッジ回帰モデル**という．L_1 正則化の最適化問題 (6.9) に対して制約条件付き問題 (6.10) を考えたのと同様に，問題 (6.11) に対して次の最適化問題

$$\begin{cases} \text{最小化} & \|\boldsymbol{b}-A\boldsymbol{x}\|^2 \\ \text{制約条件} & \|\boldsymbol{x}\|^2 \leq \hat{\lambda} \end{cases}$$

を考えると図 6.7 のような状況になる．L_1 正則化の場合と違って，$\hat{\lambda}$（すなわち λ）の値を調整しても軸上で最適解をもつことが難しくなる．したがって，リッジ回帰モデルはスパース性をもっていない．なお，最適化問題 (6.11) の目的関数を $F(\boldsymbol{x}) = \|\boldsymbol{b}-A\boldsymbol{x}\|^2 + \lambda\|\boldsymbol{x}\|^2$ とおくと

$$F(\boldsymbol{x}) = \boldsymbol{x}^{\mathrm{T}}(A^{\mathrm{T}}A+\lambda I)\boldsymbol{x} - 2\boldsymbol{b}^{\mathrm{T}}A\boldsymbol{x} + \boldsymbol{b}^{\mathrm{T}}\boldsymbol{b}$$

と書き換えられるので，ヘッセ行列が $\nabla^2 F(\boldsymbol{x}) = 2(A^{\mathrm{T}}A+\lambda I)$ となる．したがって，リッジ回帰モデルは行列 A のランクが落ちていても，$\lambda > 0$ より $\nabla^2 F(\boldsymbol{x})$ は正定値行列になるという利点がある（これは Levenberg–Marquardt の修正に対応することに注意）．このとき，$F(\boldsymbol{x})$ は狭義凸関数になるので，$\nabla F(\boldsymbol{x}) = \boldsymbol{0}$ を解くと問題 (6.11) の解は

$$\boldsymbol{x} = (A^{\mathrm{T}}A+\lambda I)^{-1}A^{\mathrm{T}}\boldsymbol{b}$$

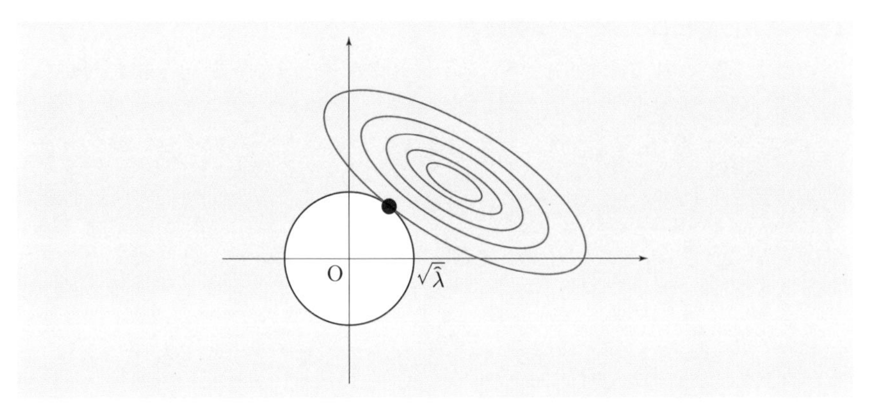

図 6.7　2ノルムを用いた場合（スパース性をもたない）

として与えられる．

上記の正則化とは別にエラスティックネット正則化やグループ正則化などもよく使われている．

6.2.2　近接勾配法

前項で紹介したように，機械学習分野で扱われる関数は損失関数と正則化項の和で表されることが多い．そこで本項では，次のような特別な構造をもった関数の最小化問題を取り扱い，その数値解法について解説する．

$$\text{最小化}\quad F(\boldsymbol{x}) = f(\boldsymbol{x}) + \psi(\boldsymbol{x}) \tag{6.12}$$

ただし，$f : \boldsymbol{R}^n \to \boldsymbol{R}$ は微分可能な凸関数で**損失関数**を表す部分であり，$\psi : \boldsymbol{R}^n \to \boldsymbol{R}$ は必ずしも微分可能とは限らない凸関数で**正則化項**を表す部分である．例えば，Lasso の場合は

$$f(\boldsymbol{x}) = \|\boldsymbol{b} - A\boldsymbol{x}\|^2$$
$$\psi(\boldsymbol{x}) = \lambda\|\boldsymbol{x}\|_1$$

であり，リッジ回帰の場合は

$$f(\boldsymbol{x}) = \|\boldsymbol{b} - A\boldsymbol{x}\|^2$$
$$\psi(\boldsymbol{x}) = \lambda\|\boldsymbol{x}\|^2$$

である．また，**エラスティックネット正則化** (elastic net regularization) の場合は

$$\psi(\boldsymbol{x}) = \lambda_1\|\boldsymbol{x}\|_1 + \lambda_2\|\boldsymbol{x}\|^2$$

（λ_1, λ_2 は正の正則化パラメータである）で与えられる．

最適化問題 (6.12) の目的関数は微分不可な関数を含んでいるので従来の勾配法をそのまま適用することはできない．こうした問題に対して，**近接勾配法** (proximal gradient method) が考えられている．近接勾配法は最急降下法に関連した反復解法であり，特に L_1 正則化を使用した場合，**ISTA** (Iterative Shrinkage Thresholding Algorithm) と呼ばれている．k 回目の反復で近似解 $\boldsymbol{x}_k$ が与えられているとき，$f(\boldsymbol{x})$ の 1 次近似 $f(\boldsymbol{x}_k) + \nabla f(\boldsymbol{x}_k)^{\mathrm{T}}(\boldsymbol{x} - \boldsymbol{x}_k)$ と微分不可な関数 $\psi(\boldsymbol{x})$ との和を $\boldsymbol{x}_k$ の近傍で最小化することを考える．すなわち，次の最小化問題を考える．

$$\text{最小化} \quad f(\boldsymbol{x}_k) + \nabla f(\boldsymbol{x}_k)^{\mathrm{T}}(\boldsymbol{x} - \boldsymbol{x}_k) + \psi(\boldsymbol{x}) + \frac{\eta_k}{2}\|\boldsymbol{x} - \boldsymbol{x}_k\|^2 \tag{6.13}$$

ここで，$(\eta_k/2)\|\boldsymbol{x} - \boldsymbol{x}_k\|^2$ の項は $\boldsymbol{x}_k$ の近傍で最小化を達成することを担う働きをし，η_k が近傍を重視する重みを調整する役割を担う．このことが近接勾配法の名前の所以である．また，f が L–平滑な場合には

$$f(\boldsymbol{x}) \leq f(\boldsymbol{x}_k) + \nabla f(\boldsymbol{x}_k)^{\mathrm{T}}(\boldsymbol{x} - \boldsymbol{x}_k) + \frac{L}{2}\|\boldsymbol{x} - \boldsymbol{x}_k\|^2 \tag{6.14}$$

が成り立つので（章末問題参照），η_k がリプシッツ定数 L のよい近似であるならば，問題 (6.13) は $F(\boldsymbol{x})$ の上界を最小化することに匹敵する．この問題の解を新しい近似解 $\boldsymbol{x}_{k+1}$ とすると，次式のように記述される．

$$\boldsymbol{x}_{k+1} = \operatorname*{argmin}_{\boldsymbol{x} \in \boldsymbol{R}^n} \left\{ f(\boldsymbol{x}_k) + \nabla f(\boldsymbol{x}_k)^{\mathrm{T}}(\boldsymbol{x} - \boldsymbol{x}_k) + \psi(\boldsymbol{x}) + \frac{\eta_k}{2}\|\boldsymbol{x} - \boldsymbol{x}_k\|^2 \right\} \tag{6.15}$$

ただし，$\operatorname{argmin}_{\boldsymbol{x} \in \boldsymbol{R}^n}\{\cdot\}$ は $\{\cdot\}$ の部分を $\boldsymbol{x}$ について最小にする解を表す記号である．この記号を用いると，定数項の削除や正数倍によって式変形をしても結果は変わらないので

$$\operatorname*{argmin}_{\boldsymbol{x} \in \boldsymbol{R}^n} \left\{ f(\boldsymbol{x}_k) + \nabla f(\boldsymbol{x}_k)^{\mathrm{T}}(\boldsymbol{x} - \boldsymbol{x}_k) + \psi(\boldsymbol{x}) + \frac{\eta_k}{2}\|\boldsymbol{x} - \boldsymbol{x}_k\|^2 \right\}$$

$$= \underset{\boldsymbol{x}\in\boldsymbol{R}^n}{\operatorname{argmin}} \left\{ \nabla f(\boldsymbol{x}_k)^{\mathrm{T}}(\boldsymbol{x}-\boldsymbol{x}_k) + \psi(\boldsymbol{x}) + \frac{\eta_k}{2}\|\boldsymbol{x}-\boldsymbol{x}_k\|^2 \right\}$$
$$= \underset{\boldsymbol{x}\in\boldsymbol{R}^n}{\operatorname{argmin}} \left\{ \frac{\psi(\boldsymbol{x})}{\eta_k} + \frac{1}{2}\left\| \boldsymbol{x} - \left(\boldsymbol{x}_k - \frac{\nabla f(\boldsymbol{x}_k)}{\eta_k} \right) \right\|^2 \right\}$$

を得る．さらに，**近接写像** (proximal mapping) を

$$\operatorname{prox}_{\phi}(\boldsymbol{x}') = \underset{\boldsymbol{x}\in\boldsymbol{R}^n}{\operatorname{argmin}} \left\{ \phi(\boldsymbol{x}) + \frac{1}{2}\|\boldsymbol{x}-\boldsymbol{x}'\|^2 \right\} \tag{6.16}$$

と定義すると，(6.15) は次のように表すことができる．

$$\boldsymbol{x}_{k+1} = \operatorname{prox}_{\psi/\eta_k}\left(\boldsymbol{x}_k - \frac{\nabla f(\boldsymbol{x}_k)}{\eta_k} \right) \tag{6.17}$$

この式からわかるように，近接勾配法は最急降下方向でステップ幅を $1/\eta_k$ に選んで得られた点 $\boldsymbol{x}_k - \nabla f(\boldsymbol{x}_k)/\eta_k$ の近傍で微分不可な関数 ψ/η_k を最小化するアルゴリズムであると解釈することができる．また，$f(\boldsymbol{x}), \psi(\boldsymbol{x})$ が凸関数であるとき，$\boldsymbol{x}^*$ が $F(\boldsymbol{x})$ の最小解であるための必要十分条件は

$$\boldsymbol{0} \in \partial F(\boldsymbol{x}^*) = \nabla f(\boldsymbol{x}^*) + \partial\psi(\boldsymbol{x}^*)$$

で与えられる．ただし，$\partial\psi(\boldsymbol{x}^*)$ は点 $\boldsymbol{x}^*$ における ψ の劣微分である．

以上のことをまとめると，近接勾配法のアルゴリズムは次のように記述できる．

アルゴリズム 6.1（近接勾配法）

step0 初期点 $\boldsymbol{x}_0$ を与える．$k=0$ とおく．

step1 停止条件が満たされていれば，$\boldsymbol{x}_k$ を解とみなして停止する．さもなければ step2 へいく．

step2 パラメータ η_k を求める（アルゴリズム 6.2 参照）．

step3 (6.17) によって近接点 $\boldsymbol{x}_{k+1}$ を求める．

step4 $k := k+1$ とおいて step1 へいく．

パラメータ η_k の求め方を説明するにあたって，簡単のために

$$P_{\eta}(\boldsymbol{x}) = \operatorname{prox}_{\psi/\eta}\left(\boldsymbol{x} - \frac{\nabla f(\boldsymbol{x})}{\eta} \right)$$

とおく．η_k はリプシッツ乗数 L の近似値を採用したいので，式 (6.14) を利用する．すなわち，

$$f(P_{\eta_k}(\boldsymbol{x}_k)) \le f(\boldsymbol{x}_k) + \nabla f(\boldsymbol{x}_k)^{\mathrm{T}}(P_{\eta_k}(\boldsymbol{x}_k) - \boldsymbol{x}_k) + \frac{\eta_k}{2}\|P_{\eta_k}(\boldsymbol{x}_k) - \boldsymbol{x}_k\|^2 \tag{6.18}$$

を満たす η_k を計算して (6.17) より $\boldsymbol{x}_{k+1}$ を求める．具体的には，アルゴリズム 6.2 で表されるように，与えられた $\tau > 1$ に対して $\eta_k = \eta_{k-1}\tau^j$ が (6.18) を満たすような最小の非負整数 j を見つけるのである（この手順はアルゴリズム 4.2 に対応している）．ただし，$k = 0$ のとき η_{-1} は正の数としてあらかじめ与えておく．

アルゴリズム 6.2（バックトラック法）

step0　現在の近似解 $\boldsymbol{x}_k$，パラメータ $\tau > 1$ を与える．

step1　式 (6.18) を満たす η_k を求める（以下はその手順）．

　step1.0　$\beta_{k,0} = \eta_{k-1}, i = 0$ とおく（$k = 0$ のとき，η_{-1} はあらかじめ与えられた正の数とする）．

　step1.1　条件

$$f(P_{\beta_{k,i}}(\boldsymbol{x}_k)) \le f(\boldsymbol{x}_k) + \nabla f(\boldsymbol{x}_k)^{\mathrm{T}}(P_{\beta_{k,i}}(\boldsymbol{x}_k) - \boldsymbol{x}_k) + \frac{\beta_{k,i}}{2}\|P_{\beta_{k,i}}(\boldsymbol{x}_k) - \boldsymbol{x}_k\|^2$$

　を満たすならば step2 へいく．さもなければ step1.2 へいく．

　step1.2　$\beta_{k,i+1} = \tau\beta_{k,i}$，$i := i + 1$ とおいて step1.1 へいく．

step2　$\eta_k = \beta_{k,i}$ とおく．

近接勾配法のアルゴリズム 6.1 では step3 の近接点を求める計算が重要である．近接写像を陽に表すことは正則化項 ψ に依存するので一般には難しいが，特別な正則化項の場合では陽に求めることができる．例えば L_1 正則化の場合，

$$\boldsymbol{w} = \mathrm{prox}_{\lambda\|\cdot\|_1}(\boldsymbol{v})$$

とおくと，(6.16) より近接点 $\boldsymbol{w}$ は

$$w_i = \begin{cases} v_i + \lambda & (v_i \le -\lambda) \\ 0 & (-\lambda < v_i < \lambda) \\ v_i - \lambda & (v_i \ge \lambda) \end{cases} \tag{6.19}$$

のように成分ごとに簡単に計算することができる．この関数を**ソフトしきい値関数** (soft thresholding) といい，グラフは図 6.8 で表される．

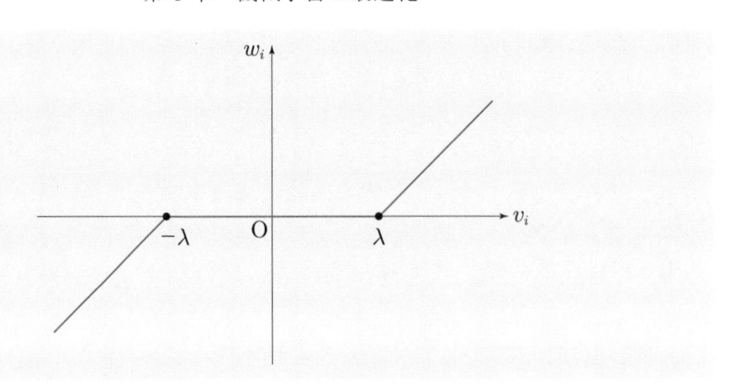

図 6.8　ソフトしきい値関数

近接勾配法の収束率については次の定理で与えられている．

定理 6.1（近接勾配法の収束率）

関数 $f(\boldsymbol{x})$ を L–平滑な凸関数とし，$\psi(\boldsymbol{x})$ を凸関数とする．$\boldsymbol{x}^*$ を無制約最小化問題 (6.12) の最小解であるとする．また，パラメータ η_k は全ての k に対して $\eta_k = L$ とおくとする．このとき，近接勾配法のアルゴリズム 6.1 によって生成される点列 $\{\boldsymbol{x}_k\}$ は次の不等式を満たす．

$$F(\boldsymbol{x}_k) - F(\boldsymbol{x}^*) \leq \frac{L}{2k}\|\boldsymbol{x}_0 - \boldsymbol{x}^*\|^2 \tag{6.20}$$

さらに，$F(\boldsymbol{x})$ が μ–強凸ならば

$$\|\boldsymbol{x}_{k+1} - \boldsymbol{x}^*\| \leq \left(1 - \frac{\mu}{L}\right)^{\frac{1}{2}} \|\boldsymbol{x}_k - \boldsymbol{x}^*\| \tag{6.21}$$

が成り立つ（$\mu \leq L$ が成り立つことに注意）．

上記の定理から，関数 ψ が微分不可であっても，近接勾配法は f の滑らかさを利用して通常の最急降下法のような振る舞いをすることがわかる．すなわち，式 (6.20) より数列 $\{F(\boldsymbol{x}_k)\}$ はオーダー $O(1/k)$ の速さで $F(\boldsymbol{x}^*)$ に収束することがわかり，式 (6.21) より，点列 $\{\boldsymbol{x}_k\}$ が最小解 $\boldsymbol{x}^*$ に収束することがわかる．また，式 (6.21) は最急降下法の収束率に関する定理 4.4 に対応している．なお，定理の仮定で $\eta_k = L$ を選ぶことが課されているが，一般にリプシッツ定数 L をあらかじめ求めておくことは難しい．そこでアルゴリズム 6.2 を用いて L の

推定値を求めることが考えられる．

上記の定理は通常の近接勾配法の収束定理であったが，さらにこのアルゴリズムを加速する手順が考案されており，次の**Nesterov**（ネステロフ）**の加速法** (Nesterov's accelerated method) が知られている．

アルゴリズム 6.3（Nesterov の加速付き近接勾配法）

step0 初期点 $\boldsymbol{x}_0$ を与える．$\boldsymbol{y}_0 = \boldsymbol{x}_0$, $s_0 = 1$, $k = 0$ とおく．

step1 $\eta_k = L$ として，近接点

$$\boldsymbol{x}_{k+1} = \mathrm{prox}_{\psi/\eta_k}\left(\boldsymbol{y}_k - \frac{\nabla f(\boldsymbol{y}_k)}{\eta_k}\right)$$

を求める．

step2 パラメータ s_k を次のように更新する．

$$s_{k+1} = \frac{1 + \sqrt{1 + 4s_k^2}}{2}$$

step3 点 $\boldsymbol{x}_{k+1}$ を更新して

$$\boldsymbol{y}_{k+1} = \boldsymbol{x}_{k+1} + \left(\frac{s_k - 1}{s_{k+1}}\right)(\boldsymbol{x}_{k+1} - \boldsymbol{x}_k)$$

を求める．

step4 停止条件が満たされなければ，$k := k + 1$ とおいて step1 へいく．

L_1 正則化に対する加速法を用いた近接勾配法を **FISTA** (Fast ISTA) と呼ぶ．アルゴリズム 6.3 においてもリプシッツ定数 L の推定にアルゴリズム 6.2 が使われる．FISTA の収束性については次の定理で保証されている．

定理 6.2（Nesterov の加速付き近接勾配法の収束率）

関数 $f(\boldsymbol{x})$ を L–平滑な凸関数とし，$\psi(\boldsymbol{x})$ を凸関数とする．$\boldsymbol{x}^*$ を無制約最小化問題 (6.12) の最小解とする．また，パラメータ η_k は全ての k に対して $\eta_k = L$ とおくとする．このとき，Nesterov の加速付き近接勾配法のアルゴリズム 6.3 によって生成される点列 $\{\boldsymbol{x}_k\}$ は次の不等式を満たす．

$$F(\boldsymbol{x}_k) - F(\boldsymbol{x}^*) \leq \frac{2L}{k^2}\|\boldsymbol{x}_0 - \boldsymbol{x}^*\|^2$$

この定理より，加速法を用いることによって収束率がオーダー $O(1/k)$ からオーダー $O(1/k^2)$ に改善されることがわかる．なお，上述のアルゴリズムでは，

条件に応じて再出発する「リスタート」の手順が組み込まれることが多い．

6.2.3　交互方向乗数法

前項では，最適化問題 (6.12) を解く際に微分可能な関数 $f(\boldsymbol{x})$ と微分不可な関数 $\psi(\boldsymbol{x})$ を $\boldsymbol{x}$ の関数として同時に扱う近接勾配法について説明した．この結果，$f(\boldsymbol{x})$ の扱いやすさが $\psi(\boldsymbol{x})$ の微分不可な性質に影響されるという問題点があった．そこで，本項では関数 $f(\boldsymbol{x})$ の最適化と関数 $\psi(\boldsymbol{x})$ の最適化を別々に扱うことを考える．すなわち，(6.12) の代わりに次の制約付き最適化問題

$$\begin{cases} \text{最小化} & f(\boldsymbol{x}) + \psi(\boldsymbol{y}) \\ \text{制約条件} & \boldsymbol{x} = \boldsymbol{y}, \quad \boldsymbol{x} \in \boldsymbol{R}^n, \quad \boldsymbol{y} \in \boldsymbol{R}^n \end{cases} \tag{6.22}$$

を考えて，変数 $\boldsymbol{x}, \boldsymbol{y}$ を別々に扱うのである．この問題に対する解法として交互方向乗数法について説明するために，(6.22) を一般化した次の等式制約付き最適化問題を考える．

$$\begin{cases} \text{最小化} & F(\boldsymbol{x}, \boldsymbol{y}) = f_1(\boldsymbol{x}) + f_2(\boldsymbol{y}) \\ \text{制約条件} & M\boldsymbol{x} + N\boldsymbol{y} = \boldsymbol{c}, \quad \boldsymbol{x} \in \boldsymbol{R}^n, \quad \boldsymbol{y} \in \boldsymbol{R}^m \end{cases} \tag{6.23}$$

ただし，$f_1 : \boldsymbol{R}^n \to \boldsymbol{R}, f_2 : \boldsymbol{R}^m \to \boldsymbol{R}, M \in \boldsymbol{R}^{\ell \times n}, N \in \boldsymbol{R}^{\ell \times m}, \boldsymbol{c} \in \boldsymbol{R}^\ell$ である．このとき，5.4.2 項で紹介した乗数法（拡張ラグランジュ関数法）を適用することが考えられる．最小化問題 (6.23) のラグランジュ関数と拡張ラグランジュ関数は次式で与えられる．

$$\begin{aligned} L(\boldsymbol{x}, \boldsymbol{y}, \boldsymbol{z}) &= F(\boldsymbol{x}, \boldsymbol{y}) + \boldsymbol{z}^{\mathrm{T}}(M\boldsymbol{x} + N\boldsymbol{y} - \boldsymbol{c}) \\ &= f_1(\boldsymbol{x}) + f_2(\boldsymbol{y}) + \boldsymbol{z}^{\mathrm{T}}(M\boldsymbol{x} + N\boldsymbol{y} - \boldsymbol{c}) \\ Q(\boldsymbol{x}, \boldsymbol{y}, \boldsymbol{z}; \rho) &= L(\boldsymbol{x}, \boldsymbol{y}, \boldsymbol{z}) + \frac{\rho}{2}\|M\boldsymbol{x} + N\boldsymbol{y} - \boldsymbol{c}\|^2 \\ &= f_1(\boldsymbol{x}) + f_2(\boldsymbol{y}) + \boldsymbol{z}^{\mathrm{T}}(M\boldsymbol{x} + N\boldsymbol{y} - \boldsymbol{c}) \\ &\quad + \frac{\rho}{2}\|M\boldsymbol{x} + N\boldsymbol{y} - \boldsymbol{c}\|^2 \end{aligned}$$

アルゴリズム 5.2 と同様に，まず変数 $(\boldsymbol{x}, \boldsymbol{y})$ について拡張ラグランジュ関数を最小化し，続いてラグランジュ乗数 $\boldsymbol{z}$ を更新するわけだが，$f_1(\boldsymbol{x})$ と $f_2(\boldsymbol{y})$ が変数について分離されていることに注意して，変数 $\boldsymbol{x}$ と変数 $\boldsymbol{y}$ で交互に最小化することを試みる．この手法を**交互方向乗数法** (**ADMM**: Alternating Direction

Method of Multipliers) という．例えば，k 回目の反復で $\boldsymbol{y}_k, \boldsymbol{z}_k$ が与えられているときに，$\boldsymbol{x}_{k+1}$ は次式で与えられる．

$$
\begin{aligned}
\boldsymbol{x}_{k+1} &= \operatorname*{argmin}_{\boldsymbol{x}\in\boldsymbol{R}^n} Q(\boldsymbol{x}, \boldsymbol{y}_k, \boldsymbol{z}_k; \rho) \\
&= \operatorname*{argmin}_{\boldsymbol{x}\in\boldsymbol{R}^n} \Big\{ f_1(\boldsymbol{x}) + f_2(\boldsymbol{y}_k) + \boldsymbol{z}_k^{\mathrm{T}}(M\boldsymbol{x} + N\boldsymbol{y}_k - \boldsymbol{c}) \\
&\qquad\qquad + \frac{\rho}{2}\|M\boldsymbol{x} + N\boldsymbol{y}_k - \boldsymbol{c}\|^2 \Big\} \\
&= \operatorname*{argmin}_{\boldsymbol{x}\in\boldsymbol{R}^n} \left\{ f_1(\boldsymbol{x}) + \frac{\rho}{2}\left\| M\boldsymbol{x} + N\boldsymbol{y}_k - \boldsymbol{c} + \frac{\boldsymbol{z}_k}{\rho} \right\|^2 \right\}
\end{aligned}
$$

この $\boldsymbol{x}_{k+1}$ を利用して上記と同様の手順で $\boldsymbol{y}_{k+1}$ を求めるのである．以上のことをまとめると，交互方向乗数法のアルゴリズムは以下のように表される．

アルゴリズム 6.4（交互方向乗数法）

step0　初期点 $\boldsymbol{x}_0 \in \boldsymbol{R}^n, \boldsymbol{y}_0 \in \boldsymbol{R}^m$，ラグランジュ乗数の初期推定 $\boldsymbol{z}_0 \in \boldsymbol{R}^l$，十分大きな正の数 $\rho > 0$ を与える．$k = 0$ とする．

step1　無制約最小化問題を解いて $\boldsymbol{x}_{k+1}$ を求める：

$$
\boldsymbol{x}_{k+1} = \operatorname*{argmin}_{\boldsymbol{x}\in\boldsymbol{R}^n} \left\{ f_1(\boldsymbol{x}) + \frac{\rho}{2}\left\| M\boldsymbol{x} + N\boldsymbol{y}_k - \boldsymbol{c} + \frac{\boldsymbol{z}_k}{\rho} \right\|^2 \right\}
$$

step2　無制約最小化問題を解いて $\boldsymbol{y}_{k+1}$ を求める：

$$
\boldsymbol{y}_{k+1} = \operatorname*{argmin}_{\boldsymbol{y}\in\boldsymbol{R}^m} \left\{ f_2(\boldsymbol{y}) + \frac{\rho}{2}\left\| M\boldsymbol{x}_{k+1} + N\boldsymbol{y} - \boldsymbol{c} + \frac{\boldsymbol{z}_k}{\rho} \right\|^2 \right\}
$$

step3　$(\boldsymbol{x}_{k+1}, \boldsymbol{y}_{k+1}, \boldsymbol{z}_k)$ が最小化問題 (6.23) の最適性条件を満たすならば停止する．

step4　ラグランジュ乗数の推定 $\boldsymbol{z}_k$ を

$$
\boldsymbol{z}_{k+1} = \boldsymbol{z}_k + \rho(M\boldsymbol{x}_{k+1} + N\boldsymbol{y}_{k+1} - \boldsymbol{c})
$$

として更新する．

step5　$k := k + 1$ とおいて，step1 へいく．

step1 では $(\boldsymbol{y}_k, \boldsymbol{z}_k)$ を用いて $\boldsymbol{x}_{k+1}$ を求めているのに対して，step2 では新しい $\boldsymbol{x}_{k+1}$ を利用して $\boldsymbol{y}_{k+1}$ を求めていることに注意されたい．以上の準備の下で最適化問題 (6.22) に対する交互方向乗数法を考える．このとき，アルゴリズム 6.4 において $f_1(\boldsymbol{x}) = f(\boldsymbol{x}), f_2(\boldsymbol{y}) = \psi(\boldsymbol{y}), M = I, N = -I, \boldsymbol{c} = \boldsymbol{0}$ とおくと，問題 (6.22) に対する交互方向乗数法のアルゴリズムは次のように記述される．

アルゴリズム 6.5（交互方向乗数法（正則化項を伴う最適化））

step0 初期点 $\boldsymbol{x}_0 \in \boldsymbol{R}^n, \boldsymbol{y}_0 \in \boldsymbol{R}^n$，ラグランジュ乗数の初期推定 $\boldsymbol{z}_0 \in \boldsymbol{R}^n$，十分大きな正の数 $\rho > 0$ を与える．$k = 0$ とする．

step1 無制約最小化問題を解いて $\boldsymbol{x}_{k+1}$ を求める：

$$\boldsymbol{x}_{k+1} = \mathop{\mathrm{argmin}}_{\boldsymbol{x} \in \boldsymbol{R}^n} \left\{ f(\boldsymbol{x}) + \frac{\rho}{2} \left\| \boldsymbol{x} - \boldsymbol{y}_k + \frac{\boldsymbol{z}_k}{\rho} \right\|^2 \right\}$$

step2 無制約最小化問題を解いて $\boldsymbol{y}_{k+1}$ を求める：

$$\begin{aligned} \boldsymbol{y}_{k+1} &= \mathop{\mathrm{argmin}}_{\boldsymbol{y} \in \boldsymbol{R}^n} \left\{ \psi(\boldsymbol{y}) + \frac{\rho}{2} \left\| \boldsymbol{x}_{k+1} - \boldsymbol{y} + \frac{\boldsymbol{z}_k}{\rho} \right\|^2 \right\} \\ &= \mathrm{prox}_{\psi/\rho} \left(\boldsymbol{x}_{k+1} + \frac{\boldsymbol{z}_k}{\rho} \right) \end{aligned}$$

step3 $(\boldsymbol{x}_{k+1}, \boldsymbol{y}_{k+1}, \boldsymbol{z}_k)$ が最小化問題 (6.22) の最適性条件を満たすならば停止する．

step4 ラグランジュ乗数の推定 $\boldsymbol{z}_k$ を

$$\boldsymbol{z}_{k+1} = \boldsymbol{z}_k + \rho(\boldsymbol{x}_{k+1} - \boldsymbol{y}_{k+1})$$

として更新する．

step5 $k := k + 1$ とおいて，step1 へいく．

step2 において，近接勾配法を用いて $\boldsymbol{y}_{k+1}$ が求められることに注意されたい．特に，

$$\begin{aligned} f(\boldsymbol{x}) &= \|\boldsymbol{b} - A\boldsymbol{x}\|^2 \\ \psi(\boldsymbol{y}) &= \lambda \|\boldsymbol{y}\|_1 \end{aligned}$$

の場合には，上記のアルゴリズムは Lasso に対する交互方向乗数法になる．具体的には，step1 において点 $\boldsymbol{x}_{k+1}$ は

$$\begin{aligned} \boldsymbol{x}_{k+1} &= \mathop{\mathrm{argmin}}_{\boldsymbol{x} \in \boldsymbol{R}^n} \left\{ \|\boldsymbol{b} - A\boldsymbol{x}\|^2 + \frac{\rho}{2} \left\| \boldsymbol{x} - \boldsymbol{y}_k + \frac{\boldsymbol{z}_k}{\rho} \right\|^2 \right\} \\ &= \mathop{\mathrm{argmin}}_{\boldsymbol{x} \in \boldsymbol{R}^n} \left\{ \boldsymbol{x}^{\mathrm{T}} \left(A^{\mathrm{T}} A + \frac{\rho}{2} I \right) \boldsymbol{x} - (2A^{\mathrm{T}}\boldsymbol{b} + \rho \boldsymbol{y}_k - \boldsymbol{z}_k)^{\mathrm{T}} \boldsymbol{x} \right\} \end{aligned}$$

と表せる．ここで，

$$g(\boldsymbol{x}) = \boldsymbol{x}^{\mathrm{T}} \left(A^{\mathrm{T}} A + \frac{\rho}{2} I \right) \boldsymbol{x} - (2A^{\mathrm{T}} \boldsymbol{b} + \rho \boldsymbol{y}_k - \boldsymbol{z}_k)^{\mathrm{T}} \boldsymbol{x}$$

とおくと，

$$A^{\mathrm{T}} A + \frac{\rho}{2} I$$

が正定値対称行列なので，

$$\nabla g(\boldsymbol{x}) = \boldsymbol{0}$$

より最小解が

$$\boldsymbol{x}_{k+1} = \left(2A^{\mathrm{T}} A + \rho I \right)^{-1} (2A^{\mathrm{T}} \boldsymbol{b} + \rho \boldsymbol{y}_k - \boldsymbol{z}_k)$$

として求まる．また，step2 における

$$\boldsymbol{y}_{k+1} = \mathrm{prox}_{\lambda \|\cdot\|_1 / \rho} \left(\boldsymbol{x}_{k+1} + \frac{\boldsymbol{z}_k}{\rho} \right)$$

は，6.2.2 項で紹介したようにソフトしきい値関数を用いて容易に計算できる．

6 章の問題

□ **1** $\boldsymbol{x} = \begin{bmatrix} x_1 \\ x_2 \end{bmatrix} \in \boldsymbol{R}^2$ のとき，$\|\boldsymbol{x}\|_1 = 1$, $\|\boldsymbol{x}\| = 1$, $\|\boldsymbol{x}\|_\infty = 1$ のグラフを描け．

□ **2** 関数 $f : \boldsymbol{R}^n \to \boldsymbol{R}$ が L–平滑であると仮定する．すなわち，ある非負実数 L が存在して任意の $\boldsymbol{x}, \boldsymbol{y} \in \boldsymbol{R}^n$ に対して

$$\|\nabla f(\boldsymbol{y}) - \nabla f(\boldsymbol{x})\| \leq L\|\boldsymbol{y} - \boldsymbol{x}\|$$

が成り立つと仮定する．このとき，次の (1) と (2) を示せ．

(1) 任意の $\boldsymbol{x}, \boldsymbol{y} \in \boldsymbol{R}^n$ に対して

$$|f(\boldsymbol{y}) - f(\boldsymbol{x}) - \nabla f(\boldsymbol{x})^{\mathrm{T}}(\boldsymbol{y} - \boldsymbol{x})| \leq \frac{L}{2}\|\boldsymbol{y} - \boldsymbol{x}\|^2$$

が成り立つ．

(2) f が凸関数ならば

$$f(\boldsymbol{y}) \geq f(\boldsymbol{x}) + \nabla f(\boldsymbol{x})^{\mathrm{T}}(\boldsymbol{y} - \boldsymbol{x}) + \frac{1}{2L}\|\nabla f(\boldsymbol{y}) - \nabla f(\boldsymbol{x})\|^2$$

が成り立つ．

□ **3** サポートベクターマシンで導かれた 2 次計画問題 (6.4) の KKT 条件を記述せよ．

□ **4** 6.1.2 項で述べた 2 乗ヒンジ損失関数，フーバーヒンジ損失関数が微分可能であることを示せ．

□ **5** 近接勾配法において L_1 正則化を用いた場合，ソフトしきい値関数 (6.19) を導け．

さらに進んだ学習のために

以下に，本書を執筆するに当たって直接的，間接的に参考にした文献を紹介する．ここでは専門的な論文は引用せず，テキスト，専門書に限定する．

■第1章

最適化理論・数理計画法に関する書物はいろいろ出版されているが，全体を見渡すには久保–田村–松井 [43]，Nemhauser–Rinnooy Kan–Todd [48] が役に立つ．この2冊は線形計画法，非線形計画法，整数計画法，ネットワークフロー，大域的最適化，確率計画法など多くの事柄を網羅したハンドブックであり，必要に応じて紐解くことができる．特に [43] は，計算量理論，多面体論，マトロイド理論など基礎理論についても詳しく解説しており，応用編も充実した大作である．また日本 OR 学会が編纂した事典 [50] も役に立つ．オペレーションズ・リサーチという大きな分野の中での数理計画法の位置づけがわかるであろう．実際の応用事例も収められていて興味深い．応用例については，他に Calafiore–Ghaoui [12]，藤澤–梅谷 [22] も参照されたい．なお本書のように線形計画法と非線形計画法の両方を載せた書物として藤田–今野–田辺 [23]，Griva–Nash–Sofer [25]，茨木–福島 [29]，Luenberger–Ye [45]，Nocedal–Wright [51]，田村–村松 [62] などがあげられる．[23] では変分法について，また，[29] はネットワーク最適化やニューラルネットワークについても触れている．[45] と [51] には証明も詳しく載っている．

■第2章

凸解析について勉強するには，Bazaraa–Sherali–Shetty [6]，福島 [24]，Mangasarian [46]，Rockafellar [52]，田中 [63] などがあげられる．これらは非線形計画法を勉強するためにも必要である．凸関数，制約想定，双対定理，二者択一定理にいろいろな種類があることがわかるであろう．二者択一定理については [46] に詳しい．なお凸解析はもともと実数値関数に対して研究されている分野であるが，離散型の関数に対する凸性が日本の研究者によって提唱されている．室田 [47] は提唱者自身による専門書で，理論から応用まで触れており著者の熱意が伝わってくる．

■第3章

線形計画法の解法は今日では単体法と内点法に大別されるが，まず単体法の立場で書かれた代表的な文献を紹介する．Dantzig [16] は単体法の創始者自らの著書であり，応用面についてもいろいろな話題が書かれている．ほかに標準的なテキストとして，古林 [35] と坂和 [55] があげられる．これらは計算例が豊富で説明も丁寧なので読みやすい．本書で扱った単体表や実行可能基底形式はこの 2 冊を参考にした．特に，[55] は目標計画法，多目的計画法，ファジィ線形計画法にも触れている．単体法と内点法の両方を扱っている書物としては茨木–福島 [29]，伊理 [31]，今野 [39]，田村–村松 [62] がある．単体法の解説に加えて，それぞれ Khachiyan の楕円体法，Karmarkar 法，主双対内点法についての記述がある．なお本書では改訂単体法について触れなかったが，通常，単体法といえばこの改訂単体法を指すことが多い．これについては上記の文献を参照していただきたい．また Bland の最小添字ルールを利用した単体法の収束性に関しては，例えば [39] を参照されたい．

一方，Hertog [26]，小島–土谷–水野–矢部 [37]，Roos–Terlaky–Vial [53]，Wright [65] は内点法を主題にした書物である．本書の実行可能点列主双対内点法の多項式オーダー性の証明は [51]，[65] を参考にした．計算複雑度に関しては茨木 [28] を参照されたい．文献 [37] は（現時点で）日本で唯一の内点法に関する専門書であり，凸計画問題，非線形計画問題，線形相補性問題，半正定値計画問題に対する内点法についても説明している．ところで内点法は，数学のアルゴリズムが特許の対象になるかどうかの議論で注目されたことで知られている．有名なカーマーカー特許問題である．これについての顛末は今野 [40] に詳しい．

■第4章と第5章

非線形計画法に関する文献は，理論を主題にした書物，数値解法を主題にした書物，その両方を扱った書物など多種多様である．理論的立場としては Bonnans–Shapiro [10]，福島 [24]，Mangasarian [46]，田中 [63] があり最適性条件，双対性，安定性について詳しい．これらは凸解析とも密接に関係する．特に，[24] は変分不等式問題や相補性問題などの均衡問題の説明も詳しい．数値解法を主題にした文献として Antoniou–Lu [4]，Bertsekas [9]，Dennis–Schnabel [17]，Fletcher [19]，Forst–Hoffmann [20]，Kelley [34]，Nemhauser–Rinnooy Kan–Todd [48] の 1 章と 2 章，Sun–Yuan [61]，矢部–八巻 [67]，山下 [69] があげられる．文献 [17] は無制約最小化問題に限定しているが準ニュートン法と信頼領域法の説明が詳しい．なお本書の記述は [67] を参考にした．理論と数値解法をバランスよく扱った文献として Avriel [5]，Bazaraa–Sherali–Shetty [6]，今野–山下 [42]，Nocedal–Wright [51]，志水–相吉 [59]，Sun–Yuan [61]，

山下 [69] がある．Boyd–Vandenberghe [11] は凸計画法に関するもので，不等式制約が錐制約という一般的な記述で扱われており特徴ある書物である．また，飯塚 [30] や Nesterov [49] は平滑凸最適化と非平滑凸最適化を扱っている．文献 [5], [6], [42] は理論編と解法編の 2 部構成になっている．特に [42] は，この分野の和書の専門書として是非手元に置いておきたいバイブルである．文献 [59] は非線形計画法の安定性理論と感度解析，微分不可最適化問題の最適性条件と数値解法，無限個の制約式をもつ最適化問題なども扱っていて興味深い．数値解法に関する話題は [51], [67] を参照されたい．

特別な問題を扱った文献について少し触れておく．2 次計画問題の解法としては，Beale（ビール）法が古林 [35] で，有効制約法が今野 [39] で，Goldfarb–Idnani（ゴールドファルブ・イドナニ）法（有効制約法の一種）が矢部–八巻 [67] で，内点法が小島–土谷–水野–矢部 [37] でそれぞれ扱われている．また，線形相補性問題については小島 [36]，Cottle–Pang–Stone [15] を参照されたい．Lemke（レムケ）法，連続変形法などいろいろな数値解法が説明されている．なお，[37] には線形相補性問題に対する内点法も載っている．半正定値計画問題や 2 次錐計画問題に対する数値解法については Anjos–Lasserre [3]，田村–村松 [62]，Wolkowicz–Saigal–Vandenberghe [66] および [37] が参考になる．特に [3] と [66] は半正定値計画法に関するハンドブックである．

本書で扱った数値解法を主題にした文献について触れる．共役勾配法に関しては Hestenes [27] がある．これは共役勾配法の創始者による著書である．連立 1 次方程式に対するクリロフ部分空間法は線形共役勾配法を拡張したものであるが，この分野を勉強するには藤野–張 [21] が役に立つ．また，非線形共役勾配法については Andrei [2] が詳しい．数値解法の大域的収束性を実現するための手段として直線探索法と信頼領域法があることは本文で述べた通りである．信頼領域法を扱った和書は少ないが，これについては [29]，[67] を参照されたい．本書の収束定理は [48] を参考にした．さらに詳しく勉強したい方には Conn–Gould–Toint [13] を薦める．940 ページに及ぶ大著であり，そのうち 120 ページ分が参考文献の紹介に当てられている．無制約最小化問題と制約付き最小化問題の両方に対する信頼領域法が詳しく書かれている．一方，本書では触れなかったが，制約付き最小化問題のアルゴリズムの大域的収束性を実現する別のアプローチとしてフィルター法がある．直線探索で使われるメリット関数が制約条件をペナルティ項に組み入れたペナルティ関数を用いているのに対して，フィルター法は目的関数の最小化と制約条件の実行可能性を別々に扱う解法である．フィルター法については Conn–Gould–Toint [13]，Griva–Nash–Sofer [25]，Nocedal–Wright [51]

を参照されたい．Bertsekas [8] は乗数法に関する専門書であり，正確なペナルティ関数法の理論とアルゴリズムについても詳しい．Fiacco–McCormick [18] は古典的な内点法に関する専門書で SUMT 法の原点になった書物である．Karmarkar 法の登場以来，バリア関数の性質を勉強する上でも再び重要視されている．現代的な内点法を扱った専門書は，洋書ではいろいろ出版されているが，和書では小島–土谷–水野–矢部 [37] を参照されたい．なお本書では主として勾配を用いた数値解法について説明したが，微分を用いない解法も直接探索法として知られている．例えば，Avriel [5]，Bazaraa–Sherali–Shetty [6] は Nelder–Mead 法，Hook–Jeeves 法，共役方向法などについて触れている．収束性などの詳しい内容については Conn–Scheinberg–Vicente [14] を参照されたい．

■第 6 章

近年，データサイエンスや AI に関する書物がいろいろと出版されるようになった．その中で機械学習に関する記述も多くを占めている．機械学習分野では大量のデータを扱い解析をすることから統計学が非常に重要な役割を演じている．そして，それと同時に最適化理論や最適化法の知識も欠かせない．そうした状況を踏まえて機械学習と連続最適化を主題にした書物もいくつか出版されている．Sra–Nowozin–Wright [60] はスパース学習や近接勾配法に加えて機械学習における 1 次法，内点法，拡張ラグランジュ法，射影ニュートン法，切除平面法，ロバスト最適化などについても触れている．最急降下法に関連した 1 次法については Beck [7] が詳しい．近接写像，近接勾配法，ミラー勾配法，交互方向乗数法などについて丁寧に書かれている．また，スパース学習については Zhao [70] も参考になる．和書では金森–鈴木–竹内–佐藤 [32] と飯塚 [30] があげられる．どちらの文献も最適化理論と最適化法の基礎知識を述べた後に機械学習分野への応用について触れている．文献 [32] では上界最小化アルゴリズム，サポートベクターマシン，スパース学習などについて幅広く説明がなされている．機械学習分野と最適化分野の両方を俯瞰的に勉強したい方には役に立つ．一方，文献 [30] では平滑非凸関数最適化や非平滑凸関数最適化に対する理論とアルゴリズムが丁寧に解説されており，機械学習への応用も詳しく書かれている．近接勾配法，不動点近似法について深く勉強したい方には役に立つ．

■そのほか

本書では線形計画法と非線形計画法に限定したので，第 1 章の例で述べたような整数計画法，変分法，最適制御には触れなかった．ここでは参考文献を少し紹介しておくにとどめる．また，多様体上の最適化についても少し触れる．

整数計画法については茨木 [28]，今野 [38]，今野–鈴木 [41] が代表的な書物である．

切除平面法や分枝限定法について詳しく述べられている．また，離散最適化について一通りの勉強をするには坂和 [56] が参考になるだろう．遺伝的アルゴリズムについても触れられている．また，連続最適化と離散最適化の両方を学習する場合には梅谷 [64] や山本 [68] が参考になる．なお，全般的な話題は久保–田村–松井 [43] を参照されたい．

変分法と最適制御に関して多くの書物が出版されているが，ここでは非線形計画法との関連の立場から寒野–土谷 [33]，Luenberger [44]，坂和 [54]，志水 [58] をあげておく．文献 [33] は線形計画法，非線形計画法，半正定値計画法，変分法について書かれている．文献 [54] は非線形計画法，変分法，最適制御の 3 部から成っている．文献 [44], [58] は理論に加えて関数空間での最急降下法，ニュートン法，共役勾配法について触れている．さらに [58] は準ニュートン法，ペナルティ関数法，逐次 2 次計画法にも言及している．

最後に多様体上の最適化についても簡単に文献を紹介しておく．本書ではユークリッド空間上の最適化について理論と数値解法を紹介したが，さらに一般的な枠組みとして多様体上で最適化問題を扱う研究もなされている．このことによって複雑な制約条件付き最適化問題が多様体上で無制約最適化問題として扱えることが利点である．また，通常の最適化問題として定式化できない問題を取り扱える可能性もある．Absil–Mahony–Sepulchre [1] や佐藤 [57] ではリーマン多様体上の最適化について詳しい説明があり，最急降下法，共役勾配法，ニュートン法，準ニュートン法，信頼領域法などの数値解法について触れている．なお，近年では多様体上の制約条件付き最適化問題に対する数値解法も研究されている．

参考文献

[1] P. -A. Absil, R. Mahony and R. Sepulchre, *Optimization Algorithms on Matrix Manifolds*, Princeton University Press, Princeton and Oxford, 2008.

[2] N. Andrei, *Nonlinear Conjugate Gradient Methods for Unconstrained Optimization*, Springer, Switzerland, 2020.

[3] M. F. Anjos and J. B. Lasserre eds., *Handbook on Semidefinite, Conic and Polynomial Optimization*, Springer, New York, 2012.

[4] A. Antoniou and W. -S. Lu, *Practical Optimization: Algorithms and Engineering Applications*, Springer, New York, 2007.

[5] M. Avriel, *Nonlinear Programming: Analysis and Methods*, Prentice-Hall, Englewood Cliffs, 1976.（または Dover Publishings, New York, 2003）

[6] M. S. Bazaraa, H. D. Sherali and C. M. Shetty, *Nonlinear Programming: Theory and Algorithms*, Third Edition, John Wiley & Sons, New Jersey, 2006.

[7] A. Beck, *First-Order Methods in Optimization*, MOS-SIAM Series on Optimization, SIAM and MOS, Philadelphia, 2017.

[8] D. P. Bertsekas, *Constrained Optimization and Lagrange Multiplier Methods*, Academic Press, New York, 1982.

[9] D. P. Bertsekas, *Nonlinear Programming*, Second Edition, Athena Scientific, Massachusetts, 1999.

[10] J. F. Bonnans and A. Shapiro, *Perturbation Analysis of Optimization Problems*, Springer, New York, 2000.

[11] S. Boyd and L. Vandenberghe, *Convex Optimization*, Cambridge University Press, Cambridge, 2004.

[12] G. C. Calafiore and L. El Ghaoui, *Optimization Models*, Cambridge University Press, Cambridge, 2014.

[13] A. R. Conn, N. I. M. Gould and P. L. Toint, *Trust-Region Methods*, MPS-SIAM Series on Optimization, SIAM and MPS, Philadelphia, 2000.

[14] A. R. Conn, K. Scheinberg and L. N. Vicente, *Introduction to Derivative-Free Optimization*, MPS-SIAM Series on Optimization, SIAM and MPS, Philadelphia, 2009.

[15] R. W. Cottle, J. S. Pang and R. E. Stone, *The Linear Complementarity Problem*, Academic Press, Boston, 1992.（または Classics in Applied Mathematics 60, SIAM, Philadelphia, 2009）

[16] G. B. Dantzig, *Linear Programming and Extensions*, Princeton University Press, 1963.（または Princeton Landmarks in Mathematics, 1991）（小山昭雄訳,「線型計画法とその周辺」HBJ 出版局，1983）

[17] J. E. Dennis, Jr. and R. B. Schnabel, *Numerical Methods for Unconstrained Optimization and Nonlinear Equations*, Prentice-Hall, New Jersey, 1983.（または Classics in Applied Mathematics 16, SIAM, Philadelphia, 1996）

[18] A. V. Fiacco and G. P. McCormick, *Nonlinear Programming: Sequential Unconstrained Minimization Techniques*, John Wiley & Sons, New York, 1968.（または Classics in Applied Mathematics 4, SIAM, Philadelphia, 1990）

[19] R. Fletcher, *Practical Methods of Optimization*, Second Edition, John Wiley & Sons, New York, 1987.

[20] W. Forst and D. Hoffmann, *Optimization: Theory and Practice*, Springer, New York, 2010.

[21] 藤野清次，張紹良,「反復法の数理」，応用数値計算ライブラリ，朝倉書店，1996.

[22] 藤澤克樹，梅谷俊治,「応用に役立つ 50 の最適化問題」，応用最適化 3，朝倉書店，2009.

[23] 藤田宏，今野浩，田辺國士,「最適化法」，岩波講座　応用数学，岩波書店，1994.

[24] 福島雅夫,「非線形最適化の基礎」，朝倉書店，2001.

[25] I. Griva, S. G. Nash and A. Sofer, *Linear and Nonlinear Optimization*, Second Edition, SIAM, Philadelphia, 2009.

[26] D. den Hertog, *Interior Point Approach to Linear, Quadratic and Convex Programming: Algorithms and Complexity*, Kluwer Academic Publishers, Dordrecht, 1994.

[27] M. R. Hestenes, *Conjugate Direction Methods in Optimization*, Springer-Verlag, Berlin, 1980.

[28] 茨木俊秀,「組合せ最適化」，講座・数理計画法 8，産業図書，1983.

[29] 茨木俊秀，福島雅夫,「最適化の手法」，情報数学講座 14，共立出版，1993.

[30] 飯塚秀明,「連続最適化アルゴリズム」，オーム社，2023.

[31] 伊理正夫,「線形計画法」，共立出版，1986.

[32] 金森敬文，鈴木大慈，竹内一郎，佐藤一誠,「機械学習のための連続最適化」，機械学習プロフェッショナルシリーズ，講談社，2016.

[33] 寒野善博，土谷隆,「最適化と変分法」，東京大学工学教程，丸善出版，2014.

[34] C. T. Kelley, *Iterative Methods for Optimization*, SIAM, Philadelphia, 1999.

[35] 古林隆,「線形計画法入門」，講座・数理計画法 2，産業図書，1980.

[36] 小島政和,「相補性と不動点」，講座・数理計画法 9，産業図書，1981.

[37] 小島政和，土谷隆，水野眞治，矢部博,「内点法」，経営科学のニューフロンティア 9，朝倉書店，2001.

[38] 今野浩,「整数計画法」，講座・数理計画法 6，産業図書，1981.

[39] 今野浩,「線形計画法」，日科技連，1987.

[40] 今野浩,「カーマーカー特許とソフトウェア —数学は特許になるか—」，中公新書 No.1278，1995.

[41] 今野浩，鈴木久敏編,「整数計画法と組合せ最適化」，OR ライブラリー 7，日科技連，1982.

[42] 今野浩，山下浩,「非線形計画法」，OR ライブラリー 6，日科技連, 1978.

[43] 久保幹雄，田村明久，松井知己編,「応用数理計画ハンドブック」, 朝倉書店，2002.

[44] D. G. Luenberger, *Optimization by Vector Space Methods*, John Wiley & Sons, New York, 1969.（増淵正美，嘉納秀明訳,「関数解析による最適理論」，コロナ社，1973）

[45] D. G. Luenberger and Y. Ye, *Linear and Nonlinear Programming*, Third Edition, Springer, New York, 2008.

[46] O. L. Mangasarian, *Nonlinear Programming*, McGraw-Hill, 1969.（または Classics in Applied Mathematics 10, SIAM, Philadelphia, 1994）（関根智明訳,「非線形計画法」，培風館，1972）

[47] 室田一雄,「離散凸解析」，共立叢書　現代数学の潮流，共立出版，2001.

[48] G. L. Nemhauser, A. H. G. Rinnooy Kan and M. J. Todd eds., *Optimization*, Handbooks in Operations Research and Management Science, Vol.1, North-Holland, Amsterdam, 1989.（伊理正夫，今野浩，刀根薫監訳,「最適化ハンドブック」，朝倉書店，1995）

[49] Y. Nesterov, *Lectures on Convex Optimization*, Second Edition, Springer, Switzerland, 2018.

[50] 日本 OR 学会編,「OR 事典 2000」, CD-ROM, 日本 OR 学会, 2001.

[51] J. Nocedal and S. J. Wright, *Numerical Optimization*, Second Edition, Springer, New York, 2006.

[52] R. T. Rockafellar, *Convex Analysis*, Princeton University Press, Princeton, 1970.（または Princeton Landmarks in Mathematics, 1997）

[53] C. Roos, T. Terlaky and J. -Ph. Vial, *Theory and Algorithms for Linear Optimization: An Interior Point Approach*, John Wiley & Sons, Chichester, 1997.

[54] 坂和愛幸,「最適化と最適制御」, 数学ライブラリー 53, 森北出版, 1980.

[55] 坂和正敏,「線形システムの最適化」, 森北出版, 1984.

[56] 坂和正敏,「離散システムの最適化」, 森北出版, 2000.

[57] 佐藤寛之,「多様体上の最適化理論」, オーム社, 2024.

[58] 志水清孝,「最適制御の理論と計算法」, コロナ社, 1994.

[59] 志水清孝, 相吉英太郎,「数理計画法」, 昭晃堂, 1984.

[60] S. Sra, S. Nowozin and S. J. Wright, *Optimization for Machine Learning*, The MIT Press, Cambridge, 2012.

[61] W. Sun and Y. Yuan, *Optimization Theory and Methods: Nonlinear Programming*, Springer, New York, 2006.

[62] 田村明久, 村松正和,「最適化法」, 工系数学講座 17, 共立出版, 2002.

[63] 田中謙輔,「凸解析と最適化理論」, オーム社, 2021.（牧野書店, 1994）

[64] 梅谷俊治,「しっかり学ぶ数理最適化」, 講談社, 2020.

[65] S. J. Wright, *Primal-Dual Interior-Point Methods*, SIAM, Philadelphia, 1997.

[66] H. Wolkowicz, R. Saigal and L. Vandenberghe eds., *Handbook of Semidefinite Programming: Theory, Algorithms and Applications*, Kluwer Academic Publishers, Boston, 2000.

[67] 矢部博, 八巻直一,「非線形計画法」, 応用数値計算ライブラリ, 朝倉書店, 1999.

[68] 山本芳嗣編著,「基礎数学 IV 最適化理論」, 東京化学同人, 2019.

[69] 山下信雄,「非線形計画法」, 応用最適化 6, 朝倉書店, 2015.

[70] Y. B. Zhao, *Sparse Optimization Theory and Methods*, CRC Press, Boca Raton, 2018.

索　　引

サ　行

タ 行

ナ　行

ハ　行

マ 行

ヤ 行

ラ 行

英数字

著者略歴

矢部　博（やべ　ひろし）

1977年　東京理科大学理学部応用数学科卒業
1982年　東京理科大学大学院理学研究科数学専攻博士課程修了
1991年　米国ライス大学数理科学科客員研究員
1995年　東京理科大学工学部経営工学科助教授
1997年　東京理科大学理学部応用数学科助教授
2002年　東京理科大学理学部数理情報科学科教授
2017年　東京理科大学理学部応用数学科教授
現　在　東京理科大学データサイエンスセンター教授・理学博士

主要著書

現代 数値計算法（共著，オーム社）1994年
非線形計画法（共著，朝倉書店）1999年
内点法（共著，朝倉書店）2001年

新・工科系の数学＝TKM-A 4
工学基礎 最適化とその応用［第2版］

2006年　3月25日 ©	初版発行
2022年　3月10日	初版第8刷発行
2024年　6月25日 ©	第2版発行

著者　矢部　博

発行者　矢沢和俊
印刷者　山岡影光
製本者　小西恵介

【発行】　株式会社　数理工学社

〒151-0051　東京都渋谷区千駄ヶ谷1丁目3番25号
編集 ☎ (03) 5474-8661 (代)　サイエンスビル

【発売】　株式会社　サイエンス社

〒151-0051　東京都渋谷区千駄ヶ谷1丁目3番25号
営業 ☎ (03) 5474-8500 (代)　振替 00170-7-2387
FAX ☎ (03) 5474-8900

印刷　三美印刷（株）　製本　（株）ブックアート

《検印省略》

ISBN978-4-86481-111-8

PRINTED IN JAPAN

サイエンス社・数理工学社のホームページのご案内
https://www.saiensu.co.jp
ご意見・ご要望は
suuri@saiensu.co.jp まで．